JN240479

数学教育学の軌跡と展望

研究のためのハンドブック

全国数学教育学会 編

Japan Academic Society of Mathematics Education

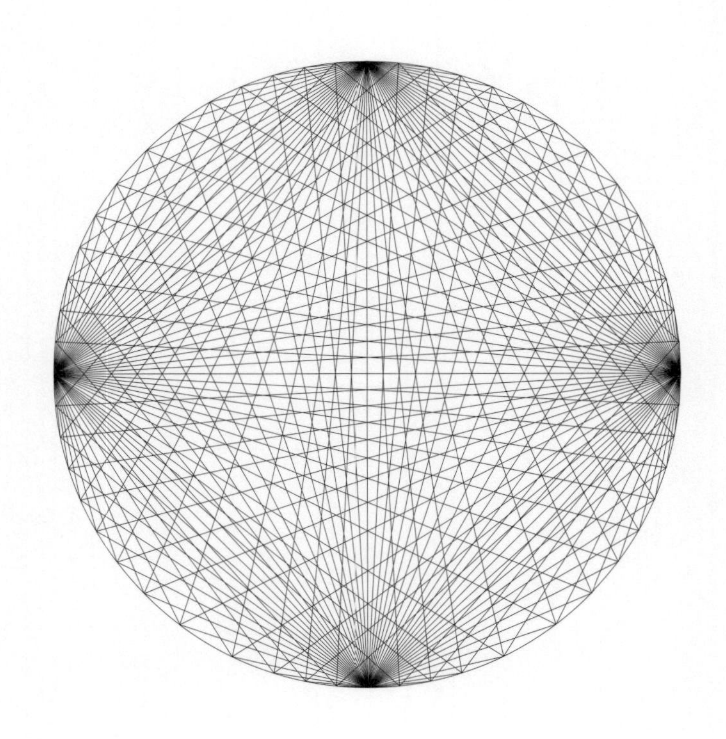

ナカニシヤ出版

まえがき

全国数学教育学会は1994年に発足し，2023年度をもって30周年の歴史を数えることになった。本書は，全国数学教育学会30周年を迎えるにあたり，前身の学会である中国四国教育学会（1972年発足）および西日本数学教育学会（1983年名称変更）も含めて，これまでに発行された学会誌における数学教育学の研究成果を明らかにし，今後の研究の方向性を示すことを目的に，数学教育学研究のハンドブックとして企画・刊行するものである。とりわけ，本学会独自のルーツを幹としつつも，国内外の他の学会や研究誌の研究も位置付けながら，その成果を概観することで，数学教育学の「来し方」を振り返るとともに，本書の各章で今後の研究課題を提案したり，最新のテーマに関わる章を含めたりするなど，「行く末」を展望することを試みるものであり，数学教育学研究の今後の発展に資する内容となるよう配慮したところである。なお，本学会で発刊された研究誌一覧は以下の通りである（年は発行年）。

1973年～1982年　中国四国数学教育学会（第1号～第8号，全8号）
1983年～1994年　西日本数学教育学会（第9号～第20号，全12号）
1995年～現在　全国数学教育学会（第1巻～第30巻，第15巻以降は1巻につき2号，全45号）

数学教育学の性格として，中原（1995b）は，①数学教育を対象とする学問，②数学を通しての人間形成を追求する学問，③規範性と実証性とを有する学問，④数学教育の理論と実践の統合的研究を行う学問，⑤数学教育の思想と方法の統合的研究を行う学問の五つを挙げており，数学教育学が数学の教育学ではなく，数学教育を対象とした科学的・学問的研究であることを示している。

また，数学教育学は，「数学教育の学」として，数学教育に関わる現象のメカニズムを探究し，説明できることを目指すとともに，学的要請として研究を遂行するための研究方法論の開発にも取り組んできた。数学教育の中に現れる現象を客観的に分析・考察し，その原因や展開を数学教育に関連する諸要素と関連付け，人間と数学との関係性や，数学の指導や学習がいかに生じるのかといった，数学教育の営みの仕組みを理解するための数学教育学固有の思想や研究方法論の確立が，数学教育を学問として位置付けるために目指され，取り組まれてきたといえる。一方で，平林が「教室において，授業という形態を通して行われるところに，教科教育学の研究方法の固有性がある」（平林, 1990, p.41）こと，教室状況での研究法を定式化する仕事，とりわけ教科の固有性に立った授業研究法を開発することと，その中に学校の教師を研究者として加え，教師を含めた教科教育学に固有な研究方法を定式化することが，教科教育学成立のためにわれわれのすべき努力である，と述べたことは，今日に至るまで課題であり続けている。

数学を教え学ぶという現象は，ものを数えることから始まると考えれば，人類の誕生とほぼ同じ歴史を持つものであろうが，人間形成学の学問として，そうした現象に理論的な説明と実践的な証拠を与える取り組みを始めたのはつい前世紀の後半のことである。実際，数学教育学に関わる学会誌のスタートとしての，日本数学教育学会誌『数学教育学論究』誌の初刊が 1961 年であり，海外の主要な研究誌としての *Educational Studies in Mathematics* や *Journal for Research in Mathematics Education* の発刊は 1960 年代終わりであることから，これらの学会誌の発刊を一つの基準とすれば，数学教育学は半世紀程度の歴史しか持たない若い学問といえる。しかし，この数十年の期間での学問としての成長はめざましく，国際的にも社会科学の一分野としての地位を確立してきている。

初期の数学教育学においては，その主たる実験的な研究対象は統制された環境における単純な認知的現象であったが，その後に，「情意」「文脈性」「文化性」などの側面を研究に取り込み，複雑な社会的環境における思考と学習の詳細なモデル化が可能な領域へ進化してきた（Schoenfeld, 2002）。そして，今日の数学教育学研究のモデルはむしろ社会学や人類学，さらには政治的次元へと拡大し，社会的，文化的要素を研究に取り込み，その複雑な本性をあらわにしてきている。「認識論」「研究方法論」といった基礎的研究を大切にしつつ，「性差」「教師の養成と発達」「教育政策」「民主主義と平等性」「社会的・政治的・文化的・経済的次元」「インクルーシブ教育」「国際協力」などが，近年発刊された海外のハンドブックの目次に位置付けられ，「テクノロジー」は数学教育を根本から変える可能性さえ含み，かなり重点的に扱われている。日本においても，一人一台端末の導入により，数学教育の実践そのものが大きく変わりつつあり，理論と実践の往還を本性とする数学教育学それ自体も，まさに自己定義化の段階を通過中である。数学教育学のアイデンティティ確立の努力は，世界規模でもなされているところである。

本学会では，研究者，学校の教師のみならず，カリキュラム開発や教師養成・現職教育に携わる方々，研究者や学校の教師を目指す大学院生など，数学教育に携わる様々な立場の方が学会で一同に会して，理論と実践を往還させながら議論や知見を深めているところである。とりわけ，前身の学会から，数学とは人間にとっていかなる学問であるのか，数学とはどのような特徴や性格を有するものであるのか，人間は数学の指導と学習を通してどのように成長可能であるのかといった問いを立てて，数学教育の基礎をなす理論形成に努めてきたことに，本学会の特徴があると考えている。そうした問いを中心とした，数学教育の基礎的かつ理論的な考察の系統が，本学会の歴史として，本ハンドブックの各章の筆の中に宿っているのではないかと思う。数学教育の複雑さや多面性，さらには時代に応じた変化や発展に応じて，研究対象，研究方法の議論は常に進行中であり，適切な時期に研究成果をまとめ，次の時代に生かす作業をしていかねばならない。数学教育学をいかなる学問として発展させていくことができるのかという問いは大きく，扱いにくいものであるが，こうした問いは避けて通れないものであり，全国数学教育学会の会員の総力による本書の作成を通して，数学教育学の基盤強化・アイデンティティ形成につながることを願うものである。

本章の構成については，第1部「数学教育学研究の軌跡」，第2部「数学教育学研究の展望」という2部構成とした。第1部の章立てを構想するにあたり，本学会誌およびその前身の学会誌のすべての論文のキーワードを手がかりに本学会の研究の傾向を見出し，12の章を設定した。すなわち，第1部の章構成自体が本学会のこれまでの研究の特徴を示すものであるといえる。また，「情意（非認知能力）」「テクノロジー活用」などの重要テーマは，本学会の研究のこれまでのメインストリームではなかったものの，いくつかの章の中に位置付けるか，または，将来の課題として第2部で扱うこととした。第2部では，未来志向の章として「数学教育学の国際研究コミュニティー，理論，および理論ネットワーク化」「デジタル化社会時代の数学教育学研究の再構成」を設定している。

各章の内容については，編集委員会で数度にわたり検討を重ね，構成の大枠（「先行研究の概観」「議論」「残された課題」）を設定するとともに，記述の内容について種々検討を行った。また，ある論文が複数の章（例えば，「教材論」「教授・学習，評価」など）で概観されることは当然起こりうることであるが，複数の章で極端な重複が生じることのないよう調整した。ただし，最終的には，各章の構成や内容は執筆者の意向を可能な限り尊重している。

なお，本文の用語の使用について，次の2点に留意されたい。

- 各章における「本学会」という表記は，特に断らない限り，「全国数学教育学会」およびその前身の「西日本数学教育学会」「中国四国数学教育学会」すべてを指す。

• 算数と数学を総称する用語「算数・数学」は原則として使用せず，単に「数学」と表記する。

最後になりましたが，本書の発刊にあたり，本学会のヒラバヤシ基金より補助をいただいた。故平林一榮先生にこの場を借りて，心より御礼を申し上げたい。また，株式会社ナカニシヤ出版におかれましては，本事業の趣旨をご理解いただき，本書を刊行していただいたことに心より感謝を申し上げたい。とりわけ，編集部の石崎雄高氏，由浅啓吾氏には，大変お世話になった。ここに記してお礼としたい。

2024 年 11 月

全国数学教育学会会長　岡 崎 正 和
全国数学教育学会 30 周年記念著書編集委員会委員長　清 水 紀 宏

目　　次

第 1 部

数学教育学研究の軌跡

第1章
思想・認識論

1　はじめに

思想・認識論研究は，それ自体独立した，重要な研究分野である。その一方で，数学に関する哲学的立場や認識論は，数学教育学における指針となるアイデアや主要な原理に常に大きな影響を与えてきた（Steiner, 1987, p. 7）。思想や認識論は，例えば，数学とはどのようなものなのかという存在論的な問いやわれわれがどのようにして数学を知るようになるのかという認識論的問いに対して，ある種の考え方を与えているのである。そのため，思想・認識論研究は，そこから新たな研究分野・領域が生み出される源泉として機能するばかりでなく，われわれの算数・数学教育観や数学教育学研究を反省するための鏡として，また，研究方法論に影響を与える研究枠組みの重要な要素としても機能し，その意味では，われわれの研究の背景的基盤を形づくる重要な研究領域といえる。

そうした認識論の研究を数学教育学に持ち込んだ典型例には，平林（1961）の日本数学教育学会誌『数学教育学論究』第1巻の「J. Dewey 著「数の心理学」の算術教育史的位置―J.Piaget に連なるもの―」がある。そこでは，「数」がどのようなもので，どのように生まれるのかという認識論によって，Piaget の経験主義・操作主義が，当時は関連性があるように見られていなかった Dewey の活動主義の延長線上に位置付けられている。数とは（また数学とは）どのようなもので，われわれはそれをどう認識できるようになるのかという認識論的前提は，学習対象と学習者とそれらの関係という数学教育学研究の重要な研究対象をどう見てどう評価するかという研究上の土台を与えるがゆえに，研究方法論にも大きく影響を与える（岡崎, 2012）。その意味で，上の平林の論考は，どのような認識論が，どのような形で使われ，どのような研究をもたらすかをメタ的に例示した研究と見ることもできる。

一方，中国四国数学教育学会から，後継の西日本数学教育学会および全国数学教育学会に至るまでの本学会で，思想・認識論を直接扱った論文は，相対的にはそれほど多くはない。実際，三つの学会誌に掲載された全論文（『数学教育学研究』第27巻第1号掲載分まで）は，本著編集委員会によって各章のテーマをキーワードにして分類されたが，第1キーワードが「思想・認識論」であった論文は867本中43本，第2キーワードがそれであった論文を含めても53本であり，全体の5～6%程度であった（これは，直近の第29巻第2号までの31本を加えても大差ない）。しかし，それらの変遷には，ある種の歴史的傾向を読み取ることができ，その一部は，世界的な数学教育学の動向と軌を一にしていることもわかる。

そこで，本章では，まず，本学会の学会誌に掲載された論文を辿りながら，数学教育学研究における思想・認識論研究の流れを押さえ，次に，数学教育学研究における思想・認識論研究の役割・位置付けを明確にするために，「どのような認識論が，どのような形で研究に使われ，どのような効果を生んでいるか」について具体的な論文を取り上げて検討する。そして最後に，思想・認識論関連の論文の動向と現状を踏まえて，今後のこの分野における研究の課題について議論していくことにする。

2　思想・認識論研究の歴史的概観

2.1　構成主義登場以前

初期の思想・認識論に関する研究は，伝統的な教育学研究がそうであったように，主に二つの研究群に大別することができる。

一つは，数学教育学における鍵となる用語・概念を，特定の人物の所論や教育史を拠り所にして解釈し，位置付けるという研究群である。例えば，平林（1981a）は，ペスタロッチの算術教育とペリー運動という数学教育史的に重要ではあるが時代的にかなり離れた2点を，教育学上伝統的な対立概念である「学」と「術」が統合をみた場所として評価する。つまり，前者は「術」の中に「学」を取り込み，後者は「学」に対して「術」の復権を図った運動だというのである。こうした，数学教育史上重要なトピックを，「学」と「術」という対立概念の融合点として再解釈するという議論は，当時の思想・認識論研究の典型例の一つだろう。他にも，佐々木（1985）におけるWheelerの「数学教育の人間化」の意味の明確化と「パトスの知」に基づく再解釈や，山本（1981）におけるSteinerの所論を拠り所にした「数学教育におけるElementarの原理」の解釈などは，この種の研究群として位置付けられるだろう。

もう一つは，特定の人物の思想・認識論を研究し，そこから数学教育学への示唆を引き出そうとする研究群である。

先述の平林（1961）の論文が数に対するDeweyとPiagetの認識論について議論しているように，数学教育学研究における理論的研究では，その理論提案者の思想・認識論の解明自体も重要になる。その意味で，この分野の初期の研究では，特定の理論の研究に並行して，その理論提案者の思想的・認識論的基盤の分析・解釈が重要な位置を占めている。

例えば，禹（1977, 1978）では，Piagetの発生的認識論における構造や反省的抽象の捉え方とその教育上の位置付け，さらには子どもの論理の構成の問題などが議論されており，Piagetの理論の教育への適用もさることながら，Piagetの理論や考え方そのものにも議論の焦点が当たっている。他にも，岡田（1981）であれば，Freudenthalの提唱する教授学的現象学がFreudenthalの数学観に照らして議論されたり，佐々木（1983a, 1983b）や飯田（1990a, 1992）であれば，Lakatosの可謬主義的数学観や準経験科学としての数学の概念化が議論されたりするなど，特定の理論家の思想・認識論を踏まえた数学教育学に関する議論が展開されている。また，岡田（1985）のGattegnoの数学教育論や認識論の特異性を当時の心理学的見解に位置付けつつ明らかにするという論考は，数学教育学への適用を見越した特定の理論家の理論や思想の研究というより，Gattegnoの数学教育論自体を興味ある研究対象として浮かび上がらせる研究になっている。哲学や教育学では特定の人物の思想の研究はポピュラーなものだが，数学教育学でもそうしたジャンルの研究が登場するようになったのは，FreudenthalやGattegnoのような特徴的な数学認識論や数学教育論を体現する存在があったからであろう。

このように，本学会の初期の数学教育学研究における思想・認識論研究の背景には，多くの場合，「数学とはどういうものか？」という存在論的な問いがあったように見えるし，ある意味では，特定の人物の思想・理論・認識論を中心に展開されてきたように見える。本学会元会長の植田も，本学会における当時の研究の多くが，「特定の思想・理論の一部を利用しようとするのではなく，その思想・理論の全体性を捉えようとした（その思想・理論の内面化を志向した）研究であった」（山田，2023, p. 111）と振り返り，一致した見方を示している。

なお，こうした研究スタイルは，数学教育学の発展とともに相対的に少なくなったかもしれないが，現在でも存在し続けている。特定の人物の思想・認識論の研究は，その思想・認識論が数学教育で重要と目されれば重要な研究となり得るし，特定の人物によって新しい理論や考え方が提案される場合には常に必要とされるものでもある。例えば，1990年代以降の構成主義が普及した時期でも，久保（1995）

はKamii，椎木（1997）はCobbと，それぞれの認識論を踏まえた算数・数学授業論について議論しており，本節冒頭部の二つ目の研究群に属する研究と考えられる。また，「数学化」を議論する際には，Freudenthalの研究が頻繁に参照され，例えば，塩見（2009）では，数学を「人間の活動として」見るというFreudenthalの数学観に関する議論から始まっているし，岩知道（2011a）におけるFreudenthalの「組織化」の概念の再評価も，Freudenthalの数学観・数学教育観に初期のSfard（1991）の認識論が加味されて議論されるなど，いずれも本節冒頭の一つ目の研究群に連なるものである。他にも，田中（2002）は，数学教育の人間化を状況的学習論の文脈で学習過程として実装するために，GattegnoやWheeler等の意識性の概念を掘り起こす作業をしているし，森山（2016）は数学教育の今日的な目的論を議論する上でPerryの数学教育観とわが国でのその受容の様相を振り返るという作業をしている。さらに，平林（2000）も，新しい知識が何を素材にどのように構成されるかを明確に述べない急進的構成主義者の議論に異を唱える形で，van Hiele理論やGattegnoの議論を頼りに，数世界の構成プロセスに関して独自の考え方を提案している。これらを見れば，結局，新しい概念を古典的な思想・認識論に立ち返って考えるという方法論は，常にわれわれの研究の方法論上の選択肢の一つとして考慮されなければならないといえる。

2.2　構成主義から社会的構成主義

1980年後半からは，世界的な潮流と同じく，わが国にも構成主義の波が押し寄せ，本学会でも構成主義関連の研究が徐々に現れ始めるようになる。そして，「数学とはどういうものか？」という問いも，「子どもは数学をどう認識するのか？」という認識論的な問いを含むものへと，大きくシフトしていくことになる。

そうした動向に伴い，数学教育学におけるいくつかの概念装置も，構成主義的立場から見直され始めるようになった。例えば，上迫（1989）では，意味構成過程における「解釈」と「コミュニケーション」の概念が，von Glasersfeld，Kamii，Cobbという微妙に立場が異なる構成主義者の各論から見直されているし，上迫（1990）では，数学的知識構成の「共同体」的性質や間主観的性質が，さらに高澤（1991）では，その社会的構成と主体的構成の関係自体が議論の俎上に載せられるようになる。また，中原（1995a）では，1990年代以前はまだ教授・学習の原理として一定の地位を占めていた「発見学習」が，構成主義の視点から評価され，見直されることになるのである。

こうした1980年代後半から1990年代初頭にかけての世界での構成主義関連研究は，下記のKilpatrick（1987）による構成主義のテーゼの整理と，2番目のテーゼまで認める急進的構成主義をめぐる批判的議論を経て，様々に変化していく。

1. 知識は認識主体によって能動的に構成されるもので，環境から受動的に受け取られるものではなく，
2. 知るようになることは，その人の経験世界を組織化する適応的過程（adaptive process）であり，それは即ち，その認識者の心の外にある，独立した，予め存在している世界を発見することではない。（p. 7）

例えば，もともとは急進的構成主義を標榜していたCobbは，教室・授業での数学的知識構成の記述に「社会的相互作用」「規範」のような相互作用主義的あるいは社会文化主義的概念を用いるようになり（e.g. Cobb et al., 1992; Cobb, 1994），同時期に，（構成主義的な）心理学的視座と（相互作用主義的な）社会学的視座を連携させる視座として「創発的アプローチ」（Cobb & Bauersfeld, 1995; Cobb & Yackel, 1996）を打ち出すようになる。また，早くから数学（教育）の哲学としての社会的構成主義を提唱していたErnest（1991）は，ほどなく，ピアジェ理論に基づく社会的構成主義とVygotsky理論に基づく社会的構成主義の区別を強調し始め（Ernest, 1994b），やがてはWittgensteinやLakatosの思想を重視するなどして，依拠する思想・理論を後者（Wittgenstein, Lakatos, Mead, Vygotsky等の思想・理論）に大きく移行させていくようになる（Ernest, 1998）。さらに，こうした視座の拡張や移行だけでなく，急進的構成主義における間主観性概念の採用（と社会・文化的視座への延長）は理論的一貫性を欠くのではないかというLerman（1996）の異議申し立てが起こるなど，研究の思想的・認識論的立脚点をめぐる議論も同時に起こってくるようになるのである（この論争に関しては岡崎（2012）に詳しい）。そうした様々な構成主義のバリエーションはErnest（1994a, 1996）によって再整理されたりもしたが，構成主義の周辺から始まった一連の認識論的視座の変化の経緯は，わが国にも逐次紹介され，例えば，佐々木（1996, 1998）では，それらについて詳しく議論されることになるし，各論者の認識論に基づく様々な構成主義の整理は中原（1994）でも詳しく論じられることになる。

ところが，わが国の構成主義に関する研究では，当初から，認識論や方法論的基礎理論としての急進的構成主義には賛同しても，全面的に急進的構成主義の立場を採用する研究は多くなかったように見える。そもそも，わが国の数学教育学研究では，分析単位が教室・授業である傾向が強く，常に授業構成や授業分析に対する示唆が検討されるなど，基礎的研究であっても暗黙的に社会的次元が考慮されていたのかもしれない。例えば，中原（1995b）は，認識論的立場としての急進的構成主

義には賛同を示しながらも，学校数学を支えるより適切な数学認識論として「協定的構成主義」を提唱している。協定的構成主義では，構成主義の意味での生存可能な，そして主観独立性という意味での準客観的な数学的知識の構成およびその正否判断の場が，集団における協定に求められており，教室における数学的知識構成の社会的次元が加味されていた。また，中原（1999）は，さらに進んで，急進的構成主義・相互作用主義・社会文化主義の認識論を整理しつつ，学習を単一の原理で説明しようとすることの限界を訴え，複雑多岐で多様な子どもの学習活動や授業を解明・解釈・構成をしたりするために，先の三つの認識論を互いに協応・補完させつつ組み合わせようという（現代的な言い方では理論のネットワーキングによる）「数学学習の多世界パラダイム」を提唱するのである。

2.3　ポスト構成主義時代（社会文化主義，相互作用主義等々）

1990年前後にCobbらを中心にして起こった構成主義に社会的次元を加味する動向に並行して，数学教育にも，Vygotsky学派の理論を中心とした社会文化主義（e.g. 大谷, 1994）やシンボリック相互作用論に影響を受けた相互作用主義（e.g. Bauersfeld, 1988）に基づく研究が台頭し始めるようになる。そうした動向は，そもそも個の認識過程に制限されがちであった急進的構成主義の視点だけでは教室で起こっている様々な現象を理解できないのではないかという認識が，急速に広まったからだろう。その意味で，この時代の問いは，「子どもは数学をどう認識するのか？」から「算数・数学授業では一体何が起こっており，何が問題なのか？」という，教室での様々な事実や現象の理解を目指す問いを含むものへと大きくシフトしていくことになる。例えば，フランスを起源とする数学教授学は，科学としての性格が強調されるがゆえに，特にそうした傾向が強いということはよく知られている（宮川, 2011a）。他にも，後期ウィトゲンシュタインに影響を受ける相互作用主義的研究も，そうした傾向が強いようで，所謂「日常言語はきちんとしている」（Wittgenstein, 1964, p. 28）のだから，「その論理的誤りを示して訂正を求めるのではなく，それを理解しようと努めるべきである」（Sierpinska, 1998, p. 50）という観察者的態度をとっている。

しかし，数学教育の思想・認識論に関して直接議論しようとする研究，例えば，Confrey（1994, 1995 a, b）のように，構成主義と社会文化主義の双方の欠点等について包括的に議論し，新しい考え方について積極的に掘り下げるような研究は，本学会では（そして，おそらく開発に関心が向きがちなわが国の研究全般でも），1990年代後半以降は，相対的に少なくなっているように見える。例えば，Vygotsky学派の理論であれば吉田（1998, 2000, 2002, 2005）の一連の研究において，相互作用主義であれば植田（2006）の研究において，それぞれの基礎理論が，いわば，前提的知識として扱われるようになってくるのである。

一方，この時期以降の本学会の研究における特徴の一つは，Wittmann の全体論・生命論的な思想・理論の影響が強いことだろう。例えば，佐々木（2007）は，一部の教室にみられる機械論的な（不健全な）教室文化を調整し，それらを健全な生命論的教室文化の一部へと取り込む形で，全体を漸進的に変容させていくことを訴えているが，そうした生命論的な教室文化に関する議論の背景には，Wittmann に代表される「数学は，パターン科学として，探究され，創造されるものであるという数学観」（p. 27）があることを指摘する。さらに，そうした，数学をパターンの科学として捉えつつも，数学教育を生命論的過程として発展させることを志向し（ビットマン, 2000），数学教育学をデザイン科学として位置付けるという Wittmann（1995）の思想は，その理論化において「教授単元」「本質的学習環境」といった理論と実践を往還させる方法論的枠組みまで提供しており，本学会では，非常に多くの研究を支えるものとなっていった。例えば，岡崎（2001）では，中学1年の代数単元を全体論的な立場から展開するための基礎的データを得るために，代数的発想が生起する様相が調査されているが，その単元設計に向けた思想的立脚点の一つは，Wittmann（1984）の教授単元の思想である。

2.4　その他の系譜

本学会における思想・認識論に関する研究は，わが国独自の特徴を有しながらも，概ね上記のような大きな世界的動向に並行するように進展してきたように見える。しかし，当然ながら，そうした研究とは異なる系譜もいくつかみられる。

一つ目は，多彩な文献の解釈に基づきながらも，独自の認識論的な概念装置の構築や拡張を目論む研究である。

例えば，岩崎浩（1991, 1994）は，学習内容（数学）と学習者の関係を分析・解釈するために，知識についての知識である「メタ知識」という説明概念を導入し，数学の教授・学習におけるその意味と機能を明らかにする試みをしている。特に，岩崎（2002）では，「メタ知識としての「限界」」という概念を提案し，学習者はいかにして新しい知識を学習対象としようとするのかという，より実践的な問題の記述・解明を行うなど，当該概念の精緻化と数学教育学におけるその位置付けの明確化も進めている。また，松島（2018）は，私的／公的な記号が，個別的／集団的社会状況の中でどう使用され専有されていくかのプロセスを Vygotsky 学派の認識論に基づいて図式化した Ernest（2010）のモデルを，対話の中で学習集団全体の数学学習がいかに進化・発展していくかを考察するためのモデルに拡張している。他にも，藤本（2013）は，初期デューイ哲学に基づく「新道具主義」の数学教育の構築を目指し，同じくデューイの哲学を基盤とするModels and Modeling Perspectives（Lesh & Doerr, 2003）や，それと対抗する構成主義の認識論との照合により，新道具主義の位置づけを図ろうとしている。

このように，独自の認識論的な概念装置やモデルの構築・拡張を目指す研究群は，一見多様ではありながら，「数学教育の理論をもとめるとき，数学をどうみるか，どのような数学観に基づくかは理論の基本」（藤本, 2010, p. 407）だという共通認識があるように見える点は興味深いところであろう。

二つ目は，思想・認識論をメタ数学教育学として使う研究である。

本学会には，われわれの数学教育学研究の営みを外部基準に照らして評価・反省するというメタ的な研究がいくつか存在する。例えば，馬場・ゴンザレス（2016）は，幾つかの国際ハンドブックの部・章構成と全国数学教育学会20周年誌の論文カテゴリーとの比較から，本学会20周年期の論文のメタ分析を行い，国際化，テクノロジー，文化・政治的側面，アセスメント，政策決定者という5分野に関して，本学会におけるテーマ設定の特徴を浮き彫りにしている。また，大滝・岩崎（2018）は，Bishop（1988）の「社会的過程としての数学教育」の捉え方を基盤に作られた「数学教育研究の6局面」（個人・教授・制度・社会・文化・メタ局面）を観点として本学会誌の論文タイトルを分類し，その結果とChevallard（2015）の議論を頼りに，数学教育学研究の将来的「居場所」について議論しているし，大谷（2017a）も，この分類観点を用いてわが国の統計教育研究の傾向を探っている（実際には，岩崎・大滝（2015）を使用しているが，両者は同じ分類観点である）。そして，これら三つの研究のうち，後者二つの分類観点は，Bishopの数学（教育）観を背景にしており，研究基盤に思想・認識論を利用しているともいえよう。

このように，本学会誌には，思想・認識論を明示的にメタ数学教育学的に使う研究群が一定数存在する。こうした背景には，平林（1993）の「算数・数学教育における数学観の問題」という論文に代表されるように，数学教育学研究における数学の哲学や数学教育の哲学の研究の不十分さに関する警鐘が常にあったからだろう。平林は，当該論文で，数学観の歴史的バリエーションと教師・教科書・数学教育学研究者の数学観を整理しつつも，「算数・数学教師は，その指導法・教育法を洗練する前に，まず自己の体験を通して，健全な数学観を持つべき」（p. 7）であり，「算数・数学教育の研究者にとって，数学の本性とともにそれと人間性との関連を正しく把握することは，基本的な要請である」（p. 7）と，数学教育における認識論に対する意識の重要性とその分野での研究の開拓・推進をしばしば訴えている。また，平林（2001）では，数学教育学研究における文化的視点とエコロジー的（生態学的）視点を取り上げ，事例を掲げながら，算数・数学の「実践を支えている思想を反省し，その妥当性を厳しく検討すること」（p. 5）の必要性を訴えている。

さらに，メタ数学教育学としての思想・認識論研究は，研究分野開拓の方向性を示唆するばかりでなく，研究方法論を示唆するものとしても使われる場合もある。例えば，古くは平林（1984）が，数学教育学研究のアプローチとして論理学的研究と心理学的研究を挙げ，これらは確かに現在でも重要なアプローチの一角を占めているし，後年では，岡崎（2012）が，認識論研究の展開や認識論と研究方法論との関連を整理し，そこでの議論から今後の研究課題を提案している。

3　議　　論

上記のような思想・認識論研究の歴史的経緯を振り返ってみると，この種の研究の影響力と重要性が理解できる。そこで，本節では，そうした影響力についてより深く検討するために，「どのような思想・認識論が，どのような形で研究に使われ，どのような効果を生んでいるか」という問いを掲げ，具体的な論文を取り上げて検討していくことにする。

3.1　指導原理の導出や批判のための準拠枠（なぜわれわれはその指導方法をとり，なぜその指導方法は批判されうるのか）

わが国では，教育課程審議会への諮問とその答申を経た国定カリキュラムを採用しているし，カリキュラムは歴史的産物でもあるため，社会の要請と歴史的評価を踏まえたカリキュラムや，その実装としての教科書や指導アプローチは，ある意味で信頼性の高いものかもしれない。しかし，教育内容としての「数学」をどのようなものとして捉えるか，つまり数学観や数学の認識論等によって，それらの妥当性評価は変化しうるものでもある。

例えば，岡田（1981）は，3 節冒頭の問いの「思想・認識論」を Freudenthal の「教授学的現象学」にほぼ置き換えるような問いを掲げ，分数指導における分数概念と分数計算を区別するような指導（意味と計算を分けるようなカリキュラムや教科書の記述）を，Freudenthal（1977）の教授学的現象学の根幹にある認識論，つまり「本質はまず第一に知的対象物としてとらえられるのであり，概念としてとらえられるのではない」（S. 65）という考え方に基づいて，次のように明確に批判する。

> 数学の学習が「現象」から出発し，そこから「本質」が見出されるべきだとすれば，現象の中にはすでに演算という現象も含まれているのであるから，分数

表 1-1　Cobb らのアプローチと発見学習の比較

	Cobb らの授業	（導かれた）発見学習
事前研究	（調査・指導から得られる）認知モデルを重視	（子どもの発見を想定した関係等の）数学的分析を重視
学習場面	（子どもにとって真に問題となるような）認知的葛藤を重視	発見しやすさを重視
学習形態・過程	小グループ→学級全体	学級全体，スモールステップ
（授業の）結論	オープン	クローズド
方法	社会的相互作用 反省的思考	教具や教師の助言

（出所）　中原, 1995a, p.6 を基に一部改編

の概念指導と分数の計算を区別すべきでない。言い換えると，分数の概念は他のことがらと孤立してとらえられるのではなく，それが生きて働くようにとらえることこそ，現象の本質たるゆえんであるはずである。(p. 54)

特定の思想・認識論を準拠枠にしたカリキュラム，教科書，指導アプローチの批判という方法論はかなり強力で，他にも幾つかの研究で利用されている。例えば，中原（1995a）は，当時の実践では一定程度の影響力を有していた発見学習を，構成主義的な認識論から批判している。そもそも発見学習は数学認識論的にはプラトニズムに支えられた授業論といえるが，平行線問題や連続体仮説に対する結論を是とする現代数学をプラトニズムによる認識論で支えることはできないので，（プラトニズムに立って）発見学習を行うことは認識論的には不適切といわざるを得ないし，「数学的知識を対象とする発見学習は，今日，認識論的にはその根拠を失ってきている」(p. 2) というのである。実際，構成主義を基盤にした Cobb らのアプローチ（Yackel et al., 1990）を準拠枠とすれば，**表 1-1** のような認識論を踏まえた実践に対するアプローチの比較の議論につながるし，こうした比較を見れば，発見学習が容易に教師主導の指導に陥る可能性も指摘できそうである。

3.2　現象理解のためのレンズ／視座

われわれが何らかの数学教育事象の理解に限界を感じたとき，そこには何か認識論的前提が作用していないか考えてみることがあるかもしれない。例えば，急進的構成主義者であれば，個人の知識構成過程に焦点が当たるのが通常であり，授業観察する場合でも，学習者が置かれた教室の（文化的）状況設定等は，環境変数として観察者のレンズの焦点から外れがちになることはあろう。急進的構成主義が，教

室環境下での知識構成に関心を抱きだしたとき，相互作用主義のような社会学的な視座との相互参照を提唱したり，学校・教室の背景にある社会的規範を参照するなどして個人の活動を社会文化的視座からも枠付けようとしたりしだしたのは（Cobb & Yackel, 1996），そうした理由からだろう。Lerman（1998）は，「心理学は，社会文化研究のある瞬間を切り取るものとして，レンズの特定の焦点として，また，見られているものと同様に見られていないものを意識するまなざしとして理解されうる」（p. 67）と，文化・歴史，個人の学習履歴，社会的状況設定等を扱いづらい心理学を擁護しているが，やや拡大して言えば，思想・認識論も現象理解のレンズや視座として機能する可能性があるということになろう。

上述のような文化的次元をより考慮しようという数学教育学研究におけるレンズ／視座の変化の様相は，数学教育学研究における「文化論的転回」（関口, 2010a）として語られる。特に，2.2 でも述べたような構成主義の理論と Vygotsky 理論との関係に関する議論に関しては，関口（1997, 2010a）によって，「分析の単位」「認知発達のメカニズム」「学習・発達観」という 3 点から手短にまとめられている。これら三つの論点は，いずれも数学教育学研究を方向付ける重要な思想・認識論的論点であるし，ある意味では，現象理解のためのレンズ／視座を比較する論点にもなっている。例えば，「分析の単位」に関して，関口（2010a）では，「構成主義は，個人の自律的な心理過程を理論の基本単位にしており，個人の心的構成過程の詳細な描写において卓越している」（p. 40）のに対し，「ヴィゴツキー理論は社会文化的活動を基本単位にしており，個人の認知発達における媒介物や社会的相互作用の働きの分析において卓越している」（p. 40）と，それぞれの理論が何を分析の単位とし，何を分析・記述する際に威力を発揮するかを明確に評している。ただし，こうした「分析の単位」も，Vygotsky 学派内では若干変化・修正されている点は興味深く，例えば，『思考と言語』（ヴィゴツキー, 2001）では「言葉の意味は，思考の単位」（p. 21）であるのに対し，Wertsch（1985）では「言葉の意味（……）は，精神機能の記号的媒介の単位であって，精神機能の単位それ自身ではない」（p. 208，下線は原文のママ）という見解で，認知の分析の単位としては（社会文化的）「活動」が前面に出てくるのである（詳細な議論は，例えば，Confrey（1995c）を参照のこと）。

他にも，思想・認識論を有効活用した研究例には，岩崎（1998）が挙げられよう。岩崎（1998）は，「問題解決的な授業」と呼ばれるものは，指導内容と時間という制約下にある数学の授業において，生徒たちの自発的で自律的な本来の活動を保障しようとする教師の献身的な努力の具体化として捉える。そして，生徒たちに，数学の指導内容のみならず，数学とは何であるかについての適切な理解をも保障しようとする行為として，最もよく理解できるとし，二つの問題解決的な数学の授業エピソードの質的な違いを認識論的視座から評価することを試みている。それら二つの授業は，2辺とその間にない角の大きさが等しい二つの三角形が合同になるかどうかを検討するものであったが，授業分析には，Steinbring（1997）の認識論的三角形（**図 1-1**）が用いられている。認識論的三角形とは，オグデンとリチャーズ（1967）の「思想と言葉と事物という三つ組みとしての意味」という考え方に基づきながらも，数学的な知識の意味の構成過程を考えるに当たっては，（言葉が指示する）「事物」は，絶対的な客観的実体というより認識主体の意識や見方の変化によって様々に変化する相対的なものだと捉えて，それを「対象／指示の文脈」と修正し，また「言葉」もより広く相対的に「象徴／記号体系」と捉え，最終的には，それらの双方向性をも考慮して**図 1-1** のような形に修正したものである。

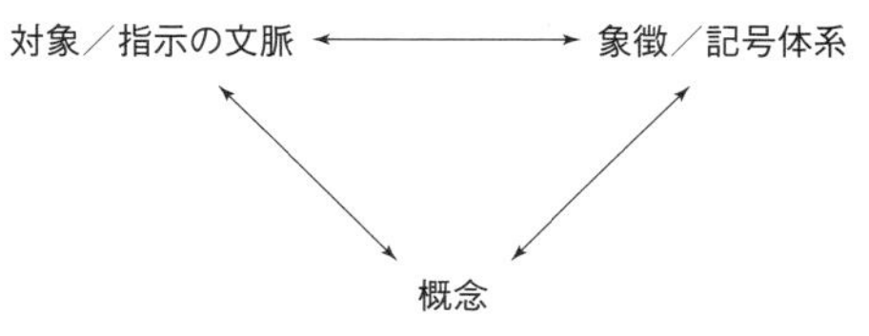

（出所） Steinbring, 1997, p. 51

図 1-1　Steinbring の認識論的三角形

これを分析道具として使うと，二つの授業エピソードの違いは，**図 1-2** のような「指示の文脈」と「記号体系」との間の相互作用的関係（ジグザグ）の豊かさの差として記述できるという。**図 1-2** において，（A）は，ある条件下での合同な三角形の作図可能性，（B）は，ある条件を満たす三角形の一意的な決定性，（C）は，条件の最小性，（D）は，条件の応用可能性を示しており，記号○×は，当該条件が三角形の合同条件として教室で認められたか否かを示しているが，記号体系としての「2 辺夾角」に対する指示の文脈が顕在化されているかどうかで，エピソードⅠとⅡは異なることや（エピソードⅠではそれが点線で示されている），「2 辺夾角」から「辺－角－辺」や「辺－辺－角＋α」等への記号体系の変化を通じて，指示の文脈が（B）から（C）に移行した様相（つまり，同種の記号・言葉を使いながら，合同な三角形の決定条件の議論からその条件の最小性への議論へと移行していく様相）が，明確に記述されている。この「指示の文脈」と「記号体系」との間の相互作用的関係の豊かさは，数学の本性が活動であり，数学的概念内容が事物に言及しているのではなく，事物間の関係に言及しているとする立場（Otte & Seeger, 1994, p. 353）と整合している。こうした認識論的・記号論的視座からの授業比較は，表面的には同じような問題解決的な授業でありながらも質的にはまったく異なる授業の差を，データとして語ることを可能にしたという点で，認識論を有効活用した研究といえるであろう。

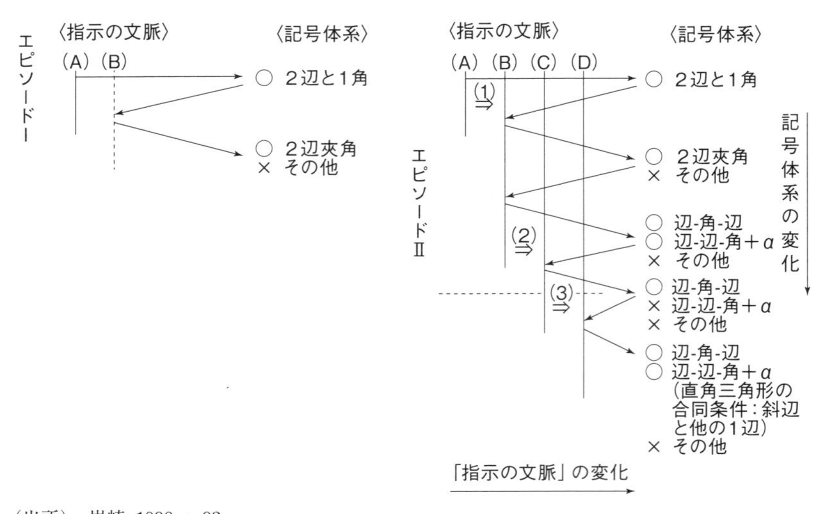

（出所） 岩崎, 1998, p. 92

図 1-2 Steinbring の認識論的三角形を用いた岩崎（1998）の授業分析

3.3 学習過程構想の基盤

「学習者の認識・認知のメカニズムがAならば，教授・学習段階もAに沿ったものにした方がよいだろう」という考え方は，現代的には素朴な仮説に見えるかもしれないが，歴史的には荒唐無稽な考え方ではないし，素朴であるがゆえに強力な規範的枠組みを与えうる考え方でもある。例えば，Herbart は『一般教育学』（ヘルバルト, 1968）で，学習者の認識がどのように進行するかを（彼の表象力学説に基づき）「明瞭・連合・系統・方法」の 4 段階と捉え，それをそのまま一般的な学習段階として提唱している。これは，Ziller や Rein によって五段階教授法として拡張され，明治初期にわが国の教授法を席巻したことは，よく知られたところであろう。他にも，わが国の問題解決的な授業でよく見られる「課題把握・自力解決・話し合い・まとめ」のような段階論にも，問題解決過程に関する諸説の影響を見ることができるという指摘がある（山田, 2003）。

このように，上記の仮説は非常に強力であり，やや敷衍していえば，何らかの認識論的前提は，授業構想における強力な規範的枠組みを与えるという意味で，さらに，授業においても知識構成を方向づけるような局面での意志決定の枠組みを与えうるという意味で（いわば，教師に対しては，教育的タクトを与えるという意味で），影響力は大きいと考えられるのである。

それは，研究の文脈においても例外ではなく，例えば，吉田（1998）は，

Vygotsky 理論に基づく学習の流れとして，①体験を通して得られる対象の認識，②新しい数学的概念との出会い，③生活的概念と科学的概念とのギャップの認識，④その概念について，コトバを用いての社会とのやりとり（精神外機能），⑤その概念について，コトバを用いての自分自身とのやりとり（精神内機能），⑥コトバや概念が子どもの財産となる，という6段階を提唱しているが，こうした研究は，ある意味では上記の仮説を背景にした典型的なものともいえるだろう。他にも，中原（1995b）の構成的アプローチで提起される，「意識化・操作化（・媒介化）・反省化・協定化」という授業過程のモデルも，その背景には，協定的構成主義に基づく子どもの数学の学習・認識の理想的過程が想定されており，この種の研究の典型例といえよう。

4　残された課題

本章冒頭でも述べたように，思想・認識論研究は，①それ自体重要な研究分野であるし，②そこから新たな研究分野・領域が現れる源泉としても機能するものであるが，間接的には，③われわれの算数・数学教育観や数学教育学研究を反省するための鏡として，また，④研究方法論にも影響を与える研究枠組みの重要な要素として機能するものと捉えられた。

しかし，わが国の数学教育学研究は，授業構成や授業分析へと向かう傾向が強いゆえか，特定の思想・認識論を理論的基盤としながらも，それらが③や④のような形で使われる研究が相対的に多くなっていると考えられる。例えば，構成主義やVygotsky 理論が台頭した時代にはそれぞれの思想・認識論を基盤とする研究が相当数登場しているが，そうした研究のいくつかは，その哲学的・認識論的基盤を掘り下げる作業まで進められていなければ，あるいは，そうした思想・認識論的基盤は前提的知識となってしまっていれば，本書では，例えば「教授・学習」や「カリキュラム論」の章の研究として分類されているはずである。構成主義に関しては，その認識論的基盤を精査した中原（1994, 1995b）のような一連の研究はあったものの，上記のようなわが国の傾向があるがゆえか，本学会でも，特定の思想・認識論に関して思想・認識論的な問いを立て，それらを直接研究対象としたり，そこから派生する様々な関連研究領域を示唆したりするような，いわば，①や②に相当する研究は，相対的に少なくなっているのであろう。

もちろん，諸外国で勃興してきている数学・数学教育の思想・哲学・認識論的研究は一定程度紹介され続けており，少ないながら，そうした基礎理論の特徴的な思想や方法論に注目が集まるようになった理論はある。例えば，Wittmann の思想は，本学会に限らず広く紹介されているし（e.g. ビットマン, 2000），応用的な研究においても，教授単元や本質的学習環境の思想・方法論については，比較的詳細に検討されてきた観がある（e.g. 岡崎, 2001; 岩崎他, 2017）。また，近年では，Chevallardの教授人間学理論（Anthropological Theory of the Didactic: ATD）が，宮川（2011a）やシュバラール（2016）等を通じて広く紹介され，本学会でもATDに基づく論文，特に，世界探求パラダイムに基づくSRP（Study and Research Paths）に関する研究は，その基礎研究から（e.g. 宮川他, 2016），応用研究に至るまで（e.g. 柳・宮川, 2021）幅広く発表されているし，プラクセオロジー分析は新しい教材分析の方法論を提供している観もある（e.g. 坂岡・宮川, 2016; 袴田他, 2018; 成瀬・宮川, 2023）。さらに，数学特有の認識論ではないものの推論主義（ブランダム, 2016）に着目する一連の研究では，まずは，その数学教育学への応用可能性について検討した基礎的研究（上ヶ谷・大谷, 2019）を経て，具体的な応用研究に臨んでいる（大谷・上ヶ谷, 2019）。こうして見てみると，これらの研究は，わが国のこれまでの研究の傾向と同じく，③や④のような形で使用されることが多いものの，一定程度，その基礎理論に対する目配せとして，①に類する基礎的・理論的研究を生み出していることがわかる。

一方，別の特徴的な数学の思想・認識論を基盤にした研究としては，Sfardのコモグニション論を援用した研究（e.g. 大滝, 2014; 日野, 2019; 齋藤, 2023）や，Radfordの対象化理論を援用した研究（橋口, 2016a, b）などがあるが，これら理論に基づく研究は，やはりわが国の多くの研究と同じく，③や④のような形で研究が進行している観があり，両氏独自の思想・認識論を精査し，それを発展させるような研究にはいまだ至っておらず，研究の余地が残されているように見える。例えば，コモグニション論の研究には，Sfard（2008）でも示唆されている「アイデンティティ」（e.g. Heyd-Metzuyanim & Shabtay, 2019）や「脱儀式化」（e.g. Nachlieli & Tabach, 2022）など，いわば，②に類する研究領域があるが，これらはわが国ではいまだ発展途上の観があり，今後のさらなる研究が期待されるところとなっている。

このように，当該研究領域の思想・認識論的基盤を掘り下げるような基礎的研究が比較的少ないという問題は，現実的には，研究テーマの細分化・多様化に伴う研究コミュニティの小規模化の問題や，具体的な授業・実践等との照合を好むというわが国特有の研究志向の問題も絡んでいるのかもしれない。しかし，「総じて，数学の哲学ないし数学教育哲学の欠落ないしは不備は，とりわけわが国の数学教育研究上の，最もゆゆしき問題の一つである」（p. 1）という30年前の平林（1993）の指摘は，現在でも数学教育学研究における大きな課題として指摘されるところであろう。

第２章
目的・目標論

1　はじめに

本章では，数学教育の目的・目標論について，全国数学教育学会の前身である中国四国数学教育学会，西日本数学教育学会からの研究の歴史的経緯を中心に辿る形で議論を進めたい。1970 年代から 1980 年代にかけての目的・目標論の問い直し，1990 年代から 2000 年代に盛んに議論された Wittmann の数学教育論，経済協力開発機構（Organisation for Economic Co-operation and Development: OECD）の「生徒の学習到達度調査」（Programme for International Student Assessment: PISA）を契機とする数学的リテラシー論，2010 年代からは価値観や生涯学習論の研究が推進された。以下では，これらについて，本学会の先行研究を概観し，考察するとともに，この分野の研究の今後の課題について述べる。

2　これまでの研究の概観

2.1　数学教育の目的・目標論

石田（1978）は，1970 年代後半の数学教育の現代化運動に対する反省や批判は，算数・数学教育の目的や意義の問い直しを迫っているとして，現代化運動に関連する国内外の小平邦彦，Klein などの数学者，Dienes などの心理学者，竹内啓，平林一榮，Gattegno，Steiner などの数学教育学者が主張してきた数学教育の目標論を，実用的目的，陶冶的目的，文化的目的の三つの観点から検討し整理している。

さらに石田（1980, 1981）は，この陶冶的目的に関連して，現代化運動時の昭和 43 年の学習指導要領の目標として明示された「数学的な考え方」について，明治・大正時代からの「数理」「数理思想」の言葉の出現にまで遡って，その背景や経緯を数学教育史的に考察している。その上で，現代化後の昭和52年の学習指導要領公示時点での「数学的な考え方」を育成することの意義について，実用的目的，陶冶的目的，文化的目的の三つの観点から検討し整理している。また，陶冶的目的に関連して，日本での「形式陶冶論争」を数学教育史的に考察し，主要論者の目的論を検討し，形式陶冶説否定論者も条件付き形式陶冶論を否定しているのではなく，むしろその条件を強調しているのであり，肯定－否定論者の違いは，目標論に対するアプローチが主観的・理念的であるか客観的・現実的であるかの違いであったと分析している。そしてこの二つのアプローチをどう止揚するかが今後の数学教育学に期待されているとしている。

上掲の論文において，石田は，数学教育の文化的目的を「面白い」「美しい」「知的満足感」「知的喜び」を経験させることであるとし，現代化における文化的目的の重視の背景にGattegnoやSteinerなどの「活動主義」数学観があることを指摘している。その「活動主義」数学観から，「数学化」の活動が，数学的概念や知識・技能を獲得するための効果的な手段ではなく，数学教育の目的そのものであるという考え方を明確に主張したのはFreudenthalである。この考え方は，Wheelerの「数学教育の人間化」の提言に取り入れられている。このことを佐々木（1985）は，平林一榮の解釈を参考にしながら「人間化」の意味を「数学化」が，子どもの意識性に基づき主体的に展開されることであると解釈し，さらに，「パトスの知」の面からの解釈も提案している。

また，佐々木（1986）は，Wheelerの「数学教育の人間化」の提言に取り入れたFreudenthalの「数学化」の人間の活動性としての意義と目的について，Deweyの教育的価値論から考察し，「数学化」は本質的価値を目指すことであり，そのための数学教育における方策をDeweyの経験論から解釈している。

数学教育の目的に対する実用的目的，陶冶的目的，文化的目的の三つの観点からの論考に対し，平林（1981b）は，「学校数学は，どんなものが，どんな形で残るか」という問いを立て，この問いから数学教育の意義や目的を質す試みを行っている。教材内容それ自体の持っている純粋な数学的構造に着目した内部的観点と，その教材が一つの全体として他の諸内容とともにつくりなす外的構造に着目した外的観点があることを提起し，数学教育の存在意義を「学校数学で残るもの」から考えるとき，この外的観点に立たなければならないことを主張している。そして外的観点を志向するための抽象的な三つの提言とともに，一つの方策として「初等化（elementary）」をいくつかの具体的教材事例を伴って提案している。最後に，上述の問いは，普通教育における数学教育の根本的研究課題であり，数学教育の残滓（residue）の組織的調査はカリキュラム研究の基礎であると主張している。

平林のこの主張に応えるために，石田・岩崎（1983）は，大学の小学校教員養成課程の学生を対象に教員採用試験から選択した数学問題を解答させる調査を行い分析している。まず，第2次大学入学試験で学生が数学を選択したかどうかが，得点分布の有意な差として現れたことを踏まえ，残像の観点から見た種類および解答率・正答率・誤答率から各問題を整理し，問題をカテゴライズして分析・考察した結果，「学校数学で質的に残るもの」は，系列的かつ操作的な仕様の残像であることが示唆されることを明らかにしている。

この調査分析・考察では調査問題を教員採用試験から選択しており，内容は中学入試程度の数学の問題であったのに対し，岩崎（1984）は，上記に続く論考として，調査対象を同様の小学校教員養成課程の学生にしながらも，調査問題を算数に変更して調査し，比較・分析している。算数の「日常性」の立場から，上記論文での数学問題と本論文での算数問題を対象や方法の「日常性」から分類し，対応を分析している。そして，算数の残滓が数学のそれに優る決定的な要因は，解決方法が日常的であり，日常性がメタ言語として機能していることに他ならないと結論している。

このような数学教育の意義や目的を直接対象とした論考に対し，國本（1980）は，子どもの認知発達の面から数学教育の意義やあり方を問い直している。國本は，現代化の反省のために，子どもの知的発達と数学教育との関係を考察する必要があるとして，現代化推進の基盤となったと考えられるPiagetの認知発達論とそれを厳しく批判していたソ連の心理学者Davydovの認知発達論を比較・考察している。特殊で具体的な知識の習得が先か，一般的・抽象的知識が先か，あるいは，理論的知識の形成は経験的一般化によるのか，理論的一般化によるのか，という両者の対立点は，現代化での数学教育方法論において，Piaget心理学と数学教育学者のFreudenthalやGattegnoとの対立点の基礎になっていることを示唆し，現今の知的発達の段階説を絶対視することなく，むしろ複雑さを認識し，統合的に考察すべきことを主張している。

この経験的一般化による理論的知識の形成の可能性に深く関わって，山本（1985）は，概念が具体的対象や操作の抽象化によって形成されるという概念形成論を批判的に検討している。そして，抽象化によって新しい「概念」が主体の内部に形成されると捉えることは，論理的循環に陥ることを指摘し，それを解消するには，他者との相互交渉を認識活動の不可欠な契機とみなければならないと主張している。

1980年代の終わり頃，和田（1988）は，石田の論考で示された目標論の三つの観点に対し，実用目的，文化目的，教養目的，陶冶目的，学問目的，学習の感動目的の六つの観点から目標論を考察し，ICMIが1986年に発行した「1990年代の学校数学（School Mathematics in the 1990s）」で提起されている学校カリキュラムへの数学の位置付けの四つの方向との関連を整理している。そして，小学校・中学校・高等学校・大学のカリキュラムへの数学の位置付けの違いを各目的の割合の違いとして整理できると主張している。

数学教育の目標論についての直接的論考が1980年代には盛んになされているのに対し，1990年代はほとんどなされていない。2000年代に入り，エスノマスやストリートマスの研究が進められ，非ヨーロッパ的数学の存在や非学校形式での数学的知識の獲得が知られるようになり，地域文化や社会活動が数学の形態や認識に根本的影響を与えることが認識されてきた。また，OECDのPISA調査のように数学教育が国や社会の経済活動に与える影響が注目されるようになると，数学教育の目標論として，その社会的貢献が問題視されるようになった。﨑谷（2000）は，この方向から目的論を考察し，Nesher，Skovsmose，D' Ambrosioらの論考をもとに，社会の平和と健全な発展が維持されるためには，社会的自己制御能力の育成が必要かつ重要であり，その育成に数学教育が貢献できることを同定している。そして，数学教育で社会的自己制御能力を育成すること，その意義が社会で共有されることが数学教育の存続にもつながると主張している。

その後，1990年代以降の多様化した価値観の社会的受容やインターネットの急速な拡大とあらゆる分野への浸透による高度情報化社会の中で，客観性のある比較調査を行おうとしている，OECDがその教育評価の対象を数学的リテラシーと定義して明確化していくこととなる。それを契機として，森山（2016）は，数学教育の陶冶的な価値の不易と流行を改めて考察するため，Perryの数学教育観を再考し今日的意義を論考している。Perryの数学教育の有用性の視点は数学的リテラシーに同定されるものであり，Perryの数学教育観における学習者の知的な独立という点は，Freudenthalの数学化やオランダのRME（Realistic Mathematics Education）プロジェクトの理念に通じ，今日的意義を持つものであると主張している。

2.2 Wittmannの数学教育論

数学教育学をデザイン科学（design science）と見るWittmannの基本的考え方は，1974年の著書で初めて示されたが（Wittmann, 2021），この学問観を論じた論説は，はじめ1992年のドイツの数学教育学誌に掲載され，さらにそれを改訂増補して *Educational Studies in Mathematics* 誌に掲載された（Wittmann, 1995）。Wittmannは，1990年代まで，デザイン科学としての数学教育学の核心を数学的教材で構成される教授単元（Unterrichtsbeispiele; Teaching Units）の開発であると主張してきたが（Wittmann, 1995），2000年代の論説ではこの考え方を発展的に昇華させ，教授単元から生み出される学習場を「本質的学習場」（Substantial Learning Environments: SLE）と呼んで，そのデザインが数学教育学の核心であると主張するようになった（ミューラー他, 2004）。学習場（situation）が数学的教具や教材によって生み出されるという考え方は，現代化時代における新しい構造的教具の開発に関わる論考にも見ることができるが（平林, 1973），Wittmann はこの考え方を明確化し，教授単元が「本質的学習場」となるための四つの条件を提示している。

Wittmann の教授単元については，平林や國本が 1980 年代から注目している。Wittmann の教授原理は，教授単元によって数学的活動を誘発し，発展させることで，数学を生み出す力とその美しさをすべての子どもに獲得させようというもので，従来の数学教授法の主流をなしていたアトミズム，分析主義，ドリル主義に対し，パラダイム転換を迫るものであった。Wittmann は Müller とともに 1987 年に Mathe2000 プロジェクトを創設してこの新しいパラダイムによる数学教育の改革を進め，2000 年に日本で開催された ICME9 の全体講演でその基本的考え方を Developing Mathematics Education in a Systemic Process と題して主張した。この講演原稿は，湊によって Systemic Process を「生命論的過程」と妙訳され，日本数学教育学会誌に翻訳が掲載されている（ビットマン, 2000）。

2002 年から Mathe2000 プロジェクトの成果として小学校算数教科書 *Das Zahlenbuch* が出版されるようになると，この教科書の紹介とともに Wittmann の教授原理についての論考が全国数学教育学会で盛んになされるようになる。國本（2007, 2009）は，Wittmann の提唱する教授原理は生命論に立つものであるとし，「生命論－機械論」，「活動（創造過程）としての数学－結果としての数学」という従来の数学教育観の根本にある思想や数学観と対比させてその特徴を考究している。*Das Zahlenbuch* について，國本（2004, 2010）は，編集の基本理念を解説し，その基本理念に基づいて数学の基本的アイデアが算数教科書の具体的教材や問題構成としてどのように具現化しているかを詳説している。特に，計算式の数を組織的に変化させ，パターンのあるように並べる構成（「美しい包み（Schöne Verpackung）」と呼ばれる）や，個々の問題がその解決や結果について互いに支え合っているような問題構成で「計算しながら問題解決し，問題解決しながら計算する」というような練習を「生産的練習（productive practice）」と呼び，それは構造化された練習であり, Zahlenbuch の特徴的な練習方法として紹介している。また, Zahlenbuch には，数の世界で，式相互の関係を探究し，パターンを発見し，それが成り立つ理由を説明しようとする「構造指向」の問題だけでなく，子どもたちの身近にある生活場面や環境を取り上げた「応用指向」の問題も多く設定され，そこに常にパターン（構造）を見るという眼を育てようと意図しており，これは「算数による環境解明」という構造指向と応用指向の調和が図られていると分析している。Wittmann自身は，TIMSSやPISAで測定される能力については否定的であり（ミューラー他, 2004），子どもが数学を創造する活動（数学化）とその美しさを経験することに数学教育の本質的価値を置く立場から，PISAの提起する「数学的リテラシー」については言及することはなかった。しかし，Zahlenbuchで示された構造指向と応用指向の観点は，後の数学的リテラシー論者に取り入れられることとなる。

Wittmannの数学教育論は，思弁的な論述に終始せずに理論を具体化した教材（教授単元）や算数教科書とともに提供されている。それゆえ，多くの実践的研究者が注目するところとなり，教授単元を活用した教材研究や授業デザインの研究は以後，盛んになされるようになった。

2.3 数学的リテラシー論

2000年代の目標論では，OECDのPISA調査による「数学的リテラシー」に対する議論が中心的に展開されている。数学的リテラシーとは何なのか，数学的リテラシーをどのように育成するのか，このような視点でそれぞれの議論が展開されることとなる。

数学的リテラシーの捉え方について，阿部（2006）では，佐藤（2003）が提起するリテラシーである教養と識字を視点とし，OECD・PISAの数学的リテラシー，AAAS・SFAA（American Association for the Advancement of Science・Science for All Americans）の科学的リテラシーを整理し，今日的なリテラシーとして教養的リテラシーが求められることを論じている。阿部（2008）では，数学的リテラシーとしての数学の方法的側面に着目し，Pollak（1970, 1997, 2003）や三輪（1983）の数学的モデル化，Freudenthal（1968, 1983）の数学化，Lange（1987）の数学化や島田（1995）の数学的活動を，数学を応用する方法，数学を探究する方法，その両者の包含という視点から分類している。この捉え方を基に，阿部（2010）では，Wittmannの「応用指向と構造指向」（ミューラー他, 2004）という区分を援用し，数学的リテラシーとして「応用指向」，「構造指向」，「応用指向と構造指向の接続」という論者の立場を区分している。

このように，OECD・PISAに端を発した数学的リテラシーの議論では，PISAの数学的リテラシーをそのまま適用してはいないことに留意すべきであろう。Wittmannが「応用指向」，「構造指向」という区分を用いているのはPISAの数学的リテラシーに傾倒することへの危険性に対するものであり，その著書のタイトルは「PISAを乗り越えて」である（ミューラー他, 2004）。このように，これまでの数学教育の目標論を振り返り，今日的な目標のあり方を，PISAを契機に再考している。そのようにみれば，上記の國本（2007）の生命論に基づく数学教育論は，一つの数学的リテラシー論といえる。それは，応用指向を軽視しているわけではなく，構造を指向する中で応用することができるようになる，という立場であり，あくまで「指向」であることに留意が必要である。また，阿部（2010）では，応用指向を強調する中で構造指向と応用指向との接続の重要性を述べている。このように，応用指向と構造指向の両者が，数学教育の目標として重要であることは明確であるが，これまでの主たる目標であった「数学的な考え方」が構造指向的な側面が強いことに対する反動として，PISAの応用的側面の見直しが行われてきた，と解釈できる。このような教育の目的・目標に関する動向は，数学教育のみならず，むしろ教育全体の動向として見ることができる（cf. OECD, 2004; AAAS, 1989; 科学技術の智プロジェクト, 2008）。

上述のような総論的なリテラシーの議論に対し，その後は，統計的リテラシー（大谷, 2018b ; Fukuda, 2020），確率の視点からのリスクリテラシー（石橋, 2018）といった領域から見たリテラシーの議論へと展開している。大谷（2018b）では，統計的リテラシーを不確定な事象の読解と探究において，合理的に意思決定するために不可欠なものの総体とし，能力ベースのカリキュラムについて論じている。また，Fukuda（2020）では，今日的なリテラシーを背景として，統計教育カリキュラムのあり方を検討している。また，石橋（2018）では，確率の視点から，社会における意思決定能力としてリスクリテラシーの教育内容について検討している。そこでは期待値・期待効果・決定木の三つの教育内容を同定し，それらを階層的に位置付けている。

さらに，Computational Thinkingをリテラシーとして捉える論考（上ヶ谷他, 2019；影山他, 2020）は，コンピュータ利用やプログラミングに対する数学教育のあり方を拡げ得るリテラシー論といえる。上ヶ谷他（2019）では，Computational Thinking（CT）とMathematical Thinking（MT）との関係を論じており，CTとMTとは重なりが大きく，文脈によってCTあるいはMTが顕在化しうることを指摘している。影山他（2020）では，リテラシーの3観点（認知的・物質的・社会文化的）によって，リテラシーとしてのCTとMTを特徴付けている。さらに，数学教育において，CTとMTの互恵的発達の重要性を指摘している。

数学的リテラシーの育成についての議論においても，PISAの数学的リテラシーを一つの省察の視点とし，これまでの学習指導のあり方が再考されている。例えば，阿部（2010）や橋本（2013）では，数学を応用する文脈で，数学をどのように構成し，発展させるのかを検討している。また，濱中・加藤（2013）は，応用指向の重要性を指摘するとともに，それに傾倒することを危惧し，構造指向の探究のあり方を論じており，これも一つの数学的リテラシー育成の議論といえる。このようにみれば，これまでの問題解決学習による「数学的な考え方」の育成も数学的リテラシー育成の議論に包含され得る。「リテラシー」が目標概念として，これまでの目標論と大きく異なるのは，「社会参加」の視点にあるだろう。

2.4 数学教育における価値研究

日本の数学教育では，現在の「数学的な見方・考え方」の強調にみられるように，古くから「数学的な考え方」の育成が教科「数学科」として数学を学ぶ第一義として挙げられてきた。オープンエンドアプローチ（島田，1995）は日本の数学教育研究が生んだ世界に誇る伝統的な指導法であり，それは今もなお今日的な授業改善の不易な指針として位置付けられよう。その一方で，2000 年代初頭，「数学的リテラシー」概念が，数学的価値観に加え，社会性や市民性といった社会に関する健全な価値観を強調するようになり（水町，2015；OECD，2018），市民的教養としての数学のあり方が問われることとなった。その頃，数学教育における問題解決に価値的側面を取り入れたのが馬場（2009）による社会的オープンエンドな問題である。馬場は，社会的オープンエンドな問題を，「数学的考え方を用いた社会的判断力の育成を目標とした，数学的・社会的多様な解を有する問題」（馬場，2009，p. 52）と規定し，教室における従来の数学的問題解決に子どもたちの社会的価値観の顕在化を求めた。社会的オープンエンドな問題は，その後，島田・馬場（2013）によって初等教育の文脈で授業実践研究が蓄積され，中等教育の文脈においてもその実践が広がっている（圓岡・服部，2023；服部他，2023）。

社会的オープンエンドな問題の理論的背景には批判的数学教育（Skovsmose，1994）の視座がある。馬場（2003）は数学教育と社会の関係性を民族数学と批判的数学教育の観点から批判的に分析している。民族数学は，ICME 第 5 回大会（1984）でブラジルの数学教育者 D'Ambrosio が命名したもので，数学が人間の知的営みの成果であるという意味で，文化性を持っていること，数学は西洋にしか存在しないという文化に対する知的な抑圧への対応から生まれたものである。そして，批判的数学教育（Skovsmose，1994）については，Adorno による批判的教育学を数学教育へ展開した理論であり，社会正義のための数学教育とも換言され，その理論は今日的にも議論が展開されている（Skovsmose，2022，2023）。Skovsmose が提唱する批判的数学教育は，社会における抑圧や排除，搾取に対し，教育的なアプローチを通じて対処することの重要性を強調し，社会正義を追求すること，生徒に新たな可能性を開くこと，あらゆる形態の抑圧に対し，数学を批判的に扱うことを特徴付けている（Skovsmose，2020）。批判的数学教育では社会的文脈の強調のもとで，批判的市民性の育成が目指されるところにその特徴があるといえよう。Bishop（1988）により数学教育において価値観を取り上げる必要性が指摘されて以来，価値観を認知面，情意面に次ぐ研究上の第三の焦点とする国際比較調査研究やそれに付随する研究もまた盛んに行われるようになった。「第三の波」（Seah & Wong, 2012）に関する調査研究（馬場他, 2013）や，数学教育における生徒の価値観形成に及ぼす教師の影響に関する研究（木根他, 2020）はその典型的なものであり，近年では生徒の多様な価値観が存在する数学授業における教師の対応や生徒の価値観形成への影響に関する先行研究の知見を整理するため，「価値観アラインメント」の概念に着目した研究も推進されている（木根, 2022）。

2.5 生涯学習

人生100年時代ともいわれる今日，学校を卒業して社会人になった後も学びを重ね，新たな知識や教養を身に付けること，生涯にわたって学びを続ける生涯学習の重要性はより一層高まっている。数学の生涯学習に関する研究は2000年よりその蓄積が見られるようになった。

モーモーニェン（2003）は，家庭において大人も子どもと，一緒に数学をすること（Doing mathematics）を楽しむことのできる具体的な素材を提供するFAMILY MATHプログラムを中心に，数学教育として，生涯学習における役割の分析を行っている。モーモーニェン（2003）は数学教育の中で重要なことは，個人差，性別，社会的強弱，民族差異などに関係なく，すべての子どもに数学の基礎を通じて現実社会で要求される数学的な基礎と基本が身に付くような努力をすること，そのために教材やカリキュラムの開発に工夫が必要で，社会全体で数学に取り組む環境を作り出すことが教育の重要な役割であると述べる。

その後，日本数学教育学会第1回春期研究大会において，学会指定課題研究「生涯学習を目指す数学教育の構築」（渡辺, 2013）が展開され，以降，わが国の数学の生涯学習研究も飛躍的に研究が推進されることとなった。迫田（2020）は，数学の生涯学習論における数学の定義が一般市民に受け入れられず，研究の中だけでの議論になっていること，そして数学観の差異を同定すること自体が不明瞭であるとの問題意識から数学の生涯学習論における個人の数学観を捉える理論的枠組みを構築している。その上で，迫田（2021）では，この枠組みを援用し，数学の生涯学習論において個人の数学観がどのように研究対象となり得るのかを検討している。その結果，数学観を「数学学習の経験の中で確立された「数」の意味であり，個人の活動や思考を方向付けるもの」と定義した上で，その数学観は《状況依存性》により，「複合体としての数学観」と考えられること，また，個人の数学観に着目することで研究対象が「数学の」生涯学習であることを保証するという示唆を得ている。そして，上ヶ谷他（2023）は，数学の生涯学習研究の累積が一定程度認められる今日，素朴な意味で用いられてきた用語の意味を理論的観点から反省し，精緻化する必要性を指摘した。上ヶ谷他は，数学の生涯学習において「教師」概念を理論的に精緻化することを目的として，In School と Out School の概念に基づく従来の見解を超え，主体的な学びと教師に依存した学びの違いが重要であることを指摘した。制度上の「教師」が存在している場合でも，互いを尊重し合う学びの姿勢があれば主体的な生涯学習が発生し，逆に制度上の「教師」が不在な環境であったとしても，受動的な学びの姿勢がある場合は誰か教えてくれる人に依存した学習になり得ることが述べられている。

3　議　　論

ここでは，上述した研究のうち，数学教育の目的・目標論に関する研究，リテラシーに関する研究，数学教育における価値研究に焦点を当て，考察を行う。

目標を論ずるとき，実用性，陶冶性，文化性の三つを大枠の観点として立てることは，教科教育研究においては，1970 年代以前から一般的に妥当なことと認識されていたと考えられる。1970 年代中頃，Griffiths と Howson は，現代化運動によって世界的に論じられるようになった多様な目標論を整理している（Griffiths & Howson, 1974）。それは，平林の要約に従うと次の四つである。

1. 数量的観念を伝達する手段，つまり一種の言語としての数学
2. 論理的推理の訓練の場としての数学
3. 諸科学の研究に必要な道具としての数学
4. それ自体一つの研究としての数学

2 は陶冶的目的，3 は諸科学の研究だけでなく日常生活でも有用な道具としての数学とすれば実用的目的に対応し，4 は文化的目的に対応する。1 の言語としての数学は，実用的目的に含まれるとも考えることができるが，イギリスの国家的数学の有用性調査の Cockcroft レポートでコミュニケーションの手段としての数学が注目され，今日の教育において対話やコミュニケーション活動を重要視する状況を考えたとき，1 の観点を独立して立てて考察されなかったことは残念であり，また，今後の重要な課題であるといえよう。

石田の論考（石田, 1978, 1981）は上述の 3 観点からなされ，さらに，陶冶的目的

に関連して「数学的考え方」と「形式陶冶論争」が考究されている。また，文化的目的に関連して，佐々木は，Freudenthalの「数学化」の数学教育における意義について，Wheelerの「数学教育の人間化」やDeweyの教育的価値論から論じている（佐々木, 1985, 1986）。和田の整理した，実用目的，文化目的，教養目的，陶冶目的，学問目的，学習の感動目的の六つの観点（和田, 1988）は，石田の3観点と同じ用語を使っていてもずれがあることを認識しておく必要がある。例えば，石田の文化的目的は，和田の文化目的の社会全体の文化や文明を維持することを目的としているという意味ではなく，むしろ和田の学習の感動目的に対応する。このように同じ用語を異なる意味で使い，論考を進めることを，意味の多様化・豊富化として肯定する考え方も承知しながらも，不要な誤解や混乱を避けるために，できるだけ先行の研究を尊重して意味の違いを明確化して使うか，異なる用語を使うべきであると考える。なお，和田の意味での文化目的としての数学教育の意義については，﨑谷の数学教育による社会的自己制御能力の育成という形で論考がなされている（﨑谷, 2000）。

平林の提起した「学校数学は，どんなものが，どんな形で残るか」という問いから数学教育の意義や存在を考察する試み（平林, 1981b）は，石田・岩崎（1983）の調査分析として展開している。これは平林の主張する市井の人を対象とした調査ではなく，教員養成の大学生を対象とした限定されたものではあるが，このような客観的数値による分析・考察は貴重な研究といえるであろう。ただし，調査問題に，平林の主張する外的観点を問うものがなかったことは指摘しておくべきである。数学教育の意義や目的の考察にあたり，認知発達に関する心理学的に対立した議論を基にした國本の論考（國本, 1980）や概念形成論の批判的検討からなされた山本の論考（山本, 1985）は，数学教育研究者に目標論から安易に学習指導法を示唆することはできないことの自覚を促す点で，大変重要で価値ある論考である。

次に，2000年代からの数学的リテラシー論を見てみよう。数学的リテラシーがどのような現実場面と結びつくのか，また具体的にどのような能力が数学的リテラシーの概念を表しているのかを考える場合，その意味は非常に多義的である。その理由としてJablonka（2003）は，「数学的リテラシーを促進する提唱者の価値観や論理的根拠によって変化するからである」（p. 75）と述べている。そこでJablonkaは数学的リテラシーを捉える際に，以下の五つの視座を設けて，それぞれについて批判的に考察している。

①人的資本の開発のための数学的リテラシー
②文化的アイデンティティのための数学的リテラシー

③社会変化のための数学的リテラシー
④環境への意識化のための数学的リテラシー
⑤数学を評価するための数学的リテラシー

この視点において，OECD・PISAの数学的リテラシーは①に区分されている。これはOECDという組織が「経済」を基盤としてリテラシーを捉えているわけなので，その意味で当然といえば当然といえるが，「教育」の視点から見ると，人的資本（human resource）のための数学教育に傾倒することには注意が必要であろう。さらにいえば，科学者，数学者養成という「学問」，さらに形骸化した「大学入学」の視点のみに傾倒することには注意が必要である。現在の学習指導要領における「資質・能力」論も，OECDのコンピテンシーの影響が大きいと考える。それは，これまでの数学の構造を指向することの強調を反省するという点では機能する一方で，矮小化したキャリア教育に陥らないことが肝要といえる。社会参加能力としてのリテラシーのあり方は多様であろうし，教育が時間と空間の従属変数であることを前提とすれば，常にリテラシーのあり方については検討する必要がある。

そして，2010年代からは子どもたちの多様な価値観を重視した数学教育研究が理論的にも実践的も盛んに展開されるようになった。数学教育におけるこれまでの問題解決を中心とした授業では，子どもたちの価値観の取り扱いは「ノイズ」として回避される傾向にあった（飯田, 1995）ことに対し，社会的オープンエンドな問題では，むしろその価値観が問題解決に活かされ，数学を用いた社会的判断力の育成が目指されている。今後はよりVUCA（予測困難で不確実，複雑で曖昧）な時代に入るともいわれ，また急速なスピードでAIが台頭する今日社会においては，人間固有のコンピテンシーが問われ，教育の中で倫理や価値観をどのように扱っていくかがこれからの教育の重要な焦点であるともされている（白井, 2020）。異なる価値観を共有すること，互いに尊重し合う態度を醸成すること，自らの価値観を振り返り，見つめ直すことなどは人間の強みそのものともいえ，そのような多様な価値観に基づく数学的問題解決の様相を明らかにすることは，今後の数学教育の目標論を考究する意味でも，さらなる研究推進が待たれるところである。批判的数学教育の視座では，数学を社会を読み解く有用なものとして位置付ける一方で，数学が危機を描写・構成・整形する可能性をも持つことをも示唆している（Skovsmose, 2023）。数学は現実や社会を理解するための強力なツールとして機能する一方で，上述した危機をも構成する二面性を持つ。われわれに求められるのは，この両面性への理解と，数学を慎重かつ適切に用いることで公正で責任のある意思決定を行うことであろう。その意味で，別府・岡崎（2024）では数学的リテラシーが目指す社会参加を，数学の使用による社会への「同化・適応」のみではなく，その使用に対してメタ的に「批判・変革」していくこととして捉え，数学的リテラシーの定義を再構築するための視点を明らかにすることを試みている。別府・岡崎は，子どもたちが自他の数学的知識の道具としての使用に対して，単純化や仮定の設定などの問題設定の妥当性，倫理や価値観に基づく判断といったメタ的視点から，批判的に検討する側面の重要性を指摘した。社会の変化は希求される能力の変化に対応することを鑑みれば，新たな数学的リテラシー像もまた同時に更新され続けることになるであろう。

4　残された課題

ここまで，数学教育の目的・目標論の研究動向を概観し，議論してきた。以下では，今後の研究において取り組むべき残された課題について述べる。

数学教育の目的・目標論を論ずる枠組みとして，実用，陶冶，文化等の用語が使われてきたが，前節での議論の通り，これらの用語の意味規定は論者により「ずれ」がある。不要な誤解や混乱を招かぬようこれらの用語の意味の共通理解を図り，意味規定の統一化・明確化を図る必要がある。また，目標論を論ずる枠組みとして，Cockcroft レポートで強調された，言語としての数学，コミュニケーションの手段としての数学という観点は，数学の表記性，特に記号的表記とも関わって，数学教育に固有な特徴的なものであり重要な観点である。数学的表記によるコミュニケーションに関わって，山本（1985）は，経験的一般化あるいは具体的対象や操作の抽象化によって概念が形成されるという安易な図式を批判的に検討し，その認識過程における他者との相互交渉を必須の契機とみなければならないとしている。数学的認識の根本的契機としてコミュニケーション的目標の可能性や意義を改めて論考することは，価値ある課題といえよう。國本（1980）では，その認識過程において経験的一般化と理論的一般化は二者択一的ではなく統合的に考察すべきことを主張している。そのような複雑性を考慮した数学教育の目標論や学習指導方法の考究が課題として示されている。

ここで，今日，数学教育の目標論として重視されている「数学化」や「数学的活動」といったキーワードに目を向けると，佐々木（1986）が指摘しているように，Freudenthal の「数学化」は，数学の本性を活動性で捉える数学観から導かれた数学教育の本質的目的そのものである。「数学化」や「数学的活動」を数学的資質・能力を育成するための効果的な方法論としてではなく，数学教育の目的そのものであるという捉え方から「数学化」や「数学的活動」の意義や価値を今一度再考することが必要である。

さて，平林（1981b）の提起した「学校数学は，どんなものが，どんな形で残るか」という問いから数学教育の意義や存在を考察することは，石田・岩崎（1983），そして岩崎（1984）によって，対象を大学生に限定した調査研究のもとで一応の遂行がなされた。その一方，調査問題そのものは既成の問題で外的構造に着目した外的観点を取り入れた内容ではなかった。その意味では，外的観点を充分に取り入れた内容で，広く市井の人を対象とした調査研究は今後も期待されるところである。

次に，リテラシーやコンピテンシー論における課題を指摘する。これらの議論では，数学の方法的側面の重要性が指摘されるが，その育成の段階やプロセスは明確とはいえない。例えば，各学年でどのような能力や方法の育成を求めるのか，各学年で何ができるようになるのか，なぜそのようにいえるのか，これらについての論理は明確ではない。また方法と内容は不可分であり，数学的内容とどのように関わるのかを明確にすることが期待される。

数学教育が現代社会における多様な価値観と高度情報化へどのように応えるかは，重要な問題である。﨑谷（2000）が指摘するように，数学教育が社会的自己制御能力の育成にどのように貢献できるのか，また，ICT，AI，DX などの技術をどのように活用し，深化・発展させるべきかが問われている。今日の数学教育の社会的転回の観点からも，数学教育と社会との関わりにおいて生じる倫理的問題への対応など，今後は，社会正義や社会的公正性の観点からの多様性と包括性を重視した数学教育の目的・目標論の再構築が求められる。

第3章

研究方法論

研究デザインの枠組み

1　研究方法論

1.1　はじめに

研究方法論の明確化は，数学教育学に携わる研究者が研究全体のプロセスを意識化し，概念化する自己省察の試みであり，これを通して知見を確かで有用なものにすることを目指している。われわれは，数学教育学を「数学教育の科学」という固有のテーマを扱う独立した学問として確立するために，数学教育に関わる未解明な現象について，そのメカニズムを探究し，できる限り十分に説明できることを目指し，同時にそれを遂行する上での研究方法論の開発に取り組んでいる。数学教育の中に現れる現象を客観的に分析・考察し，その原因や展開を数学教育に関連する諸要素と関連付け，数学の指導や学習がいかに生じるのかといった数学教育の営みを理解する上で，数学教育固有の研究方法論の確立は不可欠である。

学問としての数学教育学の成立には，対象と方法を特定することが必要である（平林, 1990）。数学教育学の研究対象は，統制された実験室研究によって単純な認知的現象を探究する領域の時代から，情意，文脈性，文化性の面を研究に取り込み，複雑な社会的環境における思考と学習の詳細なモデル化が可能な領域へ進化してきた。こうした研究対象の進展に伴い，方法論自体も多様化と進化が繰り返されている（De Corte et al., 1996; Schoenfeld, 2002; 岡崎, 2007; 関口, 2010a）。

研究方法論の選択は数学教育に関わるどんな現象を明らかにしようとするかに依存し，研究方法論は多様に存在している（Kelly & Lesh, 2000；関口, 2010b）。ただし，平林（1990）が，教科教育学の多くが実験心理学からの借り物のような方法論を採ってきたという反省に立って，「教室において，授業という形態を通して行われるところに，教科教育学の研究方法の固有性がある」（p. 41）こと，「教室状況での研究法を定式化する仕事，とりわけ教科の固有性に立った授業研究法を開発することと，その中に学校の教師を研究者として加え，教師を含めた教科教育学に固有な研究方法を定式化することが，教科教育学成立のためにわれわれのすべき努力である」と述べたことは，今日に至るまで課題であり続けている。数学教育学が，「数学教育」すなわち算数・数学の授業を主たる対象とする学問であるとするなら（中原, 1995b），授業の複雑さや多面性，さらには時代に応じた変化や発展ゆえに，これを捉えるための方法論の開発は常に進行中のものといえるかもしれない。

本章ではまず，研究方法論の全体的な意味や位置付けを示すことから始め，数学教育学の理論的研究と実践的研究としてどのような研究がなされてきたかを明らかにし，代表的な研究方法である量的研究と質的研究の方法論を事例とともに説明する。最後に，新しい研究方法論の開発の方向性について言及する。

1.2　研究方法を明確化すること：研究の全体的な意味

どんな実践的研究も，程度の差はあれ理論的仮説と関係する（Schoenfeld, 2007, p.70）。最も単純な観察やデータ収集さえも暗黙的または明示的な理論的仮説のもとで行われる。また，理論は何らかの価値を内包しており，したがって問いを形づくること，データを収集することにも価値が関わる。

Schoenfeld（2007）は，実践に関わる研究を現実世界の状況，概念的－分析的モデル，表現システムの三つの間のモデル化のプロセスとして説明している（(A) 現実世界の状況 →（B）概念的－分析的モデル →（C）表現システム →（D）表現システム →（E）概念的－分析的モデル →（F）現実世界の状況）。

まず，現実世界の状況において調べたい現実を捉えるために，概念的－分析的モデルを明確化する（(A) → (B)）。概念的－分析的な枠組みやモデルを創造し，使用し，洗練させることによって，現実状況の中のある側面に注目することができる。そしてそれらの面についての仮説を生成する。次に，概念的モデルの諸側面を表現システムの中で捉えていく（(B) → (C)）。量的な研究では，目的に応じて，ある要素が数値化され，質的研究でも同様に発言をラベル化する等の手順が実施される。さらに表現システム内での分析が実行される（(C) → (D)）。統計的処理はその典型であり，質的研究においてもデータから結論に導くための手法が施される。形式操作の結果は再び概念的モデル内で解釈される（(D) → (E)）。最終的に，それまでの分析を関心のある状況へ返し，解釈することによってもともとの状況について推測がなされる（(E) → (F)）。量的・質的方法それ自体の適用に熟練する（特に（C）から（D）への道）だけでは結果の解釈が有用だという保証はない。有意味な報告は（A）から（F）までのすべての道筋を尊重しなければならない。

一連の研究を論文としてまとめる上で，Niss（2019）は典型的な論文が，1）研究テーマ，存在理由，背景，2）理論的枠組み，3）方法・方法論，4）結果・知見，5）議論・結論，6）教育上の含意，から成り立っていると述べている。テーマに関連する文献レビューでは，論文で報告される研究を既存の研究状況に位置付け，研究の立ち位置を明確にする。そして基礎となる哲学や研究の本性・背景に応じてリサーチクエスチョンを述べ，研究目的へのコメントも加える。理論的枠組みでは，概念，用語，視点を整理し，後のデータや分析を意味付ける視座や視点を明らかにする。方法・方法論では，データ作成，収集の手段がどのように研究に用いられ，データ分析がどのように行われたか，その過程で生じた問題がどのように解消されたかを説明する。結果・知見では実証的な説明や証拠を提示し，最初の研究上の問いに対する解決と解釈を行う。それを受けて，議論・結論では，知見の範囲，妥当性，強固さ，弱さ，限界を含めて，新しい知識や洞察をまとめる。最後に，教育上の含意として，将来の研究の見通し，新しい問い，新しい文脈への研究法の適用を述べる。ただし，単に研究の手続きや論文の形式に則ることが重要なのではなく，研究内容の意味や意義，適用範囲等を十分に伝える努力として，研究は形づくられるということは意識されるべきである。

1.3　研究方法論の位置付け

(1) 哲学と方法論

われわれのデータ解釈には一定の価値が含まれており，方法と哲学・思想の関連性は顕在化される必要がある（Schoenfeld, 2002; Cobb, 2007）。例えば，実証主義のパラダイムは，実験的・統計的な方法がとられ，科学的方法の模範と考えられてきたが，統計的手法をとる以上，ある条件一行為のリストを作成し，人間を心理学的属性の集合として捉えることになる（Cobb, 2007）。そうした点で，問題解決者（生徒，生徒集団，教師，学校）の進化的で複雑な様相を捉える上では適さない面がある。構成主義では，教授実験の方法論が採られる（Steffe & Thompson, 2000）。仮説の定式化，実験的検証，仮説の再構成という再帰的サイクルを踏みながら，子どもの数学のモデル化が行われるとともに，モデルの生存可能性が確かめられる。一方，構成主義の中でも社会文化主義との協応を重視する社会的構成主義の立場では，数学的活動の社会的，文化的な面が承認され，認知に限定した研究には疑問が呈される（Cobb, 2000b）。つまり個人は教室の中でいかに孤立的に存在していようとも，環境から何らかの影響を受けており（Lesh & Kelly, 2000），したがって環境における社会的相互作用を前提とし，それらが個々の子どもへ与える影響を説明することへ方向付けられるべきだとする。

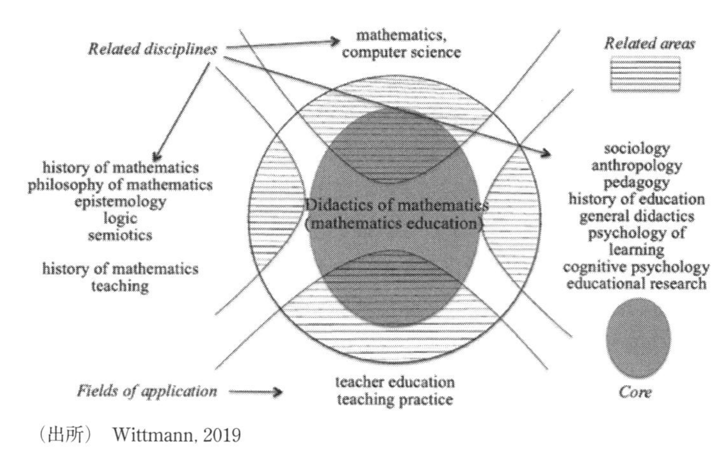

（出所） Wittmann, 2019

図 3-1 数学教育学の領域

デザインを生産的にする上で，多様な認識論的立場がある（Sierpinska & Lerman, 1996）。Cobb（2007）は，Putnam の内在的実在論の視点から，想像的ではあるが現実とされるモノそれ自体を示す大文字 R で示される Reality でなく，ある立場から見える reality に訴えて，real と扱われる現象が視座によって異なるとする概念的相対主義の立場に立ち，実験心理学，認知心理学，社会文化理論，分散認知の四つの視座を比較している。どの視座が最善であるかよりも，数学教育を捉える視座の多様性の点から，方法論は明確化される必要がある。

(2) 学問・理論と方法論

Wittmann（1995, 2019）は，数学教育学をデザイン科学として特徴付け，数学教育学が関わる学問領域（数学，コンピュータ科学，社会学，人類学，教授法，教育史，一般教授学，学習心理学，認知心理学，教育研究，数学史，数学の哲学，認識論，論理学，記号論，数学教育史）と応用領域（教師教育，教育実践）を示している（**図 3-1**）。数学教育学は，「核心（core）」での作業と関連領域の学問や理論および応用領域とが活発に相互作用を行うものとして描かれている。

一口に理論といっても，規則・原理の体系的言明，観察や実験によって確証される仮説，事実や現象を説明するアイデアや言明の図式，実践の慎重な実行を導く規範性ある言明の集合，実践上の問題についての解答など様々な意味がある（Silver & Herbst, 2007）。また，数学教育の実践にも，子ども，教師，カリキュラム制作者，研究者など様々な実践がある。そのため理論と実践の組み合わせは多様である。この複雑性に対処するには理論の役割についての基礎的理解が必要である。

Silver and Herbst（2007）は，理論を，①課題と研究，②研究と実践，③課題と実践のそれぞれを媒介する中核的なものとして示している。①の意味では，授業の中の問題を研究の問題に変換し，研究結果を解釈する役割などであり，②は教育実践への提言といった「規範性」の役割，教育実践を記述する言語としての「理解」の役割，実践や現象を「予測」する役割，研究結果を「一般化」する役割がある。Niss（2019）では，理論は，1）観察された現象の「説明」を与える，2）現象が起こりうることの「予測」を与える，3）「行為や行動の導き」を与える，4）世の中のどんな面が観察され，研究され，分析され，解釈されるかの「構造的レンズ」を与える，5）「非科学的なアプローチに対する安全装置」を与える。理論的に空虚なその場限りの経験主義から保護する，6）他の専門分野の猜疑心に満ちた同僚からの攻撃から守る，と指摘している。

理論はしばしば大きく二つのタイプに区別され，これに関しては論争も生じている（Sriraman & English, 2010）。一つのタイプはグランド理論と呼ばれ，学問の包括的な説明を与え，教育学，心理学，数学といった広大な領域内に数学教育学のアイデンティティと知的自律性を明確にすることを意図している。このタイプの理論は，数学教育関係者がその存在を自然と考える「数学的な考え方」「数学的知識」等の本性を他分野の人に説明する時に必要とされる。グランド理論の構成は，それが科学的基準（後述）をすべて満たすかということに疑問があることから，グランド理論の開発は不可能だと考える研究者もいる（Lester, 2010）。もう一つは，中範囲の理論やローカル理論といわれるもので，数学的な考え方，指導と学習のモデル，教師教育のモデルなど，様々な実践に情報を与えるものを指す。ある現象領域を概念化し，グランド理論と経験領域を媒介する位置にあり，理論と実践の往還を可能にするものとして，中範囲の理論形成の重要性がある（Silver & Herbst, 2007）。Lester（2010）の言葉でいうと，純粋に基礎研究でもなく，純粋に応用研究でもない，「使用に触発された基礎的な研究」として実現することが，数学教育学の土壌を肥やす上で重要となる。

(3) 理論と実践

数学教育学の性格が，理論と実践の統合的な研究（中原, 1995b）であるなら，これらを往還する研究方法論のあり方が考えられるべきである。Wittmann（1995）は，「実践と無関係に開発した理論が後に応用されることは生命論的理由からして凡そ絶対にない」（p. 32）ということから，研究者が実践的問題に関心を持ち，接近することが必要であるとともに，狭いプラグマティズムに陥らないよう，核心と様々な関連領域を結びつけることが重要であると指摘している。

実践の改善をしつつ，科学的な知見を得ようとするデザイン実験の方法論の開発もなされている（Cobb et al., 2003; 岡崎, 2007; 関口, 2013）。デザインが教育の重要な本性であるとすれば，実証的なデザインを考慮すればするほど，理論との整合性が常に問題となり，したがって理論開発への自然な道をつくることになる。また，実践家との協力の下で生み出されるデザインは，実践で使われる可能性を飛躍的に高める（Edelson, 2002）。理論と実践をつなぐものへの方法論的探究が必要であることを示している（e.g. Wittmann の本質的学習場の創造）。

1.4　研究の評価

研究方法論において，その質を保証する基準をもつことが重要である。実験心理学の伝統では，一般性，信頼性，妥当性，反復性等の基準が用いられているが，前述の通り，多様な哲学・価値・理論を含む数学教育学では，これらをすべての研究の基準として採用できるわけではない。特に，新しさを生み出す数学教育学研究では，伝統的基準にゆだねるのではなく，むしろ数学教育に固有な基準を再構成することが試みられている（Schoenfeld, 2007）。

(1) 一 般 性

一般性の観点は，研究の著者が，研究の知見が当てはまると主張する状況の集合に言及したものである。一つの事例をより一般的な集合の凡例としてみなせるように，一般化する努力が必要となる（Cobb, 2000a）。一般性の程度にも「主張された一般性」（研究の著者が，研究の知見が当てはまると主張する状況の集合），「含意される一般性」（研究の著者が，研究の知見が当てはまると示唆する状況の集合），「潜在的一般性」（研究の結果がもっともらしく当てはまると期待される状況の集合），「保証された一般性」（著者が，知見が当てはまる信憑性のある証拠を与えた状況の集合）が区別されている（Schoenfeld, 2007）。

特に，Cobb（2000a）は事象よりもモデルに焦点化して，一般性の基準を構想している。つまり，生じた事例を意味付けるモデルが他の事象に関しても当てはまるかどうかを吟味することが，一般性を評価することになる。こうした一般性の面は，反復可能性（Cobb, 2000a）にもいえる。反復可能性とは，生徒たちの推論の連続的パターン，および，連続的パターンの発生を支援する手段についてのものである。しかし，伝統的な意味での再現可能性や，異なる集団が同じ処遇をうける際に知見の差異を説明することは教育では不可能である。それよりも異なる授業での実現を通約可能にする視点や方法を発達させるべきである。つまり，モデルの使用が反復されたときに，反復可能性が議論されうる。それによって，授業の煩瑣性と複雑性を内包する改革と変化への学問的な探究を促進できる。

(2) 信 頼 性

伝統的な意味での信頼性はデータの安定性，つまりいつ誰がどこで行っても同様のデータが得られることであり，妥当性まで含めれば目的とすべきことがきちんと観察されているかを問う基準であるが，教育研究ではどの教室でも同じ現象が生じるとは考えにくい。まずは，ある主張がデータの全体集合に基礎付けられているかどうか（Cobb, 2000a），主張に対する証拠が真実に思えるかどうかが重要視される。すなわち，一部のデータのみを取り上げて主張を行うのは信頼性に欠ける。その際，「credible」（研究者が，生徒たちの経験をどのように再構成できたか），「dependable」（データの安定性：他者がデータ分析の推論を追跡し，評価できる），「confirmable」（データに根ざしている，外部の人がデータを通して議論を再構成できる）という視点が区別されている（Schoenfeld, 2007）。

信頼性を高める上では，研究方法のプロセスの意識を高めることが大事になる。まずは，先行研究に結びつける努力をすれば，知見の利用可能性が高まる。仮説を明確化すること，「検証可能な推測」の基準をたてること，分析の論理を明確化すること，体系的な報告を行うこと，他者が分析を批判できるように推論の基準を操作化する（Cobb, 2000a; Edelson, 2002）。ある理論に科学的身分を与えうるか否かの判断基準は，その反証可能性であるということもできる。また，関与する複数の人々や専門的な訓練を積んだ者による吟味や討議を何度か経ていく手続きをとり，偶然の面と必然の面を選り分けることが大切になる（Kelly, 2004）。信頼性の源は，同じ解釈や結論を支援する記述や議論の多様なラインであることから，トライアンギュレーションを行うことが推奨される。

Schoenfeld（2007）は，研究の結論の質についての信憑性を問う上で，「記述力」「説明力」「生成される主張の反証可能性」「予想の作成可能性」「予想の実現性」「研究の厳密性と詳細性」「研究の反復可能な記述」「知見の再現性，拡張性」「トライアンギュレーション」といった多様な基準を設けている。例えば，記述力は，理論やモデルが現象に忠実に，「大事なこと」，分析に不可欠なことに焦点が当てられ表現されているか，また説明力は，ある現象がどのように，なぜ生じているのかを明らかにする度合いを指す。したがって，データの豊かで「厚い記述」が重要である。物事がどのように生じるか（記述力）だけでなく，なぜ生じたかを説明すること（説明力）によって，他者が類似した結果を得ることを望んで類似した事柄を試してみるのを可能にすることができる。

厳密性と詳しさには，定義が重要な役割を果たす。もし概念が曖昧に定義されれば，結果も異なるものになる。また厳密性とは，データ分析の厳密性のみを意味するだけでなく，研究のすべての道筋に関与するものである。

(3) 実践への適用性と重要性

研究が潜在的に実践によい影響があるとすれば，それを示していく必要がある（実行可能か，持続的か，適応的か，生成的か）。したがって，研究を評価する基本的な次元として，重要性の次元を考える必要がある。この研究はどれくらい，その結果にかまうべきか，という視点である。主張はどのように信頼可能か，どこまで広く適用可能か，なぜうまく行くかを説明することが必要となる。

重要性は，一般性とも関連する（Schoenfeld, 2007）。どの研究でも中心的な問題は，スコープまたは一般性であり，このアイデア，理論，知見は，実際には，どれくらい広く当てはまるのかは等しく重要な問題である。ただし，一般性は重要性と必ずしも一致するものではなく，いくら一般性があったとしても，実践上重要であるとはみなされない研究もあろう。

2　全数教の理論的側面

本節では，本学会誌において行われてきた研究の理論的な側面の全般的な特徴を明らかにすることを目指す。ここでの「理論」とは「数学教育に関連する事柄（教材，授業，学習者の行為，教科書，学習指導要領など）の分析や設計のための視点」を指す。このように捉えると，すべての論文が多かれ少なかれ，また明示的にしろ暗黙的にしろ，理論的研究であることがわかる。そこで本節では，「ある特定の論文が「理論的」であるか否か」という視点で論文を選別し，その特徴を解説する，というスタイルを取らない。その代わりに，論文群全体を俯瞰したときに，特に目立つ理論的な特徴を抽出する，という手段をとる。したがって，以下では具体的な論文に多く言及するが，それは，それらの論文がいわゆる「理論的」な論文（抽象的・哲学的・思弁的・複雑など）であるというより，「数学教育現象を説明する際に使用する言葉・論理に関する全国数学教育学会員の傾向や嗜好」をわかりやすく体現していると解釈することができる。

2.1　全数教の理論的アプローチ

上述の傾向を「全数教の理論的アプローチ」と称する。ここではアプローチの語を「集団に共有されている傾向」という意味で用いている。特に本項では Gascón (2003) の「認知論的研究プログラムと認識論的研究プログラム」の二分法を参考にしつつ，「認知論的アプローチ」「記号論的アプローチ」「認識論的アプローチ」という三分法を設定し，この観点から論文群を概観する。もちろん，これらは「理念型」であり，各論文が完全にどれかに該当することはないし，ある論文が複数のアプローチに該当することもありうる。

(1) 認知論的アプローチ

認知論的アプローチの研究対象は学習者の「認知システム」である。それを捉えるための術語は多く，論文群でも様々な言葉が用いられてきた。以下では代表的と思われる理解研究，思考・推論研究，メタ認知研究の三つを取り上げる。

1980年代からSkemp（1976）の「道具的理解・関係的理解」の二分法をもとに子どもの理解を捉える研究がなされはじめた（e.g. 西元, 1981a；平林, 1983；山本, 1985）。理解の二分法は，Hiebert and Lefevre（1986）による「手続き的知識・概念的知識」の二分法と関係付けられ，学習者の持つ知識のタイプを特徴付ける試みがなされてきた（e.g. 廣瀬, 2005, 2006）。その後，スケンプ（1973）の『数学学習の心理学』やPiagetの心理学理論を参照して，数学を理解するとはどういうことかが様々に探究されてきた（e.g. 國本, 1980；小山, 1985；山本, 1985；長谷川, 1987；澤本, 1988；山口, 1992；廣瀬, 1995）。とりわけ岡崎による一連の研究では，Piagetの均衡化理論に注目して数学的理解の成長や数学的概念の一般化を捉えている（e.g. 岡崎, 1995）。また，Tall and Vinner（1981）による概念イメージと概念定義という観点を用いて理解を記述する研究もなされてきた（森岡, 1985；長谷川, 1987；山口, 1992；川嵜, 1998b；Oyunaa, 2016）。一方で，理解の様相ではなくその過程を捉えるために，Pirie and Kieren（1989）の超越的再帰モデルに注目する研究もなされてきた（e.g. 岡崎, 1995；Koyama, 1995；岩崎, 1996；澁谷, 2009；松島, 2010；清水浩士, 2013；中村, 2020）。また，Piaget心理学から離れて，Vygotsky心理学やEngeströmの活動理論に依拠する研究もある（e.g. 吉田, 1998；廣瀬, 2010）。近年では，Dubinsky（1984）がPiaget心理学をベースとして開発したAPOS理論を枠組みとする研究もなされている（濵中・吉川, 2018；濵中他, 2019）。

学習者の理解に焦点を当てる研究のなかでも特筆すべき理論的枠組みは，操作的コンセプションから構造的コンセプションへの移行過程を示したSfard（1991）の具象化理論であろう。全数教では，Sfardが例示している関数だけでなく，代数や幾何の場合や，各種学校の学習者の場合など，様々な対象に具象化理論が広く適用されてきた（佐々木, 1994；牧野, 1997；井上, 1998；福田, 2009；岩知道, 2011a；真野, 2011, 2012；上ヶ谷, 2015；西山・岡崎, 2021）。Sfardはのちに，具象化理論を含むそれまでの認知心理学的な研究枠組みの限界を踏まえてコモグニション論

(Sfard, 2008) を提起しており，この新しい理論を用いた研究も本学会では行われ始めている (大滝, 2014)。

子どもたちが数学を学習する際にどのように考えるか，そして何をどのように推論するのかに焦点を当てる研究も数多くなされてきた。日本の算数・数学科教育の不易な目標である数学的な考え方については，中島 (1981) や片桐 (1988) の知見が枠組みとして用いられている (川村, 2009；生田, 2018)。影山 (2000, 2002) は空間的思考を大局的に捉えるために Gutiérrez et al. (1991) の枠組みを参照している。批判的思考／クリティカルシンキングを主題にする研究は，その旗手である Ennis (1987) や楠見他 (2011) の定義や構成要素を参照している (e.g. 福田, 2014；伊藤, 2015；服部, 2017；井上他, 2018)。近年では，上ヶ谷他 (2019) や影山他 (2020) が，Wing (2006) の知見などを参照しながら Computational Thinking を研究している。

推論に関していえば，アナロジーに焦点を当てる研究が数多くなされてきている。Gentner (1983) の構造写像理論などを枠組みとしながら，数学学習における理解や概念形成 (國岡, 1995, 2007, 2009；﨑谷他, 1998；村上, 2003；﨑谷他, 2005)，問題の構造的類似性の認識 (吉井, 1996)，類比的推論の実際の調査 (和田, 2001)，類比的推論を活かした授業づくりと実践 (和田, 2003；福井, 2011) が研究されてきた。また，Peirce のアブダクション (米盛, 2007) に注目した研究 (後藤, 2015；服部, 2017) や，代数的推論 (Blanton & Kaput, 2005) に注目した研究 (梅津, 2012；和田, 2012, 2014) もある。

全数教におけるメタ認知研究は，1980 年代から現在に至るまで継続的になされてきている。心理学者である Flavell (1976) や Brown (1978) による枠組みや，それを数学的問題解決との関連の中で考察した Garofalo and Lester (1985) や Schoenfeld (1985) の知見に基づいて，メタ認知能力の育成 (e.g. 重松, 1987；高澤, 1986；山口武志, 1989；木下, 1997；加藤, 1998；髙井, 2009)，メタ認知的技能の発達 (e.g. 加藤, 1994)，数学的問題解決ストラテジーの指導 (尾﨑, 1994；砂原, 1988)，方略的能力 (e.g. 清水, 1995)，自己参照的活動 (e.g. 清水・山田, 2003；山田・清水, 2005)，そして間主観的なメタ認知的知識 (髙井, 2012) などが研究されている。これらの研究で得られた成果を参照する研究もある (上田他, 2014；西森, 2017；廣田・松浦, 2018)。なお，メタ認知に表面的によく似た概念である「メタ知識」に関して，ドイツの数学教育研究者の知見を踏まえながら，岩﨑が考察しているが (e.g. 岩﨑, 1991, 1996, 1998, 2002)，この概念は「数学とは何か？」といった類の問いへの回答としての「知識についての知識」を問題にしており，むしろ後述の認識論的アプローチの側面が強い。

(2) 記号論的アプローチ

数学の学習指導に登場する様々な表現システム，例えば「数学教科書に書かれている記号」の研究を記号論的アプローチと呼ぶ。「数学的実体は，つねに何らかの形で表記され，それらの間の性質・関係も表記として表現されなくては思考・伝達の対象とならない」(平林, 1975b, p.30) ことを踏まえ，日本の数学教育学の黎明期には，特に全数教のメンバーを中心として，「表記論」の名の下に教科書中の様々な数学記号の研究が行われた (e.g. 平林, 1975b, 1978, 1982；橋本, 1984, 1985；添田, 1987, 1988, 1989)。

例えば，Vergnaud (1982, 1983) が定式化した関係計算の図式を枠組みとして，教科書にある演算の意味を調査した研究 (友瀧, 1984；福島, 1997；岩崎・岡崎, 1999；前田・西尾, 2000) や，児童の分数概念を調査した研究 (岩崎他, 1993) がある。また，言語使用域 (言語レジスター) の観点から数学記号を分析する枠組みも用いられている。土井 (1990) は Halliday の社会言語学を背景に持つ Pimm (1987) の数学レジスターを参照しており，小野田・岡崎 (2014) や中村 (2020) は記号レジスター理論 (cf. Duval, 2017) に注目している。

数学教育学研究の文脈で「記号論」というとき，その外延はしばしばより広く構えられる。そこでは，日常的な意味での (実体論的な意味での) 記号 (紙に書かれたものなど) だけではなく，「能記・所記」(Saussure)，「表象・意味・意義」(Frege)，「思想・シンボル・指示物」(Ogden と Richards) といった関係論的な意味での記号も含まれる。そして，こうした関係論的な視点から見ると，「記号」は紙の上やディスプレイの中だけでなく，ありとあらゆる物事，典型的には人間の行為の内に見出されることになる。記号についてのいくつかの理論のうち，Saussure の理論は，Lacan によるその解釈を経て，Freudenthal 研究所による現実的数学教育学 (Realistic Mathematics Education：RME；cf. Gravemeijer & Stephan, 2002) の理論のなかで意味の連鎖として定式化された (佐々木, 2004；Sasaki, 2005；山口, 2016)。また, Ogden と Richards や Frege による意味の三角形は, Steinbring (1997) によって認識論的三角形として修正され，記号と指示対象の関係や数学授業を分析する枠組みとして利用されている (岩﨑, 1998；川嵜, 1998a, 1999；吉迫, 2002；Ogwel, 2006；大橋他, 2011；渡辺他, 2012)。

以上のような研究がありながらも，全数教の記号論的アプローチの研究で最も目立つのは，Peirce の理論を視点にするものである (e.g. 平林, 1976；橋本, 1984；岩崎, 1985；添田, 1987；岩崎・田頭, 1997；二宮, 2003；和田, 2008；影山他, 2016；宍戸・岡崎, 2017；和田他, 2019；中村, 2020；和田他, 2021；和田他, 2021)。Peirce はあらゆる現象を記号一次性，二次性，三次性の三つの記号に分類する。いくつかの研究は，この現象学的カテゴリーを記号に適用して得られる関係論的な側面（表意体・対象・解釈項）に注目して教科書や学習者の記述を分析し，認識過程を解明している。表意体と対象の関係にそれを適用した記号の実体論的な側面（類似記号，指標記号，象徴記号）を分析の枠組みにする研究もある。さらには，記号の関係論的な側面のそれぞれにこのカテゴリーを適用して得られる記号の10個のクラスを利用して，数学者や学習者の活動を分析する研究もある。また，Peirce や Saussure の解釈を踏まえて Presmeg（1998）が提唱した記号論的連鎖を枠組みとする研究もなされている（e.g. 二宮, 2003；馬場, 2002；秋山・岡崎, 2013；山口, 2016）。

さらに，教室内で生じるコミュニケーションや社会的相互作用さえ記号の生成と変容の過程として分析される。例えば，Bauersfeld（1995）や Cobb et al.（1992）などの知見を背景に，数学学習におけるそれらがどのようなもので，数学学習にどのような影響を与えるのかに取り組む研究（e.g. 上迫, 1989；山本, 1993；玉田, 1994；吉村, 1994；金本, 2000；畑中, 2000；森, 2000；岩崎, 2001；植田, 2006）や，様々な認識論的立場（cf. Sierpinska & Lerman, 1996）におけるコミュニケーションや社会的相互作用の意義を検討する研究がある（吉村, 1995；佐々木, 1996；山口他, 2014；山口, 2016）。認知論的アプローチで取り上げた Sfard（2008）のコモグニション論は，数学を特定のコミュニケーションとみなす理論であり，松島・清水（2021）はこれを視点として三角形の成立条件を扱う授業における児童の対話を分析している。

(3) 認識論的アプローチ

教授転置理論（cf. Chevallard, 2019）の前提に立てば，一言に「数学」といっても，そこには「学者の数学」「学校教科書の数学」「授業で生じた数学」などいろいろなものがあり，それぞれの本性はまったく自明ではない。こうした「各数学」の内実を明らかにしようとするのが，認識論的アプローチの特徴である。日本で有名である古典的な例は，学習者がどのように幾何学を学ぶのかを記述する枠組みである van Hiele の学習水準理論（Fuys et al., 1984）である。全数教ではこれを参照して様々な研究が取り組まれてきた（e.g. 近藤, 1975；岩崎, 1985；小山, 1988a；杉山, 1989；岡崎, 1997；川嵜, 1999；平林, 2000；影山, 2000；古本, 2005；久保・岡崎, 2013；新井, 2015；Oyunaa, 2016；上ヶ谷他, 2017）。この理論に基づいた多くの発展的研究があり，村上他（2010），川﨑他（2011），山中（2012），妹尾他（2013）は算数から数学への移行教材を論じた岡崎・岩崎（2003）を，影山（2000）は三次元幾何への応用版を論じた Gutiérrez et al.（1991）を，松島・清水（2021）は幾何ディスコースの発達の理論（Wang, 2016）をそれぞれ枠組みとしている。

数学の本性を検討する際，全数教では構造指向と応用指向の区別（cf. ミューラーら, 2004）が利用されてきた。構造指向の数学は数学内へと向かう数学であり，これに関連する有名な理論的視点はFreudenthalによるものであろう（cf. Freudenthal, 1973）。人間の活動としての数学という立場から導かれる氏の教授原理は，数学をするとはどのような営みかについての示唆を与えてきたし（重松, 1976；岡田, 1981；飯田, 1989；岡崎, 1999；平岡, 2004；塩見, 2009；岩知道, 2010, 2011a, 2011b, 2012；宮川他, 2015；森山, 2016），教材開発の豊かな源泉にもなっていた（e.g. 今岡, 1996）。また，数学の本性を一般化と理解した上で，Dörfler（1991）やHarel and Tall（1991）の知見をもとに，その機能を検討したり，一般化の認識過程を実証的に明らかにしたりする研究もなされている（岩崎・田頭, 1997；梅津, 2012；早田, 2013, 2014a, 2014b, 2016；山口, 2016；田頭, 2019）。数学学習の本質的な特徴である方法の対象化には認識の飛躍が必然的に伴うため，真野（2007, 2008, 2009, 2011）はその不連続性を，特に無理数に着目しながら，概念変容の理論的枠組み（cf. Posner et al., 1982）を用いて説明を試みている。Lakatosの『証明と論駁』（ラカトシュ, 1980）に代表される数理哲学や科学哲学を参照する研究もなされてきた（佐々木, 1983a, 1983b；飯田, 1990a, 1992；上迫, 1990；野口, 2002；真野, 2009；上ヶ谷, 2014；高阪, 2014）。

学校数学で扱われている数学がどのようなものかは，親学問である数学や論理学などの立場から検討されてきた。中国四国数学教育学会の数学教育学研究紀要第1号を見ると，自然演繹を用いたり（石田, 1972），命題の逆に注目したり（田盛, 1972）して中学校の図形の証明を分析する研究や，剰余系（谷本, 1972）や幾何学的変換（坪郷, 1972）を話題にする研究がある。現代化という時代的背景を考慮すれば当然の関心であり，数学や論理学を抜きにして数学教育を語ることはできなかっただろう。現在でも数学や論理学を参照する研究はあるものの（杉山, 2011；岩知道, 2012；宮川他, 2015；濵中, 2016；岩崎他, 2017；浦山, 2018），その数は以前よりもずっと少ない。このことは，その是非には議論の余地があるだろうが，数学教育学研究の固有の理論がある程度十分な量と質に達してきたことを表しているかもしれない。

構造指向に対して，数学外へと向かう数学は応用指向といわれる。そのような数学の性格に関して，全数教の初期の研究では，ポラック（1980）の解釈が参照された（國本, 1985；飯田, 1989；阿部, 2008）。その後，数学的モデル化活動の様々な枠組み（cf. 三輪, 1983；Blum & Leiß, 2007；西村, 2012）や，構造指向の数学的活動をも含むモデル（cf. 島田, 1977/1985；Lange, 1987；OECD, 2004）が参照されながら研究がなされている（e.g. 竺沙, 2000；砂場, 2003；下村・伊藤, 2005；小出,

2009；阿部, 2010；國本, 2011；大坂, 2013；片野, 2013；橋本, 2013；池田, 2015；松本・二宮, 2015；福田, 2016)。

応用指向にしろ構造指向にしろ，指導する数学の内容を重要視する全数教の論文には，Wittmannの理論（cf. Wittmann, 1995, 2001）を参照するものが多くある。そうした研究では，教授単元，本質的学習場，デザイン科学，生命論的・進化論的アプローチ，パターンの科学としての数学，といった枠組みや方法や視点が，繰り返し参照されてきている（e.g. 岡崎, 2001；平林, 2001；國本, 2004；Sasaki, 2005；米田, 2006；佐々木, 2007；澁谷, 2008；川村, 2009；宮脇, 2009；岩知道, 2010；佐々・山本, 2010；二宮, 2010；大橋他, 2011；中和, 2011；真野, 2012；有野, 2014；北川他, 2014；濵中・加藤, 2014；福田, 2014；杉野本・岩崎, 2016；岩崎他, 2017)。こうした取り組みには教授実験や授業観察を伴うものも多く，素朴な意味での「認識論的」な研究には見えないかもしれない。しかし，それらはBrousseauがフランス教授学を「実験認識論」と呼んだ意味で，認識論的アプローチの内にしっかりと位置付く。実験認識論は，様々な知識の本性や機能や発生や成長を観察するための場を，論理や歴史ではなく授業に求める新しいスタイルの認識論である。その系譜により直接的に収まってくるような研究には，教授状況理論（Theory of Didactic Situations：TDS；cf. Brousseau, 1997）を用いたものや（e.g. 岡崎, 2003；高本・岡崎, 2008；福本, 2008；井口他, 2011；濵中・加藤, 2014；西, 2016；川上他, 2018)，教授人間学理論（Anthropological Theory of the Didactic：ATD；cf. Chevallard, et al., 2022）を用いたものがある（坂岡・宮川, 2016；濵中他, 2016；宮川他, 2016；葛岡・宮川, 2018；袴田他, 2018；袴田, 2019；柳・宮川, 2021)。

学習者や教師といった個人が数学をどのようなものとして認識しているのか，数学観を話題にする研究もある。それらは主として，Dossey（1992）や湊・浜田（1994）などによるプラトン的数学観（外在的数学観）とアリストテレス的数学観（内在的数学観）の区別を参照している（e.g. 杉山, 1988；平林, 1993；佐々木, 2007；國本, 2009；杉野本, 2011a；和田他, 2019；迫田, 2021)。

2.2 理論ネットワーキング

数学教育学も約半世紀の歴史を重ね，様々な理論が各文脈で多様性を増しながら発生・成長してきている。こうした状況を踏まえて10年ほど前からヨーロッパでは「理論ネットワーキング」の機運が高まっている（e.g. Bikner-Ahsbahs & Prediger, 2014)。しかし，日本から見ると，こうしたネットワーキングは，むしろ普段の研究活動においてある程度自然に行われてきたことであり，目新しさはそれほどない。以下では，全数教の論文に見られる代表的な理論ネットワーキングをみていく。

まず挙げられるのは，中原（1999）の多世界パラダイムであろう。それまで構成主義，相互作用主義，社会文化主義の三つの認識論的立場の比較検討がなされてきたが（e.g. 吉村, 1995；佐々木, 1998），中原はそれらを協応・補完するものと解釈する立場を提唱した。多世界パラダイムは岡崎（2012），山口他（2014），山口（2016）などで参照されている。また，小山は，van Hieleの学習水準理論やPirieとKierenの超越的再帰モデルなどを踏まえて，数学理解の2軸過程モデルを示した（e.g. 小山, 2006）。松島（2010），久冨・小山（2013），久冨（2014a, 2014b），清水（2015）などでは，このモデルに基づいた授業の設計・実施・分析が試みられている。

他にも様々な理論ネットワークがある。近年の例を挙げよう。大滝（2012）は，Steinbring（1997）の認識論的三角形と溝口（2004）が認識論的障害の克服過程を記述するために準備したC（C, N, E）モデルとに基づいて，コンセプションの静態の四面体モデルを構築している。宮川他（2015）は，Frendenthal（1973）の局所的組織化とMariotti et al.（1997）の数学における定理のアイデアをもとに，論証の数学的活動を捉える理論的枠組みを示している。影山他（2016）は，Peirceの記号論とRadford et al.（2009）などの身体化理論とのネットワーク化を試みている。

2.3　授業研究の問いの型

ここまで，三つの理論的アプローチと理論ネットワーキングを見てきた。確かにいろいろな理論が全数教の論文に登場している。表面的には，理論的な一貫性よりも多様性の方が目立っており，その傾向は年々増している印象である。しかしその一方で，そうした理論の多様化の背景に目を移すと，「メタ水準の一貫性」がみえてくる。それは，「授業研究の問いの型」と呼べるようなものであり，以下のような問いのパターンである。すでに決められている教えるべき内容を1時間の問題解決スタイルの算数・数学授業によっていかに教えるか？（もちろんこれは理念型であり，分析のための参照モデルとしてあえて極端な形で提示しているのであって，「他の問いがまったくない」ということを主張しているわけではないし，こうしたことが不足なく常に明確に述べられるわけでもない）。通常，各理論には多かれ少なかれそれ固有の問い方がある（cf. Radford, 2008）。例えば，フランス教授学系の理論では「この数学知識の本性は何か？」と問うことが，程度の差こそあれ研究の必要条件としてある。しかし，全数教の論文を見ていると，そうした理論の問いの型までも受容している研究は少なく，研究上の語りの手段としていろいろな理論の言葉や発想を使っているが，問い方自体は一貫して授業研究のものである，というケースが多いように感じられる。これは広い意味で，日本型問題解決理論と各種理論の理論ネットワーキングといえよう。例えば，Wittmannの本質的学習場に基づく研究は多いが，その本筋である新しい学習場や教材を開発する研究はむしろ少数派で，既存の学習場を用いて授業実践をする研究が多い（e.g. 中和, 2011；佐々, 2012）。

こうした授業研究の問いの型の影響を示唆する特徴をいくつか挙げてみよう。第1に，全数教論文での理論使用が，「理論の規範的応用」をしばしば強調する点（e.g. 岩崎・田頭, 1997；岡崎, 1997；小山, 2006；真野, 2007；清水浩士, 2013；山口他, 2014；山口, 2016）は，授業研究型の問いの継承の傍証である。そこには「教師の研究方法論」として現実への介入を重要視する授業研究の研究観がわかりやすく表れている。第2に，教室や教科書の教授現象の研究に終始し，それを生じさせている社会的・制度的な条件，とりわけ教師（や研究者）にとって介入不可能な制約を問わない点も，そもそも授業改善を目指している授業研究と特徴を共有している（こうした条件と制約の研究を強調する理論にはATDやコモグニション論がある）。第3に，主な研究対象が「授業」へと収束していくこと自体が，「授業」研究の問いの影響を色濃く反映している。数学教育学の研究対象には，授業内で生じるミクロ教授学的な現象ばかりでなく，いろいろな教育関係の制度を巻き込むマクロ教授学的な現象もありうるが（cf. Brousseau, 2005），そうした現象——例えば，数学的リテラシー，数学的文化化，脱数学化のパラドックス（社会が数学化されると個人が脱数学化される）など——を，授業改善のための補助的な視点や原理とすることなく，主たる研究対象と位置付ける論文は，あまりない。（なお，この事実は，「理論が研究対象を“作り”，そして研究方法が決まる」という「認識論的な」配列を重視する研究の立場があることをわれわれが思い出すきっかけとなりうる。この合理論的・構成主義的なスタンスにおいては，方法は理論に依存するのであり，この順序は研究対象の発生の論理によって決まる。ともすると本書における「方法論」という章立てとそこに含まれる理論に関する本節から，「理論に先立って方法論が存在する」ということが数学教育研究において常に前提にされているようにもみえるかもしれないが，必ずしもそうではないのである。）

教師の実践志向のディスコースから一定の距離をとり，数学教育学研究を学問・科学として立ち上げようとしてきた全数教のプロジェクトにとって，その背景に授業研究の問い方があるというのは，その意図とのずれという意味で，問題視される向きもありうる。しかし，科学史・科学哲学の研究が明らかにしているように，あらゆる科学志向の営みは，特にその初期において，それがいずれ乗り越えることになる前科学的な文化・風習・思考様式の名残を多分に残しているものであり，またそうしたもののおかげで科学へと成長していける面が少なからずある。これは数学教育学研究においても同様であろう。ただし，前科学から継承しているものがしばしば新しいアイデアの発展の障害となる点も忘れてはならないだろう。例えば，日本式の構造化された問題解決のスタイルは自明視・自然化され，研究上で根本的な問いにさらされることがなかったが，こうした研究傾向は，ATD で提唱されている科学者の研究活動により近い探究である SRP（study & research path）のようなアイデアの発生を阻む障害になっていたといえる。しかしここで強調しておきたいのは，授業研究文化のおかげで SRP のような先進的なアイデアの需要が生じ得るという面も多分にあるということである。近年，SRP 関係の研究発表が全数教の研究会で多く見られることにそれは象徴される。

なお，こうした授業研究文化の継承の是非はここでの論点ではない。今後の方向性は研究者各自が，科学者の精神と教育者の精神の弁証法のもとで，決めるべきことである。

3　全数教の実証的側面

本節では，本学会誌において行われている研究の実証的な側面の全般的な特徴を明らかにすることを目指す。そのための方法として，ここでは各論文において用いられているデータセットの種類に注目する。全数教の研究が総体としてどのようなデータを利用してきたのかを明らかにすることによって，その実証的な側面の特徴をつかむことができると考える。なお，本節では前節と同様に，各論文のデータ使用を解説するというよりも，論文群全体の特徴付けを目指す。したがって，以下では個々の論文に多く触れることになるが，それは，その論文がある特定の種類のデータだけを利用しているわけではなく，典型的な形で少なくともそれを参照している，ということを意味している。

3.1　全数教のデータ類型

以上で述べたようなデータ（セット）の種類・形式を本節では「データ類型」と呼ぶことにする。この総説では，そうしたデータを，教授転置のプロセスを参考に（cf. Chevallard, 2019），「学習者データ」「授業データ」「カリキュラムデータ」「学校外数学データ」の四つに分類する。ここで強調しておきたいのが，各種のデータは，収集されるばかりでなく，生成もされるということである。例えば，授業研究を方法論とする研究においては，具体的な提案授業のデータが生成される。

(1) 学習者データ

全数教論文の中で，学習者データとして多く使用されているのは調査問題への回答である（國岡, 1989, 1990；廣瀬, 1990, 1992；山田, 1992；加藤, 1995, 1996, 1998；清水, 1995, 1996；岡崎, 1999；田場, 2004；Mohsin, 2004；澁谷, 2008, 2009；内田, 2011；新井, 2014）。これらの研究は学習者データを用いることによって，彼（女）らの数学知識の実態を明らかにしようとしたり（國岡, 1989；廣瀬, 1990；岡崎, 1999；澁谷, 2009；新井, 2014），彼（女）らの数学的問題解決における思考やその過程を明らかにしようとしたりしている（國岡, 1990；山田, 1992）。他にも，メタ認知の特徴や変容などの実態を捉えようとしたり（加藤, 1995, 1996, 1998；清水, 1995, 1996），開発した授業や教授・学習方法や評価法などの有効性を検証したりするためにも，学習者データが収集・分析されている（廣瀬, 1992；Mohsin, 2004；内田, 2011）。

調査問題への回答以外にも，インタビューデータ（加藤, 1995, 1996；澁谷, 2010）や質問紙への回答（加藤, 1995, 1996；清水, 1995；田場, 2004）なども学習者データとして扱われている。これらは調査問題への回答とセットであることが多く，メタ認知の様々な現れ方を捉えるために調査問題が行われた後に質問紙への回答とインタビューデータが用いられたり（加藤, 1995, 1996），第二言語による学習指導が数学理解の認知的側面と情意的側面に及ぼす影響を調べるために調査問題と質問紙への回答がデータとして使用されたりしている（田場, 2004）。

(2) 授業データ

授業データについて全数教論文で用いられているものは大きく分類すると，授業における学習者の活動や教師の指導の様子である録画データ（Kubota, 2005；中和, 2011, 2016；佐々, 2014；和田, 2014；石井, 2015；佐々・藤田, 2015），学習者間の話し合いや学習者と教師の会話などの発話データ（和田, 2003, 2014；Kubota, 2005；松島, 2010；中和, 2011；有野, 2014；神原, 2014；佐々・藤田, 2015；松島・清水, 2021），学習指導案データ（Kubota, 2005；木根, 2018）の三つに分けられる。例えば録画データについては，学習者の学習過程を捉えるために使われたり（中和, 2011），日本とパラグアイの教員の教育活動の比較（Kubota, 2005）や日本とイギリスの操作的証明を用いた授業の比較（佐々・藤田, 2015）といった授業の国際比較でも活用されたりしている。また発話データに関しては，学習者の学びの特徴を明らかにしたり（松島・清水, 2021），数学的思考や数学的推論の深まりを分析したりするために（松島, 2010；和田, 2014），用いられている。そして学習指導案データは，ある目指される授業（例えば，学習者中心型授業や主体的に学ぶ授業や国際的な協働的授業など）の条件と制約の解明で用いられることが多い。

これら三つの授業データ以外にも，ワークシートやノートなどの記述データ（和田, 2003, 2014；澁谷, 2010）や，おはじきやブロックなどの具体物を用いた学習者の行為データ（佐々, 2014；有野, 2014；佐々・藤田, 2015；松島・清水, 2021），そして板書データ（石井, 2015）などの授業データも見られた。例えば，学習者の学習過程を捉えたり（澁谷, 2010），教授・学習方法の有効性を検証したりする（和田, 2003）ために記述データが使用され，操作的証明の構想についての学習者の思考過程を捉えたり（佐々, 2014），ドイツでの学習内容が日本でも機能するかどうかを確かめたりするために（有野, 2014），行為データが基にされ，そして授業実践が授業研究の中でいかに変容するかを明らかにするために板書データが活用されている（石井, 2015）。

(3) カリキュラムデータ

全数教論文において用いられるカリキュラムデータとして典型であるのは，教科書であった（石田, 1972；平井・坂田, 1984；岩崎, 1985, 1986；酒井他, 2000；中西, 2001, 2003, 2004；Kubota, 2005；澁谷, 2008；片岡, 2009；中和, 2016；有野, 2014；福田, 2017；袴田他, 2018；大谷・上ヶ谷, 2019）。教科書をデータとして用いる論文では，ある特定の数学的内容の教科書での特徴（石田, 1972；平井・坂田, 1984；岩崎, 1985, 1986；酒井他, 2000；澁谷, 2008；袴田他, 2018；大谷・上ヶ谷, 2019）や歴史的な変遷の整理（中西, 2001, 2003, 2004；片岡, 2009），そして国際的な教科書比較（平井・坂田, 1984；Kubota, 2005；福田, 2017）が主である。

教科書に続いて，シラバスを含む学習指導要領（およびその解説）が，カリキュラムデータとして多く見られた（馬場, 1999, 2001, 2002；Kubota, 2005；澁谷, 2008；片岡, 2009；新井, 2015；中和, 2016；日下, 2018）。日本とケニアにおける数学教育の学習指導要領に存在する動詞を分析し，数学的活動の展開と深化を表す論文（馬場, 1999, 2001, 2002）や，日本と米国の空間的思考の学習内容に関するカリキュラムの比較分析を行う論文（新井, 2015）などがある。さらに，ドイツの学習内容の整理をしたり（有野, 2014），モザンビークのカリキュラムの基礎構造を社会文化的視座から分析したりするために（日下, 2018），政策文書を活用するような論文もある。

(4) 学校外数学データ

全数教の論文には，学校数学以外の「様々な数学」からデータを収集しているものが多くある。例えば，古代ギリシャの数学，現代の専門数学，民族数学などである。この項におけるこうした数学の相対的な見方は，教授転置の認識論を前提にしている。ここでは便宜的に，それらをそれぞれ「学校内数学」と「学校外数学」と呼ぶ。

学校外数学の類型のデータを用いている研究をその目的によって分類すると，次のような整理が可能である：①学校内数学を教えるための様々な教材の開発（山口, 1986；石川, 1989；小林, 1992；今岡, 1996）；②学校内数学の様々な内容の構造や機能の解明（石田, 1975；岩崎, 1987；村上, 1991；宇田, 1992；坂岡・宮川, 2016）；③学校内数学の様々な内容の本性や生成過程の認識論的モデルの構築（佐々, 2000；真野, 2007；大滝, 2011；大谷, 2015b；濵中・吉川, 2018；石橋, 2019）。これらの他にも，民族数学の事例をデータとして示すことで，批判的数学教育の研究の重要性を主張した馬場（1998）や，構築した理論的枠組みの利用可能性や有効性を示すために，古典的な数学書を分析対象とした和田他（2019）などもある。

研究目的による整理と，そこで用いられているデータ類型の対応を見ると，①の研究は大学で教えられたり研究されたりしている数学，いわゆる学問数学をデータとしていることが多く，②は数理論理学や数学事典の記述を参照している。そして，③では数学史研究の成果がデータとして用いられる場合がほとんどである。もちろん，これは大まかな傾向の抽出であり，石川（1989）は和算（民族数学の一種）を，宇田（1992）は変換幾何学の方法を参照するなど，多様なデータが参照されている。

3.2　人類学的アプローチ

ここまでは「学習者データ」「授業データ」「カリキュラムデータ」「学校外数学データ」という，数学教育研究で典型的な四つのデータ類型に基づき，全数教の研究の実証的な側面における全般的な特徴を整理してきた。しかし，全数教の論文には，そこには収まりきれない多くの論文がみられる。以下では「数学教育史研究」「海外の数学教育の研究」「教師のエスノグラフィー」という三つの人類学的アプローチに着目し，全数教論文のさらなる特徴付けを試みたい。

(1)　数学教育史研究

全数教の論文において，数学教育史に関わる研究は少しずつではあるが着実に蓄積されてきている。歴史研究であるため文献解釈によるものが大半であり，扱われるデータセットとしては概ね三つである。一つ目は，特定の人物が著した書籍や教科書である（山本, 2000；中西, 2001, 2003；植田, 2004）。山本（2000）ではドイツの新主義数学の内容が黒田稔の教科書でどのように取り入れられているかを整理し，中西（2001）でも黒田稔に着目して黒田の関数思想や関数教育の捉え方をまとめている。また中西（2003）では国枝元治が作成した教科書における関数教育の指導内容の時代的変容を，植田（2004）においては作問中心の算術教育の実践可能性に関する疑問への清水甚吾の回答である算術学習帳の特徴を，それぞれ明らかにしている。これらより，同じ種類のデータセットを用いるとしても，その目的は個々の論文によって異なっていることを見て取ることができる。二つ目は，特定の時代における教科書である（中西, 2004；片岡, 2009, 2021；伊達, 2009）。例えば，中西（2004）では明治37年から昭和10年までの高等小学校における関数教育の変容を明らかにするために教科書を分析したり，伊達（2009）では日本の数学教育が算術や初等代数学を受容してきた時代における数学研究と数学教育の様態を同定するために明治時代の数学書，教科書，そして数学辞書を参照したりしている。三つ目は，特定の時代における生徒のノートや学校で用いられたプリントなどの実物資料である（片岡, 2007, 2008, 2021）。片岡（2007）と片岡（2008）では戦争前後の時代における図形領域に着目し，前者は作図問題についての当時の教育活動を明らかにするために実物資料を活用しており，後者は用器具の技法を用いた空間図形の指導の様子を明らかにするために実物資料を使用している。さらに片岡（2021）において，用器具が教科「図画」の中でいかに指導されていたのかを，明治20年代と昭和10年代における生徒のノートを基にして説明している。その他にも，特定人物に関わる文献（植田, 1992, 2005；山本, 2001）や数学史（伊達, 2008）などをデータセットとして取り扱う論文もみられた。

(2) 海外の数学教育の研究

海外の数学教育に関連する研究が多くあることは，全数教の特徴の一つである。そこでは，既述した全数教のデータ類型であげたようなデータセットも使用されている。例えば，調査問題への回答（田場, 2004；Mohsin, 2004；澁谷, 2008, 2009；内田, 2011；新井, 2014）や，質問紙への回答（田場, 2004；Mohsin, 2004；Kubota, 2005；Davis & Baba, 2005; 木根, 2011），録画データや発話データや学習指導案データ（Kubota, 2005；中和, 2011, 2016；有野, 2014；神原, 2014；石井, 2015；佐々・藤田, 2015），そして教科書データ（平井・坂田, 1984；Kubota, 2005；澁谷, 2008；有野, 2014；中和, 2016；福田, 2017）などである。

その一方で，これら以外にもより多様なデータセットが扱われている論文もある。例えば，質問紙ではその対象が学習者や教師であるものが多い中で，Davis and Baba（2005）では学校の指導主事や校長も対象とするデータを分析することによって，ガーナにおける現職教員夜間研修プログラムが教師の教科知識に与えた影響について明らかにしている。また，木根（2011）においては，1年の長期間にわたる授業日誌を含む様々なデータに基づいて，ザンビアの数学教師による授業実践の省察の実態や変容，そして教師の教授的力量の形成過程を明らかにしている。さらに，金（2006）では中国人の日本留学に関する各種資料のデータに基づき，1908 年から 1937 年までにおける東京高等師範学校への中国人留学生を全員調べ，彼らの卒業後を整理し，中には高等師範学校で使用していた教科書を中国語へ翻訳して，中国における数学教科書として使用するなど，中国での西洋数学の受容過程における日本の影響を明らかにしている。

(3) 教師のエスノグラフィー

全数教のさらなる特徴として，数学教師の職能成長に関する研究の蓄積も挙げられる（Mohsin, 2004；Kubota, 2005；Davis & Baba, 2005；秋田・齋藤, 2010；秋田, 2010；木根, 2011, 2016, 2018；中和, 2016；神原, 2014, 2016；石井, 2015；木根他, 2019)。これらの多くが日本以外の国の教師を対象とする実証的研究であり，上記の海外の数学教育の研究にも含まれているものである。例えば，ザンビアでの授業後に実施される授業協議会において話された発話データや授業のよかった点と改善すべき点が書かれた記述データを分析するような研究などが行われている（神原, 2014；石井, 2015；中和, 2016)。日本の教師を対象とする研究については少ない現状であるものの，ここ最近になって増加傾向にある。これらの研究は，教員養成を受けている教員志望学生を対象とするもの（秋田・齋藤, 2010；秋田, 2010；木根, 2016, 2018）と現職教員を対象とするもの（神原, 2016；木根他, 2019）の，大きく二つに分けられる。日本の教員志望学生を対象とする研究では，秋田・齋藤（2010）や秋田（2010）は教材分析力テストや学習指導案評価，そして模擬授業評価のデータを用いて，教材分析力と学習指導案作成力と模擬授業実践力の関係を明らかにしており，木根（2016, 2018）は教育実習生の作成した学習指導案や実施した授業，そして授業後の検討会といった多種にわたるデータに基づいて，その教育実習生の考察や反省の特徴を明らかにしている。また，日本の現職教員を対象とするものでは，神原（2016）が経験豊かな教師の持つ専門的知識が教材開発過程においていかに作用するのかを，教材開発過程が記述された研究論文の文章をデータとして分析して探索したり，木根他（2019）が授業研究に関する教員研修の機能を，授業後の検討会における教員間の発話データを用いて明らかにしたりしている。

3.3　データ類型の多様性と一様性

ここまで，全数教の論文の中で用いられてきた様々なデータセットを見てきた。国際協力関係の論文や教師のエスノグラフィー関係の論文に顕著なように，国内では本学会独自ともいえる多様なデータ類型が見て取られた。こうしたデータ類型の多様性は，とりわけ，数学教育学を一つの学問・科学として確立しようとする全数教というプロジェクトにとって好ましいことである。なぜならば，ある科学領域の成立の目印の一つは，それ独自の研究対象の創造であり，それは固有のデータ類型の使用と密接に関連するからである。確かに，他国の数学教育についての研究も教師の専門性の研究も，前節で述べたような「授業研究の問い方」からは決して生じてこないものである。しかしその一方で，そうした「より人類学的」な数学教育学へのアプローチにも共通する「授業研究パラダイム」からの強い影響もみられないわけではない。それは，本学会誌の論文のほぼすべてが小学校から高等学校までの数学教育を主たる研究上のテリトリーにしており，就学前数学教育や大学数学教育，あるいは塾や家庭や様々な職業訓練における数学教育などをほとんど無視している点に表れている。特に，大学数学教育の研究がわずかしかない点は（山口清，1989；井上，2018），国際的な数学教育学研究の潮流とは対照的で興味深い。ヨーロッパ数学教育学会の国際会議（CERME：Congress of the European Society for Research in Mathematics Education）では大学数学教育の部会は最も大きいものの一つであるし，大学数学の教授学的研究の国際ネットワーク（INDRUM：International Network for Didactic Research in University Mathematics）という大学数学教育に特化した国際コミュニティの研究会も2024年で4回目の開催となる。また，大学数学教育をターゲットとする国際ジャーナルもある（International Journal of Research in Undergraduate Mathematics Education; Springer, 2015－　現在）。確かに，大学は研究機関であると同時に教育機関，つまり学校でもあり，学校外数学ではなく学校内数学としての大学数学という見方はありうる。こうした中で，全数教の論文に大学数学教育を対象とする研究がほとんどないのは小学校にルーツを持つ授業研究というパラダイムの影響である，と考えるのは自然なことであろう。なお，同じ理屈で高校数学教育の研究が少ないことも説明できる。

最後に，前節同様，ここでも次のことを強調しておく。すなわち，授業研究パラダイム内での研究活動の是非はここでの論点ではない。科学から見て数学教育学研究に未開の研究テーマが多くあることは事実であるが，実践から見て何が役に立つか（役に立つように感じられるか）はまた別の話である。学問としての自律と社会への貢献との両者を引き受けるジレンマは科学（特に社会科学）の常であり，各研究者が考え抜くべき問題である。

4　量的アプローチ

研究方法論においては，研究の質を保証することが重要である。研究では，問いである研究目的が研究方法を定める。量的アプローチでは，数量的なデータを統計学や数学の手法を用いて現象を数値化し，それを分析・解釈することで研究目的に対する結論を導く。量的アプローチの質を高めるためには，データ収集や分析手法の妥当性や信頼性を検討する必要がある。量的アプローチにおける妥当性とは，収集したデータが研究目的に対する結論を導くために適切であるかに関する概念である。信頼性とは，同じような条件や異なる時点で収集されたデータがどれだけ一貫性を持つかに関する概念である。妥当性や信頼性の低いデータでは，研究目的に対して，他者が十分に納得する結論を導くことは困難となる。例えば，テストや質問紙を作成し，データを収集する場合，研究目的と出題問題の関連や問題数などを十分に検討する必要がある。また，正答を1誤答を0，とても好きからとても嫌いまでを4から1などとデータを数量的に扱い，統計学や数学に基づく分析手法を用いて，他者が納得する結論を導く。その際には，数名からではなく，ある程度のサンプルサイズが必要となる。

ここでは，全国教育学会誌数学教育学研究に掲載された論文において，どのように量的アプローチが採用されてきたかを検討し，今後の展望について考える。

4.1　全数教の量的アプローチ

（1）量的アプローチの論文数の推移と校種別の論文数

1995年第1巻から2021年1巻第1号までの掲載論文567本のうち，量的アプローチを含む論文は127本であった。**図3-2**は，各年に掲載された論文における量的アプローチを含む論文の割合である。2003年は掲載論文22本のうち11本が量的アプローチを含み，割合50%と最も大きかった。2010以降は量的アプローチを含む論文の割合は減少傾向にあるが，1995年以降に掲載された論文の5本に1本（22%）は数量的なデータを分析しており，量的アプローチは，全国数学教育学会において，主要な研究方法の一つといえる。

表3-1は，校種別の量的アプローチを含む論文数を表す。**表3-1**から，小学生を対象とした論文が55本と最も多く，次いで中学生，大学生，高校生，教師であることがわかる。また，小学生と中学生など，複数の校種を対象にした論文が13本あり，量的アプローチを用いた校種を超えた研究も行われている。

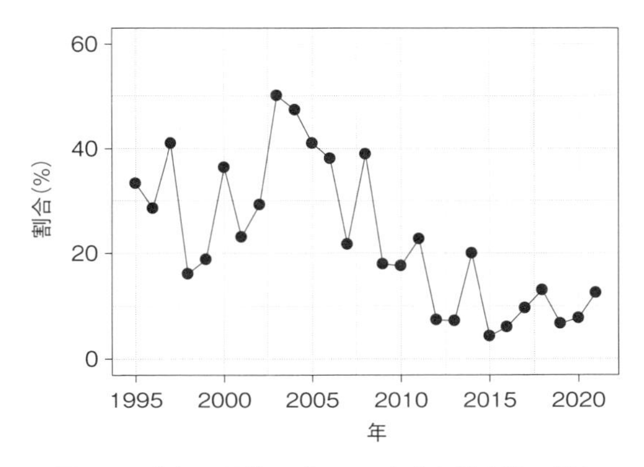

図 3-2　各年の量的アプローチを含む論文数の割合

表 3-1　校種別の論文数

小学生	中学生	高校生	大学生	教師	保護者
55（10）	47（13）	18（6）	23（6）	7（1）	1（1）

カッコ内，複数の校種を対象にした論文数

(2) データ収集の手段

表 3-2 にデータを収集する手段の分類を示した。なお，特定の能力や知識に関するデータを収集するものをテストとし，意見や態度などのデータを収集するものを質問紙と規定して，127 本の論文を分類した。**表 3-2** から，データはテストと質問紙を用いて収集されたことがわかる。テストでは，正答誤答を区別し，正答率を分析したり，正答数を合計したテスト得点の比較をしたりする分析が多くみられた。また，質問紙では 4 件法や 5 件法のリッカート式の質問項目や記述を分析する論文が多くみられた。

(3) サンプルサイズ

量的アプローチでは，ある程度のサンプルサイズのデータを収集し，統計学や数学に基づいて分析を行う。そのため，量的アプローチを含む論文のサンプルサイズを確認した。ただし，サンプルサイズはすべての論文において，それぞれの研究に参加した児童や生徒等の人数とする。**表 3-3** はサンプルサイズの分布の最小値，四分位数，最大値を表す。サンプルサイズが 500 を超える論文は 127 本中 18 本であり，そのうちの上位 5 本は PISA の二次分析に関するものである。これらの論文のサンプルサイズは 99,000 以上と非常に大きい。

表 3-2　データ収集の手段の分類

テスト	質問紙	テストと質問紙
71	41	15

表 3-3　サンプルサイズの分布

最小値	第 1 四分位数	中央値	第 3 四分位数	最大値
9	49.5	122	312	301,539

表 3-4　適用回数が多い分析手法

手法	回数	手法	回数
割合	77	クロス集計表	7
相関係数	25	因子分析	7
t 検定	19	項目反応理論	6
α 信頼係数	15	χ^2 検定	5
分散分析	14	クラスター分析	5

(4) 適用された統計的な分析手法

127 本の論文で収集された数量的なデータの分析に用いられた統計学や数学の分析手法は，少なくとも 44 種類あった。例えば，割合，t 検定やウィルコクソンの順位和検定などの統計的検定，パス解析，重回帰分析，ロジスティック回帰分析，項目反応理論，ニューラルネットワークなどの多変量解析やデータマイニングの手法があり，多種に渡っている。**表 3-4** に 44 種類のうち 5 本以上の論文で用いられた手法を示した。割合は 77 本の論文で適用され，最も用いられる手法であった。次いで，相関係数，t 検定，α 信頼係数，分散分析などの手法が多用されていた。割合は，テストの場合は正答率や正解率として用いられており，アンケートの場合は 5 件法の各選択肢を選んだ人数の割合などに使用されている。相関係数，t 検定，分散分析は，テストの場合，児童・生徒の出題問題の正答数をテスト得点とし，それらに対して用いられる場合が多かった。また，質問紙の場合も出題項目の選択肢に割り当てられた数値を合計したものに対して用いられていた。

4.2　量的アプローチを用いた研究例

(1) 実態把握のための量的アプローチとその研究例

実態把握のための量的アプローチでは，アンケートの測定値，テストの得点等を用いて，全数調査や標本調査により集団の傾向や特性を明らかにしている。

清水他（2004）は，411名の小学生に対して算数の到達度調査を行い，5年生や6年生で学習する内容に関する到達度は，「数と計算」領域を中心として概ね良好である一方で，面積に関する基本的な問題や複合図形・立体の求積に関する問題の到達度は思わしくなかったことを報告している。

廣瀬（2006）は，1438名の小学生と対象にして，「速さ」に関する手続き的知識についての研究において，KuderRichardsonの公式αやScalogram分析を用いて「速さの情況」，「持続時間の情況」，「移動距離の情況」の関連を調べ，「速さの情況」と「持続時間の情況」の得点には弱い相関があるが，その他の情況間にはほとんど相関がみられないことを考察している。

(2) 因果関係の推論の検討のための量的アプローチとその研究例

因果関係の推論のための量的アプローチでは，仮説となるモデルの存在を重回帰分析，因子分析，パス解析等の統計手法を用いて分析し，モデルの妥当性を従属変数に対する寄与率等から明らかにしている。

清水（1996）は，300名の小学生を対象として重回帰分析を適用し，問題解決能力に対して，メタ認知能力，ストラテジー活用能力，知識・理解・技能の順で寄与が大きいことを報告している。

中原他（2009）は，363名の小学生を対象として，パス解析を用いた分析を行い，「論理的推論」は到達度にほとんど直接的な影響を与えないものの，総合効果として全体的に到達度に影響を与えると考察している。

秋田（2010）は，16名の教員養成系大学の学生を対象として，教材分析力，学習指導案作成力，模擬授業実践力を測定し，単回帰分析および重回帰分析から得られるパスダイヤグラムを用いて，教材分析力が高いほど模擬授業実践力が高い傾向にあるが，学習指導案作成力は模擬授業実践力に直接的な影響は及ぼさない傾向にあることを捉えている。

(3) 集団の類型分析のための量的アプローチとその研究例

集団の類型分析のための量的アプローチでは，クラスター分析等の統計手法を用いて，集団内に潜在する異なる特性を持った下位集団の類型を明らかにしている。

齋藤（1999）は，小学6年生187人，中学生566人の計753人を対象として，創造性態度に関係すると考えられる拡散性，論理性，積極性，独自性，集中性・持続性，収束性，精密性についての質問項目について，各項目の弁別度は標準偏差，UL指数，等価選択肢数による方法を用いて，各項目の得点間の関連は相関係数を用いて，項目の分類はクラスター分析を用いて検討し，各質問項目が創造性態度を測定する上で妥当性・信頼性があることを示し，創造性態度尺度CASを開発している。さらに，開発したCASを用いた調査により児童生徒の学力，創造的思考，創造性態度の関係を明らかにしている

秋田・齋藤（2009）は，19名の算数・数学科担当教員を目指す教員養成大学学生の授業実践力のうちの教材分析力について，模擬授業がどのような因子で構成されているかを因子分析等を用いて検討し，授業実践力を評価するための測定尺度および模擬授業におけるKRの与え方を提案している。

渡邊（2012）は，13か国のPISAの公開データ（合計99,175名）に対して，項目反応理論を適用し，各国の解答パターンを調べ，香港，日本，韓国の解答パターンは，欧米の国と比べて類似することを示し，確率・統計を活用する力に注目して日本の解答パターンの特徴を検討している。

(4) ある事柄と要因の関連を分析するための量的アプローチとその研究例

ある事柄と要因の関連を分析するための量的アプローチでは，因子分析等の統計手法を用いて，調査データの背後に存在する構造を明らかにしている。

伊藤（1995）は，227名の中学生に対して質問紙調査を行い，因子分析を適用して15の質問項目から4因子を抽出し，数学における情意的特性を測定する尺度を作成し，その信頼性と妥当性を検討している。

渡邊（2020）は，PISA2003・PISA2012およびPISA2015の公開データ（合計259,404名）を用いて，現行の学習指導要領で新設された領域と生徒の学力の関連について項目反応理論を用いた分析を行い，PISA2003，PISA2012，PISA2015の間での全体的な変化は大きいとはいえないが，確率・統計に関する「不確実性とデータ」において変化がみられることを捉えている。

4.3　量的アプローチの課題と展望

本学会の論文において，量的アプローチは主要な研究方法の一つといえる。最近ではPISAやTIMSSのデータの二次分析もみられるが，テストと質問紙を使用してデータを収集し，分析する研究が大半を占めている。データ分析では，最も多く用いられている手法は，正答率に代表される割合であるが，相関係数などの記述統計量，t検定，χ^2検定や分散分析といった統計的仮説検定，因子分析，項目反応理論やクラスター分析といった多変量解析の手法などが多種に渡って用いられている。

近年，全数教の量的アプローチでも頻繁に使用される統計的仮説検定の結果を十分に伝えるために，p値だけでなく，効果量や信頼区間も提示することが求められ

始めている（鈴川・豊田, 2011）。全数教の統計的仮説検定を用いた論文においては，現時点では効果量や信頼区間を記載した論文は見当たらなかった。従来から用いられている手法においても，結果として提示すべき指標が再検討されており，今後本学会においても注目されるものと考えられる。効果量と信頼区間については，大久保・岡田（2012）が詳しい。また昨今，データサイエンスが注目されるように，本学会の研究においても，教育ビックデータなど多様なデータとAI技術を用いた研究が行われ，従来の量的アプローチの方法も大きく変わる可能性がある。様々なデータと手法を用いて，本学会の量的アプローチ研究の幅が広がることを期待したい。その一方で，データ分析がブラックボックス化しないように，分析理論を理解する重要性を再確認する必要もあるだろう。

5　質的アプローチ

質的研究は，文化人類学，社会心理学，臨床心理学といった研究の伝統から生み出された研究方法であり，様々な系統がみられる。主なものとして，「エスノグラフィー」「ケーススタディ」「ナラティブ研究」「グラウンデッド・セオリー」「アクションリサーチ」「デザイン実験」等があり，新たな方法も生み出されている。

教育という営みは，人が変化することを促すために行われ，相互行為をその中核としている。そうした関わりは，本質的に個別的，即興的であり，一般的な命題や因果関係としての定式化は難しかったり，意味が薄くなったりする。質的研究は，人々（以下，当事者と呼ぶ）が日々の生活の中で行っていること，その行為に対して与えている意味を，文脈に焦点を当てながら，観察や語りを通して見出していくため，教育という営みを理解していく上で重要な役割を持つ。

秋田・藤江（2019）は，教育実践研究における質的研究の意義について，大きく二つを述べている。

- **教育実践に対して，評価するのではなく意味付ける**

当事者の外部にある何等かの基準に基づいて行われる「評価」に対し，質的研究は，当事者にとってどういう意味があるのかを問題とし，当事者の側にある基準に基づいて行われる。当事者にとっての意味を明文化して伝えることで，その意味を価値付ける。したがって，質的研究は当事者に安心感を与えるとともに，教育実践における意識化を促すことができる。

- **仮説生成型だからこそ，教育実践を深く理解できる**

研究対象がどのようなものかがすでにある程度わかっているところからスタートする仮説検証型研究に対し，質的研究では，研究対象に対する仮説を作っていく。

即ち，わかっていくこと自体が，研究の主題になる。したがって，当事者が当たり前と思っていた側面に照射し，視野を広げたり深めたりすることに貢献する。

また，質的研究を行う研究者における意義として，秋田・藤江（2019）が述べる以下も挙げることができる。

• 記述や解釈の過程において，自己の振り返りが必須となる

教育実践を記述したり解釈したりする際には，当事者の視点の理解を深めていくことになる。そのため，ときには疑問や戸惑いを感じるであろう。そこでは，自らの研究や実践に関わる考えに明示的，暗黙的に含まれる恣意性やとらわれを自覚することが要請される。その結果，研究者自身の視野の広がりや深まりが生じる。

5.1　質的研究の特徴

質的研究は，どのような特徴を持っているのだろうか。以下は，主たる特徴として，よく挙げられるものである（e.g. 関口, 2013；秋田・藤江, 2019；大谷, 2019；リアンプトン, 2020）。

• 当事者にとっての意味を重視する

当事者がどんな意味付けをしているのかという，当事者の意味の世界を描き出すことを重視する。問題に対して，当事者の視点から調べていき，当事者の文脈や意味付けを解釈していく。

• 自然状態にある当事者の生活の中でのデータを重視する

まさに問題とする現象が起こる現場の中で，それを自然な形で観察する。但し，当事者の意味に迫るため，人工的な実験を行うなど，介入の手立てを工夫することはある。その場合であっても，当事者が持つ経験に基づく語りなどを引き出すことが主たる目的である。

• ホリスティック（全体的，包括的）な把握を重視する

問題とする現象を，それを取り巻く多様な現実の中に位置付けて把握しようとする。その現象に関わる様々な人々の見方，現象を形作ってきた多様な状況や脈絡の間の複雑な関係を探っていく。

• データ収集においては柔軟性や多様性を重視する

観察，インタビュー，質問紙，資料の収集といったような多様なデータ収集の方法を用いて，現象に対して多角的な推論を行っていく。データ収集の方法は予め厳密に決められるのではなく，柔軟であり，かつ，流動的である。質的研究では，データ収集，分析，結論の記述はサイクリックなプロセスとなる。

• 研究の実施における研究者の役割を重視する

当事者との関わりを重視し，相互作用をしながら研究を行う。研究者自身が道具となって，観察やインタビューを行っていくため，自身の立場が研究の実施や結果の解釈に影響することを認識して，研究を行うことが必要である。

5.2 データの収集と分析

ここでは，多様な質的研究方法の中から，四つのタイプを取り上げ，データの収集と分析の仕方を述べる。その際，日本の数学教育研究の事例を参照する。

(1) エスノグラフィー

文化人類学を支える方法の一つとして誕生したエスノグラフィーは，異なった文化や社会的状況のもとで暮らす人々を理解するための重要な手段として用いられてきた。現在は，身近な社会文化を対象に，様々な研究が行われ，学校は主要な「文化集団」として研究対象となっている（リアンプトン, 2020）。

研究者は，対象とする人々の日々の営みについての深い記述を行うために，その社会や文化の中に入ってデータを収集する（フィールドワーク）。人々の活動や経験に馴染み，人々に近い存在となるように，当事者と共に活動しながら観察を行う参与観察という方法が用いられる。こうして，当事者の考えに立って物事を見ることを学び，深い理解を得ていく。フィールドワークでは，活動し経験したことの記述を行う（フィールドノート）。そこには，研究者としての見方や解釈，感情等も記録され，後にエスノグラフとして書き上げられていく。その他にも，当事者からの情報を収集するに当たって，インタビュー(個別やグループ)，質問紙調査，資料，ときには実験等の介入といった方法も用いられる。こうした多様な方法を柔軟に用いることで，当事者の意味の世界を描き出していくことを目指す。

日本の数学教育学におけるエスノグラフィーの例として，関口による数学的証明の教授・学習過程の民族誌的アプローチがある（e.g. 関口, 1994）。この研究では，中学校２年生のあるクラスの数学の幾何の授業が長期にわたって観察・記録され，さらに，教師および生徒へのインタビューや関連資料の収集も行われた。数学的証明の考え方やその方法の学習が，生徒のそれまでの算数や数学の学習内容から見てギャップがあることから，難しさが現れているという問題意識に基づいて，教師と子どもの相互作用において，参加や内面化の過程がどのようになっているかを探った。データ分析では，現象を理解するために重要になるカテゴリーやカテゴリー間の関係を見出し，論証指導が，生徒たちを新しいタイプのディスコースの世界へと適応させていく過程となっていることを指摘している。

また，数学教師の「気づき」の実態を探るために，木根他（2019）は，小学校教員を対象とした授業研究に基づく教員研究の事例を分析している。小学３年生の同分母分数の加法の授業実践に関して，事前検討会，授業観察，事後検討会，授業改善という枠組みを2サイクル行う研修が行われ，研修に参加した9名の参加者（三つの班）の議論が分析された。そこでは，発話のトランスクリプトをセグメント化し，コーディング，事例――コード・マトリックスをもとに継続的比較法を用いて，参加者の気づきの考察が行われている。その結果，参加者の気づきは，子ども，目標，教材，教師など多岐にわたっていること，気づきを促す要因として授業研究という手法，多様な教師，ファシリテーターの関与，教師の知識・信念・経験があることを見出している。数学教師の気づきという先行研究の少ない分野で，エスノグラフィーの特徴を生かし教師の意味の世界を描き出している。

(2) アクションリサーチ

アクションリサーチとは，アクションを知識と学びの基礎と考え，当事者が，自分自身のアクションを，よりよいものへと改善していくために行う研究方法である。アクションリサーチは，米国の社会心理学者クルト・レヴィンによって考案された（レヴィン, 1954）。その後1960～70年代に，教師の手による教育研究の方法として応用・発展し，「研究者としての教師」（teacher as researcher）という考え方を生み出した（秋田, 2012）。

アクションリサーチは，当事者自身が行うところが特徴である。その際，個人で行う場合だけでなく，コミュニティのメンバーと協働で行う場合もあるであろう。日本で教員研修の手法として伝統的に行われてきている授業研究は，後者に関わるアクションリサーチと考えられ，日本の数学教育においても数多く行われている。そこでは，研究者も多様な関わり方をしている。以下は，教職大学院生と研究者が，学校（支援校）に入って，その学校の教師とともに行っているアクションリサーチの事例である。

井口他（2012）では，ある小学校においてM教諭とともに行った4か月間の研究が報告された。そこでは「支援校側の要望や問題を理解することからスタートし，それに役立とうとして，発見・分析・修正を繰り返しながら進められていた点に，アクションリサーチの側面を持っている」（p.100）と述べられる。自身らの先行研究の知見「多様な‘まとめ’の型」に基づいて実践や省察を進めた結果，M教諭の授業では，「教師によるまとめ」が優勢であったが，徐々に「生徒によるまとめ」が場面によって生起していることがわかった。一方「教師によるまとめ」はいつでも起こっており，「生徒によるまとめ」の生起後になされることもあった。井口らはその背景要因として，教師が受ける学習指導要領や教科書等からの「社会的制約」，算数の授業で何を重視するかに関わる「数学認識論」を指摘する。また，教師の自立的な授業改善のために，子どもとの相互作用に敏感になることの重要性を述べる。そして，M教諭への聞き取りから，そこへの貢献の一つとして，チームが提示した「まとめの型」があったことを述べる。このように，アクションリサーチを通して，「M教諭自身が子どもとの相互作用を自覚し，それと対峙して授業をすることができたという手ごたえ」（p.112）を得ている。

(3) デザイン実験

デザイン実験の方法論は，自然科学的な仮説検証型の実験とは異なり，教師の介入や文化的・社会的要因を含めながら，デザインの作成・実施・反省・再設計を一定期間に渡って実行し，進行中の分析と回顧的分析を通して，そこに関わる人（生徒や教師）の営みが生じるメカニズムを，その学習環境に関わる知見とともに抽出し，理論化しようとする理論構築型の方法論である（Cobb et a1., 2003；岡崎, 2007；関口, 2013）。

日本の数学教育では，授業研究の伝統の下，数多くの授業づくりや，授業後の協議会を通した省察が行われてきている。この伝統は，デザイン実験という考え方と親和性を有している。本学会誌でもその傾向はみられ，授業を対象としたデザイン実験の研究は少なくない。その中でも，デザイン実験という手法の特徴を明示的に取り入れている先駆的な研究として，図形学習における算数と数学の接続に関する研究（髙本・岡崎, 2008；岡崎・髙本, 2009a, 2009b）がある。この一連の研究では，Brousseau（1997）の教授学的状況理論を参照しながら，中学１年の移動と作図に関して，麻の葉模様を基本的シツエーションに据えた単元デザインと実践を行い，授業における生徒の活動や思考に関する質的分析をもとに，図形の経験的認識から図形の論理性・演繹性の認識への高まりに関する理論的知見を得ることを目的に進められた。なお，質的分析方法にはグランデッド・セオリー・アプローチが用いられている。本デザイン実験の結果として，作図が論証に繋がる過程及び移行要因，図と推論の相互発展の過程とそこでの図形認識の様相，他者からの批判性をもとに推測を発展させる社会的要因に関する理論的知見が見出された。また，麻の葉模様を基本的シツエーションにした単元設計や学習環境は，実践上の副産物ともなっている。

(4) ナラティブ研究

ナラティブとは，「ある１つのできごとや行動，あるいは時間の流れでつながった，一連のできごとや行動についての……話された，もしくは書かれたテキスト」を意味する（Czarniawska, 2004, リアンプトン, 2020, p. 133 による引用）。ナラティブには，研究で「現象」として現れるあらゆるテキストが含まれ，また，「ストーリー」と同義で用いられる（リアンプトン, 2020, p. 133）。当事者（語り手）と多くの時間を過ごし，様々な話を聞いていく「ナラティブインタビュー」は，ナラティブ研究における主要なデータ収集の方法である。そこでは，語り手のストーリーで表現された「生きられた経験」（lived experience）が探究され，再構築される。

ここでは，日本の数学教育におけるナラティブ研究事例として，中学校数学教師へインタビューを通して，教師の授業観とその実践との関係を探った大越（2021）を紹介する。研究の目的は，実践に移すことができている授業観とできていない授業観を比較し，自分自身の授業観を実践に移すことを支援する要因と抑制する要因を明らかにすることであった。そのために，教職年数や勤務校歴の異なる4名の教師を協力者とし，各教師への半構造化インタビューを2回（1回1時半～3時間程度）行った。第1回インタビューでは，授業観の内容，抱いたきっかけ，印象に残っている授業について尋ね，第2回では，研究者が整理したインタビューの語りを提示し，誤りや追加があるかを尋ねることで，相互の了解を得ていった。そして，こうして得られたデータを，「授業観」「授業観の背景」「実践している授業」に注目して分類し，研究目的に照らした比較を行い，授業観の実践を支援 / 抑制する要素や，その獲得条件などを検討していった。その結果，教師が自身の授業観を実践に移す上では，教師が有する教材知識および授業方法の知識が，大きな支援要因となっていること，授業観を実践に移すことが難しい理由として，達成のための手段の有無だけでなく，授業観と今日の学校制度や授業形態との親和性の問題もあることなどを見出している。さらに，個々の教師のストーリーを教師とともに探ることによって，それぞれの教師固有の関心に配慮した教師教育の必要性を指摘している。

5.3　質的アプローチの課題と展望

質的研究には多くの方法があり，現在も学ぶべき多くの新しい方法が出現し，発展している。本学会誌『数学教育学研究』においても，前節で挙げた幾つかの事例以外にも，多くの研究例がある。それらを概観すると，数学教育という研究分野を反映したいくつかの傾向があるように思われる。

第1は，数学の教授・学習に関するテーマが中心的な位置を占めていることである。特に，授業実践やそこでの子どもの様相について，理論をベースとした枠組みに基づいた分析が行われている。1時間の実践だけでなく，数時間や単元全体を射程にしたデザイン実験，授業内での教師と子ども，子ども同士の相互行為の分析から，多くの知見を得ている。一人の子どもの分析，複式学級での学び（佐々・假屋園, 2007）などの焦点もみられる。こうして，ナラティブやディスコースが分析され，そこで起こっている学びの実際が捉えられている。また，様々な理論に基づく枠組みの豊かさは，本学会誌の特徴的な部分であろう。

第2は，数学教師の成長を促すことを目指して，授業実践の現状を捉えたり，介入による変容を考察したりする研究が見られることである。日本では，数学教育研究における教師と研究者の間の垣根が諸外国に比べると低く，教師が重要な役割を果たすことが認識されてきている文化的背景があると考えられる。本学会誌における教師の研究も，そうした立場に立って行われており，質的研究のデータ収集や分析を用いて，教師の経験の内実や実習や研修を通しての変容を描き出している。海外の教師とともに授業実践を計画・実施・省察する機会を持ち，研修を通しての教師の変容を描き出す研究もある（e.g. 石井, 2015）。このような国際色は，本学会誌における質的研究の特徴的なところであると考える。

最後に，今後の可能性を2点述べる。第1は，質的研究の問いからの教育事象改善の可能性である。大谷（2019）は，研究の問いから作られるモデルが，量的研究では諸要因間の数量的関係の静的・操作的な表象であると考えられるのに対して，質的研究では，全体的な仕組みの持つ「意味」が示されているとする。そして，質的研究の「理論は，ことばで静的に記述されるだけでなく，それが読者の中で再生され，生起するようなものとして，また読者の体験に応じて，それが読者によってあらためて描き出されるような表象として示されるのではないか」（p. 195）と述べる。また，質的研究のモデルは，少数の事例を集中的に検討することから抽出されるが，他の多様な教育事象の検討時に，そのモデルが想起され，投影され，その事象全体の理解が可能となるという（p. 196）。このように，質的研究は，処方の効果を検証するという問いではない別の問い，また，そこで生成されるモデルによって，教育事象を理解し，改善していくことへの貢献をしていく可能性がある。

第2は，研究への参加者の声を聴くためのデータ収集や，その声を表現するための新たな方法の考案と批判的検討の可能性である。現在も，例えば，写真，描画，劇，ストーリーテリングといった多様なデータ収集の方法が試みられ，その表現形式も，オートエスノグラフィー，詩，演劇やドラマ，ダンス等と大きく広がっている（リアンプトン, 2020）。例えば，オートエスノグラフィーでは，研究者と研究参加者が「切り離された存在」ではないことを前提に，研究者はフィールドワークで得た文化的体験と，それ以外で得た自らの体験と知識を繋げていく。詩では，研究参加者が言ったことをある題名の詩として表現する等によって，研究参加者の声をより忠実に表現するための手段の一つとなる。教育事象を研究対象とするときにも，研究参加者の声をどう捉え，理解し，表現するかは大切な問題である。また，新たなデータ収集や表現形式を試みることは，研究者自身が自分が問題とする教育事象に関して，新たな側面や自己との関係を見出すことにも貢献すると考える。

6　多様な研究方法論

前節までは，本学会誌の掲載論文で採用されてきた研究方法論を，データの扱い方（理論的・実証的・量的・質的）で大別して議論した。しかし，現在の数学教育学研究において，研究方法論は多様化・複雑化の一途を辿っている。例えば，一方では質的研究の分析枠組みをより洗練させる研究があり（Sfard, 2008），他方ではデジタル化の流れを受けて質的研究を代替し得る新しい量的研究が発展している（de Freitas, 2016）。量的か質的かで研究方法論を二分することは，それぞれの研究から得られる洞察をすべて活用するのを妨げるともいわれる（Foster, 2024）。Radford（2008）によれば，「方法論」は理論の構成要素の一つであり，今や，理論の数だけ研究方法論があるといっても過言ではない（本章2節も参照）。

そこで本節では，研究関心に応じた研究方法論の多様性を議論するため，数学の授業場面と数学の授業場面を越えた場面に大別して，研究方法論の多様性を論じていく。「方法論」とは「方法の科学」であるから（Bakker, 2018），具体的な場面に即して，なぜその方法を採用するのかを考えていこう。

6.1　数学の授業場面における研究方法論の多様性

数学の授業場面に限定したとしても，今や驚くほど多様な研究方法論が提唱されている。ここでは，架空の授業場面を手がかりとして，それらのいくつかを概観していこう。平林（1975a）の言葉を借りれば，数学教育学研究では授業が重要な「シツエーション」の一つとなる。

(1)　授業の導入：概念的分析の方法論，教授学的転置研究の方法論

生徒の号令で，中学1年生A組の数学の授業は始まった。U教諭は，前時の振り返りとして，「「比例」の特徴は何だっただろうか？」と問うた。指名された生徒たちは，「一方が2倍，3倍，……，になると他方も2倍，3倍，……，になる」，「yがxに比例するとき，$y=ax$と表せる」，「商y/xが一定となる」等々を答えた。そしてU教諭は，次のように問う。<u>「「比例」は，小学</u>

校でも習っていたけど，中学校の教科書では比例をどう扱っているんだったっけ？」。これに対して指名された生徒は，「比例かどうかを，$y=ax$ と式で表せるかどうかで判断する」と答えた。（続く）

日本の学校教育では，「比例」を二度学ぶ。小学校では「一方が2倍，3倍，……，になると他方も2倍，3倍，……，になる」と表を横に見る見方で比例を学習し，中学校では「すべての x, y のペアについて，$y=ax$ の関係があるかどうか」と表を縦に見る見方で比例を学習する。この状況をどのように捉えるかで，研究方法論が変化する。ここでは2通りのアプローチを紹介しよう。

第1に，小学校と中学校の教科書で定義されるそれぞれの「比例」は，そもそも同じ概念なのだろうか？　この問いを探究するためには，研究者の「比例」の理解を一旦脇に置き，初めてその教科書を読む学習者の目から「比例」概念がどのようなものに見えるかを分析する必要がある。「概念的分析」は，そのためのテキスト分析方法について一つの指針を提供する（Thompson, 2000, 2008；cf. 上ヶ谷, 2015, 2016）。構成主義の考え方に基づいて，誰の目から見ても「比例」は同じ「比例」であるという前提を捨てることから，この探究は始まる。

第2に，なぜ「比例」は，日本においてこのような2段階で指導されるに至ったのだろうか？　学問数学における「比例」概念が学校数学の中へ取り込まれる過程は，「教授学的転置」（Bosch & Gascón, 2006）と呼ばれる。教授学的転置の解明にあたっては，教授人間学理論（ATD）の考え方に基づいて，数学史や教科書が分析されたり（cf. 坂岡・宮川, 2016；袴田他, 2018），文書分析のみならず専門家へのインタビューなどが併用されることもある（cf. Bosch et al., 2021）。

ここでは「比例」を具体例としているが，学年をまたいで繰り返し登場する数学の概念は多数ある。他の概念についても同様の問いを立て得るであろう。

(2) 問題提示：問題解決研究の方法論

（続き）U教諭は「そうだったね」と大きく頷いて，「じゃあ，今日の授業では，こういう場面について考えましょう。」と言いながら，次の場面を示した。

> 直方体の形をした高さ45cmの空の水槽に，1分間で3cm水位が上がるような一定の割合で水を注いでいく。底から15cmの高さを基準として，水位が基準に達してからx分後に，水位が基準から$y$cm高くなっているとする。

続けてU教諭は次のように問う。「この場面は，比例の場面であると言えるだろうか？」（続く）

日本の模範的な算数・数学の授業は，概ね「問題提示」,「個人解決」,「集団解決」,「振り返り」（必要に応じて「演習」）の段階によって構造化されている(Shimizu, 1999, 2009；スティグラー・ヒーバート, 2002)。現実に何パーセントの授業がこれに当てはまるかはともかくとして，これが国際的な認識である。上記の場面は，問題提示の場面に相当する。提示される問題は，日常的な問題場面（文章題）であったり数学の問題であったり多様であるが，どのような問題を提示するかは，授業を構成する上での肝になる。そのため，提示する問題についての研究が多数実施されており，立てた問いに応じて様々な研究方法が採用される。例えば，非現実的な解を得た場合に中学生がどのように応答するかについての質問紙調査（竺沙, 2000），学生たちの問題解決の振り返り過程を明らかにするために，発話思考法とインタビューを組み合わせた調査（清水・山田, 2010）などがある。発話思考法は，今考えていることをリアルタイムに発話させながら問題を解かせる調査方法である。一人で話しながら問題を解く状況が子どもには負担になることがあるので，二人ペアで話しながら問題を解かせる方法論もある（清水, 2008)。インタビュー調査を実施する際は，インタビュアの介入が生徒たちの考えを変容させている可能性を研究としてどのように捉えるかを検討するとよいであろう。例えば，Ely（2010）では，インタビュアの介入が学生の無限小についての考えをインタビュー以前よりも精緻化した点が誠実に報告されている。問題提示の仕方の微妙な違いが学習者の反応の違いを生むことが指摘されており（Carotenuto et al., 2021），今後も慎重かつ多角的な研究が必要である。

(3) 個人解決：教授実験の方法論

（続き）生徒たちは，各々にこの場面について調べ始めた。$x=0$ のとき $y=0$，$x=1$ のとき $y=3$，……と表を作っていく生徒，$y=3x$ といきなり式を書き出す生徒など，多様な姿が見られる。そこで，しばらく個人解決の時間を取った後，U 教諭がグループ内での意見交換を促すと，生徒達は，比例の場面であるという点で見解が一致しているものの，微妙に書き出した内容が異なっていることに気が付く。$x=0, 1, 2, 3, 4, 5$ で表が終わっている者，$x=11$ まで表を書いている者，$x=-1$ のときを表に書いている者，$y=3x$ だけを書いて満足している者等々である。（続く）

かつては，少数の被験者の数学的理解や問題解決の様相を心理学的に研究するアプローチが主流であった。例えば，Piaget の臨床的インタビューの方法論を発展させた「教授実験」という方法論（Steffe & Thompson, 2000；Steffe & Ulrich, 2014；cf. 岡崎, 2007）は，海外では少数の被験者を対象に実施することも一般的である（e.g. Simon et al., 2010；Simon et al., 2018）。しかし，研究フィールドが実験室から実際の教室へと移行していく過程で，少数の被験者で得た知見が大人数の教室での実践に直接適用できるわけではないということが明らかとなってきた（Cobb et al., 1990）。例えば，その教室において数学的によいとされること（例えば，計算は早い方がよい，ノートには数値の答えさえ書いておけばよい）は，「社会数学的規範」（Yackel & Cobb, 1996）と呼ばれ，数学の学習に影響を与えているとされる。一般的に良いことであるかどうかはともかくとして，教室には，生徒たちと教師との相互作用で独特の教室文化が作られ得る。こうした発見から，仮説的学習軌道を個人の理解の道筋ではなく教室全体の理解の道筋であると捉え直し，教室に基づく教授実験の方法論も開発された（Cobb et al., 2001）。

(4) 集団解決 1：デザイン・リサーチの方法論的枠組

（続き）そこで U 教諭は全体での議論に移行することにした。様々な生徒を指名して，この問題場面を数学的によりよく表すにはどうすればよいかを問うた。まず生徒たちは，$x=5$ までででは不完全で，$x=10$ まで書くべきであるが，水槽から水が溢れてしまうので，$x=11$ は書き過ぎであることを確認した。次に生徒たちは，「−1分後に水位が基準から−3 cm 高くなっている」という表現が意味をなすことから，x に負の数を代入することが可能であること，そして，$x = -5$ までが代入可能であることを確認した。ところが，このとき数人の生徒たちが首を傾げ始める。U 教諭が話を振ると，「この問題場面は比例ではない」という。なぜなら，「$x = -6, -7, -8$ のとき水槽は空で，ずっと $y=0$ だから」だという。同じ理由で，「$x = 11, 12, 13$ のときは溢れたまま水位が上がらないから，ずっと $y=30$ ではないか」ともいう。（続く）

どのような研究方法論を採用するにせよ，授業実践を通じた研究を行う上でしばしば重要となるのは，「デザイン・リサーチ」の考え方である（Bakker, 2018）。この考え方は，大まかに言えば，理論的関心に基づいて検証可能な予想を立て，その予想が実現し得るような授業デザインを考え，実際に授業を実施し，その結果を反省し，次の理論的予想を形成するという循環を繰り返す。この考え方は，根底とする哲学的立場に応じて，「デザイン実験」（Cobb et al., 2003）や「教授工学」（Artigue, 1992）などとも呼ばれる。この考え方は，理想的な環境を前提とする伝統的な統計的な手法に対抗した，実際の環境での教育改善を志向する研究方法論の一種であると見なす向きもある一方（Cobb et al., 2003；岡崎, 2007），方法論ではなく「方法論的枠組」であるとみなし，どんな研究方法論が必要になるかは，研究内容に依存すると考える立場もある（Bakker, 2018）。両方の立場の共通点は，デザイン・リサーチとは，探究したい現象が自然な状態では発生しない場合に必要となる，という考え方にある。例えば上記の授業場面例のように，集団解決の際に生徒たちが異なる意見をぶつけ合う場面を観察したいと思ったならば，そういう場面が生じるような授業がデザインされなければならない。

(5) 集団解決 2：ディスコース論やジェスチャー論における方法論

（続き）そこで U 教諭は問う。「最初はみんな，この問題場面を比例だと思っていたけど，どうしてだろう？」

生徒 S1：一部分しか見ていなかったから。

U 教諭：一部分ってどこ？（続く）

生徒 S2：（斜め線のジェスチャーをしながら）ここ！（続く）

授業を，一方的な情報伝達の場面ではなく，コミュニケーションの場面であると捉えるならば，コミュニケーションの質という観点で数学学習を議論する必要がある。この場合，学習とは，個人の頭の中で生起するものではなく，社会的に生起するものと捉えられる。例えば，Sfard（2008）のコモグニション論に基づく場合，授業場面で児童たちが教具や数学的な言葉をどのように使用していくよう変化したかが考察される（松島・清水, 2021）。コミュニケーション上のジェスチャーが思考そのものであるという Radford（2009）の考え方に沿えば，生徒たちが用いるジェスチャーが主たる考察の対象にもなり得る（小野田・岡崎, 2014）。いずれの場合も，発話記録の分析にあたっては，感情表現や身振り手振りといった生徒たちの活動のマルチモダリティ（方法やモードの複数性）の分析を合わせて実施することが鍵となり，録音・録画機器を駆使してその実相が記録される。

一方，あまりに広く捉えると数学の授業の特殊性が捉えにくくなることがある。そこで，コミュニケーションよりは狭く，数学的証明よりは広く，数学のコミュニケーションを捉える一つの視点がアーギュメンテーションである（Knipping & Reid, 2019）。例えば，早田他（2019）はアーギュメンテーション分析の方法論に則って中高生の間接的アーギュメンテーションの特徴を比較・分析している。

(6) 集団解決 3：情意研究の方法論

（続き）

U 教諭：（ジェスチャーを真似しながら）おぉ，「ここ」か！
　　　　何と言えば正確に伝えられるかな？

生徒 S3：（困惑の表情を浮かべながら）
　　　　……x の値が -5 以上で，10 以下のところ？

U 教諭：なるほど，その範囲だと，なぜ比例だと言えるのだろうか？

生徒 S4：……直線になっているから？

U 教諭：直線！　確かに比例を見つける上で大事な要素だよね。
　　　　ただ，みんな，比例はどうやって判定するんだっけ？

生徒 S4：（周囲との意見交換を経て）あ，そうか！
　　　　$y=3x$ と表せるから。（続く）

感情・態度・信念・価値観・アイデンティティといった情意（affect）も，数学学習の重要な要素である。特定の個人の情意に注目する場合は，例えば，数学的課題を解かせる臨床的インタビューを映像で記録し，表情分析を含む解析が実施される（DeBellis & Goldin, 2006）。あるいは，大規模に価値観の伝播を研究する場合には，専用の質問紙が開発・使用されることもある（木根他, 2020）。個人の有するアイデンティティを明らかにするために，ワークシート分析とインタビュー調査を併用した例もある（西, 2017）。

個人的で心理学的な構成概念であると考えられがちな情意も，近年では社会的に生起するものと捉えられる（e.g. Roth & Walshaw, 2019）。例えばSfard and Prusak（2005）のように，「語り」によってアイデンティティさえも捉える立場もある。

(7) 集団解決４：数学的概念・数学的知識の研究方法論

（続き）U教諭は，「そうだね，授業の最初に復習したように，比例かどうかは式で判断するんだったね」と述べ，黒板に今議論した内容を整理した。この場面は，$-5 \leqq x \leqq 10$ において $y=3x$ と表すことができ，この範囲において y は x に比例している。U教諭は，変域に負の数が含まれていても，式で判断することで比例であるかどうかが判断できることと，場面を関数で表す場合は変域に注意することが大事である点をまとめて，授業を終えた。

本節 **6.1**（2）でも述べたように，どのような問題提示をするかは重要である。上記の授業例で提示された問題は，比例についての文章題であると同時に，その問題解決を通じて「変域」概念の重要性を伝える問題にもなっている。数学教育学研究においては，教えたい数学的概念の有用性をいかに伝えるかを考える手法も，重要な研究方法論の一つである。数学的概念は，直面した問題を解決する鍵として歴史上においても学習場面においても出現するというフランス教授学に起源を持つ考え方の下（Brousseau, 1997；Brousseau & Warfield, 2014），数学における概念史と教室における教授の両観点から問題状況を同定する手法は，「認識論的分析」（Artigue, 1992；宮川, 2011a）といわれる。同様の考え方は構成主義研究におけるタスクデザインの原理にも取り入れられ（Simon & Tzur, 2004），「知的必要性」という概念で議論されることもある（Harel, 2013；e.g. 上ヶ谷, 2015）。

他にも，APOS（Action, Process, Object, and Scheme）理論において概念を構成する「操作」を特定するアプローチは，「発生論的分解」（genetic decomposition）（Arnon et al., 2014；cf. 濵中・吉川, 2018）と呼ばれる。また，生徒たちの理解の道筋を予測する構成主義のアプローチは，「仮説的学習軌道」の構築と呼ばれ

(Simon, 1995；Simon & Tzur, 2004)，先に挙げた教授実験を通じて探究されてきた。複数の学年・学校種にわたって使用できる問題場面を構築する「本質的学習場（本質的学習環境）」に関する研究も盛んである（Wittmann, 2001；cf. 岩崎他, 2017)。近年では，特定の概念指導ではなく探究的学びに対して「アプリオリ分析」を適用することもある（cf. 濵中他, 2016)。

国際的には，数学的観点のみでの教材開発だけでは研究論文として認められない傾向が強くなってきている点に注意が必要である（Bergsten, 2014；Niss, 2019)。例えば，その教材に生徒たちがどのように反応したかや，その教材を利用した授業がどのように進展したかなどの経験的データ（empirical data）の分析を合わせて求められることがある。しかし，単なる教材研究に留まらない理論的基盤を有する教材開発は，理論と実践の「架橋理論」（Confrey & Kazak, 2006）となり得る。

6.2　数学の授業を越えた場面における研究方法論の多様性

数学教育学研究は，数学の授業場面における研究のみでは成立しない。数学の授業を越えた場面においても，多様な研究方法論が存在する。

冒頭でも述べたように，デジタル技術の進歩の影響は大きい。例えば，証明を読む活動に関して大学生と数学者の「視線の動き」を比較した研究（Inglis & Alcock, 2012）や生徒達が図形の証明問題に何をどのような順序で書き込んでいくかを可視化したスマートペンを利用した研究（Cirillo & Hummer, 2021)，テキスト・マイニングを利用したカリキュラム文書における証明観の日米比較研究（Otani et al., 2022）などは，その典型的な例である。これらのアプローチは，少数例を対象としながら量的なデータの取得も行ったり，得られたデータの意味を解釈したりしており，量的・質的という二分法では捉えきれないことがある。

学校教育に関わる人々（児童・生徒，教師）以外も研究参加者となり得る。例えば，数学者の学習方略を調べた研究（Wilkerson-Jerde & Wilensky, 2011）や，生徒たちの保護者が調査対象に含まれる研究もある（モーモーニェン, 2003)。

学校現場でしばしば採用される方法論としては，アクション・リサーチが挙げられる（McTaggart, 1994）。実践的な問いから始まる実践者・研究者の自己反省的な探究であり，その現場特有の問題の解決を目指す。現場に根付くという観点で，公正性や社会正義の実現を考える批判的数学教育の研究と相性もよい（Skovsmose & Borba, 2004）。ただし，本学会誌では，理論的な関心も交えたアクション・リサーチの拡張的用法も見られる（久冨・小山, 2018；井口他, 2012)。

学校を越えたスケールでの研究も重要である。特にATDでは，教授共同決定の尺度（scale of didactic co-determinacy）と呼ばれる図式を提起し，社会や文明という水準でさえも数学教育に影響が及び得る点を示唆する（Chevallard, 2019）。例えば Bosch（2015）は，西洋において話し言葉が書き言葉に先行すると考えられてきた文明水準の条件（制約）を参照し，代数教育において，書き言葉としての文字の処理が相対的に低い地位に位置付けられてきた点を指摘する。何が数学教育に影響を及ぼすかは，学校現場を見ているだけでは見えてこないのである。

研究上の要となる先行研究レビューについても，近年では方法論化が進んでいる。例えばシステマティック・レビューは，文献選定条件やレビュー方法を明示化して実施され（cf. Newman & Gough, 2020），レビュー範囲を限定することで，先行研究群から焦点化された問いに対する答えを導く。研究者の自由な語りに基づくナラティブ・レビューとは，それぞれの強みを活かした使い分けが重要であり（Collins & Fauser, 2005），近年ではナラティブ・レビューも可読性向上へ向けた努力がなされている（Ferrari, 2015; cf. 上ヶ谷, 2023）。

方法論それ自体に対する批判もある点には注意したい。科学的方法の採用によって特定の語り方が標準化されることは，その他の語り方の排除を含意する（Bowers, 2019；Moore, 2021）。例えば，方法論の定式化が難しい哲学研究や歴史研究が排除される可能性はないか，方法論の定式化の際に暗黙的に採用したカテゴリ（例えば，男・女）が特定の人々（例えば，LGBTQ＋）の数学学習の実際を歪めていないかなどが考えられる。Sümmermann and Benjamin（2020）は，物理学が実験道具の開発を工学へ外注しないのと同様に，数学教育学研究も，研究に必要な「デザインの科学」は外注せずに自分で開発すればよいという。われわれは方法論についても必要に応じて自分たちで慎重に開発する必要がある。

6.3　まとめと今後の課題

かつては数学教育学研究であるからには数学が中心になければならないと考えられていたが，研究領域の拡大に伴い，今や数学教育学研究とは何かについてコンセンサスを見出すことは難しい（Wagner et al., 2023）。現在では，多様な研究方法論が活用され，多様な数学教育学研究が実施されている。多様性の高まりに合わせて，研究方法論も多様に開発され続けている。

多様性を重視するならば，理屈の上では，一本一本の論文ごとにその論文に固有の「研究方法」が存在すれば十分であり，「研究方法論」は不要である。実際，「研究方法論」不在の研究論文も無数にある。しかし，何が研究可能（researchable）であるかは，適切な研究方法を準備できるかに依存している（cf. Stylianides & Stylianides, 2020）。そういう意味で，研究可能な問いを立てるためにも，方法論を学ぶことは有益である。

Bakker（2018）によれば，「方法論」とは「方法の科学」であり，「なぜその方法なのか？」に対する説明を与えるものである。それぞれの方法論の背景には，どのような研究対象がどのように存在するのかについての存在論と，科学的知識がどのように構築されるのかについての認識論がある。方法論を学ぶということは，どのように研究するのか（how）のみならず，こうした存在論と認識論を踏まえて，なぜそのように研究するのか（why）まで学ぶことを含意する。本節で紹介した「方法論」の中には，Bakker（2018）の基準ではまだ「方法論」とは呼べない萌芽的な研究方法もあるが，そうした研究方法を採用するにあたっても，Bakker（2018）の基準を踏まえて，その背景となる存在論と認識論に注意を払うことは重要である。なお，本節では紙幅の都合上，それぞれの研究方法論についてその一端を紹介するに留まってしまったため，各研究方法論の詳細については，本章で取り上げた参考文献を参照していただきたい。

最後に，研究方法論の発展を考える上で注意すべき点を三つ述べておきたい。第1に，繰り返し述べてきたように，理論が方法論に先行するという点に注意したい。理論によって，何をどういう範囲で研究するのかを決めないことには，研究方法は定まらない。ATDの教授共同決定の尺度が示唆するように，常識に縛られていては現象の科学的理解には到達できない。より広い視座からの慎重な研究計画の立案が重要となる。「人は〔自転車の〕チェーンの支配のメカニズムを理解するためには，その自転車を降りなければならない」（Bosch, 2015, p.53,〔　〕は筆者による）のである。

第2に，理論と方法論の区別に注意したい。理論が変わると，見え方が変わるため，新しい発見がある。そして，そうした発見が研究論文で報告されることも多い。しかし，このような手法を用いた研究を研究方法論という本章の主題に照らして考えるとき，次のことに留意する必要がある。すなわち，そうした研究は，理論（新しい視座）の強みを活かしているのであって，方法論の強みを活かしているわけではない可能性があるということである。新しい視座を活かした研究はいわば，既知の被写体をフォトジェニックな視点から眺め直すことを可能にするが，一方で，方法論がなければ，せっかく捉えられるようになった新しい被写体を，効果的に探究すること（新しいデータの創出）ができない。体系化された研究方法論を利用することで，研究の再現性が高まり，研究論文を執筆する際に研究方法の正当化を簡略化できる。したがって，その方法論の繰り返しの利用が新しいデータの創出につながって初めて，研究方法論の強みが活かせていることになる。

第3に，研究方法論に伴う研究倫理を自覚することである。デジタル技術の進歩に伴い，被観察者が自分自身では予期し得ないほど精細なデータが記録されるようになった。そのため近年では，被観察者の人権に一層配慮するとともに，研究開始前に適切な研究倫理審査を受けることが今まで以上に求められている（Hannula et al., 2022）。

第4章
カリキュラム論・カリキュラム開発

1　はじめに

1.1 「カリキュラム論・カリキュラム開発」について

包摂関係で捉えるならば，カリキュラム開発はカリキュラム論という研究領域の一部と解釈することができる。あえて本章を並列的なタイトルとしたのは，本学会の特徴や特色を強調する意図からである。カリキュラムとは広い意味があり，様々な関わり方を想定することができる。教科教育学がCurriculum Research and Developmentと英語表現されるように，数学教育学研究との関係性は，大きく二つの立場に分けることができる。一つは，蓄積的な調査や客観的な記述を目的とする立場（カリキュラムリサーチ）であり，もう一つは，今日的な社会による数学教育への要請に対して合理的で新規性のある提案を目的とする立場（カリキュラムディベロップメント）である。研究としてその両方を追究することで，数学教育学研究の他分野に対しての独自性が主張できるのではないだろうか。

カリキュラムを対象とする研究は，記述性に主眼を置きつつ，蓄積や客観的な分析となっていることが重要となる。一方のカリキュラムの開発研究は，なぜそのようなカリキュラムが必要となるのかの規範性に主眼が置かれ，提案の新規性や教育的な意味での合理性に対する説明が重要となる。なお，歴史研究は「温故知新」の実践であり，史料の発掘・調査を経た客観的考察に基づくカリキュラムリサーチの側面を有するとともに，今を読み解き未来を見通す，規範性・新規性・合理性を伴うカリキュラムディベロップメントに資するものでもある。われわれが数学教育史研究を本章に組み入れたのは，そうした考えに依拠している。

1.2 カリキュラム論・カリキュラム開発に関する研究の分類

本学会のこれまでのカリキュラム論・カリキュラム開発に関する研究は，概ね次のように大別される。

1）資質能力の育成に関する研究
2）異校種の連携接続に関する研究
3）SLEs・探究的な学習に関する研究
4）国際協力・文化的アプローチに関する研究
5）指導内容の統合に関する研究
6）教員養成および教師教育に関する研究
7）数学教育史に関する研究

以下では，これらについて，本学会の先行研究を概観，考察するとともに，この分野の研究の今後の課題について述べる。

2 これまでの研究の概観

2.1 資質能力の育成に関する研究

カリキュラムを数学の内容を中心とする立場から，数学の方法や数学を通して学ばれる資質能力を中心とする立場へと転換することが数学教育の役割であり，その視座をもつ研究群として，以下のような研究がみられる。

資質能力の育成に関する研究では，数学教育における応用指向と構造指向の調和的な達成を目指すカリキュラム構成や数学的活動のあり方に関する研究（國本，1984, 1985；濵中・加藤，2013），数学的リテラシーの基礎的考察を踏まえながら，その育成を目指した教授・学習の枠組みや具体的展開に関する研究（阿部，2006, 2008；橋本，2012, 2013, 2016；服部，2017），クリティカルシンキング育成のための教育課程の開発研究（服部・岩崎，2013），数学科における意思決定能力の育成へ向けた批判的思考を重視した統計的な考えの枠組みおよび教授単元の開発に関する研究（福田，2014），統計的に推測する力を意図的・体系的に育むための能力ベースカリキュラムの枠組みに関する研究（大谷，2015a, 2017b, 2018a）などがみられる。

2.2 異校種の連携接続に関する研究

異校種の連携接続をテーマとした研究は，系統性が高いという特性を有する算数・数学科における特徴的なカリキュラム研究であり，教育制度に縛られない創造的な研究が展開される。その視座をもつ研究群として，以下のような研究がみられる。

異校種の連携接続に関する研究では，「算数から数学への移行」の視座からの代数の指導に関する研究（岩崎・岡崎, 1999），「算数から論証への移行」（岡崎・岩崎, 2003）の枠組みに基づく中学校におけるデザイン実験（髙本・岡崎, 2008; 岡崎・髙本, 2009b），論理的な図形認識を促すための義務教育9か年のカリキュラム開発研究（村上他, 2010；川崎他, 2011; 山中, 2012; 妹尾他, 2013），初等教育における確率概念の形成を意図した学習材開発に関する研究（松浦, 2007, 2008, 2009），小中一貫教育に関する先行研究の動向に関する研究（木根他, 2013），大局的に組織化された幾何領域に対して，活動を基盤とする局所的組織化と呼ぶカリキュラム構成の原理となる概念の提案（Freudenthal, 1971, 1973），この局所的組織化を基盤とした数学的活動に基づくカリキュラム分析枠組みの開発研究（宮川他, 2015），数学教育研究としての教材開発のあり方に関する研究（岩崎他, 2017），算数の幼小接続の視点からドイツの『数の本』を分析した研究（中和, 2014, 2017）などがみられる。

2.3　SLEs・探究的な学習に関する研究

SLEs・探究的な学習に関する研究は，内容に縛られない自由な教育的視点から，柔軟な教材の展開，学習の方法についての多様性，追究の深淵さなど，新たな教育的な方向性を提案するカリキュラム開発研究である。その視座をもつ研究群として，以下のような研究がみられる。

Wittmannに基づいたSLEsの開発研究（岩知道, 2010；佐々, 2014）はまさにディベロップメント視点からの成果であるが，柔軟なカリキュラムの捉え方であるというリサーチ側面との融合的な分析としても捉えられる。Chevallardの世界探究パラダイムに基づいた探究的な学習の様相分析研究（濱中他, 2016）なども，方法としての自由度と探究成果のゴールが固定され得ないという自由度を提案するものである。

2.4　国際協力・文化的アプローチに関する研究

いかに比較対象を想定・設定するかは研究上で客観的な捉え方を提供することにつながる。日本は，学習指導要領という国が定めた教科の目的，内容，方法に関わるしっかりとした提示がなされている国である。国際的な比較や，民族数学，文化性に着目することは，カリキュラムを相対的に検討する視座を与えてくれる。その視座をもつ研究群として，以下のような研究がみられる。

日下（2018）は，意図した数学カリキュラムについて社会文化的視座からの分析枠組みを提案しており，この研究群の特徴的な関心である。新井（2014）のフィリピンを事例としたカリキュラムメーカーのあり方を5層のカリキュラム分析モデルを用いて検討した研究，中西（1998, 2016）の数学教育における文化化カリキュラムを枠組みとした文化的アプローチの意義についての研究，馬場（1998, 2001）の民族数学への着目からの動詞型カリキュラムという視座へと展開した分析などは，学習指導を中心となりがちな数学カリキュラム研究に対して，観点を俯瞰的な視点で考察している。

2.5　指導内容の統合に関する研究

他教科や算数・数学内の単元間に関心の対象をおいて，カリキュラムを柔軟に捉えることで，指導内容や教科を統合する観点から研究を展開することが可能となる。その視座をもつ研究群として，以下のような研究が見られる。

指導内容の統合に関する研究では，TIMSS Curriculum Model の枠組みに準じて，中学校数学科における関数と方程式の統合カリキュラムの実現可能性を授業の実際を通して追求し，カリキュラムの改善（「実施したカリキュラム」における「意図したカリキュラム」の調整）を図った研究（山脇他, 2013），理科と数学を関連付ける方法を，関連付けの事柄としての「学習内容」と「考え方」，関連付けのプロセスとしての「統合プロセス」と「比較プロセス」の視点から整理するとともに，「意図したカリキュラム」に関して，各方法の意義と特徴を明らかにし，理科と数学を関連付けるカリキュラム開発における理論的枠組みを構築した研究（高阪, 2015）などがみられる。

2.6　教員養成および教師教育に関する研究

カリキュラムの運用において，教師の役割は不可欠であり，そこでの振る舞いに教師の専門性が発揮されると捉えるならば，カリキュラム研究は数学教師に関する研究ともいえる。本著には教師教育の章もあるが，本項では教員養成および教師教育の視座からのカリキュラムの研究群として捉えることとする。

神原（2016）は，teacher proof curriculum の開発ではなく curriculum proof teacher を育成する必要性から，経験ある教師の教授単元開発過程における専門性がどのように発揮されているかを事例研究によって明らかにしようとしている。教師教育の方向性として，数学教師がカリキュラムメーカーの意識をもっていく必要性とその育成に関心が置かれていると捉えることができる。新井（2018）では，数学教師の求められる役割の国際的な違いから，数学教師のカリキュラムメーカーとしての立場から捉えている。杉野本・岩崎（2016）の算数・数学教師が方法としての授業研究とカリキュラムの関わりに関する考察や，中和（2016）の授業研究における教材研究の課題，新井（2016, 2017）の数学教師のカリキュラム知識に関する研究など，教師とカリキュラムの多様な関連が考察されている。

2.7　数学教育史に関する研究

歴史研究は，先達の手によるカリキュラムリサーチとカリキュラムディベロップメントの様相を明らかにするものである。本項では，その立場で本学会の歴史研究を概観したい。なお，各研究の内容は後節で述べることにして，ここではそれらの数学教育史上の位置付けをもとに概観する。

まず，幕末から明治初年にかけての，西洋数学の受容の態様に言及したものがある。これは，わが国の学校数学教育のカリキュラムのルーツに迫る研究だといえる（伊達, 2007, 2008, 2009, 2011）。次に，大正期，「脱ユークリッド」を標榜した幾何教育改造の拠所の一つであったドイツを源流とする「空間的直観能力」に考察を与えた研究がある（山本, 2001）。また，関数教育の改造に対しては，明治から昭和にかけての先達の関数教育思想および高等小学校における関数教育を論述した研究（中西, 2001, 2002, 2003, 2004），算術教育に対しては，大正期から昭和期にかけて展開された「作問主義算術教育」の主導者の教育実践を明らかにした研究（植田, 1992, 2004, 2005）も注目される。

さらに，昭和の戦前・戦中期に至れば，緑表紙教科書の眼目であった「数理思想」に関する検討，および，さらにそれに続く後年の「数学的な考え方」の意味と意義に言及した研究（石田, 1980）や，旧制中学校等の学校現場での幾何指導の実相を明らかにした研究（片岡, 2007, 2008）にも注目したい。終戦後の混乱・再生期を扱ったものとして，GHQ/SCAP文書を精査し，新制高等学校のカリキュラムに数学科が位置付いていく様を明らかにした研究（田中, 2007）がある。

昭和期の後半以降に関する研究は，現状では，歴史研究領域の境界線にあるといえる。今後は，系統学習や現代化運動に関わる歴史研究が，大いに期待されるところである。

3　議　　論

3.1　三水準カリキュラムからの数学教育研究との関係

IEA（International Association for the Evaluation of Educational Achievement：国際教育到達度評価学会）では，カリキュラムを，意図したカリキュラム：Intended Curriculum（主に政府が発行する教育目標・学習内容の基準や解説などが記された公文書），実施したカリキュラム：Implemented Curriculum（教師が教科書や参考資料などに基づいて計画し，教室で取り組んだこと），達成したカリキュラム：Attained Curriculum（教育政策や授業によって学習者が獲得した成果），という三つの視点で捉えている。

以下では，2節の七つの研究群をこの三水準のカリキュラムの観点から考察し，その特徴を分析する。

資質能力の育成に関する研究については，教育目的と学習目標という用語の違いが，それぞれ意図したカリキュラムと実施したカリキュラムと対応することとなり，どちらを意識しているのかという指標となりうる。カリキュラムを分析する視点とともに開発するための視点も提供することとなる。

異校種の連携接続に関する研究については，学校という制度的に組織化されている意図したカリキュラム枠での区別から生じる歪みや課題について，実施したカリキュラムを設計することで解決を図ろうとしていると捉えることができる。

SLEs・探究的な学習に関する研究は，教えるべき数学内容ではなく，数学が本来的に持つ柔軟性や課題を探究し続けることができるという特性からカリキュラムを捉え直そうという視点である。学習者の活動の自由さを保障することからもその実態の分析も重要な課題となっている。

国際協力・文化的アプローチに関する研究は，意図したカリキュラムの世界に共通する普遍性と，比較を可能とする視座を提供し，意図したカリキュラムを分析的に捉え直すことを可能にする。また主として意図したカリキュラムの水準での開発へと還元されうる。

指導内容の統合に関する研究は，他教科や数学内での統合などの，教科横断的な視点から検討されるものである。教科そのものが意図したカリキュラムによって設計されているため，算数・数学の教科としての意義や固有性を実施・達成したカリキュラムの水準で見直す機会につながりうるものである。

教員養成および教師教育に関する研究は，まさに実施したカリキュラムとの関わりに焦点化されうるものと考えられる。教材開発や授業の設計・評価など，算数・数学教師としての専門性に関わる観点は実施したカリキュラムそのものであるが，意図したカリキュラムの解釈や，達成したカリキュラムを評価から指導へと展開していく必要があり，三つのカリキュラムを重層的に捉える必要もある。

数学教育史に関する研究は，先達による意図したカリキュラム，実施したカリキュラム，達成したカリキュラムの実相に迫るものである。そして，研究の結実を総合すると，それは，三水準カリキュラムが幾重にも連環する様を，時の流れに沿って追うものとなる。したがって，歴史研究は，今現在のカリキュラム論・カリ

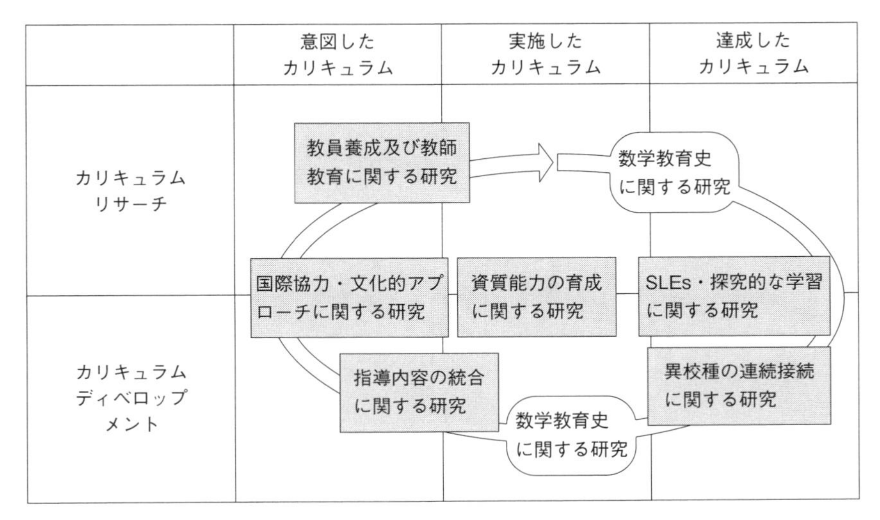

図 4-1　本章第 2 節で考察した研究群の位置付け

キュラム開発に，極めて大きな示唆を与えるものである。そして，われわれが今成す研究も，未来には歴史研究の対象に位置付く日が来るのである。

上記の分析について，横軸を三水準のカリキュラムとし，縦軸をカリキュラムリサーチとカリキュラムディベロップメントという枠を設定して位置付けると，**図 4-1** のようになる。

3.2　異校種の連携接続に関する研究の特徴

本項では，本学会の特徴であるといえる研究群として，異校種の連携接続に関する研究を取り上げ，研究対象としての異校種連携接続の目的・校種・方法，教員養成・教師教育の視点から考察する。

(1) 研究の目的・校種・方法の視点から

本学会誌にける異校種連携接続に関する研究の目的に着目すると，算数から代数への移行において，それまで量に対して方法の位置にあった数が，次第に対象化され，それ自身の意味を数系の中に求めるプロセスを明らかにすることを目的とした研究（岩崎・岡崎, 1999），図形の性質を経験的に導く学習から，性質に基づいて図形を論理的に位置付ける学習への転換がどのような過程と要因のもとに生じたかを明らかにすることを目的とした研究（髙本・岡崎, 2008），中学 1 年の「平面図形」の授業開発を通して，算数から数学への移行過程の理論的・実践的基盤を明らかにすることを目的とした研究（岡崎・髙本, 2009b），小学校算数科における図形の性質の意識化および図形の性質間の関係の意識化を促すカリキュラムの開発を目的とした一連の研究（村上他, 2010；川崎他, 2011；山中 2012），小中一貫の図形教育カリキュラムの有効性を明らかにすることを目的とした研究（妹尾他, 2013），初等教育における児童の確率概念の発達を促す学習材を開発することを目的とした研究（松浦, 2007, 2008），論証指導に関する理論的考察に基づいて，カリキュラム開発に向けた一つの枠組みを設定することを目的とした研究（宮川他, 2015），数学教育研究としての教材開発のあり方やその具体的な方法論の提案として，論証指導を，中等教育を一貫する観点で捉え直し，事例として教材開発の成果を示すことを目的とした研究（岩崎他, 2017）など，固有の指導内容に焦点を当てた研究が多くみられる。中でも，本学会においては，小学校算数と中学校数学の図形指導の連携接続に関するカリキュラム開発研究が，関連する先行研究に基づき，一連のものとしてなされ，妹尾他（2013）によって，小中一貫の図形教育カリキュラムとして総括されているという特徴がある。今後はさらに，数と計算・代数，数量関係・関数，統計教育等，図形領域以外の連携接続に関する研究の蓄積が期待される。

連携接続の校種に着目すると，幼小接続に関する研究（中和, 2014, 2017），小中接続に関する研究（岩崎・岡崎, 1999；髙本・岡崎 2008；岡崎・髙本, 2009b；村上他, 2010；川崎他, 2011；山中, 2012；妹尾他, 2013；松浦, 2007, 2008；木根他, 2013），中高接続に関する研究（宮川他, 2015；岩崎他, 2017）に見られるように，小学校・中学校間の連携接続に関する研究が大半である。この中で，木根他（2013）は，小中一貫に関連するこれまでの数学教育研究について，研究課題や研究方法，得られた成果・知見を整理して，その動向を確認している。今後はさらに，幼稚園・保育所と小学校の連携接続，中学校と高等学校の連携接続に関する研究開発の蓄積が期待される。

研究方法に関しては，平面図形の単元を図形における算数から数学への移行過程として位置付け，そのデザイン実験を設計・分析した研究（髙本・岡崎, 2008），図形の動的な取り扱いおよび筋道を立てた説明を促す場の構成に留意した単元構成の有効性を，実践を通して検証した研究（川崎他, 2011），小中の移行前期から論証期（小学校第5学年から中学校第2学年）までの4年間の図形指導を受けた生徒を追跡調査し，生徒の図形認識の変容を捉えた研究（妹尾他, 2013），児童の確率の共通概念経路に配慮した分離量および連続量の学習材を用いた学習指導の有効性を検証した研究（松浦, 2007, 2008），任意の自然数における奇約数と連続自然数和表現の個数が等しいことを，中学校での発見的展開，高等学校での正当化の展開を具体的に教材化する中で，両者の接続に関わる課題を実践的に検証した研究（岩崎他,

2017）など，カリキュラムの計画・実践・評価の連関を図る研究が多くなされているという特徴がある。今後はさらに，評価に基づく改善までを含む三水準カリキュラムのサイクルの連関を図ること，さらに，異校種間の連携接続の重要性の発端としての小1プロブレムや中1ギャップの解消に寄与するものとなっているのかどうか，長期的なカリキュラムの評価・検証を行うことが期待される。

(2) 教員養成・教師教育の視点から

カリキュラムを対象とする研究の一層の充実・発展を図るためには，教員養成・教師教育の段階から，その意義と重要性を認識し，カリキュラムを開発するための資質能力を意図的・計画的に形成する必要がある。本節では，教員養成・教師教育の視点から，異校種の連携接続に関する研究を考察する。

異校種の連携接続に関する研究を教員養成・教師教育と絡めて考察すると，異校種間の連携接続の視点から，幼児・児童・生徒の学習指導上の課題を把握し，課題の解決を図るためのカリキュラムを開発することの意義と重要性を，大学の学部教育また教職大学院等の大学院教育を通して一層啓発するとともに，実際にカリキュラムを計画・実践・評価・改善するための資質能力を形成することが必要である。

具体的には，幼児・児童・生徒の学習指導上の課題の解決を目指し，異校種が連携し，幼児・児童・生徒の実態を踏まえながら，また指導内容の系統性に基づいて，一貫性のある教育を推進・展開していくために必要となる資質能力を形成することを目的として，異校種間の連携接続に関する先行事例・先行研究を考察するとともに，現状の幼児・児童・生徒の学習課題の解決を図るための具体的なカリキュラムの開発（異校種間の連携接続を図る教材および評価問題の開発・検討，学習指導方法の開発・検討）を学部教育の段階から行い，教職大学院等の大学院教育においては，「理論と実践の往還」のもと，アクションリサーチに基づくカリキュラムの計画・実践・評価・改善のサイクルを通して，実践のもととなる理論やモデルの検討・改善を行う経験をさせたい。

これらの経験が，三水準カリキュラムのサイクルの意識化を促し，今後の異校種の連携接続に関する研究・実践の充実・発展につながるものと考える。他教科と比較して系統性が高いことが特性である算数・数学科において，このことは特に重要である。

3.3 歴史研究の視座から

(1) 数学教育の通史と時代区分

学校教育におけるカリキュラムは，時代における政治・経済・文化の思潮や社会の要請を反映して企図される。したがって，カリキュラム研究の場には，確たる歴史的視座を構えておくことがきわめて重要となる。そこで，まず数学教育の通史を押さえるには，小倉・鍋島（1957），松原（1982, 1983, 1985, 1987），上垣（2021, 2022），日本数学教育学会（2000, 2021a）などが参考になる。

小山（2001）は，わが国の数学教育史を，次の10期の時代に区分している。

第1期	1868（M.1）年 ～ 1885（M.18）年	建設時代
第2期	1886（M.19）年～ 1917（T.6）年	統整時代
第3期	1918（T.7）年 ～ 1939（S.14）年	改造精神検討実施時代
第4期	1940（S.15）年～ 1946（S.21）年	再構成時代
第5期	1947（S.22）年～ 1954（S.29）年	生活単元学習時代
第6期	1955（S.30）年～ 1967（S.42）年	系統学習時代
第7期	1968（S.43）年～ 1976（S.51）年	現代化時代
第8期	1977（S.52）年～ 1988（S.63）年	基礎・基本時代
第9期	1989（H.1）年 ～ 1997（H.9）年	人間化時代
第10期	1998（H.10）年～ 2007（H.19）年	厳選時代

（＊ M, T, S, H は，それぞれ明治，大正，昭和，平成の略号である。）

小山の区分は，法令・教授要目および学習指導要領の公布や発行・告示を基にしたもので，これは，数学教育における国家カリキュラムの編成・実施・改訂を基準としたものに他ならない。この意味で，数学教育史研究は，意図・実施・達成という3層カリキュラムを，時の流れに位置付くサイクルとして捉え直すものだといえる。

次項からは，この時代区分に沿い，歴史研究の対象となり得る「建設時代」から「現代化時代」まで，それぞれに論及した数学教育史研究から，主として本学会に実績を置くものを取り上げていくことにする。

(2) 建設時代・統整時代を対象とした歴史研究

第1期「建設時代」を対象とした研究では，和算を廃止し洋算を専用する過程で，わが国が西洋数学をいかに受容し，学校教育に位置付けたかを探究するものに注目したい。伊達（2007, 2008, 2009, 2011）は，外国教科書を通した西洋初等代数学の受容の態様，およびその際の数量概念の変容を捉えたものである。伊達は，西洋，東洋の代数を調査するとともに，わが国が西洋数学を受容する際に生じた在来の和算との葛藤を示し，西洋数学がもたらす数量概念が，わが国の数学教育に取り入れられていく様を明らかにしている。

第2期「統整時代」は，教授要目の成立に象徴されるように，数学教育が国家カリキュラムに厳格に位置付いた時代である。そこで，その指導的役割を果たした藤沢利喜太郎や菊池大麓の数学教育思想を扱った研究に注目したい。清水（1997）は，菊池，藤沢の学力観に関する論考である。清水は，西洋留学の経験を持つ菊池，藤沢は帰納的推理と演繹的推理の両者が重要な働きをすることを十分承知しつつも，和算や日本人の特性を分析することで，演繹的推理を日本人の短所と見て，欧米の理学の精神をもってそれを増強しようと臨んだことを示した。

佐藤（2004）は，ユークリッド流の幾何を日本に導入した菊池が，言文一致運動からの必要に訴えて，イギリス流の幾何を正当化していた点を明らかにした研究である。また，公田（2009）は，藤沢の数学教育思想が形成される拠所を明らかにした研究である。

(3) 改造精神検討実施時代・再構成時代を対象とした歴史研究

第3期「改造精神検討実施時代」に関連した研究に，改造運動がわが国の中等教育へ波及する様相を扱った研究がある。山本（2000）は，黒田稔が1916年に著した『幾何学教科書（平面）』を精査し，幾何の教科書に「関数的思想の養成」が重視されている点を見出し，これは1905年オーストリアのメランで報告されたギムナジウムの数学教授要目である「メランの要目」の影響を受けたものだと結論付けている。さらに，山本（2001）は，わが国において黒田稔，北川久五郎，国元東九郎らが主導した幾何教育改造の源流は，ドイツのトロイトラインの「幾何学的直観教授」にあると見定め，それが目標とした「空間的直観能力」を涵養することの意味に対する考察を与えている。

一方，改造運動の著しい特徴に，関数観念の涵養が強く目指されたことが挙げられる。中西（2001, 2002, 2003, 2004）は，関数教育の推進を主導した黒田稔，林鶴一，国枝元治らの関数教育思想を整理し，明治37年から昭和10年までの高等小学校用国定教科書における関数教育の変容について論述している。

また，第3期に対しては，新算術教育を対象とした研究がある。植田（1992, 2004, 2005）は，大正末期から昭和初期にかけて全国的に展開された「作問主義算術教育」の主導者である清水甚吾による算術教育実践の実態を明らかにし，当時流行した生活算術に作問主義が位置付く姿を明らかにしている。

第4期「再構成時代」を扱った研究には，塩野直道が提唱した数理思想に関する歴史研究がある。石田（1980）は，当時の算術教育の眼目であった「数理思想の開発」に関する歴史的な検討を行い，後年の昭和40年代の目標に大きく掲げられた

「数学的な考え方」の意味と意義の整理を行った。なお,「数学的な見方・考え方」は,今日においても算数・数学教育の目標に掲げられ,カリキュラム構成において重要な位置を占めるものとなっている。

また,学校現場での幾何指導の様相を明らかにした研究もある。片岡（2007, 2008）は,旧制中学から戦後に至る作図問題についての詳細な調査を経て,『数学第二類』で扱われた「用器画」といわれる画法幾何の指導の実態を,当時の生徒のノートなどを通して明らかにするとともに,昭和17年の教授要目の特色の一つであった「用器画」と数学との融合が,戦後になって解消されていく過程を示した。さらに,片岡（2009）は,空間図形指導の考察を,終戦後から現在まで拡張し,現代の数学教育へ図学の技法を活かした空間図形の指導構想を提案した。また,逆に時代を遡り,和歌山師範学校に係る史料を探索することで,立体幾何を主として明治末期の師範学校における数学教育の様相を示す（片岡, 2013, 2015）とともに,明治期の教科「図画」における用器画の指導に対しても論究している（片岡, 2021）。

(4) 生活単元学習時代・系統学習時代・現代化時代を対象とした歴史研究

第5期「生活単元学習時代」を対象とした研究には,終戦の混乱を経て,戦後の数学科の成立過程に言及したものがある。中西（1999）は,戦前の高等小学校と戦後の新制中学校の算数・数学科に対して,教科書に掲げられた目的と構成内容を比較検討し,両者間には一定程度の連続性が存在したことを示した。田中（2007）は,GHQ/SCAP文書にある文部省とCIEの会議録を史料とし,日米間で交わされた議論をもとに,新制高等学校の教科課程の総合制・単位制の中に数学科が位置付いていく様を明らかにした。

第6期「系統学習時代」を扱った数学教育史研究として,田中（2021）がある。田中は,系統学習期に唱えられた「微積分の必修化」の議論を契機として,高等学校数学における積分の構成法が,区分求積法によるものから,微分の逆演算によるものへと変容した経緯を示した。

第7期「現代化時代」を対象とした歴史研究は,今緒に就いたばかりで,これに関わる研究は,今後大いに期待されるところである。現代化運動が終焉した後,昭和末期には,現代化運動の省察的論考が数多く出されている。佐古（1984）はその一例である。また,現代化に対する歴史研究に先鞭をつけたものの一つとして,蒔苗他（2021, 2022, 2023）を掲げておく。この研究では,当時,世界的な潮流であった現代化を,日本の数学教育界が取り入れた経緯や,現代化における教育課程の構成原理が確立する過程を追っている。

4　残された課題

本節では，本章の考察の観点としてきた３層カリキュラムの各々の層から課題を述べるとともに，教員養成・教師教育の側面から，カリキュラム論・カリキュラム開発の研究の今後の充実・発展を考える。

意図したカリキュラムの水準に関しては，改訂のための提言や，この水準のカリキュラムメーカーの育成は，学会の社会的役割となりうる。こうした社会的貢献に寄与する研究提案は今後より重要度が高まってくると考える。

実施したカリキュラムの水準に関しては，カリキュラムユーザーとしての数学教師に対して，カリキュラムメーカーへの発展的な成長のために，研究が寄与していくことができるかが課題である。

達成したカリキュラムの観点からは，附属学校や特別な環境などにおける分析から，より多様な実態での考察に広げ，学術的な関心は維持しつつ，研究への入口を広げていく必要がある。指導と評価の一体化と呼ばれるがカリキュラムにまで意識を持った検討へとつなげることが期待されている。

さらに，教員養成・教師教育の側面からは，前節で「異校種の連携接続に関わる研究」の課題として示したTIMSS Curriculum Modelのサイクルの意識化および実践的研究力の育成を，学部教育の段階から教職大学院等の大学院教育において行い，カリキュラムの計画・実践・評価・改善のサイクルを通して，実践のもととなる理論やモデルの検討・改善を行う経験をさせておくことが大切となる。

経済協力開発機構（Organisation for Economic Co-operation and Development：OECD）（2020）では，三水準カリキュラムに五つのカリキュラム分析の視点を加え，より相互に関連付けられた分析の必要性に迫られている。こうした新たな視点から，教育という複雑な状況を捉え直していくことが課題として挙げられる。

歴史研究においては，1960年代から1970年代にかけて，世界的な潮流となった「数学教育現代化運動」に関わる研究が，今後期待される。先達が当時手がけた現代化カリキュラム研究を，半世紀の時を経た今，歴史研究の舞台に乗せるときが来ているのである。それは，数学教育カリキュラム研究が歴史上もっとも熱気を帯びた時代であり，その実相を明らかにすることが研究課題となっている。

カリキュラム論・カリキュラム開発の研究は，いずれの立場にせよ，カリキュラムを無批判に受容しないという点で共通する。このことは，本学会のカリキュラムを対象とする研究の理念としての特徴として挙げられる。こうした意味では，カリキュラム開発についてのメタ的な分析に関わるカリキュラム開発論についても今後の展開が期待されている。

第5章
教科内容論・教材研究

1　はじめに

数学教育学は，今でこそ確固たる学問として成立していると感じられるが，その始まりは比較的，最近のことといえるのかもしれない。平林（2020）は，少なくとも昭和30年代はじめにはまだ「数学教育学」という学問はなかったと記している。その意味で，本学会の始まりといえる『数学教育学研究紀要第1号』（中国四国数学教育学会）が出版された1972年当初は，わが国の数学教育学研究の黎明期といえよう。その黎明期の研究を見ると，本章に課せられた分野である教科内容論・教材研究に該当するものが多いように思う。しかしながら，当時の教科内容論・教材研究には，その後実践として昇華されておらず，まだ発掘すべき内容も多かった。つまり，逆に言えば当時は実践と結び付けて教科内容論・教材研究が語られていなかったことが課題であったといえる。

では，こうした黎明期の教科内容論・教材研究から始まって，本学会で展開されてきた教科内容論・教材研究に関わる研究は，如何にして数学教育学としての学問性と実践性の獲得を求めてきたのであろうか。個々の研究については第2節で概観していくとして，いくつか潮流というべき研究の流れがあるように思う。例えば，以下のような研究のまとまりが指摘できるであろう。

- Wittmannによる本質的学習場の理論に関わる研究
- 学習者の理解を念頭においた教材研究
- 探究型の学習や数学的活動に向けた教材研究

以下では，本学会の教科内容論・教材研究に関わる先行研究を概観し，その後，上記のような研究のまとまりを考察するとともに，この分野の研究の今後の課題について述べる。

2　これまでの研究の概観

2.1　黎明期（1970年代頃）の教科内容論・教材研究

1970年代から1980年代初頭にかけての本学会での研究を見ると，その後のわが国の学校教育で標準的となった数学教育の内容や教材が，本学会の前身となる学会で当時すでに提案されていたり，現在にも通ずる問題提起がなされていたりしている。例えば，谷本（1972）は剰余系の学習と題して，いわゆる整数の剰余に関する合同式についての教材研究を提案しているが，実際，平成21年告示の高等学校学習指導要領においては，数学Aの「整数の性質」という単元で二元一次不定方程式の整数解を求める問題などが標準的内容として扱われていたことは周知の事実である。ただし，本論文は数学教育の現代化運動の最中に書かれたものであり，中学校での扱いが想定されている。また，そこでは生徒が学問を観客のように眺めるのではなく，一人の数学者のように振る舞い，主体的に剰余系を探究するような展開が提案されており，現在広く研究されている探究型学習にも通じるものがある。

また，﨑谷（1975）は，グラフ理論（離散グラフ）の教材化を提案しているが，この方向の研究としてはきわめて初期のものといえよう。今でこそ，例えば，平成21年告示の高等学校学習指導要領における数学活用の中で離散グラフが取り上げられている等，グラフ理論の教材化はきわめて当然のものとなっているが，その草分け的文献であるといえる。

他にも当初の論文には現代に通ずる問題提起が残されている。例えば，石田（1977）は，現代化運動の中で，代数的構造，つまり何らかの集合が演算で閉じていることや，結合法則や交換法則といった諸法則が重視されてきているが，代数的構造を学校数学で扱うことの意義が見出されていないと指摘し，さらにその先の学習を提案している。すなわち，数の集合がもつ代数構造を「分析」するだけでなく，そうした構造がもつ性質がどのように関係しあっているかといった「総合」する視点を提案しているのである。実際，現在でも，高等学校の数学Iでは，「数と式」という単元で数を実数まで拡張して考えていく際に，数が四則演算で閉じていることを調べるなど，数を拡張する際の考え方を学ぶとされている（文部科学省，2019a, p. 36）が，2000年代に入ってからの調査（佐々，1998, 2000, 2002, 2003）の結果からも，数の拡張での数の体系的理解はほとんど実現されておらず，特に数の集合間の関係の理解は難しいことが指摘されている。

また，中学校での負の数の導入，有理数から無理数への拡張，高等学校での複素数の導入といった数体系の拡張の指導に関する研究は多いが，数概念の拡張に焦点を当てた研究が中心で，当時の現代化運動を踏まえた代数的構造の探究を焦点にした研究は逆に新鮮といえよう。

一方で，現在では教材として扱われなくなったが，当時の学習指導要領において導入された数学的内容について，教材としての意義を明確化しようとする研究も見られる。平林（1972）は，昭和44年改訂の中学校学習指導要領において，位相的教材が導入されたことを受けて，諸外国での教科書での扱いや，それに係る研究の動向などに着目しながら，わが国におけるトポロジー教材の教育的意義について考察している。現在，位相的教材は学校数学において扱われなくなってはいるが，学習指導要領に示された数学的教材について，理論的側面から掘り下げる研究は，現在の教材研究の原点に位置する研究であるといえる。

2.2　純粋数学的観点からの教材の提案

近年の数学教育学論文では，教材の提案を中心とするものであっても，純粋な数学的観点からの教材の価値に，それを学習する教育的な意義を加えるだけでなく，それを教育実践にどのように組み込むのかを視野に入れた研究が展開されることが一般的であるが，1990年代までは純粋数学的な考察を中心とした教材の提案も多く，その中には実践化の潜在的価値をもったものもある。

今岡は，そうした数学的観点からの幾何に関わる教材提案を行う論文を多く展開している。今岡（1996）では，平面・空間などをそれぞれ指定された個数の直線・平面で区切るときに得られる領域の最大数に関する話題，また，空間内での合同変換やその合成に関する話題が提供されている。今岡・速水（2007）では，幾何学における不変量を組み合わせ的性質として捉え，小・中学校で学習する三角形や多角形の内角和や外角和，これを3次元に一般化した多面体の不足角の概念を示し，教材としての価値を論じている。また，この多角形の外角和を，多角形ではなく，閉じた折れ線やなめらかな閉曲線に拡張すれば，位相的性質や回転数といった概念に到達する。今岡・速水（2007）は，「多角形の内角・外角の和に限らず，図形の組み合わせ的性質を含む教材の生かし方について考察を重ねていきたい」（p.222）と稿を閉じている。垣水（2007）の教材研究では，上記の多面体の不足角が，立体の「とんがり度」として，立体感の獲得に向けた手立てとなることが論じられており，濵中・加藤（2013）においては構造指向の数学的活動の実践開発にも生かされている。また，回転数の概念は，小山・濵中（2022）において，複素関数に関わる発展的教材の中でも使われている。

純粋数学的ではあるが，素朴な内容を含むため，教科内容学的にしばしば論じられる素材として Pick の定理がある。Pick の定理とは，平面上の単位正方格子点を結んで得られる多角形の面積を，多角形の内部領域にある点の個数と境界上にある点の個数から求める公式であるが，複雑な形状の多角形の面積が点の個数を数えるだけで正確に求められるという素朴性と意外性を備えつつ，その数学的な証明は程よく発展的な内容をも含んでいる。また，数学教育学でしばしば取り上げられる教具ジオボード（geoboard）との相性が良い。植田（1989b）は，Pick の定理の 3 次元への一般化の一つと考えられる Reeve の定理の初等的な証明を論じている。一方で，今岡・津島（2009）は，Reeve の定理は教材として扱うには難しすぎると指摘し，より直接的で直観的に理解できる Pick の定理の空間への一般化を空間幾何の教材として論じている。

また，純粋数学的な内容を踏まえつつ，これを高校数学の教材研究として数学教育学研究の観点から論を展開しているものとして，佐々（1993）がある。佐々（1993）は，学校数学において方程式はその道具的有用性に焦点を当てられすぎているのではないかという懸念から，数学史も概観しつつ数学の理論における代数方程式論の位置付けを考察している。そして，代数学における方程式論は，道具的応用以外に数学的な価値を持っていることを指摘し，方程式を解くことにのみ焦点を当てるのではなく，解けるかどうかという視点や解けるとしたらどんな解をもつのかといった視点からの教材を提案している。これは，実践までを含む研究ではないが，純粋に数学的見地からの考察だけではない新鮮な視点の内容学的研究といえよう。

ところで，純粋数学的な内容は，どうしても内容が数学的な深まりに陥りやすく，教材として扱いにくくなる場合が多いが，垣水（2008）の内容は，数学的な内容が主でありながらも素朴な内容で，教材としても興味深い。具体的には「四角形はちょうど 2 本の対角線をもつことから，それら 2 本の対角線の間の関係に，四角形の性質が密接に反映されるのではないか」という視点からの四角形に関する教材研究である。例えば，小学校算数の段階では，長方形を対角線で四つの三角形に分けたとき，これら四つの三角形の面積が等しいことを操作的に確認する多くの解法が示され，多様な解法を持つ課題として論じられている。また，高校段階の数学としては，四角形 ABCD の対角線のベクトルでできる内積 $\overrightarrow{AC}\cdot\overrightarrow{BD}$ が，四角形の辺の長さで決まり，変形しても変わらないことなど，対角線にまつわる不変量が論じられていて，ただちに数学的活動につながりそうな内容を含んでいる。このように，この領域の研究成果の中には，実践に向けた教材として価値がありながら，まだ実践と結び付けて論じられていない教材もあり，今後，実践研究の中で再評価すべきものもあるように思われる。

2.3 教材開発論

本学会のこれまでの研究成果を，教科内容論，教材研究という視点で見たとき，教材化や授業化を目指して様々な数学的内容について考察したものや，教材研究を通した授業化，実践とその検証などに関する研究は数多く見られるが，「教材開発はかくあるべき」といった教材開発論ともいうべき論考は少ない。

教材開発の意味を広く捉えるならば，例えば，杉山（1989, 1998, 2011）は，証明がどういった概念であるのかを数学的な視点から考察することを通して「教材としての証明」のあり方について一貫して論じているし，橋本（2016）や石橋（2017）は，統計や確率の単元で扱われる教材はどうあるべきかについて考察している。これらは，「教材はかくあるべき」という視点での「教材論」ではあるが，教材そのものをどのように開発していくのかという教材開発の方法論にまで言及した「教材開発論」とまではいえない。

そのような意味で，「教材開発がいかにあるべきか，どのように行われるべきか」について論じたいわゆる「教材開発論」ともいえる研究には，例えば，國本（1981）や川嵜（1982, 1988）などが挙げられるだろう。國本は教材開発の原理として発生的原理を捉え，これを基盤とした教材開発のあり方について論じている。川嵜は，確率を題材とした教材開発はいかに行われるべきかについて述べるとともに，教具の操作をもとにした幾何教材の開発方法についても論じている。

これらの研究は，特定の数学的内容の教材開発を例としてはいるが，教材そのものについて論じたものではなく，教材開発自体を考察の対象としている点で，「教材開発論」ともいえる研究であろう。

このような「教材開発論」ともいうべき研究は，1990年代以降ほとんど見られず，具体的な教材開発や授業開発，その実証的研究と分析といった研究が主流となってきたが，岩崎他（2017）は，Wittmannの授業設計思想をもとにしながら，その教材開発の手法を理論的に整理し，改めて教材開発論を展開している。本学会が培ってきた教材開発，教材研究に関する個々の研究成果に対して，「教材開発論」という切り口から総括的視点を与える研究として，ヒラバヤシ賞の受賞につながっている。

2.4 本質的学習環境の理論に関わる研究

本質的学習環境理論と呼ばれるWittmannの教育思想に影響を受けた研究が多いことは，本学会の一つの特徴であるといえよう。Wittmannの数学教育に対する考え方については，國本（1981）らによって早くから注目されてきたが，本質的学習環境理論（Substantial Learning Environments：SLE）としての Wittmann の教育思想について直接言及した研究は，國本（2004）による論考が最初であろう。

國本による本質的学習環境理論に関する研究は，継続的に本学会でも発表され（國本, 2007, 2010）ているが，それらの研究成果は，2009 年の「生命論に立つ数学教育学の方法論」のヒラバヤシ賞の受賞に結実している。2017 年に岩崎他がヒラバヤシ賞を受賞した研究も Wittmann の授業設計思想を基盤とした教材開発論であったことからも，本学会において展開されてきた研究が，多分に Wittmann の本質的学習環境理論の影響を受けていることが示唆される。

本質的学習環境理論に関わる研究は，Wittmann が Müller らとともに主催している数学教育研究プロジェクト mathe2000 での成果を基盤として行われてきた。このプロジェクト mathe2000 では，数学教育の目標として，数学的知識の獲得や計算技能の定着などの実質的な目標と，数学化，発見，推論，表現といった形式的能力の獲得という一般的目標とを相補的に捉え，それらを同時達成的に目指す本質的学習環境の開発をその中心的な活動としてきた。そのため，授業ベースの具体的な教材（教授単元）の開発が注目を集めてきたといえよう。実際，「ANNA 数」「数の石垣」「美しい包み」「20 までの数」「盗賊と財宝」「かけ算十字」「半筆算」など，算数数学の教材として魅力的なこれらの題材は，本質的学習環境理論の教材開発研究としての側面を強調してきた。

本学会において，教授単元や SLE として開発された教材について考察した研究としては，例えば，宮脇（2009）による「20 までの数」，佐々・山本（2010），佐々（2012）による「ANNA 数」「魔法の数」，有野（2014）による「美しい包み」，中和（2014, 2017）による「数の本」「小さい数の本」などの分析がある。それぞれ，入門期の算数教育，操作的証明，パターンと構造，就学前教育，という視点から教材を考察したものであるが，Wittmann によって開発された具体的な教材の分析を行っているという点で共通している。

一方で，本質的学習環境理論は，そのような教材の開発だけに限定されたものではなく，授業開発や教授実験などの実証的研究を通した児童生徒の学習の様相の分析や，教員養成や教師教育への SLE の応用など，多岐にわたる数学教育学研究の課題を包含してきた理論である。それゆえに，本学会での本質的学習環境理論に関係する研究成果についても，教材開発研究や授業開発研究だけではなく，教授学習過程の分析や，教師教育への活用など，様々な観点からの研究が展開されてきている。

SLE として開発された教材を用いた授業開発を行い，その実践と分析を行っている研究としては，米田（2006）による「盗賊と財宝」を用いた授業開発や，樋脇・佐々（2013）による「かけ算十字」の授業実践などがある。これらは教材研究・教材開発というよりは，SLEを用いた授業実践研究であるが，日本の学校教育に合わせて課題開発を行い，授業実践とその分析を展開しているという意味で，授業開発研究として位置付けられるものであろう。

さらに，授業開発ではないが，SLEとして開発された教材を用いて実験授業を行い，児童生徒の概念形成等について分析している研究もある。澁谷（2008，2009，2010），中和（2011）は，ザンビアの学校教育においてSLEの教材を用いた教授実験を行い，児童生徒の数学的概念の形成過程を分析している。佐々（2014），佐々・藤田（2015）では，SLEとして開発されたANNA数という教材を用いて教授実験を行い，操作的証明の構成するための教師の働きかけなどについて考察を行っている。これらの研究は，教材開発研究の範疇に入るものではないが，本質的学習環境理論を活用した研究であるといえよう。

同じく，本質的学習環境理論の応用的側面に関する研究として，國本（2006）や中和（2012）による教師教育の研究もある。本質的学習環境理論は，教授単元の開発だけではなく，教育実践や教師教育なども研究対象としているため，これを基盤とした教師教育論もまた，本質的学習環境理論研究の応用的側面として位置付けられる。

以上のように，本学会での研究成果には，Wittmannによる本質的学習環境理論を基盤とした研究が数多く見られる。教材研究，教材開発に関わるものだけでなく，教育実践や教授実験による概念理解の様相の分析や教師教育など，多様な研究成果が蓄積されているが，二つのヒラバヤシ賞の受賞論文が，本質的学習環境理論を基盤とした研究であることなどから，本学会のこれまでの研究に大きな影響を与えた理論の一つであったといえよう。

2.5　探究型の学習や数学的活動へ向けた教材研究

探究型の学習や数学的活動に関わる教材内容論・教材論の研究に関しては，大きくわけて，次の三つに分類することができる。その三つとは，探究型の学習や数学的活動の実現に向けた教材研究，数学教育学の教授・学習論に関連付けた探究型学習の研究，単元レベルの授業実践を踏まえた実践と理論との往還を志向した探究型学習の研究である。

第1の，探究型の学習や数学的活動の実現に向けた教材研究では，多くの教師にとって馴染みのある教材や題材を，ある観点を重視してその扱いを工夫すること，数学的な発展や深まりを実感させる教材解釈や教材研究をすること，日常的な事象での使われ方やそのメカニズムからの解釈を進めること，などがみられる。

例えば，算数や数学の教科書にある題材や教材について，創造性などの観点を重視してその扱い方を工夫したり，その題材や教材を発展的に扱ったりすることを通して，探究型の学習や数学的活動の実現を志向する教材研究がある。小山（1998）は，創造的思考の持つ「方向づけ，準備期，あたため期，ひらめき期，検証期」という過程に着目し，子ども自らが生み出した着想で，その時点での子どもたちにとって新しくて価値あるものであれば，それを共感的に認める姿勢の大切さを論じる。続いて，流暢性や柔軟性などの創造性の因子に着目して，多様なきまりをみつける，多様な方法を考える，数学的表現をよむなど五つの観点で数学の問題を分類している。多くの教師にとって馴染みのある問題を，いかに活かしていくかという点での示唆がある。

今岡・速水（2007）は，折れ線多角形の内角の和や外角の和のもつ性質について，その不変性に着目しながら，閉曲線での回転数の視点等からの発展的な考察を行っている。星形五角形や折れ線多角形の内角の和を求めるなど，中学校数学の図形学習で用いられる教材からの数学的な発展や深まりを実感させる考察である。また，教具を効果的に用いた図形学習の可能性や教材について論じた研究もある。例えば，1組の三角定規は生徒にとって身近なものである。1組の三角定規の組み合わせによって，どのような図形ができるのか，どのような図形の特徴があるのか，見いだした事柄は数学的にどのように説明することができるのかという探究活動は，生徒が学ぶ数学の内容に応じてそれぞれ行われている。1組の三角定規のつくり出す図形について，考察する視点を意識して，解釈を進めた研究がある（西川，2010）。

フレームの動きとその軌跡，リンク装置に関連したフレームの動きなどに着目して，工学的な背景をもつ数学の教材の可能性を論じた研究がある（今岡他，2006）。また，戦後の生活単元学習，系統学習，数学教育現代化運動の頃の中学校数学教科書における空間図形に関する記述分析等を踏まえ，図学の技法を活かした空間図形の授業構成を論じた研究もある（片岡，2009）。いずれも，多くの教師にとって馴染みのある教材や活動場面を活かしながら，探究型の学習や数学的活動を実現することを意図した教材解釈や教材研究の性格を持つ。

また，リテラシーの育成を意図した蓋然的な事象に関する数学的な探究の可能性についても論じられている。例えば，石橋（2017）は，Bayesの定理に着目し，意思決定に求められる確率判断能力の育成を意図した確率のカリキュラム改訂の必要性を論じている。続いて，石橋（2018）ではリスクリテラシーの育成に向けた確率の教育内容として，「学力・学習の質的レベル，知の構造，統計リテラシーの質的レベル，内容知・方法知」に着目した教育内容の配列を提案している。小学校算数，中学校数学の双方でデータの活用領域が設定され，高等学校数学の数学Bの統計的な推測の扱いが従前から変化をする最近の流れの中で，日常生活や社会の事象との関連を密接にはかる蓋然的な事象に関わる探究型の学習の必要性も求められている。

第2の，数学教育学の教授・学習論に関連付けた探究型学習の研究では，教材研究そのものを数学教育学研究においてメタ的に分析すること，構造指向の数学的活動論，教授人間学理論で提唱される世界探究パラダイムに基づく探究型の学習の可能性，APOS理論等に基づく教材開発が論じられている。

教材研究そのものを数学教育学研究においてメタ的に分析した研究として **2.3** でも参照したが，岩崎他（2017）の研究がある。岩崎他は，Sylvesterの自然数定理「自然数nの連続自然数和としての表現の個数は，nの奇数約数の個数に等しい。」を典型例として，数学研究としての教材研究のあり方について論じている。記述性と規範性，設計科学の視座から数学教育学研究の本性を論じるとともに，Wittmannの主張における「本質的教授単元，教授単元集，カリキュラムの開発と評価」等に注目する。また，「数学者の具体的な問題場面や課題意識や試行錯誤から切り離された完成品としての数学的知識に，学習者のための文脈や活動性を与えるのが教材開発である。同じ「数学についての学問」という側面を持ちながらも，こうした傾向は論理学よりも数学認識論に合致する」（p. 9）とも述べている。

構造指向の数学的活動論，教授人間学理論で提唱される世界探究パラダイムに基づく探究型の学習の可能性については，例えば次の研究がある。濵中・加藤（2013）は，構造指向の数学的文脈の中で数学的活動を行い，そこから数学的な考察活動そのものの楽しさを味わうことを重視した授業の開発を目指した「構造指向の数学的活動」を提案している。濵中らによる「構造指向の数学的活動」は，Wittmannによる本質的学習環境，数学授業における実験の重要性，数学的活動による学習の動機付けを踏まえ，「数理事象，数学的仮説，数学的結果，数学的アイデア」の連関による図式で表現される。また，四つの視点「そこに意外性のある発見があること，そこから考察へとつながる内容であること，さらなる探究活動へとつながるものであること，抽象と具体をつなぐものであること」を踏まえた教材が提案されている。

Chevallardによる教授人間学理論（Anthropological Theory of the Didactic：ATD）で提示される「世界探究パラダイム」に基づく探究型学習SRP（Study and Research Paths）による論証活動について，理論的な考察と，実証的な考察の双方が行われている（宮川他, 2016; 濵中他, 2016）。世界探究パラダイムによる教授・学習では，より重要な，より意味のある問い（数多くの問いを生み出し，より多くの知識に出会えるような「生成的な強い力」を持った問い）がその基点となる。また，知識の構築に向けた，新しい知識や情報を与えるメディアとの接続，そして情報の妥当性の証拠を示すミリューとの間の往還が重要な役割を果たすという。

また，SRPによる論証活動の実証的考察として，「四則計算と平方根のボタンしかない通常の電卓で，与えられた数の3乗根を計算するにはどうすればよいか」という問いを基点とした，電卓を用いた大学生に対する実践について論じられている。3人1組の班ごとの探究過程において，当初の想定（アプリオリ分析）を超える考察があったこと等が指摘される。なお，濵中（2023）では，糸掛けアートについて大学生がゼミの中で，長期にわたり探究を進めていく様相について分析がされている。教師との相互作用を通して学生たちが糸掛けアートの現象の数学的背景に迫る様子が，SRPによる初めての問いを起点として問いや部分的な答えが樹形図状に発生していくことを表現した，樹形図構造を示す図Q-A mapによって分析されている。

APOS（Action Process Object Schema：APOS）理論等に基づく教材開発については，濵中・吉川（2018）などの研究がある。濵中・吉川（2018）では，Dubinsky et al. によるAPOS理論の視点から，複素数平面の学習における平面上の変換概念の起源分解を行うとともに，「構造指向の数学的活動」に向けた変換の教材の提案を行っている。一方，De Villiers（1990）による証明の機能論に基づく研究として，檜皮・濵中（2023）がある。檜皮・濵中（2023）では，生徒の「説明する証明の理解」を目指した，リュカ数（Lucas Number）の構造が埋め込まれた2次方程式の解と係数の関係に関わる教材の提案と，この教材に基づく授業実践とその分析が行われている。

第3の，単元レベルの授業実践を踏まえた実践と理論との往還を志向した探究型学習の研究では，小学校算数，中学校数学，高等学校数学それぞれの段階での教授単元の設計と実践，その実践から得られる知見が論じられている。これらの研究では，実践された授業における子どもの探究活動を捉えるために，質的な方法による分析が多く見られる。また，実践と理論との往還を図るために，数学教育研究や教授学などの関連する先行研究を用いるものなども見られる。

例えば，中学校数学科における探究の場の構成に関する共同研究がある（神原他, 2008)。この研究では，中学1年の整数の性質，中学2年の図形の性質に関する単元の授業を開発し，その授業を通した生徒の状況について考察を行っている。負の余りを利用した倍数の判定法や，動的幾何ソフトを用いた円に内接する長方形の作図について探究する場を設定している。続いて，RLA（Researcher-Like Activity, 研究者の活動の縮図的活動）によるクリティカルシンキング（Critical Thinking）

の育成に着目して数学授業の設計と実践を行った研究がある（服部・井上，2015）。この研究では，高校１年の数学Ａの整数の性質の学習で，グループごとに生徒たちがつくったレポートを，お互いに査読をする活動を取り入れた授業実践とその効果について論じている。レポートは，整数の判定法に関わる原問題をもとに，整数について成り立つ命題をグループごとに見出し，その命題を証明するものである。いくつかの観点に基づく査読の活動とその結果の共有を通して，生徒たちには反省性（省察性），批判性（懐疑性），熟慮性等の伸張がみられたという。

子どもの「問い」を軸とした算数・数学学習論に基づく教授単元の設計と実践に関わる研究がある（両角・佐藤，2015）。子どもの「問い」を軸とした算数・数学学習論とは，状況的学習論における正統的周辺参加としての学習を志向したものであり，岡本（2013）により提唱されたものである。算数・数学授業における「クラス文化」という観点からの「問い」の捉え，さらに協働的な探究活動を推進する動因として「問い」の側面なども，岡本によって論じられている。子どもの「問い」を軸とした算数授業論に基づく，小学５年の単元「小数のわり算」の授業実践を行い，この授業における子どもの「問い」の効果と影響について，発話分析と記述分析が行われている（両角・佐藤，2015）。なお，子どもの「問い」を軸とした算数・数学学習論に関しては，Bollnow による「問うこと，対話，覚醒」，Klafki による二面的開示の考えなど，ドイツ教授学理論の面からの検討も行われている。

スパイラルを重視した数学的活動に着目した実践と理論との往還を志向した探究型学習の研究がある。両角・荻原（2015）では，Kieran and Drijvers による教授実験を参考にして，数学Ⅱの単元「式と証明・高次方程式」で行われた整式 x^n-1 の因数分解に関する数学的探究とその様相について考察をしている。荻原・両角（2016）では，円の面積公式導出に関わる小学６年の算数教科書の記述を，数学Ⅲで学んだ内容で数学的に表現し直し，極限や積分の概念を用いて円の面積公式を数学的に導出していく学習過程の分析が行われる。いずれも，生徒に学んだ事柄に関する新たな意味形成と，これからの学びに向けての数学的な洞察を繰り返す，スパイラルを重視した数学的活動が重視されている。なお，同様の観点の研究としては，単元「整数の性質」において，Euclid の互除法を解釈し活用する数学的活動を実践し，その学習過程を質的に分析した研究（荻原・両角，2017），単元「式と曲線」において，楕円の極線の方程式に関する探究を進める授業を通して，生徒がどのような数学的探究を行ったのかを質的に分析した研究（両角・荻原，2017）もある。また，同一の生徒に対して，つながりのある単元で「同じ例」を繰り返し扱うことにより，生徒の理解や探究活動にどのような変化が生じるのかに迫った研究もある（両角・荻原，2016）。この研究では，無理数や自然数に限りなく接近する有理数列が，高校２年と３年の双方で扱われている。つながりのある単元での，同一生徒の記述の変容等から，無理数や自然数に限りなく接近する有理数列の背景にある原理に迫ったり，数列の収束に関する本質的な「問い」が生成されたりしている。また，「同じ例」に対して，新たな解釈ができるおもしろさと驚きが，さらなる探究心を生むという様相も見出されている。

3　議　　論

ここでは，上述の研究のうち，本質的学習環境理論に関わる教材論，探究型の学習や数学的活動を志向した教材および授業論について詳しく取りあげ考察する。

3.1　本質的学習環境理論に関わる教材論について

Wittmann の本質的学習環境理論は，もともとは，教授単元（Teaching Unit）と呼ばれる教材の開発を数学教育学研究の根幹に据えていたことから，教材開発研究とみなされることが多いが，その後，教授単元を含む SLE のデザインへと概念が拡張したことにより，教材開発研究としてだけではなく，授業開発や教育実践，児童生徒の学習の様相の分析，教員養成など多岐にわたる分野への応用を視野に入れた研究が展開されるようになった。本学会の研究成果においても，2.4 で述べたように，教材開発研究としての側面を基盤としながら，それらを教育実践や教師教育に応用していこうとする研究が多く見られる。

しかし，本章の趣旨が，本学会のこれまでの研究の歩みを教材研究，教材開発といった視点から振り返ることであることを踏まえ，ここでは，教材研究，教材開発という側面から，本学会での本質的学習環境理論に関する研究を考察したい。

本学会で行われてきた本質的学習環境理論に関する研究では，その目的は多岐にわたるものの，必ず具体的な教材例として SLE として開発された教材や教授単元が取り上げられている。しかし，Wittmann がそれらの教材や教授単元をどのように開発し，授業ベースの具体的な題材として表現してきたのかということについては，十分に語られてこなかったのではないだろうか。岩崎他（2017）も，「換言すれば，Wittmann の論文においては，SLE は氏の職人芸によって開発されており，その作成プロセスは明らかでない。」と述べているとおり，Wittmann 自身も SLE の開発原理については明らかにしていない。そのような中で，本質的学習環境理論を教材開発論として捉え，その開発原理を構築しようとした岩崎他（2017）の研究は，本質的学習環境理論に対して，教材開発研究としての一つの理論的指針を提供したといえよう。

従来から教材開発，教材研究は，教師や研究者の数学的関心から出発し，授業開発や単元開発という形で表現されてきた。しかし，個々の教材開発研究に通底する開発原理は明確ではなく，それに取り組む個人の興味や関心，数学的背景によるところが多かった。本学会のこれまでの研究成果として，いわゆる教材開発論として位置付けられる研究は少ないが，それでも，教材の開発原理を構築しようとした研究を生み出してきたことが，本学会の大きな成果の一つではないだろうか。

3.2　探究型の学習や数学的活動を志向した教材および授業論について

『中学校学習指導要領（平成29年告示）解説数学編』および『高等学校学習指導要領（平成30年告示）解説数学編』では，「数学的活動とは，事象を数理的に捉え，数学の問題を見いだし，問題を自立的，協働的に解決する過程を遂行することである」と記述されている。また，数学の事象と日常生活や社会の事象の双方に着目した「算数・数学の問題発見・解決の過程のイメージ図」がそれぞれ提示されている。『小学校学習指導要領（平成29年告示）解説算数編』においても，同様の記述がみられる。さらに，小中高いずれの学習指導要領解説においても，数学的活動においていかに数学的な見方・考え方を働かせていくのか，数学的に考える資質・能力を育成するとは何か等が述べられている。小中高での算数・数学授業における，数学的活動や探究型の学習の実施とその改善への要請が一層高まっている。

算数・数学の授業を通してどのような資質・能力の育成を目指すのか，改めて育成すべき資質・能力とはそもそも何か，より高次のスキルを児童・生徒が獲得し活用するための育成すべき資質・能力とは何か，これらの研究上の問いに対して，数学教育学研究の理論および算数・数学の授業実践と省察，理論と実践との往還と融合を通して，応えていく必要がある。

探究型の学習や数学的活動に関わる教材内容論・教材論の研究に関しては，**2.5**で述べたように，第1に探究型の学習や数学的活動の実現に向けた教材研究，第2に数学教育学の教授・学習論に関連付けた探究型学習の研究，第3に単元レベルの授業実践を踏まえた実践と理論との往還を志向した探究型学習の研究の三つに分類することができる。

今後に向けては，理論と実践との往還と融合をさらに進めるために，上記の第2と第3の研究を一層進めていくことが求められよう。

4　残された課題

ここまでにも見てきたように，教科内容論・教材研究は数学教育学の中でも，純粋数学と大きく関わる領域である。そこで，ここでは教科専門と教科教育の架橋という観点から，この領域の残された課題を論じたい。

ところで，これまでわが国の数学教育学研究は，学校現場の教員による実践研究だけでなく，主に教員養成系大学・学部の研究者や大学院生によっても強くリードされてきた。こうした教員養成系大学・学部でこれまで常々求められてきたことの一つが，教科専門と教科教育の融合である。数学教育に関わっていえば，当然のことながら，本章のテーマである教材研究・教科内容論を中心に，数学と数学教育学を架橋した研究が目指されてきた。その具体的内容は本章2節で概観してきたとおりである。しかし，その動向は近年大きく変わりつつあるように思う。

一つは教員養成系大学・学部での研究環境を取り巻く外的要因にある。2008年からはわが国で教職大学院の設置が始まり，2024年の現在までに，次々と教員養成系大学の修士課程が専門職学位課程（教職大学院）へと置き換わってきている。修士課程では，数学教育に関わる大学院においても純粋な数学に近い研究が数多くなされていて，これに対する批判もあったが，**2.2**で見たように，それが研究の多様性の一助ともなっていた。しかしながら，教職大学院にあっては，より実践的な研究が求められる。結果として，現在，**2.2**で見たような純粋数学的観点からの研究だけでは，事足りない状況が生まれつつある。教科専門と教科教育の融合という意味では，それもまた歓迎すべきことなのかもしれないが，ここから新たな形の融合が生まれるのか注視していきたい。

もう一つは，数学教育の実践の変化である。例えば，一つの教材や数学的な課題だけを取り出して，その数学的価値や関係する発展的内容が示されても，その教材にピタリと符合する実践の場はなかなかなく，利用されにくいものとなってしまう。特に発展的な教材については，通常の授業では扱いが難しいことも多いであろう。しかしながら，中学校では平成元年告示の学習指導要領から「課題学習」が導入され，その後の学習指導要領でも「課題学習」は拡充されていった。また，小学校・中学校・高等学校ともに2010年代からは数学的活動が特に重視されるようになり，高等学校においては平成21年告示の学習指導要領から数学Ⅰと数学Aに「課題学習」が導入され，数学の内容に明確に位置付けられるようになった。「課題学習」では，数学的な思考力・表現力を高めたり，数学を学ぶことの楽しさや意義を実感させることを目的として，教師が適切な教材を開発したり選択したりして，実践を開発していくことが求められる。こうした実践からの必要性に呼応して，従来の数学内容論や数学の教材研究が，数学的活動としての実践研究に昇華されていったことは，待ち望まれた変化であったと思う。また近年は，数学的活動からさらに進めて探究型学習に関わる研究も数多く展開されてきており，ここにも数学の教科内容論・教材研究の成果に対する需要があろう。適切な探究を惹き起こすような魅力的な教材の開発が，実践と結び付けて語られることが望まれる。

最後に，数学教育学そのもの，つまり研究のコミュニティの内部の変化が考えられる。実際，この30年ほどで，教材研究や教科内容論に関わる研究の扱いは変わってきているように思う。本章の冒頭でも述べたように，黎明期ともいえる初期の数学教育学研究においては，実践と結び付けることなく教材の価値を論じる研究もなされてきていたが，近年ではそのような論文が研究論文として採択されることはかなり珍しくなった。こうしたことの背景には，数学教育学におけるいくつかの理論枠組みの進展があるのではないだろうか。実際，第6章で詳述されるような教授・学習の原理は，教材開発に対する要請を含んでいる。

例えば，**3.1**で述べたような本質的学習環境の理論は，数学をパターンの科学と捉える立場をとり，操作的活動を含む教材を重要視する。そうした教材に関する操作的活動を起点として，数学的な構造を読み取り，探究・検証していく活動が焦点となる（佐々・山本, 2010; 佐々, 2012等）。つまり，そのような教材開発が要請され，必然的に実践と関わる研究となる。

また，フランスの数学教授学の流れをくむ教授学的状況理論（Theory of Didactic Situations：TDS）は学習の状況を学習者・教師・ミリュー（milieu）という三者の関係によってモデル化し，学習とは何かを論じ，学習が生じる条件や授業の分析の枠組みを与える理論であるが（宮川, 2011a, 2011b），この理論では，学習者が自分の周囲を取り巻く数学に関わる事物（ミリュー）と相互作用し，そこからフィードバックを受け取りつつ，新たな知識を生じさせるように学習が進む教材が求められる。そのような学習の状況をTDSでは，学ばせたい知識の基本状況とよぶが，基本状況を惹き起こすような教材の開発はTDSの基本的な研究課題である。

このように，教材開発の方向性を要請するような数学教育学の教授・学習に関わる理論と融合する形で，教科内容論・教材開発論が展開されることこそ，本来の数学と数学教育学の融合ではないだろうか。今後ますますの展開を期待していきたい。

第6章
教授・学習，評価

1　はじめに

算数や数学の教授・学習に関する研究は多岐にわたる。NCTMの *Second handbook of research on mathematics teaching and learning*（Lester, 2007）では，パート4「生徒と学習」において，全数の概念と演算，有理数と比例的推論，証明，確率，統計などの数学の特定の内容や，問題解決とモデリングなどの研究の概観等が11のセクションにわたって，パート2「教師と指導」において，教師の知識や信念，情意などの研究の概観が四つのセクションにわたって議論されている。日本数学教育学会の『数学教育学研究ハンドブック』では，特定の内容の教授・学習については第3章「教材論」で，問題解決や数学的モデル化については第4章「学習指導論」で扱われている（日本数学教育学会, 2010）。

本学会でも，小数の乗法や証明といった特定の内容の教授・学習の研究や問題解決に関わる教授・学習の研究がなされてきている。他方，特定の内容の指導というよりも種々の理論を基盤として教材や授業を開発し，授業を通して理論の適切性や有効性を検討する研究もなされてきている。また，授業で何が起こっているか，という問いを教師や子どもの行動に焦点を当てて考察したり，理論的枠組みを基に記述したりする研究もある。さらには，子どもの種々の能力を測定するためや授業の有効性を検証するための評価の研究も精力的になされてきている。

以下では，こうした教授・学習や評価の種々の研究について，本学会でなされてきた代表的な研究成果を中心に概観し，この分野の研究の今後の課題について述べる。なお，教材開発論的な研究を第5章で，問題解決やメタ認知に関する研究を第7章で，言語的視座からの研究や表現力の育成に関する研究を第9章で，証明の指導に関する研究を第10章で，教師の教授行為に関する研究を第11章で取り上げるなど，教授・学習や評価の研究がそれぞれの章の視点からも検討されることから，本章の内容や取り上げる文献に他の章との重複が生じることをお断りしておく。

2　これまでの研究の概観

2.1　特定の内容や汎用的能力の教授・学習に関する研究

(1) 特定の内容の教授・学習に関する研究

数と計算や図形などの「特定の内容」の教授・学習に関する研究は，本学会でも他の関係学会でも非常に多くなされている（e.g. 日本数学教育学会, 2010）。本学会でなされた研究としては，小学校段階では，加法（山口, 2016），加法と減法の相互関係（和田, 2014），量分数（長谷川, 1997），小数の乗法（高淵, 2012），小数の除法（和田, 2003），分数の乗法（高淵, 2011），比例的推論（加藤他, 2019），立体図形（上月, 2012）などの，中学校段階では，正負の数の加減（岡崎, 2003），空間図形（神原, 2009），三角形の内角定理（井口・岩崎, 2014），論証（渡辺, 1997），平方根（神原・石井, 2012；川内・渡邊, 2018；荻原・両角, 2021），2 次方程式（出口・濵中, 2023），三平方の定理（植田, 2006；渡辺他, 2012）などの，高等学校段階では，図形と計量（久富・小山, 2013），三角関数（岩田・服部, 2008），二元一次不定不等式（瀬川, 2013），整数の性質（西, 2016），説明する証明（檜皮・濵中, 2023），複素関数（小山・濵中, 2022）などの教授・学習に関する研究がある。なお，本学会以外の研究として，移行教材としての作図（岡崎・岩崎, 2003），数学的モデリング（池田, 2004），分数の除法（山口・岩崎, 2005）などの優れた研究がある。

とりわけ，本学会では確率や統計の研究が多くなされてきている。他の内容と同様に，教材開発（川嵜, 1982）やカリキュラムに関する研究（大谷, 2017b；大谷, 2018a；石橋, 2019）も多くなされているが，ここでは教授・学習に関わりの深い研究を概観する。確率概念の育成のための授業実践に関する研究では，分離量素材である玉引き問題と連続量素材であるルーレットの問題を用いた研究（松浦, 2007；松浦, 2008），現実的数学教育（Realistic Mathematics Education：RME）のモデルの階層性と数学的理解の 2 軸過程モデルを組み合わせた高等学校数学科の授業の構成原理をもとに「同様に確からしい」という概念の形成を目指した研究（久冨, 2014b），条件付き確率の教材に関する仮説と授業に関する三つの仮説を導出し，授業でこれらの仮説を例証した研究（石橋, 2023）などがある。統計の教授・学習に関しては，先行研究の枠組みを基に「数学教育における統計的活動」のモデルを構築する研究（大谷, 2014），統計的な考え方を捉える枠組みや教授単元を開発する研究（福田, 2014），否定論を視点とした回帰直線の教授・学習に関する研究（大谷,

2016）がある。なお，わが国における統計教育の傾向については，大谷（2017a）を参照されたい。

(2) 汎用的能力の教授・学習に関する研究

次に，特定の内容の教授・学習ではない汎用的能力（例えば，グリフィン他，2014，pp.22-23）の教授・学習に関する研究として，「創造性」「メタ認知」「批判的思考」の育成に関する研究を概観する。

数学教育における創造性育成に関する研究について，植村（1999）は心理学研究と数学教育学研究における創造性研究のレビューから，今後の数学教育学研究における創造性研究の課題として，創造的発見をする学習者の研究，評価方法の研究，創造的思考活動の研究，教授法の研究，創造的な人間を育てる教育の研究を挙げた。本学会では，齋藤や秋田が，創造性の育成や創造性の評価に関する研究を継続的に実施してきた。例えば，図形，関数，数と式などの固有の領域における創造性の発達に関する研究（齋藤・秋田, 2003；齋藤, 2004；秋田・齋藤, 2004；藤田・齋藤, 2005）などが挙げられる。また，創造的思考の特性としての発散的思考や収束的思考（Guilford, 1959）に着目した研究もある。岩田（2000）は，発散的知覚，発散的想起，発散的転換，発散的結合という互いに異なる種類の発散的思考に着目し，具体的な授業について考察した。松島（2010）は，発散的思考と収束的思考を直観と論理と対応させ，数学的理解の２軸過程モデル（小山, 2010a）を組み合わせることで創造的思考過程モデルを構築し，実際の授業を分析した。

メタ認知の教授・学習の研究については，心理学のメタ認知の研究を数学教育学の研究に援用しようという試みが1980年代からなされてきた（Garofalo & Lester, 1985；高澤, 1986；重松, 1987）。例えば，平林他はメタ認知を「内なる教師」と捉え，その教授学的意義や子どものメタ認知の実態を明らかにしてきた（Hirabayashi & Shigematsu, 1986；重松, 1990）。教授実験を通してメタ認知の生起を捉える研究（清水，1989）や問題解決におけるメタ認知の役割を検討する研究（第７章を参照のこと）などが精力的に行われていった。メタ認知の教授・学習の研究としては，教師のメタ認定的活動を捉える枠組みの構築（加藤, 2002）や練り上げ段階におけるメタ認知の指導（高井, 2009, 2010），メタ認知の指導による問題解決過程の変容（石田, 2002）などに関する研究が行われている。また，重松は共同研究者とともに，教師のメタ認知の内面化（e.g. 重松他, 1990）や，授業における子どものメタ認知の生起の把握やメタ認知の育成法としての算数作文の開発・活用について継続的に研究している（e.g. 重松他, 1999）。

批判的思考の育成に関する研究については，例えば，統計教育における批判的思考の重要性（福田, 2014）や反例を用いた批判的思考の育成（伊藤, 2015），研究者のように振る舞うこと（Researcher-Like-Activity：RLA）を取り入れた批判的思考の育成（服部・井上, 2015），批判的思考の育成を目指した授業におけるアブダクションに視点を当てた研究（服部, 2017），小学校，中学校，高等学校それぞれでの実践研究（服部・松山, 2018；田中・服部, 2020；井上他, 2018）がなされてきている。服部他の研究グループでは，社会的オープンエンドな問題（田中・服部, 2020；服部他, 2023），さらには，批判的数学教育の視座（cf. 馬場, 1998, 2003）に依拠する社会批判的オープンエンドな問題（服部他, 2024）を開発し，批判的思考力の教授・学習の提案やその有効性を検討している。

2.2　教授・学習の理論を基盤とした研究

(1) van Hiele の理論を基盤とした研究

人はどのようにして数学を理解するのかに関して，van Hiele（1986）の学習水準論をもとにした論考が行われた。数学を理解するためには事象を対象化して抽象的に思考することが必要になる。この一段階抽象的なレベルでの思考を行うための抽象的な思考への移行に関して，非可逆的な直観的思考から可逆的な操作的思考への移行の重要性が指摘されている（岩崎, 1980）。この一段階抽象的なレベルでの思考の重要性は，様々な研究者によって指摘されている。例えば Mellin-Olsen（1987）はメタ学習の重要性を訴え，RME では，model-of から model-for への移行の重要性を指摘する（Gravemeijer & Stephan, 2002）。この数学的思考の対象に加え，その思考の質である直観，反省，分析にも着目し，小山（2010a）は数学的理解の 2 軸過程モデルを構築した。この 2 軸過程モデルは，数学的理解の過程を記述できるという記述性とともに，よりよい数学的理解に導くための規範性も備えたモデルとなっている。以上のような理論を背景として，本学会で行われた教授・学習の研究として，van Hiele 理論とオープンアプローチによる小学校と中学校での実践研究（廣谷・岡部, 1988）や思考対象の数学を一段階抽象的に捉えるために RME の model-of，model-for を 2 軸過程モデルに組み込んで実践研究を行った研究（久冨, 2014a, 2014b）がある。

(2) 構成主義の理論を基盤とした研究

1980 年代になると，数学教育学研究に構成主義が台頭するようになる。学習は伝達によるものではなく，学習者自らが知識を能動的に構成するという立場に立ち，実践研究が進められた（山本, 1994；久保, 1995；椎木, 1997）。さらに，知識構成の社会性に目を向けたのが構成的アプローチ（石田, 1991；中原, 1995a）である。構成的アプローチは，授業展開を意識化，操作化，媒介化，反省化，協定化の側面にモデル化した学習モデルであり，授業実施の規範性と記述性をあわせもつものである。

構成的アプローチが教室という社会での協定を重視するように，社会的側面に注目した授業分析が行われるようになる（熊谷, 1998）。例えば，相互作用主義という立場は，学習者個人の知識構成に社会性を取り入れた点については構成的アプローチと類似しているが，学習コミュニティのディスコースによる知識構成により重点を置いている点がその特徴といえる。植田（2006）は，Blumer（ブルーマー，1991）などを参照しながら，相互作用主義に基づく三平方の定理の逆の教授・学習について実践的に検討している。さらに，知識構成の主な要因をより射程の広い社会性，つまり学習コミュニティの文化に求めたVygotsky派の理論（Vygotsky, 1978）を根源に持つ社会文化的アプローチからの研究（吉田，1998）や状況的学習論からの研究（今井, 2005, 2006）もなされている。このように学習理論は個人内の学習から社会での学習へと研究の視点をシフトさせてきた（Lerman, 2000）。

このような様々な認識論が理論的に競合する中で，これらのどれか一つの立場を採るのではなく，相容れない部分があっても補完し合って学習活動を捉え，授業を解釈したり構成したりする立場として多世界パラダイムが提唱され（中原，1999），研究が継続されていった。研究の初期では，算数・数学教育における構成的アプローチ（中原, 1995b）を基盤として，理論的基盤に基づいた学習内容の本質に基づく話し合い活動を具現化するための規範性モデルの開発が目指された（中原他, 2012)。「他者との相互作用」「自己との相互作用」「表現等との相互作用」の3種に着目しつつ，意識化，自力解決，小集団，反省化，協定化という段階を設定し，これらの段階において重要となる社会的相互作用が検討された。各段階における教師の活動を明確に示した上で，小学校第5学年での授業実践を通して，算数の授業における社会的相互作用の規範的モデルが構築された（中原他, 2012）。その後，社会的相互作用を通して数学的認識を高める段階として，個別的な解決，準一般的な解決，一般的な解決という三つの段階を設定し，第2次案へと改訂させた（中原他, 2014）。そして，円周の長さや場合の数，分数での実践研究を経て，最終版のモデルへと改訂した（山口他, 2014）。さらに，山口（2016）では，数学の意味の発達と数学の表現の発達に着目し，意味と表現の相互発達モデルが提起されている。この一連の研究では，文献研究によって理論的に構築したモデルを実践研究によってボトムアップ的に改訂するという，理論と実践の往還を通して研究が推進されているといえよう。

(3) Wittmannの理論を基盤とした研究

Wittmannは数学教育学論，教授単元，本質的学習環境などで本学会の研究に多大な影響を及ぼした研究者である。第1章，第2章，第5章でWittmannの思想や教材開発等について取り上げているが，ここではWittmannが提唱した本質的学習環境とそれに基づく授業開発研究について概観する。

Wittmann（1995）は本質的学習環境について次の四つの条件を示している（pp. 365－366）。

1：算数・数学指導の主要な目標，内容，原理がある水準において示されていること
2：この水準を越えた重要な数学的な内容，過程，方法と結びついており，数学的活動の豊かな源泉であること
3：柔軟性をもち，個々の学級の特殊事情に合わせることができること
4：算数・数学指導に関する，数学的，心理学的，教授学的観点を統合し，実践的研究の豊かな環境を形作ること

こうした教材開発の視点の重要性は，task designとしても近年世界的に注目されている（Watson & Otani, 2015）。本学会における教材開発および実践を行った研究として，Wittmannらが中心となって製作したドイツの小学校教科書『数の本』の小学校1年生用の教材「盗賊と財宝」を中学校1年生の正負の数の計算にアレンジした研究（米田, 2006），「20までの数」の指導配列を工夫した実践研究（宮脇, 2009）がある。また，本質的学習環境「かけ算十字」を開発し，実践した中学校3年「展開と因数分解」の実践研究（樋脇・佐々, 2013）や高等学校での数学的帰納法に関する本質的学習環境の実践研究もある（岩知道，2010）。

本質的学習環境の研究の目的は，実践知と研究，学問知と実践を有機的につなげる本質的学習環境を実現することにある（ミューラー他, 2004）。つまり，構成主義研究の発展形としての山口他（2014）の研究と同様に，理論と実践の往還を実現する数学教育学研究の具現化が求められているといえよう。

(4) フランスを起源とする数学教授学を基盤とした研究

本学会では，フランスを起源とする数学教授学の理論（以下，「フランス数学教授学」と略記）に基づく研究，とりわけ「教授学的状況理論」や「教授人間学理論」の視座からの研究がなされてきている。

教授学的状況理論（Theory of Didactical Situations：TDS）（Brousseau, 1997）

は，「数学の指導・学習における数学的本性を「状況・場（*situations*）」という概念を通して科学的に明らかにすることを試みる」（宮川, 2011a, p. 44；強調は原文のまま）ものである。TDSでは，指導と学習の場面を「主体」「環境（millieu）」「教師」という構成要素とこれらの関係によってモデル化する。また，「教師が介入するにもかかわらず主体の*環境*への適用が生じる指導・学習場面としての状況」（宮川, 2011a, p.45；*強調*は原文のまま）である「亜教授学的状況」，「……教師が数学のある内容を教えようと意図し，学習者が教師の教えようとする内容を学習しようと意図することによって自然に生ずる」（宮川, 2011a, p. 46）「教授学的契約」，亜教授学的状況を生じさせるために，ある問いや課題に対する責任を学習者に移す過程である「委譲」，この逆の性質をもつ「制度化」などの説明概念が準備されている（宮川, 2011a, pp. 44-47）。本学会では，教授学的契約と委譲という観点から，中学校の図形領域における証明の教授・学習について考察した研究（福本, 2008），教授学的シツエーションモデルを構築し，小学校第6学年「ならべ方と組み合わせ方」の授業における知的責任の委譲の実現を検討した研究（井口他, 2011），TDSの視点から高等学校における構造指向の数学的活動について検討した研究（濵中・加藤, 2014），高等学校の「整数の性質」の授業における亜教授学的状況について検討した研究（西, 2016）がなされている。

また，本学会では，教授人間学理論（Anthropological Theory of the Didactic：ATD）（シュバラール, 2016；Chevallard, 2019）の視座からの研究がなされてきている。例えば，ATDでは，複数の偉人の作り上げた作品をそれだけで意味をなす部分に細分化し，それらを順々に学習していく「記念碑主義パラダイム」にとって代わる教授パラダイムとして，科学者の態度とされている探究の態度を目指す「世界探究パラダイム」が重視される（シュバラール, 2016；宮川他, 2016）。そして，「世界探究パラダイムに基づいた指導・学習の過程を定式化したもの」（宮川他, 2016, p. 28）として，研究と調査の経路（Study and Research Paths：SRP）（シュバラール, 2016）に注目した研究がなされてきている。SRPは，生成的な強い力を持った一つの問いから始まり，学習者が様々な資料にあたり学習，考察を進め，当初の問いに部分的な回答が与える問いや新たな問いが生じる，というような樹形構造の問いの連続生成の過程である（宮川他, 2016, p. 28）。このSRPの過程と構造は，SRPの樹形構造，ヘルバルト図式，メディア・ミリューの往還などの理論的用語を用いて記述される（宮川他, 2016）。なお，「当初の問いに対する回答を作り上げるために，インターネットをはじめ使えるものは何でも使い，必要なものは必要に応じて学習するといった研究者の活動に近い形態の探求活動を前提とする」（宮川他, 2016, p. 25）というSRPの立場は，わが国の多くの数学教師にとって，授業観の転換を迫るものかもしれない。本学会でのATDの視座からの研究として，SRPにおける論証の必要性と求められる論証活動の性格に関する理論的研究（宮川他, 2016），SRPにおける論証活動の実践的研究（濵中他, 2016），教科横断型SRPにおける数学的活動に関する研究（葛岡・宮川, 2018），小学校第3学年におけるSRPの授業における教師の働きかけに関する研究（柳・宮川, 2021）がある。

また，ATDにおいては「プラクセオロジー」という理論もある（宮川, 2011a；本書の第2部13章**2.3**も参照のこと）。本学会の研究では，成瀬・宮川（2023）において，プラクセオロジーを用いて定積分の基本認識論モデルが構築され，この研究を基に成瀬・宮川（2024）では，探究型学習の設計に向けた定積分についての基本認識論教授モデルが構築されている。

(5) その他の理論を基盤とした研究

数学教育学研究において，個人や社会性，問いなどの重視する要素の違いはあっても，構成主義の考え方は数学教育学研究のパラダイムとして機能し続けてきた。このパラダイムの根幹には，知識というモノを脳内に構成していくことが学習であるという暗黙の前提がある。しかし近年では，学習者を取り巻くの周囲の状況の助けを借りて，学習者の行動がどのように変容していくかが学習であるという社会文化的アプローチを基盤とした認識論が発展してきている。その一つにコモグニション（commognition）の視座（Sfard, 2023）がある。

Sfard（2023）では，VygotskyやWittgensteinの思想に基づき，数学的思考の研究に関する従来の行動主義や認知主義が抱えるジレンマに対処し，解消する試みが行われている（Sfard, 2023, p. 360；監訳者あとがき）。Sfard（2023）では，われわれが知らず知らずのうちに使用する「対象のメタファー」や思考（心）と身体，思考と行動を分ける二元論的なディスコースに対して警告が発せられている。「コミュニケーション」「概念」など，よく知られた用語が操作化，あるいは，再定義されていく。また，思考（個人的な認知（コグニション））と（個人間）コミュニケーションを包括する用語として，「コモグニション」という用語が提唱されるが，認知主義とコモグニションの視座を比較すると，認知主義の視座では，人間発達に関する研究のディスコースがモノローグ的で，思考と行動を分離する二元論に立つ獲得主義的な発達・学習観に基づくものであり，分析の単位が概念（心的スキーマ）や技能であるのに対して，コモグニションの視座は，研究のディスコースがダイアローグ的で，思考と行動を分離しない非二元論に立つ参加主義的な発達・学習観に基づくもので，分析の単位は（ある共同体によって実践されるものとしての）ディスコースになる（Sfard, 2023）。

Sfard（2023）では，ディスコースにおける言語使用，視覚的媒介，承認されたナラティブ，ルーチンなどの分析道具が理論的に整備されており，本学会や他の学会でもこれらの分析道具を用いた研究がなされている（大滝, 2013, 2014；日野, 2019）。近年では，数や計算以外の図形に関してもその研究対象が拡大している（松島・清水, 2021）。

また，身体性に着目する認識論の重要性も指摘され始めている。久保・岡崎（2013）ではシンボル・シグナル理論に依拠しながらジェスチャーに着目して学習者の様相を分析している。近年では，学習の身体性を重視することによって現成主義（Enactivism）の視座（マトゥラーナ・ヴァレラ, 1997；Abrahamson, 2009；Abrahamson et al, 2019）が台頭してきている。ここでの身体性とは，単なる物理的な経験にとどまらず，現象に向き合う際の視覚，聴覚，嗅覚，味覚，触覚的経験，運動経験，情動なども含んでいる。身体の五感や情動を含んだ経験そのものが学習であると捉える認識論であり，構成主義と身体化認知の二つの理論を受け継ぐ理論として捉えることも可能である。わが国では影山がこの視座からの研究を行ってきている（影山，2015, 2016, 2019）。

さらには，和田他の研究グループは，Peirce の記号論的視座や身体論的視座から，数学の授業における考察対象の存在論的様相や進化論的発展について検討している（和田・上ヶ谷・影山他, 2021；和田・上ヶ谷・中川他, 2021；影山他, 2021）。

2.3　教授・学習における子どもや教師の行動に焦点を当てた研究

授業の三つの要素として，「教師」「子ども」「教材」が挙げられることがある。授業の環境なども含めて，これらすべてが関連して教授・学習が展開されるが，ここでは，教師や子どもの行為に重点が置かれた研究を概観する。なお，教材に重点が置かれた研究については第 5 章を，子ども同士や子どもと教師のコミュニケーションに重点が置かれた研究については第 9 章を参照されたい。

(1)　子どもの行為に重点を置いた研究

子どものつまずきに着目した実践研究が古くから行われてきた。これらの研究は，典型的には，子どもたちの具体的なつまずきの事例をもとに，そのつまずきをどのようにしたら解消できるか，もしくはつまずきが出ないような教授・学習の方法を検討し，授業実践で検証するというものであった（e.g. 永井・渡辺, 1983；中野, 1992；中込, 1994）。また，個々の子どものつまずきに一定の傾向があることが明らかにされてきた。例えば，Balacheff の教授理論をもとに一斉授業におけるミスコンセプションの同定とその克服を明らかにした研究（原田, 1991）や，Lakatos の準経験主義の認識論をもとにして，子どもの誤りを生かす指導原理を作成し実際に授業実践を行う研究（野口，2002），子どもたちの誤った理解であるミスコンセプションに焦点を当て，否定論やコモグニションの視座からその克服への示唆を得ようとする研究（大滝，2013，2014）がある。また，つまずきに着目してすべての子どもの算数・数学学習の深化を目指すインクルーシブな数学学習の具現化を目指す研究も着手されている（松島・惠羅，2021）。

他方，数学学習における例題や例を教授・学習過程で積極的に生かす研究もある。例えば，例題はどのような役割を果たしているのか，例題から子どもたちは何を学んでいるのかなどについての研究（崎谷，1992）や，下位目標を設定した例題と自己説明という観点から例題を用いた教授・学習の有効性を検討する研究（中，1999）がある。さらには，生徒による例の使い方を操作，反省，活用の三つの段階の様相から検討する研究（河村，2016a）や例を用いる活動に焦点を当てた授業構成に関する研究（河村，2016b）などがある。

また，岡本や両角の研究グループは，「問い」（ボルノー，1978）を軸とした数学学習として，問うことに学びの始点を置きながら，どのように数学の学びを深化させる授業を具現化できるか検討している（両角・岡本，2005；岡本，2013；岡本，2014；両角・佐藤，2015；第5章を参照のこと）。すでに取り上げたSRPに関する研究でも学習者の問いを重視しているが，そこでは学習の様相の記述に重点が置かれている。これに対して，「問い」を軸とした算数・数学学習は，学習者の深い学びを具現化するための授業づくりの規範を志向している側面がある。

さらに，見通しを軸にした自律性の育成に関する研究（太田・岡崎，2014）や子どもの数学的気づき（mathimetical noticing）に関する研究（影山他，2015）もなされている。

(2) 教師の教授行為に重点を置いた研究

教師の教授行動に重点を置いた研究として，教師のリスニングに関する研究（高澤，2004，2005，2007，2009）がなされている。また，観察者としての教師の役割に関する研究（高澤，1999），授業のまとめに関する研究（井口他，2012）や，発問行為の理論的研究（上ヶ谷，2016），練り上げの発問行為の基礎的研究（長沢，2018），教師の気づきに関する研究（木根他，2019），算数の探究型授業における教師の働きかけに関する研究（柳・宮川，2021）などがなされている。

教職大学院における理論と実践の往還を具現化する研究も着実になされてきている。とりわけ，岩崎の研究グループが，継続的な研究を展開している。教授学的状況理論を用いて教授学的シツエーションモデルを構築する研究（井口他，2011），まとめの型や教授学的シツエーションモデルを用いることによって，若手の算数を専門としない小学校教員の授業改善を目指す研究（井口他, 2012），教授学的状況理論，ネゴシエーションや意味の創発の研究を用いることによって，コミュニケーションによって思考力を深める授業の実現を目指した研究（川上他, 2018；牛腸他, 2019），小学校第2学年の乗法の「ひみつ見付け」の長期にわたる授業実践を題材として，授業における児童の帰納的推論の質的変化を捉える視点を見いだす研究（北川他, 2014）などがなされている。また，Engeströmの文化・歴史的活動理論の視座からの算数の授業改善に関する研究もなされている（山﨑他, 2023）。

2.4　教授・学習に関わる評価に関する研究

学校における教育評価は，児童・生徒に対して教師がテストを行い，指導要録や通知表などに評点をつける行為と捉えられていた時代があった（西岡他, 2015）。評価研究の分類については，例えば，教育工学系における評価研究（e.g. 永岡・赤堀, 1997）では，「教育評価の考え方評価のモデル」「データ測定方法」「評価データ分析」「意欲・態度，技能，概念の評価」「授業評価」「映像・ソフトなどの教材評価」の六つのカテゴリに，教育心理学系における評価研究（e.g. 廣瀬, 2004；栗田, 2007；石井, 2014；鈴木 2018）では，「統計的分析手法」「教育評価」「試験・テスト」「心理尺度の作成」「その他の関連研究」の五つのカテゴリに分類・整理されている。

算数・数学教育においても，主に児童・生徒の学力の伸長，指導や学習の改善，カリキュラムの改善，教師の力量形成などを目的に，筆記試験，学力調査だけでなく，インタビューやアンケートによる評価，目標準拠評価，ポートフォリオ評価，パフォーマンス評価，形成的評価，学習としての評価，アカウンタビリティーのための評価，学習を支援するための評価など多様な評価方法，概念が登場してきている。

数学教育学における評価研究にはどのようなものがあるのだろうか。日本数学教育学会の『数学教育学研究ハンドブック』（日本数学教育学会, 2010）では，評価が学力の評価，関心・意欲・態度の評価，学力と関心・意欲・態度の関係の評価，数学的な考え方の評価，創造性の評価，指導と評価の一体化，教員・教員志望学生の授業力の評価，様々な評価，評価尺度の開発，統計的手法を用いた評価，教育工学的手法による評価，大学入試の評価の12項目で分類・整理されている。

これらを参考にすると，本学会における評価研究は，「児童・生徒の資質・能力を対象とする評価研究」「授業実践を対象とした指導と評価の一体化に関する研究」「評価方法を対象とする研究」「教師の授業力を対象とする評価研究」「統計的分析手法を対象とする研究」「評価のモデル，理論を対象とする研究」の六つのカテゴリに分類・整理することができる。本節ではこれらのうち，教授・学習の評価に関する研究に深く関わる「資質・能力育成に関する評価研究」，「授業評価に関する研究」のカテゴリの研究を概観する。ただし，二つ以上のカテゴリに位置付けられる研究もあるため，前者を「特定の内容や能力育成に関する評価研究」，後者を「評価方法の開発的研究」と再カテゴリ化した上で，先行研究を概観する。

2.5　特定の内容や能力育成の評価に関する研究

特定の内容や能力育成に関する評価研究は1980年代に登場する。1980年に学習指導要録の改訂で観点別学習状況の評価が導入され，「関心・態度」が評価項目として示された。成績の内部構造，態度に関する評価研究として次の一連の研究があげられる。学生の学習成績（高専1年生の5教科）の内部構造を明らかにするために，主因子法，最大推定法以外の因子分析法，アルファ因子分析法，イメージ因子分析法を用いて，手法の比較を行った研究（伊藤, 1980a），米国の研究を素材として，学校数学に対する態度の定義，学校数学に対する態度評価の方法，学校数学に対する態度尺度について考察した研究（伊藤, 1980b）がある。そして，これらの研究と教育心理学におけるテスト不安の研究を基礎としながら，算数・数学学習におけるやる気に関する研究（伊藤・岡本, 1989; 伊藤他, 1989）等が積み上げられ，数学学習における態度測定用具が開発された。なお，本学会以外の測定用具の開発研究として，湊（1983），今井（1985），鎌田（1993）などの優れた研究がある。

この1980年代は学校の荒れが社会問題化していく時代である。そのような中，中曽根内閣による臨時教育審議会第1次答申（1985）において教育の自由化・個性化が謳われ，自ら判断する能力や創造力の伸長が課題であることが示される。数学教育学研究においても，創造力の育成に注目がいくことになる（本章**2.1**（2）を参照のこと）。創造性の評価に関する研究としては，相関係数，クラスター分析，重回帰分析などの検定を用いた数学教育における創造的思考の評価方法に関する研究（横山, 1993）やコンセプトマップを分析・評価するための尺度の開発に関する研究（齋藤, 1996），創造性を評価するための態度尺度に関する研究（齋藤, 1999）を契機とした，図形・関数・数と式などの固有の領域における創造性の発達に関する研究（齋藤・秋田, 2003；齋藤, 2004；秋田・齋藤, 2004；藤田・齋藤, 2005）など継続的に研究が積み重ねられている。

一方，1980年代初頭のSchoenfeld（1985）やGarofalo and Lester（1985）などの問題解決とメタ認知との関連に関する研究が国際的に注目されるようになると，わが国の数学教育においても問題解決とメタ認知に関する研究が広がりを見せることになる（横山, 1991；重松, 1990；清水, 1989）。問題解決における評価研究としては，問題解決の過程において，生徒がどのような方略を用いて解決しているかという点に着目した研究（高橋，1986）があり，この研究は，発語思考法によるプロセス評価すなわち，今日のAIを用いたコーディングによる質的評価につながるものである。

問題解決研究でメタ認知が注目されるにつれ，数学的問題解決におけるメタ認知能力の測定用具が開発され（清水，1995），問題解決能力に対する知識・理解・技能およびストラテジーの寄与に関する実証的な研究（清水，1996）が行われた。また，自己評価とメタ認知の関連性を考察し，メタ認知を育成するための自己評価の方法を検討した研究（木下，1997，1998）や，メタ認知能力育成に向けた数学学習におけるポートフォリオ評価法の開発に関する研究（加藤，2003）がなされている。加藤（2003）のメタ認知能力育成に向けた数学学習におけるポートフォリオ評価法の開発とその実証的検討においては，数学学習におけるルーブリックの提案がされており，後に述べる汎用的な評価方法の開発的研究にも位置付けられるものである。

その他の研究として，「算数達成度」と「潜在的な数学的能力」を概観する。算数達成度に関する国際的プロジェクト（International project on mathematical attainment：IPMA）の一環として日本で行われた算数達成度に関する継続的研究は第6報まで報告されている（小山他，2002，2003；清水他，2004，2006；飯田他，2005，2007）。その中の第4報（飯田他，2005）では，学習した学年における「達成度の伸び」を被験者ごとにValue-added Scoreを用いて分析するための指標が開発されている。

「潜在的な数学的能力」は，イギリスのBurghes，ドイツのBlumらを中心とするKassel－Exeter Project（Burghes & Blum，1995；植田他，1997）に端を発するものである。潜在的な数学的能力の理論的な研究と測定用具の開発研究（飯田他，2002）をもとに，教育現場において算数・数学教育の改善に活用できる小学生・中学生の潜在的な数学的能力の測定用具の開発を目指した研究（中原他，2008，2009，2010，2011）が継続的に行われ，思考的要素と内容的要素を2次元的に組み合わせた測定用具が開発された。

このように2000年代になると，1980年代から1990年代に行われた測定用具の開発研究を基に，創造性やメタ認知などの特定の資質・能力に関する評価研究が盛んになってくる。

2.6　評価方法の開発的研究

1980年代には授業改善を目指した評価研究は本学会では見当たらず，1990年代以降，徐々に「授業評価に関する研究」を内包する汎用的な評価方法の開発的研究が増えていくことになる。

まず，問題解決における教授・学習の評価に焦点を当てて，評価の目的や評価の方法（インタビューテスト，多肢選択的部分テスト，記述式テスト）について理論的に検討した研究（林, 1990）がある。続いて，子どものもつ算数に関する誤概念の意識化とそれに基づく正概念の確立を検討する先行研究を基に，量分数概念の確立を目標とした授業事例について，二つの授業実践を分析し，その授業の評価を行った研究（長谷川, 1997），数学的概念の形成を図る集団解決のあり方に関する研究（古本, 2004），ティーム・ティーチングによる指導方法，授業評価方法等を有機的に結合し，生徒に数学の基礎的な内容を定着させる指導・評価システムに関する研究（齋藤・秋田, 2005）がある。このように授業そのものを評価対象とする研究やそれに関わる評価方法の開発的研究が2000年代以降多く見られるようになってくる。

中学校数学科における形成的評価のための達成度問題作成支援システムが開発され（長谷川・齋藤, 2005），観点別学習状況の4観点の分類システムの構築が目指された（長谷川・齋藤, 2006）。さらに，認知領域の学校数学における形成的評価のための問題分類の構築も行われ（長谷川・齋藤, 2007），目標・指導・評価を一体的に捉えることの重要性が示唆された。

この背景の一つとして，実践面からの要請として，1998年の学習指導要領の改訂，2002年の学習指導要録の改訂に伴い，「目標に準拠した評価（いわゆる絶対評価）」が位置付けられ，評価の客観性，すなわち評価の公正性と公平性が問題となってきたことがある。数学教育学の研究面からは，構成主義的学習観に基づく教育目標をめぐる研究やカリキュラム設計に関する研究の推進が，上の評価の研究動向に大きな影響を与えたと考えられる。実証主義の教育では，子どもの学習成果（知識）を客観的に測定することになるが，構成主義の教育では，子どもが社会的な相互作用の中で知識を構成していくことから，いわゆる「知識」だけではなく，「理解」に着目する必要が生じ（西岡, 2003），学習過程や評価方法も転換が求められるのである。こうして，アメリカに登場したのがパフォーマンス評価論であり，「パフォーマンス課題」や「ルーブリック」などの新しい評価の方法が開発され（石井, 2011），数学教育学研究においてもこうした評価に関する研究が登場することになる。

本会誌では，初等教育段階における児童の確率概念の発達を促す学習材の開発を目的とした研究（松浦, 2007, 2008）を契機として，学習者の思考力・表現力・判断力のような高次の資質・能力を評価する研究が行われるようになる。小学校の事例としては，「数量，形を視点とした観察・洞察力」を評価項目として焦点化し，パフォーマンス課題とルーブリックに基づく逆向きの設計による指導と評価の有効性を検討した研究（岡田他, 2008）や One Page Portfolio Assessment を学習指導過程に取り入れた授業実践に関する研究（廣田・松浦, 2018）などがある。中学校の事例としては，中学3年の単元「平方根」の授業実践を事例に，パフォーマンス課題のような，様々な知識を関連付けて考えることが必要な十分に構造化されていない課題を解決するための高次の学力（概念理解や思考プロセスの表現）を伸長するための指導の視点を検討した研究（神原・石井, 2012）や中学校数学科の授業における問題解決中の考え方を評価する指導方法の開発とその実践に関する研究（生田, 2018）がある。高等学校の事例としては，生徒がその単元で学習し身につけた「見方・考え方」が十分に発揮できるような学習場面を単元末に設定し，生徒の数学の深い学びを促していたかについてパフォーマンス評価で検討した研究（久富・小山, 2018）がある。

このような傾向は，世界の潮流がコンテンツベースの教授・学習から，コンピテンシーベースのそれに移行していることと関連している。質的な評価に関する研究は，評価問題の開発や評価の信頼性や妥当性を担保するものになるようにさらなる研究が望まれる。また，ICT や AI を活用した効率的な評価のあり方が数学教育の内外で求められているところである。

3　議　　論

本節では，これまで概観してきた教授・学習や評価に関する研究について，「研究対象の変容」「理論を基盤とした研究の推進」「研究者と実践者の共同研究体制の構築」という柱で議論する。

3.1　研究対象の変容

教授・学習に関する研究対象は，特定の内容に関する教授・学習の研究から，メタ認知や批判的思考力といった汎用的な能力の育成にシフトしている傾向にある。近年の研究においてタイトルやサブタイトルで特定の内容が挙げられていても，その内容の教授・学習というよりはむしろ，教授・学習の理論の構築や理論に基づく事実づくりの事例として，特定の内容の授業や教授実験を展開している面がある。ただし，確率や統計の教授・学習については継続的に取り組まれてきており，平成29・30年度改訂の学習指導要領の実施に資する研究や次期改訂につながる基礎的研究がなされているといえよう。

評価に関する研究については，測定用具の開発的研究から，パフォーマンス評価などの質的評価方法の研究へと関心が移っていると思われる。ジグソー法やワールドカフェ方式といった教授法やパフォーマンス評価は，数学教育に固有の指導法や評価方法ではないことから，これらの指導法や評価方法を数学教育学研究としてどのように開発し，活かしていくかに注意が必要である。

3.2 理論を基盤とした研究の推進

数学教育の現代化運動では，Piaget や Bruner の理論が注目され，例えば，子ども主体の学習や EIS 原理などが注目された（中原, 2000）。Piaget の理論については，van Hiele や Gattegno に批判されているとはいえ（cf. 平林, 1987），構成主義の研究が「Piaget 理論の見直し」という側面から発展してきたように，数学教育や数学教育学に大きな影響を与えている。中原（1995b）の構成的アプローチは，構成主義や Bruner の EIS 原理を援用しながら，数学教育学の教授・学習のアプローチを確立した例である。

本章 **2.2**（2）で概観したように，構成主義を基盤とする研究は社会的側面などを踏まえて継続されたが，本学会では，Wittmann の教授単元や本質的学習場，Bollnow の理論に基づく問いを軸とした授業の開発的研究，さらには，フランス数学教授学を基盤とした研究が多くなされるようになってきている。Wittmann の理論を援用する研究や問いを軸とした授業の教材開発や実践研究では，認知面や情意面での数学的な資質・能力の育成を一義的には目指しているようにみえる。他方，フランス数学教授学を援用する研究は，「授業で何が起こっているか，その要因は何か」といった事実の記述やその事実が生じるメカニズムを明らかにすることに一義的には徹しているといえよう。また，記号論的視座からの和田のグループの研究や，現成主義の視座からの影山の研究は，すでにある理論を手がかりに教授・学習の様相を捉えるための方法を提言している。

以上で取り上げた研究群は，一定の理論を踏まえた教授・学習の研究であり，学習指導要領に準拠した内容を対象とした「数学的活動を通した○○の学習指導の研究」といった実践研究とは一線を画している。理論を踏まえた教授・学習が長きにわたって実施されている点は本学会の特色であるとともに，数学教育学という学問の発展の一翼を担っているといえよう。

3.3 研究者と実践者の共同研究体制の構築

本学会誌『数学教育学研究』の初期の学会誌や前身の『数学教育学研究紀要』に典型的にみられるように，かつては単著論文が多くの割合を占めていた。今日では，共著論文が多くなっており，その内訳も研究者の共同研究だけでなく，研究者と実践者の共同研究の形態をとっていることが多くなってきている。

大学の研究者による理論研究や教材研究については，研究者教員（およびそのグループ）だけで実施可能であった。しかし，時代を経て，算数や数学の授業自体が本格的に研究対象となり，今日では，理論の構築や理論に基づく主張で完結するのではなく，授業での検証を位置付けることがありふれたことになってきている。つまり，研究者単独や研究者だけのグループによる研究ではなく，授業の実践者との共同研究の実施が日常的になってきているのである。こうした共同研究体制によって，研究者による机上の理論的な研究（実践に直ちに役立たない研究自体を批判するものではない）や，実践者による理論や先行研究を踏まえない実践研究に陥ってしまう危険性が緩和されることが期待されよう。

研究者と実践者の共同研究が進んでいる別の要因として，大学の教育学部の修士課程の教職大学院化も挙げられよう。教職大学院では大学院生に修士論文の執筆を求める代わりに，理論と実践の往還の実現が求められる。このことを真に実現するために，大学の教員と教職大学院の院生がチームを組み，共同研究を実施するという研究体制の構築が試みられてきた。本学会では，すでに概観したように，例えば，岩﨑の研究グループがこうした研究体制を組織的に構築し，優れた研究成果をあげてきている。学部を卒業した院生（いわゆるストレートマスター）や現職院生で構成される大学院生が，大学教員をアドバイザーとして一つのプロジェクトチームを組み，学校現場の課題を解決するアクションリサーチの方法論を用いた一連の研究である。このアクションリサーチの目的は，個々の学校課題を解決することにあるが，より一般的には，個々の支援される学校側が，対象となる問題を自律的に解決し，その解決状況を持続していくことにプロジェクトチームが貢献することであり，それと同時にチームのメンバーも自らの課題を解決し成長することにある。

わが国の数学教育学研究において，理論研究から深い理論的知見を導くとともに，それをもとにした実践研究から得られた知見から理論と実践を修正していく，もしくは理論自体を新たに構築していくという，理論と実践の往還が密になされた研究が今後も生み出されていくことが重要であろう。

4　残された課題

世界的には，研究ハンドブックが公刊されているなど，数学教育学は学問領域としての歩みを進めている。他方，わが国では，「数学（歴史）教育学は自律的なディシプリンではなく 数学（歴史学）研究の応用領域であり 同時に教育学研究の応用領域である」（佐藤, 2015, p. 85）という見解もあるように，自律的な学問領域としての扱いを受けていない面もある。教授・学習や評価の研究では，教育学や心理学の理論を援用するものも多く，そうした研究が（将来の数学教育の改善に資することが期待されるという意味で）完全に否定されるものではないかもしれないが，数学教育学に固有な教授・学習や評価の研究をさらに志向していく必要があろう。なぜならば，例えば，数学や教育学を主体とした数学教育では，できあがった抽象的な知識・技能を重視するためにできるだけわかりやすく教えるという考えに行きついてしまうからである（長崎，2003）。

また，本章で概観したように，本学会では，フランス数学教授学の視座からの研究が活発になされつつあるが，宮川（2011a）で再三確認されているように，フランス数学教授学は，教授・学習の記述やそのメカニズムの解明という記述性を指向しており，「教育に対する規範的な提言は，理論の構築を目的とする数学教授学研究の範疇ではない」（宮川，2011a, p. 42）とされる。他方，数学教育学が数学教育を対象とする学問であり，数学の教授・学習がある価値観のもとで目的的に行われる営みであるとすれば，規範性の検討を避けることはできない。宮川は，「科学的な理論の言葉や研究成果をもとに，「こうした方がよい」や「こうしたことを大事にすべきだ」など数学教育における規範を議論すること，教材やカリキュラムを開発することは，可能である。それは，フランスにおいてもしばしばみられる。ただ，こうした仕事を数学教育研究と捉えるか否かは難しい」（p. 57）と述べる。本学会の元会長の中原も数学教育学研究の課題の一つとして，「研究（Research）」と「開発（Development）」という視点を取り上げ，「……その上，研究者はあくまでも研究をすべきであり，開発は実務家がなすべきこととされている。」（中原，2015, p. 6）と述べ，この捉え方は宮川（2011a）が解説するフランス数学教授学の立場と整合する。続けて，中原は，「研究と実践の統合，それを言うのは容易である。しかし，それは研究の性格を変え，研究のレベルを低いものにしてしまう。デザイン科学という捉え方もあるけれども，それは開発である。数学教育学は，研究に徹して質を上げるのか，研究という看板を下ろして「開発」に重点を置くのか，研究と開発の質の高い統合を実現するのか，難しい問いを提起されている」（中原，2015, p. 6）と述べる。例えば，小山の理解の2軸過程モデルの研究は，記述性と規範性が両立した研究であるし，本章で概観した岩崎他や和田他の研究者と実践者の共同研究は，一定の「質の高い統合」が実現した研究であるといえよう。今後もこうした「記述性と規範性を共に備えた研究」や「研究と開発の質の高い統合」を目指していく必要がある。

教授・学習や評価の内容という点では，本章の概観より，特定の内容の教授・学習や評価の研究から，論理的思考，問題解決，メタ認知，批判的思考といった汎用的能力の教授・学習や評価の研究へのシフトという傾向が認められる。汎用的能力の育成は世界的潮流であり，これまでの数学の教授・学習がこうした汎用的能力にどの程度寄与していたのか（いないのか）が検討される必要がある。また，以前に比べて本学会では研究成果が顕著でない情意的側面（広くは，非認知能力）の教授・学習や評価についての研究も求められよう。他方，数学的思考に隣接していると思われる思考（プログラミング的思考や計算的思考（computational thinking）（上ヶ谷他, 2019）の教授・学習や，総合的な学習との連携（菅野, 2007），道徳教育との連携（池田, 2023），教科横断型SRP（葛岡・宮川, 2018）のような数学と他教科等と関連付けた教授・学習の研究も求められよう。

教授・学習や評価の方法という面では，指導法，評価法，さらには指導と評価の一体化のためのICTやAIの有効活用に関する研究はまだ少ないと思われる。ICT等の有効性や限界についての理論的・実践的検討は重要な研究課題であると考えられる。

第7章

問題解決，モデリング

1　はじめに

数学的問題解決（以下では問題解決と略記する）と数学的モデリング（数学的モデル化，以下モデリングと略記する）の捉え方は多様であり，これらの相違についても留意する必要がある。しかし本章では，それらの明確な区別を行うことは控え，本学会を中心として問題解決研究とモデリング研究の系譜や特徴を考察することで，今後の数学教育学研究への示唆を得ることする。

2　問題解決研究の概観

数学教育学における問題解決に関わる研究としては，Polya（1945）によって提唱された発見学（heuristic）の考えに基礎をおく実証的・実験的研究が1970年代にアメリカを中心に数多くなされた（cf. 伊藤, 1982）。その後，NCTMによる勧告 *An Agenda for Action*（NCTM, 1980）において「問題解決研究が数学カリキュラムの中心として組織されるべきである」と主張されたことから，問題解決研究が世界的規模で精力的に取り組まれた。特に，数学教育学における国際誌JRME（*Journal for Research in Mathematics Education*）の創刊年である1970年以降（1994年まで）の問題解決研究の状況についてLester（1994）は，四つの時代を指摘し，それぞれの時期の問題解決研究の強調点を挙げている（Lester, 1994）。第1期は1970年から1982年までで，問題の困難性の鍵となる決定因子の抽出，成功的な問題解決者の特徴の同定，発見法の訓練を挙げている。第2期は1978年から1985年までで，成功的な問題解決者と成功的でない問題解決者との比較（熟達者 vs 初心者），ストラテジーの訓練を挙げている。そして第3期は1982年から1990年までで，メタ認知，問題解決に対する情意／信念の関係，メタ認知の訓練を挙げている。第 4 期は 1990 年から 1994 年で，社会的影響，文脈における問題解決（状況に埋め込まれた問題解決）を挙げている。

一方，日本の問題解決研究に目を向けると，やはり NCTM による勧告（NCTM, 1980）に大きな影響を受けて問題解決研究が盛んに取り組まれた。しかし日本における問題解決研究は，それ以前にも独自の研究や実践が蓄積されている。例えば相馬（1983）は日本における問題解決の研究を，昭和 20 年代の「生活単元学習としての問題解決」，昭和 30 年代の「文章題解決学習としての問題解決」，昭和 50 年代以降の「学習指導法としての問題解決」の 3 期に分けて捉えている。

さて，本学会での問題解決研究について概観すると，まず 1980 年以前には，論文タイトルに問題解決を含む論文は無く，「文章題」を含む論文が 2 本あるのみである。その後 1980 年代前半には，日本における問題解決研究の特徴について，Schoenfeld の研究や日本の数学教育史の視点から考察した研究が行われており，数学教育学研究における問題解決研究の方向性について考察されている（飯田（1984）など，計 3 本の論文がここに該当する）。

また，1990 年代以降の日本数学教育学会においては，課題別分科会において問題解決研究が複数回にわたって取り上げられている。その中で伊藤（2001）は，問題解決研究を次の四つのカテゴリーに分けて概観している。第 1 は「問題解決過程の行動」であり，これは問題解決における解決者の一連の行動を分析・解釈するための研究である。第 2 は「問題解決の方略（ストラテジー）」であり，問題解決の方略（ストラテジー）を指導することに関する研究である。第 3 は「問題の構造・設定」であり，問題（場面）の構造を解決者が捉えていく過程について，問題の構造や解決方法の類似性や解決の行動に伴う構造の変化という視点から追究する研究や，問題設定（作成）の方法とその意義についての研究である。第 4 は「問題解決に関わる諸能力・構え」であり，問題解決において働く諸能力に関して，顕在的なものというよりも，むしろ背後にある基本的な諸能力や構えに着目した研究である。

この分類は，問題解決研究の全体を概観するために提案されていることから，本章でもこの分類を踏まえて，本学会での問題解決研究の詳細を検討する。まず 1 点目は，「問題解決過程に関する研究」として取り上げる。2 点目として「問題解決の方略（ストラテジー）」と記載されているが，問題解決ストラテジーの研究に留まらず，問題解決の成功に寄与する学習者の特徴についての研究がなされてきていることから，それらを包括して「問題解決の成功に寄与する諸能力に関する研究」として取り上げたい。3 点目の「問題の構造・設定」は，「問題設定に関する研究」として取り上げる。4 点目の「問題解決に関わる諸能力・構え」は，問題解決能力に関わる研究と，問題解決を通して育てられる諸能力に分けて考えることができると捉え，「問題解決能力に関する研究」「問題解決を通して育てる諸能力に関する研究」として取り上げる。よって，本学会での問題解決研究を以下の五つの項に分けて概観する。

2.1 問題解決過程に関する研究

まず，問題解決における解決者の一連の行動を分析・解釈する研究について概観する。海外では，Polya（1945）やSchoenfeld（1985）の研究を背景に，Garofalo and Lesterによる「認知－メタ認知」の枠組み研究（Garofalo & Lester, 1985）に代表される問題解決過程を記述しようとする研究が行われている。一方，日本では古くは戸田による問題解決を六つの段階に分けて捉える研究（戸田, 1954）もなされている。本学会では，問題解決過程の認知プロセスを記述するモデルの構築を目指した研究がなされている。例えば山田の一連の研究（cf. 山田, 1995, 1996, 1997）では，「問題解決者は，初期の表象から始め，解決に対して適切であるような最終的な問題表象を得るまで，徐々にそれを精緻化したり洗練させていく」（Silver, 1987, p. 43）という立場で問題解決を捉え，問題解決過程についての統一的な議論ができ，それをある程度説明し得るようなモデルを構築するという目標に向けて研究を進めている。そして，問題解決過程の認知プロセスを詳細に記述でき，認知論的な視座から教授学的示唆を与えうるようなモデルの構築を目指している。具体的には，Goldin（1987）による五つの言語に基づく数学的問題解決能力に対するモデルを核として，関連する問題解決研究を対応付けた枠組みを提案している。このように，本学会における研究の特徴は，問題解決過程についての複数の枠組みを複合的に検討することで，複雑な問題解決過程における学習者の活動を，数学的表象の視点を踏まえて捉えようとしている点だといえる。

2.2 問題解決の成功に寄与する諸能力に関する研究

1980年代は，Schoenfeld（1985）に代表されるような，よい問題解決者とそうでない問題解決者の区別が，認知科学や人工知能研究の成果に由来して行われたことに影響を受けつつ，系統的な研究成果をあげている。本学会における研究成果を概観すると，問題解決の成功に寄与する学習者の特徴として，問題解決ストラテジーに関わる研究（福田, 1988；近藤, 2004）や，メタ認知に関わる研究が精力的に行われている。特に，問題解決におけるメタ認知研究が多く行われていることは本学会における問題解決研究の特徴であるため，これについては**2.6**で詳細に述べることとする。

また，問題解決過程の導入となる問題の理解，予想や解の見積もりに関する研究は少なく，問題解決スキーマ（﨑谷, 1995）や反省的思考（吉井, 1996），振り返りに関わる自己参照的活動（清水・山田, 2003）など，問題解決過程における反省的思考に関わる研究は多くなされている。

﨑谷（1995）とその一連の研究では，問題解決能力の違いは子どもの有する知識の量だけではなく，問題解決に有効に機能する知識とそうでない知識の違いがあるとし，問題解決に有効な知識の実体とそれが問題解決過程でどのように機能するかを探究している。そこでは，知識の構造体として数学の内容に関する数学的スキーマと，数学の問題とそれを解く手順に関する問題解決スキーマを提起している。

これらの研究の特徴は，問題解決に成功することを目指しつつ，学習者への教育的意義や価値の視点から，学習者の反省的思考やストラテジー活用能力，メタ認知能力といった汎用的諸能力の育成をも目指している点であろう。その一方，2007年に問題解決研究を概観したLesh and Zawojewski（2007）は，高次な思考についての問題解決研究として「メタ認知」「気質（Habits of Mind）」「信念と傾向性（Beliefs and Dispositions）」を挙げているが，本学会では「気質（Habits of Mind）」や「信念と傾向性（Beliefs and Dispositions）」についての研究がほとんど見られないことも特徴である。

2.3 問題解決能力に関する研究

問題解決研究において，ある問題解決の成功が他の問題解決に寄与したり，学習者の問題解決全般の能力（いわゆる問題解決能力）の育成にどのような影響を与えるのかについて検討することは，自然な研究課題といえる。

まず，それぞれの問題における解決過程を分析するだけでなく，その問題解決の成功が他の問題の解決に寄与すること，いわゆる転移を目指す学習指導では，学習者が問題の類似性を認識することが必要である。本学会でも，問題の類似性認知についての研究（植田, 1989a）が行われている。植田は日本における清水甚吾による作問指導の研究（植田, 1992）にも取り組んでおり，植田による問題の類似性認知の研究は，それらの研究の延長線上に位置していることも特徴である。

さらに，前小節で挙げた成功的な問題解決を目指す研究において，問題解決の結果，つまり解決の正誤を評価するだけでは問題解決能力の向上を目指すことはできない。つまり，問題解決の過程をいかに評価するかについて検討する必要がある。1980年代は，認知科学や人工知能の研究成果を問題解決研究に活用しようとする取り組みがなされた。例えば，Greeno（1978）などでは，人間の思考過程を情報処理過程と仮定することで，問題解決過程の成功について考察している。さらに，認知心理学研究等の成果であるプロトコル分析や発話思考法なども用い，学習者の問題解決の過程を評価する研究もなされている（高橋, 1986；鹿島・船越, 1990）。

その一方，前小節で挙げた問題解決に関わるストラテジーやメタ認知の研究が進む中で，数学的知識と問題解決ストラテジー，メタ認知の関連や，それらを統合的に捉え学習者の問題解決能力を評価しようとする研究もなされている。清水（1996）を代表とする一連の研究では，知識・理解・技能，数学的な考え方，ストラテジー活用能力，メタ認知能力が，問題解決能力にどの程度寄与しているかを重回帰分析によって検討している。

上記の問題解決研究と並行し，Kassel-Exeter Project に端を発する中原他を中心とした「潜在的な数学的能力の測定用具の開発」に関わる研究（e.g. 中原他, 2011）が，本学会では行われている。この研究は，問題解決能力に関わる学習者の能力を測定することを目指したものであり，本学会における問題解決能力を捉えようとする取り組みが多面的に行われていたことを示しているといえる。

2.4 問題解決を通して育てる諸能力に関する研究

問題解決能力の育成にとどまらず，問題解決を通して学習者の諸能力の育成を目指す研究も行われている。国際的な調査に関わっては，2000 年から OECD が行っている PISA 調査において，日本の生徒は数学的知識を現実場面で活用する力に課題があるという報告（国立教育政策研究所, 2007）もなされている。そのような背景もあり，本学会では問題解決において学習者が柔軟に発想し独創的なアイデアを生み出すことを目指し，創造的思考の活性化を促す研究もなされている（秋田・齋藤, 2011）。

石田（1987）は国内外の問題解決研究を概観し，日本の授業づくりにおいて三つのタイプの問題解決を活用することが有効であると提案している（石田, 1987, p. 17）。一つ目は方法型であり，学習を問題解決的に展開していくことである。二つ目は特設型であり，「問題解決能力の育成を第一目的として，それにふさわしい優れた教材を開発し，特設単元を設けて問題解決の指導を行おうとするもの」（石田, 1987, p. 19）である。そして三つ目は設定型であり，「現実から出発して算数の問題へと仕上げていったり，ある解法で解決したとき他の解法はないか，より簡潔でより一般的な解法はないかと考えたり，さらには解決した問題から出発してより発展的な問題づくりをしていったりする，こういう問題設定の場を重視した問題解決の指導」（石田, 1987, p. 19）である。この三つの問題解決の型の分類を視点とすると，本小節に該当する研究は方法型の問題解決研究であり，例えば岩田・服部（2008）は，方法型の問題解決を通して学習内容の理解を促す研究を行っている。

他方，2.2 や 2.3 で挙げた研究の中には特設型の問題解決研究に該当するものもあり，2.5 で挙げる研究の中には設定型の問題解決研究に該当するものもあるといえる。

2.5　問題設定に関する研究

問題解決後の活動に関連して，問題づくりについての研究もなされている。問題をつくることが問題を解決することとどのような相互関係があり，どの程度問題解決能力の開発や育成に影響を及ぼすかを明らかにすることを目的として，問題設定と問題解決に関する実態調査を行い統計的分析を行った結果から，それらの相互関連性を考察している研究もある（林, 1990)。これらは，Brown & Walter（1983）の訳本『いかにして問題をつくるか』（ブラウン・ワルター, 1990）が出版され，その研究を基礎とした問題設定研究である。そして，それらの研究と数学教育におけるコンピュータの活用に関する研究とを関連付け，将来の数学教師を目指す大学生による数式処理ソフト（Wolfram Research 社の Mathematica）を活用した数学の問題づくりの意義とその方法に関わる考察を行った研究もある（e.g. 下村・今岡, 2011)。問題設定に関連する研究は世界的にも精力的に行われている（Toh, Santos-Trigo & Chua, 2024)。

2.6　問題解決におけるメタ認知に関する研究

既に指摘したように，メタ認知に関する研究は，問題解決研究における一時代を築いたものである。本学会における問題解決におけるメタ認知は，次の四つに分類される。

(A) メタ認知の問題解決における役割
(B) 問題解決能力としてのメタ認知の測定
(C) 問題解決型授業におけるメタ認知の育成方法
(D) 新たなメタ認知の役割

分類 A はメタ認知研究の初期に行われたものであり，まずメタ認知そのものがどういう概念であり，どのような役割を果たすのかということが研究されている。そうした中で，メタ認知の測定方法が考案されていった（分類 B)。そして，問題解決能力の一つとして認識された後は，育成方法（分類 C）が考察されている。以下では，これらの研究を概観する。

メタ認知は，「認知についての認知」(Flavell, 1976）であり，自己の認知的過程やそれらに関わる知識を指すものである。メタ認知という概念の特徴として，各研究者により定義が異なるということを挙げることができ，Lesh and Zawojewski（2007）は「メタ認知の定義は，一つの意味に向かって収束するわけではないが，ほとんどの研究者がメタ認知と認知を別個の存在とし，そして，性質において階層的な存在である」（Lesh & Zawojewski, 2007, p. 711）とメタ認知の定義の曖昧さを指摘している。

日本の数学教育における最初のメタ認知研究は，高澤（1986）の「問題解決におけるメタ認知の役割」である。そして，Hirabayashi and Shigematsu（1986）や重松（1987）により，Flavell（1979）や Brown（1978）のメタ認知の規定に基づき研究が進められ，メタ認知を「内なる教師（Inner Teacher）」として規定している。重松他（1990）は，内なる教師の内面化していく様子をモデル化し，メタ認知の育成過程について，認知的活動とメタ認知的活動の連鎖の重要性を指摘している。

また，メタ認知は Flavell（1979）の規定からメタ認知的技能とメタ認知的知識の2側面で捉えることが一般的である。この2側面は相互作用の関係にあり，メタ認知研究の序盤では，この相互作用と認知とメタ認知の関係を明確に示すことが求められ，重松（1987）は「認知とメタ認知の関係図」として，行動する自己（認知過程）に対して他自己（メタ認知）の関係性を示し，メタ認知的知識がメタ認知的技能における自己評価に対して影響を与えることを示している。また，加藤（1999）は，重松のモデルに対して，自己評価の際に，メタ認知的知識だけでなく，直前に学んだ認知的知識も影響を与えるようモデルを進化させている。このように，本学会におけるメタ認知研究は，メタ認知という概念の理解から始まり，数学教育におけるメタ認知研究として，育成方法や成長過程の概要を明らかにすることへと進んでいる。

一方，岩合（1991）は，メタ認知の問題解決過程における役割について研究を進め，砂原（1988）は，ストラテジーとメタ認知の関係について考察しており，山口武志（1989）は，Sternberg の「知的発達のための機構」をもとに，メタ認知と他の認知過程の相互関係について考察を行っている。こうしたメタ認知と問題解決ストラテジーの関係については，その後も継続的に研究が進められ（尾崎, 1994；清水, 1996），問題解決に対するメタ認知の役割が明らかになっている。

メタ認知という概念が明らかになり，メタ認知の問題解決における役割が明らかになるにつれ，メタ認知の測定についても研究が進められている。メタ認知の測定方法については，アンケート調査，インタビューに留まらず，刺激再生法を用いた方法や，ノートに認知とメタ認知の両方を記述させる方法など，多様な方法が考案されている（加藤, 1994；加藤, 1995；重松, 1995；清水, 1995）。そして，メタ認知の測定が可能となってくると，メタ認知と発達段階の関係について，おおよそ小学校4年生程度から働きだすと考えられてきたメタ認知についても実証的な研究が進められている（加藤, 1996, 1998）。

メタ認知の育成においては,「内なる教師」の観点から，重松らによる算数作文を用いた指導法が構築されている。算数作文におけるメタ認知的記述内容から，児童のメタ認知の現状を把握し，記述に対する赤ペン指導によるメタ認知的支援が考案されている。こうした記述内容におけるメタ認知の有無が学習に与える影響については，二宮（2002, 2003, 2005）の「内省的記述表現活動」の研究を挙げることができる。

また，記述的な支援に対して，直接的な対話の中で支援を行うものとしては，山口（1991）が他者との関係性の重要性を指摘しており，加藤（1998）は,「メタ認知の代替」として機能するメタ認知的支援の開発を行っている。他にもメタ認知の育成において，問題解決における振り返りの重要性が指摘され，振り返りとメタ認知に関する研究も進められている（木下, 1997, 1998)。この振り返り活動については，清水・山田により,「数学的問題解決における自己参照的活動に関する研究」（e.g. 清水・山田, 1997）として継続的に研究が進められている。

問題解決におけるメタ認知研究は，2000年代前半まで多数行われているが，2000年代後半は全国数学教育学会においてほとんど報告がされていない。しかし，2010年に入り，これまで自力解決において研究されてきたメタ認知研究を練り上げまで範囲を広げることにより，新たなメタ認知の役割を導出した研究が行われている（髙井, 2009, 2010, 2011, 2012)。また，子どものメタ認知活動を支える教師のメタ認知活動についての研究（加藤, 2002）や，大規模調査におけるメタ認知的視点から見た分析（上田他, 2014）など，メタ認知研究はこれまでの研究に基づき，新たな研究が行われ始めている。

3　モデリング研究の概観

数学教育学におけるモデリング研究は，社会における数学の応用の広がりや学習者の数学の有用性の感得の乏しさへの対応などを背景として，1970年代頃からなされ始め，今日において，数学教育学研究における一つの研究領域として認知・確立されている（Kaiser, 2017；Niss et al., 2007；Niss & Blum, 2020)。本節では，モデルとモデリングの概念を確認した上で，本学会のモデリング研究の動向を見ていく。

3.1　モデルとモデリング

現実世界と数学の世界との行き来であるモデリングの中核的な概念が，モデルである（e.g. 平林, 1987；小山, 1990；池田, 2017；三輪, 1983；島田, 1995；Hestenes, 2010；Lesh & Doerr, 2003）。数学・科学教育におけるモデル・モデリング論を示した Hestenes（2010）は，モデルの意味を以下のように示している。

> モデルとは，所与のシステムの構造を表現したものである。システムとは，現実か空想か，物理的か精神的か，単純か複合的かを問わず，関連する対象の集合である。また，システムの構造とは，対象間の関係の集合である。システム自体は，モデルの指示対象（referent）と呼ばれる。(Hestenes, 2010, p. 17)

事象の構造を表現したものを指すモデルの類型は，原型とする事象（数学的概念，数学的原理，数学的関係）とモデルの外的性・内的性（表出される明示的モデル，心の内にある暗黙的モデル）を観点にすると，様々なものが存在する（小山, 1989)。そして，数式，量，図形等の数学を用いて事象の構造を表したモデルが一般的に「数学的モデル」と呼ばれる。一般的に，数学的モデルの役割は，「状位（situation）⇄モデル⇄理論」の関係性から捉えることができる（平林, 1987)。それは，学習者が現実の断片である状位から出発して一つの数学的理論を学習しようとするときに手掛かりとなる「抽象化モデル」と，学習者が学んだ数学的理論を状位に適用しようとするときに利用できる「具体化モデル」である。前者は概念形成における数学的モデルの役割，後者は現実世界の問題を解決する際の数学的モデルの役割に相当する。

数学的モデルは，現実世界を起点とする一連のモデリングの過程を通して生成，評価，改訂される。モデリングの世界共通の定まった定義は存在しないものの，広く共有されている意味については，以下のように示されている（Niss et al., 2007)。

> 現実世界の問題場面から数学的モデルが作成されるまでの下位過程を数学的モデリングと呼ばれることがあるが，(……）数学的モデリングは，現実世界の事象やデータの構造化・生成，数学化，数学的処理，解釈／妥当性の検討（おそらく何回か繰り返す）の過程全体を指すのが一般的になりつつある（Niss et al., 2007, pp. 9-10)

なお，「モデル」という用語は同じでも，数学的モデルは，数学における理解や理解のための特徴的な活動をモデル化したものを指す「理解のモデル」（第8章）と異なっている。

3.2　モデリング研究の全体的な傾向

2000年代に入り，数学的リテラシーの中核を担う数学化プロセスが注目され始めると（e.g. OECD, 2004），数学教育におけるモデリング研究が世界的に加速し始める（Kaiser, 2017）。この時期から，本学会においても，（ⅰ）～（ⅴ）のモデリング研究の五つの主な視座（Kaiser & Sriraman, 2006；Abassian et al., 2020）の影響を受けながら，モデリング研究が展開されている。

（ⅰ）現実的な視座：モデリング能力への着目
（ⅱ）教育学的な視座：モデリングにおける数学の内容や，数学カリキュラムにおけるモデリングへの着目
（ⅲ）モデル・モデリングの視座：自分なりのモデルを現実世界の場面から見出す「モデル導出活動」（model-eliciting activities）への着目
（ⅳ）社会批判的な視座：社会を批判的に理解するための学習者の数学の使用への着目
（ⅴ）認識論的な視座：特定の数学的概念の学習指導への着目

モデリング（数学的モデル化，現実世界からの数学化）を明示的に研究テーマにしている本学会の学会誌に掲載された論文（1972－2023）は，計20本みられた。全体的な傾向として，（ⅰ）の現実的な視座からの研究と（ⅱ）の教育学的な視座からの研究が，それぞれ全体の3割ずつを占めていた．また，（ⅲ）～（ⅴ）の視座からの研究もみられ，複数の視座に跨っている研究も，全体の2割を占めていた。このように，多様な視座に基づいて，本学会のモデリング研究が行われていた。以下では，これらの五つの視座ごとに，本学会のモデリング研究の動向を見ていく。

(1)　現実的な視座からの研究

現実的な視座からの研究では，数学以外の分野や世界での応用数学やモデリングの過程（e.g. Niss & Blum, 2020）を背景とし，現実世界の問題の解決に数学を応用し，モデリングの過程を遂行する能力（モデリング能力）の育成を重視する傾向がある。これらの研究では，問題の「真正性（authenticity）」を考慮したりすることが多い。また，モデリングの過程の一部分に特化した能力に着目した研究とモデリングの全過程に関わる能力に着目した研究に分かれる。

本学会では，前者の過程の一部分に特化した能力に着目した研究に関して，現実世界の場面を扱った文章題を取り上げて，数学的結果の解釈・吟味や数学化における仮定の設定に求められるモデリング能力についての実際調査や，そうした能力の

育成を目指した実践的研究が行われている（竺沙, 2000；砂場, 2003）。また，数学化における架空性の度合いに着目し，現実世界の場面から数学的な問題を設定する生徒の実態が明らかにされている（小出, 2009）。さらに，文章題を事例として用いて，認知言語学の視座から，数学化における言語の影響も明らかにされている（石川, 2021）。

一方，後者の過程全体に関わる能力に着目した研究に関しては，テクノロジーを活用することで，シミュレーションを取り入れながら，モデリングのプロセス全体を遂行する能力の育成を目指した実践的研究が行われている（下村・伊藤, 2005, 2008）。また，数学を得意としない人文社会系の大学生がモデリングの一連の過程を遂行できるようにするための指導デザインについて実践的研究が行われている（Kawazoe, 2022）。

(2) 教育学的な視座からの研究

教育学的な視座からの研究では，数学カリキュラムにおけるモデリングの位置付けを志向して，モデリング能力の育成だけでなく，数学の有用性の感得，数学の内容の理解，モデリングの過程の理解も目指す教育学的あるいは教科に関わる目的を重視する傾向がある。

本学会では，数学的リテラシーの育成という立場から，モデリングと数学的活動（島田, 1995）との関係性について理論的・実践的な検討がなされている。阿部（2008）は，モデリングには，「一方で数学的発展へ，他方で現実や他領域への応用，つまりは理論指向と応用指向という2側面が反映される」（p. 63）ことを明らかにしており，数学カリキュラムにおけるモデリングの重要性を唱えている。さらに，数学カリキュラムにおける諸領域（関数領域，統計領域，確率教育）の学習指導とモデリングとの関係についても理論的・実践的に研究がなされている（e.g. 阿部, 2012；大谷, 2014；福田, 2016；石橋, 2021）。

(3) モデル・モデリングの視座からの研究

モデル・モデリングの視座からの研究では，米国のLeshとDoerrらが中心となって提唱してきた「モデル・モデリングの視座（Models and Modeling Perspective：MMP）」（e.g. Lesh & Doerr, 2003）に基づいて，現実世界を起点とする問題解決と数学の指導の双方に焦点を当てる傾向がある。MMPでは，問題解決者（子どもだけでなく，教師や研究者も含む）が意味ある文脈から見出した自身の考えをモデルとして捉え，モデルを現実世界の場面から見出す活動を「モデル導出活動」と呼び，導出したモデル自体を考察対象とし，モデルの一般化を意図する活動を「モデル探究活動（model-exploration activities）」と呼ぶ（Lesh & Doerr, 2003）。モデルを生成・評価・改訂するモデリングの過程を通して，現実世界を起点とする問題解決そのものとそれに伴う概念的な発達の両方を目指す（Lesh et al., 2000）。

本学会では，MMPに基づく理論的研究や実践的研究が行われている。理論的研究に関しては，モデル導出活動に基づき，数学的リテラシーの育成に向けた応用指向と構造指向の接続のあり方について，状況的認知，表現流暢性，実践共同体の観点から理論的検討が行われている（橋本, 2012）。また，MMPと初期デューイ哲学に根ざした新道具主義との関係について理論的に考察され，数学教育におけるMMPの理論の重要性と特質について議論されている（藤本, 2013）。さらに，モデル導出活動が，統計領域の授業において問題設定プロセスを実現するための視座になりうることも検討されている（福田, 2016）。実践的研究に関しては，モデル導出活動とモデル探究活動を組み合わせることで，中学1年生を対象とした統計と確率を関連付けた学習展開の可能性が検討されている（橋本, 2016）。

(4) 社会批判的な視座からの研究

社会批判的な視座からの研究では，批判的数学教育（Skovsmose, 1994）や民族数学（D' Ambrosio, 1999）を背景として，社会における意思決定での数学の威力やその使用の理解という数学内の目的や，社会における意思決定の実施や社会における数学的モデルやモデリングの過程の批判的な理解という数学外の目的を重視する傾向がある。また，批判的思考や市民性の育成も重要な目的となる。社会批判的な視座では，数学的モデルは，モデル制作者の問題場面に対する捉え方や意図，モデル制作者の数学的概念の使用の仕方などに依存していると捉えられている（Barbosa, 2006）。

本学会では，数学的モデルの背後にある社会的価値観に着目した研究がなされている。社会的価値観が表出する「社会的なオープンエンドな問題」（馬場, 2009）を類型化した研究がある（島田・馬場, 2013）。「社会的なオープンエンドな問題」とは，問題解決における価値依存や文脈負荷（飯田他, 1994）を踏まえ，「オープンエンドな問題」（島田, 1995）を拡張したものであり，「数学的考え方を用いた社会的判断力の育成を目標とした，数学的・社会的多様な解を有する問題」を意味する（馬場, 2009）。また，Chevallard（2007）による顕在的数学・潜在的数学の枠組みを援用し，「数学化」「脱数学化」という2通りの数学の方法に着目することで，問題解決における社会的価値観の顕在化だけでなく，数学的概念の活用と数学の内容面の深まりも促す授業展開例を提案・考察している研究がみられる（松本・二宮,

2015)。

(5) 認識論的な視座からの研究

認識論的な視座からの研究の一つの傾向として，オランダの Freudenthal 研究所による「現実的数学教育（Realistic Mathematics Education：RME）」の「創発的モデリング（emergent modelling）」（e.g. Gravemeijer, 1997）を通して，学習者の数学的知識の構成に焦点を当てる研究がある。創発的モデリングの特徴は，自己発達を「model-of」（文脈に特化した，ある状況のモデル）と「model-for」（より形式的な数学的推論を行うためのモデル）に分け，model-of から model-for への移行が，学習者の非形式的な知識が形式的な数学的知識へと成長していく算数・数学の学習過程として捉えている点にある（Gravemeijer, 1997）。また，扱う問題場面は，現実世界における問題に限定せず，学習者にとってリアリティが持てれば，数学的な問題も対象としている。創発的モデリングにおけるモデルは，課題設定，言葉による説明，シンボル化や表記の方法を含み，モデル制作者がそれまでに行った活動を反映しているものとして捉えられている（Gravemeijer et al., 2000）。

本学会の創発的モデリングを援用した理論的・実践的研究には，現実世界における問題解決を通して数学の内容を指導する研究がある。久富（2014）は，生徒にとって馴染みのある課題設定の場面からスタートする創発的モデリングを，高等学校数学Ⅰ「二次関数」の単元全体に組み込むことで，生徒の二次関数についての理解の深化を探る実践的研究を行っている。なお，創発的モデリングを援用した理論的・実践的研究には，本章でいうところのモデリングの括りではないが，数学の世界における問題解決に焦点を当てた研究もある（佐々木, 2005；山口, 2016）。

また，近年，認識論的な視座からの研究には，「教授人間学理論（Anthropological Theory of the Didactic：ATD）」（Chevallard, 2019；宮川, 2011a）を用いて，学習者の数学的知識の構成を視点としながら，現実世界と数学の世界と双方にまたがる探究を研究対象とする潮流もみられる（Barquero, 2023）。本学会では，柳・宮川（2021）が，「鉛筆に用いられる木」をテーマにした探究型の算数授業を設計・実践し，その授業での教師の働きかけを特徴付けている。

4 残された課題

本学会では，1980 年代以降に海外の問題解決研究の影響を受けつつ，問題解決に関わる研究が多く行われてきた。また，1970 年代から 1990 年代にかけてモデルに関する研究がいくつか行われていたが，2000 年代に入るとモデリング研究が盛んに行われるようになった。特に，二つの大きな特徴がみられた。一つは，研究の多様性である。本学会では，様々なモデリング研究の視座（Abassian et al., 2020; Kaiser & Sriraman, 2006）に基づいて展開されており，理論的研究と実践的研究の双方が行われてきた。とりわけ，MMP（e.g. Lesh & Doerr, 2003）や RME（e.g. Gravemeijer, 1997）などのモデルを中核に据えた理論に依拠している点は，国際的な研究動向の影響を受けつつも，モデルを重視してきた本学会の源流（e.g. 平林, 1987）が反映されているともいえる。もう一つは，研究の独自性である。本学会では，国際的な研究動向を踏まえるだけでなく，わが国独自の理論である戸田（1954）の問題解決の6段階，石田（1987）の問題解決の三つの型，島田（1995）の数学的活動論やオープンエンドアプローチなどを基盤にしたり発展させたりしながら，問題解決研究とモデリング研究が展開されてきた（e.g. 廣瀬, 1992；阿部, 2008；馬場, 2009）。

こうした本学会の研究動向に基づいて，他学会等の研究動向も踏まえながら，これからの問題解決・モデリング研究に向けた課題について5点述べる。第1に，モデリングにおけるモデルの役割の追究である。このことは，本学会で数学の世界を中心に展開されてきたモデル論（e.g. 平林, 1987；小山, 1989）をモデリングの領域へと拡張・発展する試みでもある。近年，数学教育や統計教育でのモデリングにおけるモデルの役割が理論的に，実証的に議論され始めている（池田, 2017；川上, 2022）。また，焦点を当てるモデルの種類や依拠するモデリングの視座によっても，顕在化されるモデルの役割が異なりうる（Kawakami & Saeki, 2024）。そのため，様々な視座からモデルの役割を多角的に明らかにすることが望まれる。

第2に，問題設定に関するさらなる研究である。**2.5** で述べたように，問題設定に関連する研究は世界的にも精力的に行われており，例えばICME14の分科会として，“Problem Posing and Problem Solving in Mathematics Education” が設定された（Toh, Santos-Trigo & Chua, 2024）。そこでの議論を概観して Silver（2024）は，「数学の問題設定と問題解決に関する多様な視点」「問題設定と問題解決を通して，それを用いて数学を指導すること」「生徒の数学の気質とエージェンシー」「教師の数学的問題設定と問題解決」について指摘しており，問題設定研究と問題解決研究を多様な視点から探究する必要性を述べている。また，近年では，問題設定が，モデリング研究においても一層注目されてきている（e.g. Hartmann et al., 2021）。日本では，古くは清水甚吾による作問指導の研究（植田, 1992）があり，『いかにして問題をつくるか』（ブラウン・ワルター, 1990）や『問題から問題へ』（竹内・沢田, 1984）など問題設定に関わる訳書や著書が発刊されてきているが，理論的研究として十分にまとめられていないのではないだろうか。日本の研究成果を理論的に整理し国際的に発信することが望まれる。

第3に，モデリング研究の「越境（boundary crossing）」の追究である（Stillman et al, 2017）。これは，モデリングの研究内の異なる視座同士の交差もあるだろうし，モデリングとは異なる研究領域との交差もあるだろう。例えば，本学会では，科学としてのモデルを重視する「計算論的思考（Computational Thinking：CT）」についての理論的考察が展開されている（影山他, 2020；上ヶ谷他, 2019）。こうしたCTに関する論考とモデリング研究の知見を融合させることは新たな研究課題の一つであろう（Ang, 2021）。また，CT以外にも，論証との関係性（e.g. 阿部, 2020），統計的モデリングやデータサイエンスとの関係性（e.g. 川上, 2019, 川上・佐伯, 2022；Ärlebäck & Kawakami, 2023），STEM/STEAM教育との関係性（e.g. 日野・川上, 2023；二宮, 2023；Maass et al., 2019）などの議論もある。モデリング研究の領域外との交流を通して，革新的なモデリング研究が生まれるとともに，数学教育におけるモデリングの役割，ひいては，モデリングの本性について一層理解を深めることにもつながっていくことが期待される。

第4に，モデリングにおけるメタ認知の役割の追究である。これまでの数学的問題解決を狭義の問題解決と表現するなら，現実的課題を解決する流れを広義の問題解決と表現することができる（e.g. Krulik, 1977；飯田, 1990b）。問題解決の幅が広がることにより，メタ認知研究も幅を広げる必要が出てきたということである。岩崎（2007）は，現実世界と数学の世界のサイクルが，メタ認知的営為により進められると指摘している。他にも，メタ認知的ストラテジーがモデリング能力の発達に影響を与えると一般的に考えられている（Blum, 2011）。しかし，髙井（2019）は広義の問題解決の実践から，未知の問題に対して自身の認知活動に対するメタ認知的技能が働きにくいことを指摘している。海外においてもモデリング能力とメタ認知的ストラテジーについての関係について研究が行われているが，その結果はまだ限定的なものである（e.g. Vorhölter, 2023）。このように，モデリングとメタ認知の関係については，まだわかっていないことが多いが，これが明らかになることにより，モデリングの指導や支援に関する研究がさらに促進されることが期待される。

第5に，モデリングの教師教育研究の追究である。わが国だけでなく，世界的に見ても，モデリングの指導における教師の役割の重要性は指摘されてきている（e.g. 三輪, 1983；Borromeo Ferri, 2018）。また，現実世界における問題解決や探究を取り入れた授業は，問題解決型授業（e.g. 藤井, 2015）ではあまりみられないオープンな展開などが現れるため（e.g. 柳・宮川, 2021），モデリングの指導ならではの資質・能力が教師に求められてくる。しかしながら，わが国におけるモデリングの教師教育研究は，盛んに行われているとは言い難い（川上, 2018）。今後，国際的な研究の知見とともに，授業研究の知見（e.g. 日本数学教育学会, 2021b）も生かしながら，わが国の文化や文脈を勘案したモデリングの教師教育の研究と実践が生まれてくることが期待される。

第8章
理解，概念形成

1　はじめに

本章では，本学会の数学教育学における理解に関する研究（以下，理解研究と略記する）を，「理解研究の成果としての「理解のモデル」」「理解研究の対象としての「数学的活動」と「数学的概念」」「理解研究の方法とその「認識論的基盤」」の三つに大別して考察する。この際，「概念形成」に関する研究は理解研究の対象の一つとして位置付けた。

まず，理解研究の成果の一つとして，「理解のモデル」が挙げられる。「理解のモデル」は，「数学を理解するとはどういうことか」あるいは「数学を理解する様は何によって観察可能なのか」に心理学に基づいて応えるための図式あるいは枠組みである。特に，欧米で展開された「理解論争」時期の論文群は，「理解のモデル」を主たる研究成果とした。本学会は，「理解論争」時期に公表された「理解のモデル」の構築に関する諸学術論文や書籍，研究発表を邦訳し，それをもとにして日本の数学教育学に固有な理解研究の進展の一翼を担ってきた（e.g. 平林，1987；中原，1995b；小山，2010a）。そこで，本章ではこの本学会における「理解，概念形成」の研究成果について，「理解のモデル」研究の系譜を中心に概観する。

次に，理解研究の対象と方法の展開についてである。日本の理解研究は教授学的展開をたどることによって，算数・数学科授業や数学の問題解決を通し，「子どもは何を理解するのか，どのように理解したのか」だけでなく，「教師は子どもたちに何を理解させるべきか」という問いに焦点をあてていった。つまり，「理解のモデル」は，単に学習者の数学的理解を記述するだけでなく，数学的理解の仕方の特徴をいかにして授業の設計に生かしていくのかを示唆できる図式としても研究された。本章では，日本の理解研究の対象と方法の二つの視点から，本学会誌の論文を中心に先行研究を整理する。

最後に，この研究分野の今後の課題について考えたい。特に，昨今の教育環境の変化や子どもたちの「主体的で対話的な深い学び」に寄与する理解研究の発展を見据えた課題を示す。

2　これまでの研究の概観
――「理解のモデル」の視点から――

岩合（1995）は，数学的理解の研究意義について，「理解の必要性や重要性については，学習の主要な課題として認識されてきていることであり，数学教育学の論文や認知心理学を中心とする文献はすべて，理解を伴う学習や指導に関心を示し，それを目立たせるやり方で，理解を特徴付け，それを保証する教育学的行為を確認しようと試みてきました」（p. 250）と述べている。「数学を理解する」あるいは「何かを数学的に理解する」という人間の行為は，観察可能な現象ではない。数学教育学研究においては，理解の対象の数学的な特徴や確認可能な教育学的行為に焦点をあてて数学的理解を図式化し，それを「理解のモデル」と呼んで，研究の成果として蓄積してきた。本節では，そのような研究成果が蓄積されてきた過程を，数学的理解モデル研究の系譜として示す。

2.1　「理解論争」時期と数学的理解モデル研究の系譜

数学的理解は，人が数学を「わかるようになる」現象であり，数学的対象や数学的操作に対する学習者個人の心的様式や心的変化を意味する。数学的理解それ自体は，直接，目に見える研究対象でなく，しかも研究の射程は広い。そのため，数学的理解が何であるのか，何に着目して説明できるのかを具体的に提案し，それらを反映した「理解のモデル」が成果の一つとなることが多い。

理解研究は心理学，認知心理学を基盤として進められた数学教育学研究の領域である。心理学と数学教育学との結びつきは非常に深く，強い。それはFischbeinの発案で1979年に発足したInternational Group for the Psychology of Mathematics Education（略称：IGPME/PME）という国際学会で積み上げられた研究が，現在に至るまで数学教育学研究を推進する一翼を担っていることからもうかがえる(Nicol & Lerman, 2008)。理解研究は「数学する「人」を研究対象とする」数学教育学研究において，基礎的な領域の一つといえるだろう。

先行文献の一つとしては，「数学学習の心理学」という書籍が知られている。この書籍は，Piagetの学習心理学に影響を受けたSkempによって1971年に初版で，その後1987年に補綴版で刊行された。この補綴版は，初版の前半部分に新たないくつかの章を加えて再編成したものであった（Skemp, 1987/2016, p.ix）。1971年の初版については，1973年に藤永と銀林によって邦訳された。そこでは，何かを理解することを，適切なシェマの中に同化することであると解釈し（スケンプ，1973），「シェマ（scheme）」という心理学用語を用いて，「数学を理解する」ことについて説明している。「シェマ（scheme）」は，「図式」や「概念的枠組み」と邦訳することができ，「ある個人が既に持っている概念よりもより高次の概念は，単なる定義によって理解されない。唯一の方法は，適切な範例の集合を示すことである」（スケンプ, 1973, p. 21）と説明されている。

「数学教育における「理解のモデル」についての研究を概観する際には，数学教育における「理解とは何か」ということと，「理解のモデルとは何か」ということを常に念頭においていなければならない」（小山, 1985, p. 23）といわれるように，数学的理解の正体と数学的理解のモデルの構造のあり方は，常に，同時に語られたり，考察されたりしてきた。そのため，数学教育学における「理解のモデル」は，数学的対象や数学的操作に対する学習者個人の心的様式や心的変化を捉えたり，評価したりするための枠組みの作成を目的として構築されてきた。特に，初期の理解研究の経緯は，理解のモデルの開発や改良の経緯ともいえる。

欧米で展開された理解研究の初期研究は，いわゆる「「理解論争」時期（1976年～1994年）」（小山, 2010a, p. 82）の諸文献の参照をもって示されることが多い。この時期は，「理解のモデル」の開発，批判，そして修正が盛んに行われ，「理解のモデル」の開発と改良の最盛期といえる。「理解論争」時期は，Piaget学派の心理学に基づくBrown (1974) の内的理解（理解の対象X自体が「できる」または「わかる」こと）と外的理解（理解の対象Xが他のものとどう関連しているのかが「わかる」こと）という理解の二側面（平林, 1987）や「数学をするときに何についてどのような心的状態にあるか」といった心的様式を捉えようとしたSkempの「関係的理解と用具的理解」(Skemp,1976) の発表に端を発する（西元, 1981a；小山, 2010a）。

Brown（1974）の「内的理解と外的理解」に関して，平林（1987）は「我が国のみならず世界的に，内的理解のみを重視し，外的理解を軽視しているところに重大な教育的欠陥を内蔵している」（p. 294）と述べ，理解の研究によって教育的な不備を指摘できることを示した。他方，Skemp (1976) の二つの理解「関係的理解と用具的理解」の区別およびそれらの二項構造に対して，Byers and Herscovics (1977) が四つの理解（直観的理解，形式的理解，用具的理解，関係的理解）の合成を「四面体モデル」として示したことが，Skempに数学的定理の演繹的な理解を意味する「論理的理解」を加えた新たな理解のモデルを提案させた。それがSkemp (1979) の「2×3のマトリックスモデル」であり，三つの「理解の種類（理解の様相)」と二つの「心的活動様式」を伴って提案された理解の「構造モデル」である。このモデルは，Skempの知能のモデル（ディレクターズシステム）研究で示された2水準の知能の動き（直観的知能と反省的知能）に伴う心的様式を「心的活動様式」として取り入れたもので，Skempが数学的理解を二つの水準で三つの様相を成り立たせる構造を持つ対象として捉え直したことを示す図式でもあった。一方，Byers and Herscovicsの「四面体モデル」を批判的に考察したDavisは，「理解できたこと」を特徴付けるそれまでの理解研究を見直し，「理解できなかったことを理解できるようにする」プロセスを重視するよう主張した（Davis, 1978)。

Davisと同時期に，具体的な数学の内容について理解の水準を設定する必要性を主張したのが, Buxtonであった。Buxton (1978) は，数学的理解を四つの水準（機械的水準，観察に基づく水準，洞察力のある水準，形式的水準）を経る構造（水準）モデルを示した。これらの水準設定論に対して，より学習者の行為と表現の往還を基底とした理解研究を進めたのが，Haylockである。Haylock (1982) は，言語，絵図，具体的状況，記号という数学的経験の四つの構成要素を学習者がどのように関連付けるのかを記述するモデルを構築した。その後，過程として理解を捉えるというアイデアは，Herscovics and Bergeron (1983, 1988) の研究で明確に打ち出される。それは理解を認知の構成過程，つまり概念形成の文脈で考える「構成主義モデル」と，それをさらに拡張した「2層モデル」であった。「2層モデル」は，数学的理解過程を予備的な物理的概念の理解の層と，新たに生まれる数学的概念の理解の層をつなぐ過程を表すモデルであった。

「理解論争」時期は，Pirie and Kierenの過程モデルで一応の区切りを迎えた。Pirie and Kieren (1994a) の「超越的再帰モデル」は，八つの活動の層（初源的知識，イメージをつくること，イメージをもつこと，性質に気づくこと，形式化すること，観察すること，構造化すること，発明すること）が水準化されて，ある層がより高次の層に埋め込まれる形で配置された図式である。このモデルの特徴は，主に四つあった。一つ目は，構成主義的な過程モデルであること。二つ目は，子どもの理解の筋道を辿るmappingができる記述モデルであること。三つ目は，八つの層の間を「行き戻りする」理解の様子をFolding backと呼ばれる反省的行動として記述できることである。特に，Pirie and Kieren (1994a) では，ある層からより低い水準の層に戻って，当初の層に到達したときの理解の状態は，「戻ってくる」前とは質的に異なることを，いくつかの観察事例を通して説明した。四つ目は，行為と表現の相補性に着目したことである。特に，反省的に行為と表現を連動させて理解の水準を捉えるなど，数学的理解の本性の複雑さを改めて知らせるものであった。

以上の論争では，「理解とは何か，何によって捉えられたのか」という数学的理解の様態を明確にしようとする数学的理解の存在論的観点から，3種の「理解のモデル」の形態を示すに至った。具体的には，Skempの「関係的理解と道具的理解」の研究に代表される「様相モデル（理解の状態を分類し特徴付けるモデル）」，Skemp（1979）の2×3マトリックスモデルやByers and Herscovics研究に代表される「構造モデル（いくつかの理解の様相を水準化したり関連付けたりしたモデル）」，そして，Pirie and Kieren研究へと引き継がれた「過程モデル（理解の様相を水準化し，それらの水準間をつなぐ連続的な過程として理解を表すモデル）である。これらの研究の系譜を表すと，基本的には「様相モデル」から「構造モデル」へ，そして「過程モデル」へと研究の関心が移っていく様が見てとれる（**図8-1**）。

2.2　日本の数学教育学における理解研究と「理解のモデル」

心理学的アプローチから「モデル化する」という方法で，欧米諸国で展開された理解研究は，日本でも積極的に検討・議論された（小山，2010b）。日本では，まず，欧文で発表された理解研究の業績を邦訳して，日本の理解研究の議論の俎上に載せる努力が積み重ねられた。そしてその努力の上に，日本の数学科授業を念頭において検討される形で理解研究が進められた。「種々の「理解のモデル」は，程度の差は認められるにしても，すべて心理学的なものである」（小山，1985, p. 26）ため，教育的な示唆は与えられるけれども，直ちに指導モデルや学習モデルとして適用できるとは言い難い。そこで「心理学的な「理解のモデル」を，まったく放棄してしまうのではなく，いくつかの点に注意して，修正して数学教育学における有効な「理解のモデル」にする」（小山，1985, p. 26）ようにして，数学の授業に適用可能な「理解のモデル」の開発研究が日本でも積み上げられてきた。このように，日本の理解研究は，一般心理学の手法に基づいて研究を進めた欧米での理解研究から変貌を遂げ，実際の授業研究へ具体的かつ実用的に用いられるような研究へと展開していった。

本章では，その傾向について，まず「理解のモデル」を開発する目的の観点から見ていきたい。例えば，「理解のモデル」を開発する目的として，数学の全般的な理解を捉えようとするのか，あるいは，特定の数学の学習領域に固有な理解や理解のための特徴的な活動をモデル化しているかどうか，という目的論的観点からは，「理解論争」時期を含む欧米の理解研究は前者，本学会で発表されてきた研究は後者が，それぞれ多数を占める。この「理解のモデル」における二つの目的論的観点

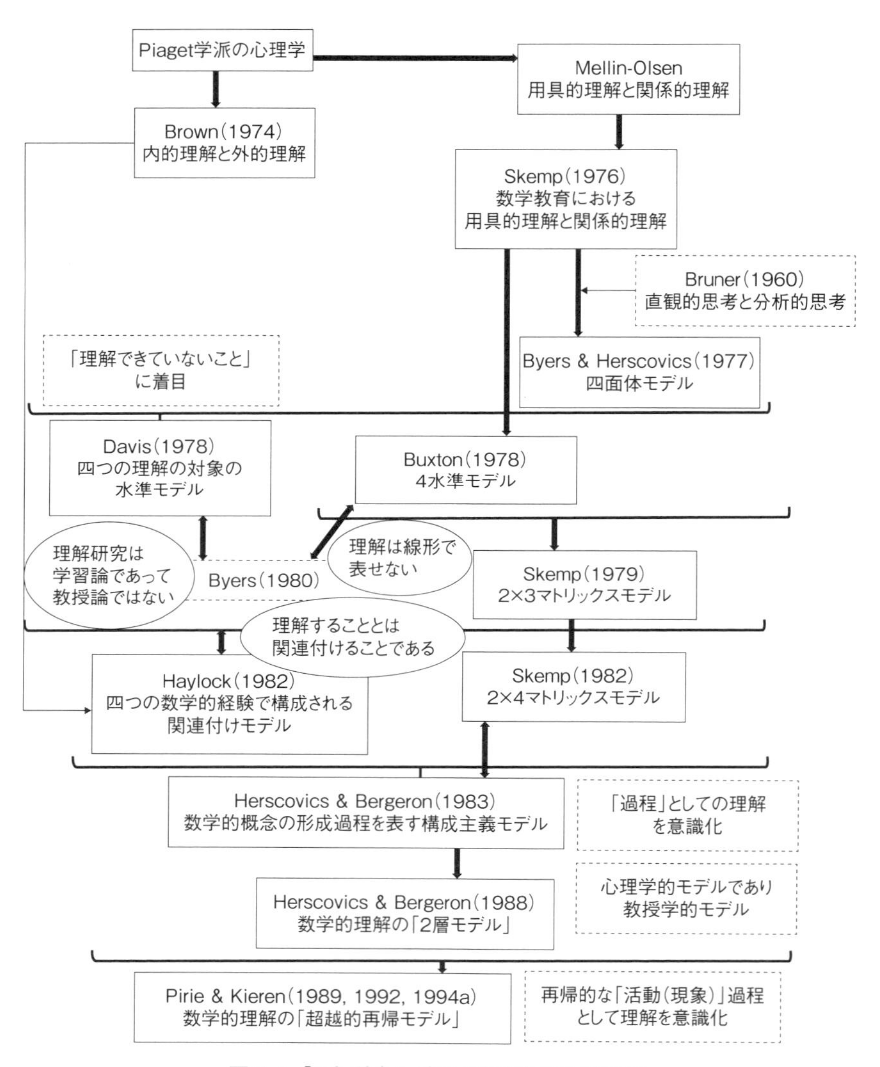

図 8-1「理解論争」時期の理解研究の系譜図

について，本章では，前者を「内容共通モデル」，後者を「内容固有モデル」とする。さらに，学習指導に有効に働く「理解のモデル」をどのようにつくるのか，という研究方法に関する観点，つまり「学習指導のどのような場面でモデルを機能させるのか（使うのか）」という方法論的観点によっても理解のモデルを分類できる。学習の評価に用いるのであれば「記述モデル」，学習指導の計画・構築に用いるのであれば「規範モデル」となる。

2.3 「理解のモデル」研究の整理

「理解論争」時期の「理解のモデル」研究は，理解を「様相」や「構造」あるいは「過程」と捉えるという違いはあっても，共通してその多くが「記述モデル」でかつ「内容共通モデル」を開発することを目的としていた。特に Byers（1980）は，「記述モデル」，つまり，学習の評価にのみ適用可能なモデルこそが，心理学的基盤をもつ理解のモデルであるとさえ主張し，数学的理解研究の研究性が，理解を記述できるという点に顕著に表れることを強調した。

これに対して，日本の理解研究は「記述モデル」の開発にとどまらず，そこから得られた子どもたちの理解の特徴をそのモデルに加えて，数学授業の「規範モデル」の役割をそのモデルに積極的に与えた。具体的には，理解を記述できるモデルを開発した後，その記述研究の成果から授業の規範を仮定し，その理解モデルを授業計画や指導計画にも用いる。そして，理解モデルに沿う授業を実践して，その際の子どもの理解を記述する。このようにして，日本の理解研究は，子どもの理解をつぶさに捉えてそれを数学の授業に活かすサイクリックな研究プロセスを踏むようになっていった。この研究方法は，「記述－規範」のサイクルを重視して理解のモデルを開発・再開発していくというものである。例えば，「過程モデル」で「内容共通モデル」かつ「規範と記述の双方のモデル性を具備する」ことをねらいとした小山（2010a）の「数学的理解の二軸過程モデル」や岡崎（1995, 1996）の「拡大均衡化モデル」もまたそのような研究方法が強調された研究である。これらのモデルは，反省的思考や学習水準論，ピアジェの知識形成論（特に同化と調節）を基礎研究に据えて，数学を理解するのに不可欠な思考過程をモデル化し，学習者の評価だけでなく教師の指導計画にも機能することをねらいとして開発されていった。

このように日本の理解研究は，心理学に基づいて始まった「理解論争」時期の諸研究を元理論として参照しながら，その成果を批判的に考察したり，実際の子どもたちの活動の分析に援用したりし，そこで得た実際的な知見を軸として元理論をさらに補強・再開発していくという，独自的な発展を遂げたのである。その過程で，「理解論争」時期とは異なり，日本では理解の「内容固有モデル」の研究が多くなった。次節では，本学会誌において，特定の数学の学習領域に固有な理解や，理解のための特徴的な活動に焦点を当てた研究を整理する。

3　議　　論
——本学会誌にみられる理解研究の展開——

本節では，本学会誌にみられる理解研究の展開について，研究の対象と方法の二つに大別して議論したい。研究の対象については，前章で指摘した「内容固有モデル」に関する諸研究の詳細を議論する。具体的には，理解のための特徴的な活動や，特定の数学の学習領域に固有な理解に焦点を当てた本学会誌の研究を，「活動」と「数学的概念」の視点からそれぞれ議論する。さらに研究の方法については，研究方法論としての「認識論的基盤」の視点と数学的理解を捉えるための「主要な研究方法」の視点からそれぞれ議論する。

3.1　「理解研究の対象」の展開

(1)　活動としての理解

平林（1987）は「活動が理解を生む」（p. 260）と述べ，理解に結びつく活動の特性を精査する必要性を次のように強調した。「ある概念なり命題なりを理解するのに，本質的な活動性をリストアップし，順序付ける仕事であって，これは，学習指導の最も実践的な部分とつながっている」（平林, 1987, p. 260）。

このように，活動の特性を明確にして順序付け，活動を組織することが，数学的理解を具体的に捉えたり，促したりすることに直結する。本学会誌の数学教育学研究において「数学的理解を生み出す活動」を整理すると，次のような四つの活動が挙げられる：一般化する活動，定義する活動／推論・証明活動，概念を変容させる活動，イメージを作る活動／イメージを表象する活動。

「一般化する活動」については，一般化の方法をモデル化して分類した村上（1990, 1991, 1992）や，一般化によって発生する誤った理解を特徴付けた村上（2005），概念メタファーに着目して学習を分析できる枠組みを構築した國岡（2007, 2009）が挙げられる。さらに，数学教育学における一般化の機能を明らかにした早田（2014b）の研究等をもとに，その活動の背景となる数学的推論——帰納的，類推的，または演繹的——が明確に意識されながら考察されてきた。

「定義する活動」や「推論・証明活動」は，先述した「一般化する活動」をより数学の証明に向かう活動として捉えたときに焦点を当てられる活動であろう。「定義する活動」については，﨑谷（1986）や長谷川（1987）のように，算数科と数学科の接続概念としてもかねてから着目されてきた。さらに「定義する活動」は，「推論・証明活動」の中の基本的な活動としても捉えられる。例えば，岡崎（1999）

は論証の中で定義が上手く機能するかどうかは，子ども自身によって図形の定義が再構成されるかどうかに依存するとした。また「推論・証明活動」は，その活動そのものが数学的理解の過程の全体的な特徴を捉えている。つまり，数学的理解を促すための本質的かつ直接的な活動として「証明すること」が位置付く。これらから，証明理解に関する研究は，証明をするという行為自体が数学的理解を促すという主張（向井, 2009）が展開されるなどした。

また，「概念を変容させる活動」については，数学教育学における概念変容の定義とそのモデル化を基礎研究とし（e.g. 真野, 2009），概念変容を引き起こすミスコンセプションや数学的不整合に焦点を当てて研究が積み上げられてきた。特に教師が子どものミスコンセプションを的確に捉えて，授業を計画したり展開したりすることは，学習指導の実践的な部分と強くつながっている。数学的概念としてのミスコンセプションや数学的不整合に関しては，学習指導を計画することに直結する。例えば，教師には，整数の四則演算の方法や意味を背景にしながら「分数の計算」を指導する場面では「なぜ $\frac{2}{3}+\frac{1}{5}=\frac{2+1}{3+5}=\frac{3}{8}$ は正しくないのか」を話題にしたり，「平方根を含む計算」を指導する場面では「なぜ「$\sqrt{2}+\sqrt{3}=\sqrt{5}$」は正しくないのか」を話題にしたりすることが積極的に推奨できる。これらは双方とも上述の『　』内に示された事柄「整数の加法を直接的に分数の加法や無理数の加法に使える」という子どものミスコンセプションを用いた学習指導となる。このように，ミスコンセプション研究は，教師の問題提示や発問づくり，ひいては授業の展開の中のいわゆる「山場」を定める教材全体を作り上げることに直結するテーマでもある。そのため，学習者のミスコンセプションを水準化したり特徴付けて分類したりすることに着目したモデル（e.g. 大滝, 2012）の構築は，理解研究の一つの主要なテーマといえる。

そして，「イメージを作る活動／イメージを表象する活動」については，数学的理解を記号論的視座から捉える研究への発展を遂げながら，研究が積み重ねられてきた。「イメージ」という「心の中で思い描く像」が活動の対象となるため，そこには，その像を図や絵，ことばや記号を通して様々に捉えることが研究の着眼点となる。それは，幾何的な現象を静的にも動的にも「思い描くこと」から学習が始まる図形領域において，図的な表現と言語的あるいは記号的な表現との連結を含めた「イメージの表象」の研究（e.g. 川嵜, 1999）や証明の理解プロセスを現実的な操作や図，記号で表象する研究（e.g. 佐々・山本, 2010）として展開されていった。さらに，このような活動をより特定して詳細に探究するために，おのずと「何を理解するのか（何を理解するためにどのような特徴的な活動をするのか）」が理解研究のテーマとなっていった。つまり，理解の対象となる数学の内容を分化し，研究のターゲットとなる数学的概念を特定することによっても研究が積み重ねられてきた。
一方で，いわゆる「コロナ禍」を経て，学校教育におけるデジタルツールの用い方が急速かつ飛躍的に多様化・高度化し，数学を理解するために行われる活動は大きく変わった。今後，デジタルツールの使用を踏まえた学習環境の変化に対して従来の数学的活動は見直されるであろうし，それによって理解研究のアプローチもより一層多様になっていくだろう。

(2) 数学的概念

理解研究の対象となった主たる数学的概念について，本章では，本学会の研究論文で研究が積み上げられた主たる五つの内容に着目した。それは，数・計算概念，図形概念，関数概念，確率または統計概念，証明概念である。特に数学的理解の様相研究では，数学的概念の形成に必要な特徴的な活動や指導の特徴，学習環境の要件などが明確にされた。一方，数学的理解の過程研究では，数学的概念の形成過程がどのような活動で実現されると考えられるか，が明らかにされた。いずれの場合も，理解モデルが開発される場合は，先述の理解モデルの分類に照らせば，「内容固有モデル」に関連する研究が少なくない。
数の概念形成については，子どもの数の直観的な理解の様式を明らかにしようとする実証的研究が展開され，暗算のための「見積」をする力やその方略の特徴が考察されている（e.g. 小山, 1993）。特に，計算の理解については，計算の順序の理解に関わって，計算概念の形成過程における典型的な誤答を分類したり分析したりして，それを学習者の理解の一面を明らかにする視点としたり，指導計画に生かしたりすることによって研究されてきた（e.g. 中野, 1992；梶, 2003）。
図形の概念形成については，「イメージ」や「感覚」そして「対象化」や「表現」というキーワードとともに理解研究が積み重ねられてきた（e.g. 川嵜, 1993, 1999, 2001, 2002, 2003）。平面図形については，図形の包摂関係から論証に至るまでの小学校算数科と中学校数学科の接続を意図した研究が多い（e.g. 岡崎, 1997；岡崎他, 2010）。空間図形については，平面図形に比べると量的にも質的にも研究件数は多くないが，これまでも，空間の理解の方法を水準化したり理解の仕方をモデル化したりして，教育カリキュラムの充実に貢献することが期待されてきた（e.g. 風間, 1994；狭間, 2002；齋藤, 2006；影山, 2007）。図形の概念形成過程については，個々の子どもの理解の様子に焦点を当てるだけではなく，教室全体の子どもたちの理解の様子や過程にも焦点が当てられており，相互作用主義的な知識観からも研究が進められてもいる（e.g. 山本, 1993）。それは，一つの図が教室の中で様々に解釈されたり表現されたりする図形学習に固有な状況が影響しているからであろう。今後も，社会文化主義的な視座や相互作用主義的な視座から，教室で生じる図形の理解過程を分析したり特徴付けたりする方法について明らかにしようとする研究の進展が期待できる。

関数概念の形成に関する研究では，「身近な事象」の把握，その事象における「量の変化や対応の特徴」の理解，そして見出した量の変化や対応を表す「数学的表記」の三項間の結びつきに言及して研究が積み重ねられている。特に，数学的表記と事象の相互関係に着目するにあたり，事象をいかにして数学的表記へと外面化できるかという点だけではなく，逆に，数学的表記やその変容がいかに事象の捉え方や関数概念の変容に機能するのか（e.g. 久保, 2013；久保・岡崎, 2013）という視点からも研究がなされている。

さらに，そもそも「関数とは何か」，「一次関数とは何か」といった関数概念の実態を省察し，関数を表す記号表現の代表例とその認識との関わりを探究する必要性も示されている。とりわけ，中学1年生で学習する一次関数などは良い例で，生徒たちは「$y=ax+b$」は関数を表すと即座に判断するが，「$ax+by=c$」では関数として認められないという（e.g. 濱中他, 2019）。いわゆる「式による定義」という方法で関数が定義され，その典型例が次々と登場する中学校数学科の教科書の記載や展開の意義を明確にすると同時に，そのような学習上の定義の仕方の見直しに，一石を投じる研究が今後も期待される。

加えて近年，数学的リテラシーや数学の応用力を測る学習内容として確率・統計領域の学習を支える諸研究の重要性が高まっている。本学会でも，実態調査や教材開発，そして確率・統計能力の評価に関して，実証的に研究が積み重ねられてきた（e.g. 松浦, 2006, 2007, 2008；石橋, 2021）。一方で，確率・統計概念の形成の仕方は，数，図形，関数のそれに比べて研究が蓄積されておらず，いまだ過渡期にあるといえよう。近年，確率・統計概念の形成過程を説明するための理論構築も進められている。例えば，確率・統計概念の形成過程が数，図形，そして関数の概念形成とは異なって，いわゆる「非決定論的」であるがゆえに，数学的確率と統計的確率とが「共生関係」をとり，二つの確率の定義をいかに有機的に関連付けられるかを明確にする必要がある（大滝, 2011）。このように，確率・統計概念の形成過程に関しては，その他学習の対象の概念形成過程との違いが強調されながら，独特の概念形成の様相の研究がなされている。

最後に，証明概念の形成は，いわゆる論証の仕組み（仮定・証明の拠りどころ・結論）の理解というよりむしろ「論証の一般性」（定理が全称命題であること等）に関する理解を促すことを目的にして，証明概念の実態調査（國本, 1995）や授業実践・授業分析が実施されてきた。これらは特に中学2年生の基礎的な証明の導入時に「証明とは何か」という問いかけに応えるための取り組みであるともいえる。証明の意義をどこに据えるのかという点については，様々に議論されてきたが，少なくとも，多数の具体例の提示や実験の結果から得られる帰納的推論を伴う説明ではなく，演繹的推論による説明であることは間違いない。そして，Hanna and Jahnke（1996）が述べるように，同じ演繹的推論の展開であっても，単なる数式の変形規則としての正しさに基づく証明よりも，定理の意味理解に直結し，定理が導出される一般的な根拠付けを実現する方略が認識されるような演繹的説明こそが，生徒たちに示されるべき証明であると強調された。加えて近年では，中学2年生で基礎的な証明を学習した後の生徒たちの証明概念の育成に着目する研究も積み上げられつつある。例えば，背理法や数学的帰納法といった証明の構造の理解に関する研究が挙げられる（e.g. 真野, 2016；浦山, 2018）。

3.2 「理解研究の方法」の展開

(1) 認識論的基盤

それぞれの研究の認識論的基盤に目を向けてみると，理解研究は構成主義的立場からの研究が多いことがわかる。それは理解研究の当初の目的が，個々の子どもの理解の様相や過程を捉えることであったことに起因するのであろう。

また，1980年代後半頃からは，数学の学習を一連の情報処理過程とみなす，いわゆる「情報処理的アプローチ」による研究が盛んに行われるようになった。例えば，﨑谷（1988）は，生徒の知識構造に着目し，数学の学業成績の上位と下位の知識構造の違いを調べている。また，澤本（1989）は，知識の表象に着目し，知識構造の変容過程を問題解決と概念形成の二つの場合に分けて考察している。また，このような知識の構造に着目する研究においては，1990年代初頭から，手続き的知識と概念的知識（Hiebert & Lefevre, 1986）に着目した研究が広く行われるようになった（e.g. 廣瀬, 1990, 1992；山村, 1993）。理解研究において，このような個々の子どもの理解の様相や過程に着目した研究は，現在においても主流であることに変わりはないといえる。

一方で，知識の形成や数学的概念の理解過程における，他者との相互作用に着目した研究や，社会や文化の役割に着目した研究もある。例えば，山本（1993）は，中学校1年生を対象とした平行四辺形に関する調査をもとに，社会的相互作用による平行四辺形の認識の変容について実証的に検討している。また，中村（2020）は，超越的再帰理論（e.g. Kieren & Pirie, 1991; Pirie & Kieren, 1994a, 1994b）を集団に拡張しようとする海外での試み（e.g. Martin et al., 2006; Towers & Martin, 2015）を踏まえ，集団での数学的理解過程を捉える枠組みを設定し，その記述的特性を実際の授業場面を分析することを通して検証している。

また，子どもの概念形成における社会や文化の役割に着目した研究としては，吉田による一連の研究（e.g. 吉田, 1998, 2002, 2005）が挙げられる。吉田（2002）は，ヴィゴツキー理論に基づき，子どもの概念形成を生活的概念と数学的概念が止揚される過程として捉え，分数概念の素地となる子どもの生活的概念をインタビュー調査や質問紙調査を通して明らかにしている。さらに，吉田（2005）では，日本とは異なる社会・文化的背景をもつアメリカの子どもに対して同様の調査を行うことで，分数概念に必要不可欠な「二つのものを比較し，関係付ける」原理が子どもの生活経験の中からは導かれないことなどを指摘している。しかしながら，少なくとも本学会誌においては，理解研究として，このような他者との相互作用や社会・文化の役割に着目した研究は極めて少ないことがうかがえる。

(2) 研究の方法

数学教育における理解に関する研究は，理解という現象についてどのようにアプローチしてきたのであろうか。本節では，数学教育学において一般的な研究方法の類型（e.g. 関口, 2010b）だけでなく，草原他（2015）による社会科教育学の研究方法論の類型を加え，それらの視点から本学会誌における理解研究の特徴を探ってみたい。なお，本節では，草原他（2015）による社会科教育学の研究方法論の規定をもとに，各類型を次のように規定し，本学会誌における理解研究の研究方法を概観する。

①規範的・原理的研究：より望ましい数学教育とは何か，なぜそれは望ましいかを明らかにしようとする研究。
②開発的・実践的研究：より望ましい数学教育を実現するにはどうしたら良いか，なぜそうすると良いかを明らかにしようとする研究。
③実証的・経験的研究：数学は，現にどのような環境で，どのように教えられ・学ばれている（きた）か，またそれはなぜかを明らかにしようとする研究。

まず，これまでに概観してきた本学会誌における理解研究を，一つ一つの論文を単位として上記の類型で見てみると，実証的・経験的研究に該当するものが一番多く，次に開発的・実践的研究が3割程度であり，規範的・原理的研究についてはごく僅かという状況であった。これは，前節で述べたように，理解研究の当初の目的が，個々の子どもの理解の様相や過程を捉え，記述しようとしていたことに起因するのであろう。また，実証的・経験的研究，開発的・実践的研究において，それぞれの研究の約半数が理論的・哲学的研究であることも，理解研究の一つの特徴といえる。数学的概念は，論理的，抽象的な概念であり，心理学や哲学などの他の学問領域の研究対象となることも多く，他の学問領域の研究成果を活用した理論的・哲学的なアプローチが可能であることがその背景にあると考えられる。また，前節で指摘したように，日本の理解研究では主に欧文で発表された理解研究の業績を邦訳して議論の俎上に載せるというアプローチが取られてきたが，理論的・哲学的研究であっても，一般化の方法を論理学的に分類した村上（1992）や，図形感覚の全体像や意味を現象学の知見をもとに明らかにした川嵜（2001）などのように，わが国独自に展開，発展してきた成果もある。

次に，研究方法の推移について見てみると，理論的・哲学的研究はどの年代においてもコンスタントに行われている一方で，量的研究，質的研究については各年代で傾向の変化が見て取れる。例えば，1990年から2010年頃にかけて，実証的・経験的研究における量的研究が盛んに行われており，廣瀬（1990, 1991, 2000, 2004, 2005, 2006）による「速さ」についての子どもの知識水準や概念獲得過程に関する一連の研究や，坂井（2005, 2006, 2008）による「割合」の概念獲得過程に関する研究，松浦（2006）による子どもの確率判断の実態についての研究などがある。その後，量的研究としては開発的・実践的研究にシフトし，坂井（2007）による「2倍・1/2」を活用した割合に関する授業実践や，松浦（2007, 2008）による確率判断における共通概念経路に配慮して作成した学習材についての質問紙調査や授業実践，小山（2006）による数学理解の2軸過程モデルに基づく授業分析などがある。このころから，記述的な研究の結果を応用し，より望ましい授業や教材の開発，指導原理の開発などに結び付ける研究が，量的研究において展開されるようになったことがうかがえる。また，質的研究としては，例えば岡崎（1994, 1995）は，インタビュー調査を通して子どもの理解活動を分析し，理解のモデルをもとに理解の成長の要因や困難性を明らかにしている。そして，岡崎（1996）ではそれらの実証的・経験的研究の成果をもとに構築した「数学的一般化の理解モデル」に基づくインタビュー調査を通して，小数の割り算の意味の理解過程や理解の深まりの要因などを明らかにするとともにモデルの規範性を実証している。近年では，例えば久保（2013）や久保・岡崎（2013）による関数概念の発達の様相に関する研究や，久冨・小山（2013）による高等学校数学科における2軸過程モデルに基づく授業実践とその分析など，開発的・実践的研究においても質的研究が行われている。

このように，本学会誌における理解研究は，一つ一つの論文を単位として見た場合には開発的・実践的研究や規範的・原理的研究に相当する研究が相対的に少ないように見えるものの，大局的に一連の研究として見た場合には，理論的・哲学的研究だけではなく，理論と実践の往還の中で，実践や事例から理解のモデルを作成，修正し，子どもの理解と理解のモデルとを相互に明確化してきたものもある。つまり，本学会誌における理解研究では，理論的・哲学的研究に基づく実証的・経験的研究や開発的・実践的研究が主流ではあるものの，量的・質的な研究を通して子どもをよく観察し，既存の理論を改良・発展させたり，独自の枠組みを作り上げたりするという方法を早くから採用してきたものもあり，近年では質的研究に基づく開発的・実践的研究も行われるようになった。前節で述べたように，理解に関する研究では，構成主義的立場からの研究と比較して，他者との相互作用や社会や文化の役割に着目した研究が少なく，今後はこのような認識論に立った質的，量的な研究がより広く行われることが期待される。

4　残された課題

以上より，理解ならびに概念形成において，今後の本学会に残された課題は三つあると考える。それらは数学教育学の研究の視点から，いまだ研究の余地があると考えられる二つの課題と，近年の授業環境の変化によって要請される一つの課題である。

数学教育学の研究の視点に関して，一つ目の課題は，算数・数学科の学習指導計画に寄与する規範性を具備した「理解のモデル」の開発が期待される点である。先述の **2.3** で述べた通り，「理解のモデル」の分類において，規範性を具備した「理解のモデル」の発表件数は，記述性のみを具備したモデルの研究に比べて，未だ多くない。特に，綿密な学習指導案を作成して授業に挑むことを理想的な慣習とする日本の教師は，記述性だけでなく規範性を具備した理解モデルを求める傾向にあるといえよう。二つ目は，理解研究の基盤に関わって，先述の **3.2** の（1）で明らかになったように，社会文化主義的または相互作用主義的な視座から数学的理解を捉える研究の積み上げが，一層期待される点である。

他方で，近年の学習指導の環境に関してあげられる課題は，デジタルツールによって影響を受ける数学の理解の仕方を踏まえた研究に関するものである。デジタルツールを用いたときに，子どもたちがいかにして数学を「わかろうとするのか／わかろうとしたのか」は，デジタルツールを用いない場合と異なるはずである。しかも，デジタルツールといっても，どのようなアプリケーションを用いたのか，どのような機材を用いたのかによっても，その時に生じた数学的理解は異なるであろう。デジタルツールを用いる際の数学的理解の対象や方法の見直しが急務であり，それを実現できる理論的な視点や方法論の研究を本学会でも積み上げていく必要がある。

第9章

記号論，表記論，表現・コミュニケーション論

1　はじめに

「数学は一種の言語である」(平林, 1987, p. 376) という認識は，数学教育学研究の根底をなすものの一つである。日常生活において，われわれが「自然言語」を介してコミュニケーションを行うように，数学学習においては，いわば「数学言語」とも呼ぶべき数学的記号や数学的表記を介してコミュニケーションが行われる。しかしながら，認識論的な視点から見ると，「数学とその他の科学的知識の領域との間には基本的な違いがある」(Duval, 2006, p. 107)。すなわち，数学的記号やその表記が指し示す数学的対象は直接的に知覚できないため，それを用いて展開される数学的コミュニケーションは，日常的なコミュニケーションや他の科学におけるコミュニケーションとは異なった様相を呈することになる。それゆえに，われわれは数学的対象や対象同士の関係をできる限りうまく捉える必要性に駆られ，記号と対象の結びつきや，数・文字・式・表・グラフ・図といった数学的表記・表現間の関係に関して記号論的・表記論的な議論を展開してきた。

本章では，こうした背景を考慮しながら，「記号論」「表記論」「表現・コミュニケーション論」という三つの視座から，本学会を中心とした数学教育学研究の動向を論じている。現代でこそ三つの研究領域は互いに結び付けられているものの，その軌跡を辿れば，各々に発展の経緯がある。そこで本章では，第2節において本学会における記号論研究の軌跡を整理・議論する。同様に，第3節において表記論，表現・コミュニケーション論の軌跡を整理・議論する。第4節では，統合的考察を行い，最後に，第5節において本学会が抱える「記号論」「表記論」「表現・コミュニケーション論」に関する研究上の課題を述べる。なお，本章においては，表記論と表現・コミュニケーション論の対比を意識して第3節にまとめて整理・議論する。

これは，コミュニケーションが数学的表記の運用によってなされることに鑑みた結果である。すなわち，数学的表記と数学的表現・コミュニケーションは「用いるもの」と「その用い方」という関係をなしているため，分離させて語るのではなく両者の関係性を考慮して語るべきという考えに基づいている。

2　記号論研究の概観

本節では，重要な理念等を国内外の研究から援用しつつ，本学会が発刊する学会誌論文の中でも特に，「記号論」や「記号学」をキーワードとする研究について整理する。これにより，本学会を中心とする記号論研究の動向を捉えていきたい。

2.1　「記号論」とは

「記号論（Semiotics）」とは，「記号（Sign）の研究や教義（Doctrine）のことであり，記号（Sign）の本質，性質，種類を体系的に調査することで，特に自己意識的な方法で着手される」（Colapietro, 1993, p. 179）。前述の通り，数学的対象は直接的に知覚できないため，存在論的な位置付けを把握するためには，数学的対象を表記する際に用いられるシンボルや図表のような「記号」の振る舞いを捉えることが重要となる。

数学教育学研究に限定した場合，特にわが国の文脈に限れば「存在論的な位置付け」が意味するのは，「数は存在するのか」といった種類の「数学的対象自体の存在」の位置付けではなく，「ある記号表現はどのような数学的対象の存在を意図するか」といった種類の「対象と記号を結びつける規則の存在」の位置付けである。近年では，Sfard（2008, 2012）に代表されるように，直接的に知覚不可能な対象に対し，普遍的な記号や規則を割り当てようとすること自体を批判する立場も登場したことで，記号論を支える認識論的，哲学的基盤の反省が促され，記号論研究の重要度がこれまで以上に高まりつつある。

一方で，数学教育学研究に援用される記号論の起源を探ると，「記号が体系的に研究されるようになったのは，19 世紀後半になってから」（Duval, 2017, p. 11）のことである。Duval（2017）によれば，当時の記号論を支えたのは，19 世紀後半に生まれた Peirce のモデル，20 世紀初頭に生まれた Saussure のモデル，そして 19 世紀後半に産まれた Frege のモデルである。後述するように，これら 3 者のモデルでは，記号表現と指示対象の 2 項関係，ないし，解釈項を加えた 3 項関係を捉えている。しかしながら，Peirce は論理学，Saussure は言語学，Frege は数学に着目したモデルを提案していることから，3 者の理論的基盤には共通点はない（Duval,

2017)。具体的には，3者の抱く記号論的な問いはそれぞれ「意味を解釈するプロセスにおける多様な表現の分類をどのように行うか」「言語の複合的な使用による変化やバリエーションがもたらされるにもかかわらず，共通の意味体系としての言語をもたらすものは何か」「数学的推論の厳密で非同語反復的な多産性（Fecundity）をどのように説明するか」にあった。したがって，各研究者がどの理論的基盤を選択すべきかについて検討する際には，提示される理論やモデルの内容だけでなく，3者が抱えるもともとの課題意識にまで遡り，自らの課題意識との親和性を検討する作業が必須となるだろう。

2.2　数学的対象の命名に関する研究

本学会における記号論研究の源泉は，数学的対象や教具の具体的な操作に対して，どのような名前を付与するべきかという命名に関する議論に見受けられる。例えば，平林（1975b）は，数学的対象に付与される名称の混乱から生じる誤答を取り上げながら，数学学習における言語的側面の重要性を主張する。長谷川（1975）は，Dienesの提案する教具やキズネールの色棒を例に取りながら，どのように命数法を獲得させていくことが望ましいのかについて検討している。両論文はともに，数学的対象の理解を促進させる上で日常語の言語運用や日本語の固有性の影響が存在することを主張している。1970年代当時の研究では，数学学習における言語の影響について分析する上で確立された研究方法論こそ存在しなかったものの，両氏の論考によって，数学的実体とそれに対応する記号・表記との結びつきそのものを批判的に考察する重要性が主張されたことで，指示対象と指示内容の結びつきに関する意味論的な論考や，数の構造それ自体に着目した構文論的な論考が増えていくことになる（e.g. Hossain, 1980a, 1980b）。

1970年代～1980年代の研究では，「数（命数法や記数法を含む）」や「形」といった基本的概念の構成やその意味を明らかにしようとする試みがなされている。すなわち，研究対象は「数」や「形」といった個別の数学的対象やその表記である。したがって，研究は構文論や意味論を志向するものがほとんどであり（e.g. 平林, 1975b, 1978；長谷川, 1975；岩崎, 1985），研究のアプローチとしては理論的な側面が重視されるため，児童生徒の思考を具体的に分析するような実証的アプローチを採用した研究は見られない。また，「数」や「形」を捉える際の理論基盤自体に多様性が見られるため，学会としてのムーブメントは確認できず，各研究者の関心に依存した論考がなされていた時代といえる。

1980年代に入ると，「記号」を広く「言語」と解釈し，人類学や言語哲学の知見を積極的に導入することで，数学学習をより広範な学術的視点から俯瞰しようとする動きが見られ始める。例えば，平林（1982）は，竹内芳郎（1981）で論じられる文化記号学の視点から，数学教育の根底にあるいくつかの基本問題について論じている。結果として，「記号学的桎梏（桎梏：自由を束縛するもの）」と「記号学的疎外状況」という二つの論点を数学教育学研究においても有用なものとして提案した。ここで「記号学的桎梏」とは，人間が生きる必要上つくりだした数学が逆に人間の思考・行動を規制しその自由を奪う危険性をもつことを意味し，「記号学的疎外状況」は，教材の本来的な文脈性が見失われ，その学習が意味を失っているどころか，本来まったく無関係なところへ意味付けられている状況を意味している。これら二つの基本問題に対して，前者については平均の学習を例とし，後者については数式計算の学習を例として，それぞれ具体的に数学教育の本質的問題点を提起している。

このように，「数学教育」という枠に固執することなく，他学問の知見を積極的に援用しながら記号を人間の言語活動の一端として捉え直すことで，対象と記号の客観的な結びつきを考察するだけでは捉えられない，人間の思考の多様性を捉えようと試みている研究が登場しており，そこでは，記号のもつメリット（例：正確なコミュニケーションの実現）のみならず，デメリット（例：柔軟な思考を阻害する場面の存在）にも目を向けている。

2000年代以降は，数学的記号の語用論的な側面を捉えようとする研究が増えたことで，数学的対象とそれを表現する記号との結びつきに関する純粋な理論研究がなされることは本学会において減りつつある。しかしながら，Sfard（2008, 2012）によって，従来の認知主義への反省が促されたことに鑑みれば，数学的対象が視覚的に捉えられない以上，数学的対象とそれを表現する記号とが結びつき普遍的な意味を有すると考えることには問題点もある。したがって，本学会で展開されてきた記号論研究が認知主義に傾倒し過ぎていたのではないか等について，認識論的な視座から批判的に反省する理論的な研究は現代でもなお重要であるように思われる。

2.3　数学的対象の理解の研究

前項で述べた「数学的対象の命名に関する研究」では，数学的対象とそれを表現する記号の関係を捉え，それがもたらす認識論上の問題を考察した論文を取り上げた。これらの研究が目指すのは，主に数学的記号の構文論的・意味論的な側面の解明である。ここで明らかにされた知見を実践データの分析に用いるべく学習プロセスや理解過程，語用論的な側面へと研究の焦点を少しずつシフトし始めたのは1980年代以降のことである。

1980年代に著された論文は，記号論・記号学を検討することを通して，数学学習の理論を検討するものが目立つ。例えば，藤本（1981a, 1981b）は，数学学習の規範的性格を，記号論・認識論・数学内容論等を援用しながら明らかにすることで，学習のモデルをつくることを目指した研究である。藤本の研究ではCarnapの記号論を援用することによって，数学学習理論の分析を試みている。数学の理論展開を記号論的に解釈し，「(1) 意味論的体系から構文論的体系へと移行する方向」「(2) 意味論的体系を拡張する方向」の二つの理論展開を見出した。藤本（1981a）は（1）に着目して，BrunerのEIS理論，Dienesの学習理論，van Hieleの思考水準理論，Gattegnoの理論について，記号論的分析を行っている。一方，藤本（1981b）では（2）に着目し，自然数から整数への拡張の学習指導に関わる理論的考察を行った。意味論的拡張について，ア）拡張が内包の変更によってもたらされること，イ）変更された内包ははじめの体系の対象にもあてはまること，の2点を指標として分析を行った結果，意味論的体系の拡張は記号の追加によって行われること，特に「ある体系」を規定する概念の内包が変更されて外延が広がるような拡張については，ア）・イ）の二つの要件が存在することを明らかにしている。

他にも，Saussureの理論に端を発するRMEの研究が展開されてきた（佐々木，2004；山口，2016）。例えば，山口（2016）は，オランダの現実的数学教育（Realistic Mathematics Education：RME）理論における基本的活動の四つの水準に基づいた，Gravemeijerの「意味の連鎖（Chain of Signification)」を用いて，構成主義・社会文化主義・相互作用主義の三つの認識論の協応を基本的な視座として，意味と表現の相互構成的な関係の記号論的精緻化を目指した検討を行っている。そして，小学校第2学年「たし算」に関する三つの授業改善案を提起するとともに，それらの改善案を「数学的意味と数学的表現の相互発達の枠組み（相互発達モデル)」に沿って具体化し，授業計画案として提起している。

全国数学教育学会において最も採用される理論的基盤がPeirceによって提案されたものである。Peirceの知見は「数学的表記の理解過程の理論的検討」「児童生徒の理解過程の記述」といった研究目的のもとに援用されている。

まず「数学的表記の理解過程の理論的検討」を志向した研究例を取り上げたい。橋本（1984）は，数学的表記の認識・理解過程について，認識論的記号論の立場に立つLangerとPeirceの記号論の視点から考察を行っている。特に，記号物（Sign Vehicle)・指示対象・解釈思想の3項からなる「Peirceの記号過程」をもとに考察を進めた。サインを「サインとその対象の論理的関係は極めて単純な関係にあり，両者は1対1の相関関係をなしているもの」，シンボルを「対象についての概念（Conception）を運ぶものであり，シンボルは思考の道具となるもの」と捉えた上で，表記理解のサインレベルからシンボルレベルに至るまでの過程を追った。その結果，サイン過程をシンボル過程の先行的な記号過程として捉えることにより，数学的表記がSymbol Typeのものとして認識されるようになるまでの一般的なプロセスを想定できるとの示唆を得ている。添田（1987）は，Peirceの「記号」の捉え方を援用し，第1次性（Firstness），第2次性（Secondness），第3次性（Thirdness）と呼ばれる三つのカテゴリーであらゆる現象を捉えることを前提とした。そして，これら三つのカテゴリーに対してそれぞれ，記号それ自身（Representamen），指示対象（Object），解釈内容（Interpretant）を位置付け，9種の記号について九つの理解の相を同定している。和田（2008）はPeirceの記号論を用いて，授業でどのように乗法の意味が拡張されているかを分析している。授業で扱われる表現に対して，それが何を指示しているのか，子どもはそれらをどのように考えているのか，という視点に基づき，「記号論的分析のモデル」を作成した。そしてこのモデルに基づいて分析を行った結果，(1) 乗法の意味の拡張の時間で計算方法を扱う際に，表現を関連付けさせるために，計算方法も数直線を用いて考えさせること，(2) 乗法の意味を拡張するのに数直線を活用するのであれば，その認識を記号のクラス「類似的・法則記号」まで到達させる必要があること，などを明らかにしている。和田（2012）では，和田（2008）で用いられた「Peirceの記号論をもとにする3項モデル」を用いて，中等教育段階での代数学習の困難について検討を行っている。ここでは，「初期の代数（Early Algebra）」に注目し，算術から代数への移行過程を明らかにすることを目指した。分数の乗法・除法の授業を対象にして，その推論について記号論を通して明確にすることで，代数的推論を一般化と正当化の観点から同定し，分数の除法の計算方法の理解には演算の性質から意味付けることが自然であること，などを明らかにしている。

次に「児童生徒の理解過程の記述」を志向した研究を取り上げたい。和田他（2019）は，Eulerの創造的活動をPeirceの記号論によって分析している。分析の結果，Peirceの記号論について以下のような示唆を得ている。(1) 数学における活動の対象を広く捉えることができることから，数学的対象だけでなく抽象的・心的ではないものも記号対象とみなすことができ，抽象性に代わる数学の特徴を明らかにすることが可能である。(2) これまでの存在論的立場では限定的な場面でしか対象の存在を論じることができなかったが，Peirceの記号論ではあらゆる場面でそれを論じることができる。これらの結果より，Peirceの記号論が数学における考察対象を捉える枠組みとして有効であることを示している。和田らのグループはその後上記の知見に基づきながら中学生を対象とした調査を行い，その妥当性を検証している（和田・上ヶ谷・中川他, 2021；影山他, 2021）。そして，教室空間においてもEulerの活動と類似の様相が観察できることを指摘した。これら一連の研究では，Peirceの記号論によって，個別に児童生徒の認識を追うだけでは捉えられない側面が捉えられることを実証的に明らかにしており，記号論に基づく授業分析の方法論を提案しているという点において意義がある。

その他にも，2000年代以降にはPresmegの記号論的連鎖の枠組みを用いた研究がいくらか見られる（馬場, 2002；二宮, 2003, 2005)。Presmegは「前段階の記号の組み合わせによるシニフィアンが，新たな記号の組み合わせのシニフィエとなり，さらにそれは繰り返される」という2項による連鎖の過程を「記号論的連鎖」と命名した。記号の動的な変化を捉えようとするPresmegの理論の援用は，記号論の考察対象の拡大を促すことにもつながった。例えば，民族数学の特徴や活動を記号論的に解釈することで，動詞型カリキュラム（数学的活動の展開を動詞の形で表現しているもの）の位置付けが明確になったり（馬場，2002)，授業における学習活動を学習者が記述すること（内省的記述）や学習活動の関係を分析することができるようになったりした（二宮, 2003)。特に，後者の取り組みにおいては，Presmegの提案する記号論的連鎖の2項モデルをSaussureやPeirceの知見から批判的に捉え直すことによって作成された「記号論的連鎖の入れ子型モデル」(Presmeg, 2003）を援用することで，学習場面の記述性のみならず，望ましいノートのあり方のような規範性の分析にも用いることが可能となった（二宮, 2005)。

このように，本学会における数学的対象の理解に関する議論は，藤本（1981a, 1981b）のような内包や外延といった「数学的対象の構造に着目した研究」や，橋本（1984）や添田（1987）のような記号物・指示対象・解釈思想といった「記号表現の構造に着目した研究」，Peirceの知見を援用した「数学的表記の理解過程の理論的検討」「児童生徒の理解過程の記述に関する研究」を中心に展開されてきた。国際的な文脈に鑑みると，1990年代後半以降は，Peirceによる「対象物・記号・解釈項」，Saussureによる「能記・所記」やFregeによる「表象・意味・意義」，OgdenとRichardsによる「思想・シンボル・指示物」といった記号の関係論的な提案は，数学教育の文脈に合わせて修正され，「記号論的連鎖」(cf. Presmeg, 2001, 2003）やRME理論における「意味の連鎖」(cf. Gravemeijer & Stephan, 2002)，「認識論的三角形」(cf. Steinbring, 1997）として定式化され直している。本学会においても，こうした流れを受けながら記号論研究が展開されてきたといえるだろう。

3　表記論，表現・コミュニケーション論研究の概観

本節では，前節と同じように本学会が発刊する学会誌論文について，「表記」や「表現」「コミュニケーション」をキーワードとする研究について整理する。

日本数学教育学会（2010）によれば，数学教育学研究における表記・表現の研究

成果の類型は大別してA：表記・表現についての全体的・総括的研究，B：表記・表現の理解と活用に関する研究，C：学習活動に関する実践的研究の三つに類型化される。本節でもこの類型を参考にしながら，本学会を系譜とする表記・表現に関わる研究が多面的に取り組まれていることを紹介する。一方で，コミュニケーション研究については，コミュニケーション自体を明らかにすることを目的とした研究と，コミュニケーションを媒介として概念形成や授業展開について考察する研究に分け概観する。

3.1　表記に関する研究

平林（1987）によれば，数学教育学研究における「表記」という用語は，戸田清が設定した用語であり，「その最初の用例は，1959年（昭和34年）宮崎大学における文部省と同大学共催の教員養成学部研究集会集録にみられる」（p. 374）とされる。また，中原（1995b）の「数学教育における表現体系」は多くの数学教育学研究の論文で引用され，数学的知識の構成過程の解明や数学の授業の設計に利用されている。表記・表現に関する研究は，「広島グループ」を代表する研究分野といえるものである。

本学会に関連する表記の研究論文を，前述の類型A：表記・表現についての全体的・総括的研究，B：表記・表現の理解と活用に関する研究，C：学習活動に関する実践的研究の三つの視点で分けて整理してみよう。

類型Aに属する研究として，まず図の分類と図の意義について論じたものがある。例えば，﨑谷（1980）では，図をさし絵と説明図に分けられることを指摘し，図は「思考が外在化されたもの」（p. 53）であり，外在化されることで学習は容易になるという図の意義が整理されている。次に，戸田を中心とする表記研究，および，DienesやSkempの記号研究に注目しながら，表記の役割・特性の解明が進められた研究がある（橋本, 1985）。そこでは，学習者による表記の意味はコンテクストへの依存度が高いものの，指示物が必ずしも現実の具体的実体として存在しない数学においては，記号がその意味によって現実の指示物を支配してしまい，記号がひとり歩きし，新たな数学的実体（架空の指示物）を創り出していく可能性があり，これが数学的な表記の本質的な特性であることを指摘している。

類型Bに属する研究として，問題解決過程という場面に注目した数学的表記の位置付けや役割についての研究がある（添田, 1988）。そこでは，Goldinの問題解決における能力に対するモデルを用いながら，Goldinの記号様式に対応する表記の機能と形式を分類し，問題解決過程における一つの記号様式から他の記号様式への変換の特徴を明らかにしている。他にも，二宮（2002, 2003）による内省的記述活動による研究がある。二宮は，いかなる数学的活動も最終的には表記に還元されること（cf. 平林, 1987）に着目し，記述表現と認識の関係性を論じている。特に，内省的記述活動が学習のための単なるツールではなく，それ自体が目的になりうることを指摘している点が特徴的である。

全国数学教育学会やその前身の学会においては，類型Bの研究として，アナロジーやメタファー等の言語学的知見に基づいた研究が多くなされている。そこで，言語学の研究方法論を数学教育に援用したものについて整理しよう。「言語学」と一言でいっても，「レトリック」のような認知言語学的知見に基づく研究（添田, 1989；土井, 1989, 1990），「言語ゲーム」のような言語哲学的知見に着目した研究（中野, 1998），「言語中枢モデル」のような認知科学的知見に着目した研究（齋藤・藤田, 1998），「読み書き能力と認知作用の関わり」のような心理学的知見に着目した研究（二宮, 1997, 2002）の4種類に大別できる。

1989年以前の言語的側面に着目した研究は，言語学や社会学の研究成果に基づきながら数学的記号の特質を分析しているものの，その方向性は研究者によって多様性を帯びていた。一方で，「レトリック」に着目したアプローチは，添田（1989）と土井（1989）の提案以降，岩崎（1996），福田（2009），石川（2021）等にも継続的に採用されていることから，研究の数は多くないものの本学会における言語的側面に関する研究方法論として一つの系列を成している。

1990年代後半以降は，援用する分野の範疇がさらに広がり，Wittgensteinの「言語ゲーム」に着目した研究（中野, 1998）やLichitheimの「言語中枢モデル」に着目した研究（齋藤・藤田, 1998）が提案されているが，本学会において，後続の研究は2000年以降確認できない。

総じて，これら言語学的な知見を援用する研究では，「他の学問領域のレンズを通して数学学習を捉え直したとき，数学学習の見え方はどう変化するのか」をモチベーションとして遂行されることが多いため，研究の志向性が「新たな研究方法論の確立」というよりも「他領域の研究方法論を援用することの妥当性」や「他領域の研究方法論を採用することの利点の解明」に向けられる傾向にある。唯一，心理学的な知見を援用する二宮（1997, 2002）が先行研究に基づきながら著者独自の要素を加味した枠組みを構築し，言語能力と数学学習の関係を論じている。

ここでは，類型Cに表記研究を当てはめることはしなかった。類型Cが志向する「学習活動に関する実践的研究」においては，必ずしも「書かれた記号」としての表記が考察対象となるわけでなく，話し言葉やコミュニケーションなど，多面的な視座から分析されることがほとんどだからである。表記論として整理することで諸々の研究の意図を矮小化させてしまう危険性を加味し，「表現」や「コミュニケーション」の項にまとめて整理することとした。

3.2 表現に関する研究

表現とは,「心の中にあるものを文章・絵画・音楽・ことばなど形のあるものにあらわすこと。また,そのあらわれた形」(久松・佐藤, 1969)と説明されるものである。この捉えによれば,前述の「書かれた記号」としての表記は表現のアウトプットの一つのレパートリーであり,表記は表現に含まれるものである。加えて,「表象」も表現と関連する概念の一種と捉え,以下で整理することとする。

表象とは,「ある対象が意味・指向する直観的な意識内容」(久松・佐藤, 1969)と辞書的には理解されるものである。数学教育学研究においては,対象が必ずしも現実の具体的実体として存在しないことがあったり,知識や概念から生み出される意識内容に焦点をあてたりすることがある。そこで,事物や事象といった対象から主体者が生み出す直観的な意識内容(ここではイメージと呼ぶことにする)と,主体者の頭の中で知識や概念から生み出されるイメージの二つを数学教育学研究における表象と整理する。表象は,主体者の見方・考え方や既有の知識や経験によって,写象的・具象的に捉えられたり,構造的・抽象的に捉えられたり,状況ごとに異なると考えられるが,それらは主体者が対象視している心の中に表されたものであり,内的な一種の表現と捉えることができる。この点に留意しながら,本学会で展開された表象を含む表現に関する研究を先の三つの類型にしたがって整理していく。

まず,類型A「表記・表現についての全体的・総括的研究」として,Brunerの動作的・映像的・記号的表象を取り上げ,三つの表象間を双方向に移行することが理解にとって重要であることや,その移行において先の表象が後の表象にとって代わられるのではなく,むしろ表象のレパートリーがしだいに豊かになることなどを整理したものが挙げられる(阿部, 1986)。そして,表現の研究では,Batesonの「学習段階」やChevallardの「教授学的変換」を基にしながら,数学学習における表現活動の意義に取り組む研究がある(二宮, 2010)。

次に,類型B「表記・表現の理解と活用に関する研究」として,思考と表現を表裏一体の関係にあると捉えるPiaget理論や江森の「コミュニケーション連鎖」の研究などを基にしながら,数学的表現力を捉えるための理論的枠組みの構築に取り組む研究がある(大橋, 2014)。加えて,これまで表現に関する研究では実際に書かれたものを対象とするものが一般的であったが,「話された言葉」や「ジェスチャー」も含めたインフォーマルな表現を対象とした研究も現れている(小野田・岡崎, 2014;清水・山田, 2015;宍戸・岡崎, 2017)。清水・山田(2015)は,インフォーマルな表現からフォーマルな表現(書かれた記号など)の変換に注目し,中原の五つの表現様式とインフォーマルな表現／フォーマルな表現からなる2次元表を用いることで，授業における学習者の真正な表現の流れを記述できると述べている。そして，授業において主体的に探究できる状況を設定するには，学習者の主体的な表出であるインフォーマルな表現に注目しクラス全体の議論の俎上に載せる必要性を主張している。

最後に，類型C「学習活動に関する実践的研究」として，書き言葉や数学的にかく行為について，「書き言葉の困難さ」や「かくことの困難さ」に言及しながら，図的表現を含めた数学的な表現の主体的な活用を促す指導の提案や，主体的にかくことを促す指導のあり方について言及した研究が挙げられる（清水邦彦, 2013, 2015）。類型Cに属する研究は，児童生徒の実態を表現様式の変換の視点から明らかにしようとしているものであるため，教室に現れる多様な表現を記号論的に分析した研究（e.g. 岩崎, 1997；和田・上ヶ谷・中川他, 2021；影山他, 2021）もまた，表現様式に関する研究として類型Cに割り振ることができるだろう。このことは，記号論，表記論，表現論は，研究の対象が完全に分離できるものではないことを示していると考えてもよいだろう。

このように，本学会で展開される表現に関わる研究は，類型A～Cにわたって多面的に取り組まれてきたことがわかる。

3.3　コミュニケーションに関する研究

欧米圏で，数学の授業過程，学習過程において社会的側面への着目がなされたのが1980年代半ばとされており，Bishopによる授業の社会的側面への着目，Bauersfeldによる数学の授業への社会的相互行為論からの研究，Cobb他による構成主義，社会的相互行為論を背景とした研究が展開されてきた（中村, 2010）。日本ではコミュニケーションに注目した研究が1980年代後半から精力的に取り組まれるようになった。

本項では，コミュニケーション自体を明らかにすることを目的とした研究（A），コミュニケーションを媒介として概念形成や授業展開について考察する研究（B）を大区分として設定する。また，コミュニケーションを記述・分析する研究を分類Aa,「コミュニケーションはこうあるべき」といった規範的な考察や理想的な実践に言及する研究を分類Ab，コミュニケーションの展開を媒介として概念形成の理解や授業のあり方等を明らかにする研究を分類Ba，コミュニケーションを通して概念形成や授業展開について指針を提案する等の研究を分類Bbのように分割し，四つの小区分として整理する。

分類Aaの研究では，PiagetやVygotskyの研究を基盤にしてコミュニケーションにおける多様な社会的相互作用の特徴を明らかにしたもの（吉村, 1995）や，コミュニケーションのパターンとしてBauersfeldの「漏斗パターン」やWoodの「焦点化パターン」を基にしながら，話し合いを中心とした実際の算数授業で展開されるコミュニケーション活動を分析することで，コミュニケーションの形態として教師主導型・教師介入型・教師支援型の三つのパターンを導出した研究がある（森, 2000）。また，「書くこと」というコミュニケーションの一部に注目し，キャラクターを登場させる場を設定することで，2人称的他者および1人称的他者を想定しやすくさせ，内省的記述活動を促し，楽しく学習するだけでなく，学習内容に対してより深い理解を促す学習活動となり得ることを明らかにした研究がある（二宮, 2000）。さらに，江森の研究やCobb他の研究を基に，創発が起こっているコミュニケーションを対象にしてそのメカニズムを明らかにしようとする研究がある（吉迫, 2002）。吉迫（2002）によって，創発的なアイデアへの移行には，「異なる新しい指示の文脈の導入」と「古い指示の文脈の修正」の2タイプがあると整理され，その移行を促す要因として認知的要因と社会的要因が考えられることが指摘されている。

分類Abの研究では，Habermasの「コミュニケイション的行為」に注目して，数学の授業におけるコミュニケーションの条件を考察するもの（吉村, 1993）や，Cobb他の研究をもとに話し合い活動に焦点を当てコミュニケーションの機能を整理するとともに，算数科の授業において教師は規範形成行為と問題解決に貢献する行為とを織り交ぜながら，学級内に多層的なコンテクストを形成し，参加者のコンテクストから公共的なコンテクストを形成することが重要であることを指摘したものがある（金本, 2000）。さらに，相互作用主義のアプローチを基盤として，小学校6年生の算数授業を分析することを通して，算数科の授業に有効なコミュニケーション活動を展開させるためには，教師は参加者が従うべき社会的規範，社会数学的規範を意識してコミュニケーションに関わらなければならないと指摘したものもある（畑中, 2000）。

次に分類Baの研究である。この分類の研究では，一般にプロトコル分析を用いてそこでの思考の展開を説明したり，対象としているあるモデルの適用具合を例示したりして，そのモデルの有効性を示したりする。その一つに，グループ学習による数学的問題解決における認知プロセスを考察しようとするものがある。例えば，グループ学習では，そこに参加する学習者それぞれが異なる役割を果たしながら，間個人的モニタリングや間個人的コントロールを発揮してグループによる成功的な問題解決が展開することを例証した研究がある（但馬, 1998）。また，ケニアの中等学校カリキュラムにおける「整除可能性テスト」を例に，参加者・数学・活動といった要素で観察された授業でのエピソードの解釈を通して，数学の学習過程を「相互作用的モデル」として理解する研究もある（Ogwel, 2006）。さらに，分類 Ba では，発達段階の異なる六つの小集団の問題解決のプロトコルから，共有に至る数学的な議論の過程の特徴を同定した研究（吉村, 2009）や，数学的コミュニケーション研究とジグソー学習を比較し，数学教育におけるジグソー学習の研究が数学的コミュニケーションの研究に関連していることを指摘した研究（松島，2013）がある。そして，近年，国際的な注目を浴びているのが「コモグニション論」（Sfard, 2008）に基づく研究である。従来の認知主義的な研究観の限界に鑑み，参加主義的な立場からコミュニケーションを規定したコモグニション論は，Lerman（2020）においてトピックとして取り上げられるほど重要な理論的視座として捉えられている。しかしながら，現状では，本学会においてコモグニション論をコミュニケーションの分析枠組みとして採用した論考は少ない（e.g. 松島・清水, 2021；齋藤, 2023）。

最後に分類 Bb である。この分類では，コミュニケーションについてではなく，例えば授業のあり方等に対して規範的な主張を生み出す研究が含まれる。まずコミュニケーション研究の知見を基に，授業には「知識の構成過程」と「共有される知識を目指す相互作用過程」が存在することを指摘し，コミュニケーションを有効に活用する一つの授業構成を提案する研究（吉村, 1994）がある。また，Wittmann の「本質的学習環境」の有意義性について研究授業のやりとりをもとに検証し，教師がいかにわかりやすい説明をするのかではなく，生徒が自ら規則性や法則性を発見できるような学習活動を準備することが大切であることを指摘した研究（米田, 2007）がある。

4　議　　論

4.1　本学会における記号論の包括的整理

2 での整理に基づけば，本学会における記号論に関するこれまでの研究は，(1) 1980 年代に行われた理論的研究，(2) 2000 年代に行われた実証的研究，の二つに大別することができる。

前者の 1980 年代の研究では，Carnap の記号論，Peirce の記号学などを用いながら，数学教育の理論の検討，あるいは数学教育の理論の構築を試みているものが多い（藤本, 1981a, 1981b；橋本, 1984；添田, 1987）。その後，1990 年代には，「記号論」「記号学」をキーワードとした論文は見当たらない。上記の諸研究において，記号論・記号学を援用した理論的研究は一段落したように見られる。そして，2000

年代以降，記号論・記号学を用いて数学教育の実践を分析する研究が論文として発表されるようになる。2000年代以降の研究に着目すれば，それらはいずれも，記号論・記号学を用いて数学教育の実践を分析する研究，あるいは数学教育の実践を分析する手立てとして記号論が有効であることを示す研究であることがわかる（e.g. 馬場, 2002；二宮, 2003；和田, 2008；山口, 2016）。

これらの傾向を大きく捉えるなら，1980年代は，数学教育の理論を追究するために記号論・記号学を用いた研究が多く行われていたのに対して，1990年代にはそれが一段落して，記号論・記号学を用いた研究は特になく，そして2000年代以降に今度は記号論・記号学を用いて数学教育の実践を分析する研究へと推移していった様相を見ることができる。

また，これらの研究に用いられた理論は，1980年代にはCarnapの記号論やPeirceの記号論などが中心であったのに対して，2000年代以降はPresmegやGravemeijerの記号論的連鎖の枠組みが多用されている。このことは，1980年代には「記号」そのものが研究対象であったのに対して，2000年代以降は数学の授業や学習において「表現」がどのように用いられるか，どのような役割を果たしているかを捉えようとする研究へと推移したことを表していると捉えることができよう。言い換えるなら，1980年代には記号論・記号学をある特定の活動場面の様相を瞬間的に捉えるために用いる研究が主であったのに対して，2000年代以降はそれを授業のような幅を持った活動場面の様相を連続的に捉えるために用いる研究へと変わってきている。そのことは，数学教育の研究自体が，授業や学習という動的な営みをその対象として捉えるようになってきたことと関連すると考えられる。

4.2　本学会における表記論，表現・コミュニケーション論の包括的整理

表記・表現・コミュニケーションについての「議論」として，「表記と表現はどう違うのか」「表現とコミュニケーションはどう違うのか」などの疑問に代表される，これら三つの概念の棲み分けの問題を取り上げたい。それぞれの区別が曖昧であったり，話し合いのやりとり，学習者のプロトコルが記述してあればコミュニケーション研究と捉えられていたりすることが少なくないからである。

前述の通り，表現とは，心の中にあるものを形のあるものに表すことであり，その表されたもので特に「かかれたもの」を表記と捉えるのが一般的である。表記・表現という概念で捉えるとき，どちらかといえば書き手・話し手といった表現者の意思の表出が主であるのに対して，コミュニケーションは，メッセージが核となる概念である。送り手の意図をもってメッセージはつくられるものの，受け手や周囲の主体者の解釈や行動によってそのメッセージの意味はつくられる。つまり，表現

した主体者だけではなく，メッセージの表現，受け取りを通して行為・活動に参画した主体者たち（送り手も含む）によってメッセージの意味がつくられ変化し共有されていく過程がコミュニケーションである。送り手からメッセージが送信され受け手がそのメッセージを受信したとしても，また，受け手によって意味がつくられたとしても，それに応じた何らかの行為が生起しなければ，そのコミュニケーションは不成立であり，単なる表現活動となる。コミュニケーションに参画する主体者たちによってメッセージの意味がつくられ，そのコミュニケーション参画者の行為が変化していく過程を対象化した研究がコミュニケーション研究である（e.g. 金本, 2000；畑中, 2000；岩﨑, 2001；江森, 2006）。コミュニケーション研究では，発出されたメッセージをもとに，その後，参画主体者たちによってその意味がどのように共有され変化していくか，メッセージの解釈過程に研究の中心的な関心がある。

つまり，表現の仕方は「書かれた記号」としての表記に限らず様々であるものの，表現の研究は表現者の意思の表出（行為・活動）に関わるものと捉えることができる。一方で，コミュニケーションの研究はメッセージを媒介として参画者によってどのように意味がつくりあげられていくかといった表現後の過程に注目した研究として整理できるものである。そして，表現は，自己と他者，そして数学との対話を通して自身の表象を表出する個人の認知活動がその中心であり，コミュニケーション研究は，自己と他者そして数学との対話を通して表出されたメッセージを媒介として参画者間で意味をつくりあげ共有していく，対人間の認知過程の解明を目指す分野と捉えることができる。表現の中でも，特に「書かれた記号」が表記であり，数学の体系をよりよく表現する記号として研究する表記自体の研究（e.g. 橋本, 1985）と，表記を通して個人の思考や学習のあり方等について分析する研究（e.g. 清水・山田，2015）の二つがあると整理することができるだろう。

上記が本学会における主な研究観として整理できる一方で，国際的には「コモグニション（Commognition）」と呼ばれる新たなコミュニケーション観が注目を浴びている（cf. Sfard, 2008）。「コモグニション」は，認知主義や行動主義の問題点を克服するためにSfardによって提唱された理念を表す造語であり，操作的に定義できないものを徹底的に排除しようとする試みから生まれたものである。例えば，前述したような「メッセージの授受」という考え方は，「思考する」行為と「それを伝達する」行為を分離させてコミュニケーションを規定するが，概念や個人の認知のような抽象的対象は観察不可能であることを根拠にコモグニション論ではこの考えを採用しない。代わりに，思考を個人間コミュニケーションの個人化されたものと考えるのである。このように，「認知」と「コミュニケーション」を切り離せないものと捉え，統一的に説明しようとする立場がコモグニション論である。

上記の背景のもと，参加主義に立つコモグニション論では，後期 Wittgenstein や Vygotsky，Lave と Wenger の議論を参考にしながら，学習の進展を，参加するディスコースの変容の視点から論じることとなる。コモグニション論ではコミュニケーションを「話し言葉」に限定していないため，教科書における表記もディスコース分析の対象となる（cf. Newton, 2012)。「どう表現されるか」ではなく「どんなディスコースが展開されるか」が重要となるのである。コモグニションの視座からコミュニケーションを分析した研究（e.g. 大滝, 2013；日野, 2019）は国内でも増えてきているものの，本学会ではまだ多くなされているとはいえない（e.g. 大滝, 2014；松島・清水, 2021)。さらなる研究成果の蓄積が期待される。

5　残された課題

5.1　マルチモーダルな研究の展開

現代の数学教育学研究では，自然言語だけでなく，デカルトグラフや幾何学図といった数学に固有な表現に着目し，これらを「言語」として包括的に捉えようとする動きが強い（Morgan, 2020)。Morgan（2020）によれば，こうした認識は言語学者 Halliday の特殊化された言語やレジスターに関する概念（Notion），数学や数学教育における記号論の発展，ジェスチャーやテクノロジーによってもたらされる動的な視覚的相互作用を含むコミュニケーション様式の役割に迫るマルチモーダル記号論の発展の影響を受けている。

本学会においても，伝統的な Peirce の記号論や Saussure の記号論だけでなく，レトリックやジェスチャーに着目した研究が展開されてきている。教室環境で観察できるコミュニケーションにおいては，これらの側面が複合的に表出してくる。したがって，その様相を捉えるためには単一の側面だけを捉えられる理論的枠組みでは不十分であり，マルチモーダルな側面を捉えられる理論的枠組みへとアップデートしていく必要がある。本学会においては，例えば，レトリック研究を基盤に置きつつも，記号論的な補填を行った研究（福田, 2009）が登場したり，記号論と身体化理論の相補的な関係に着目し，図式の両義性（かかれたものとしての普遍性・生み出されるものとしての主観性）を捉えようとした研究（影山他, 2016）が登場したりするなど，単一の理論ではなく，理論のネットワーク化を意図した研究が増えつつあるがその数は少ない。

一方で，表記，表現・コミュニケーションの研究は，いうなれば，自己との対話，他者との対話，数学との対話の研究である。対話を支える中心的な認知活動である解釈と表現は，これまではその主体者自身の経験や思考，知識や概念，見方や考え方を基につくりあげられていた。

しかし2022年11月，生成AIの公開を受けて，対話のありようが劇的に変わる可能性が生じてきた。これまで自己との対話，他者との対話，そして数学との対話において，そのよりどころとなるものは主体者自身であったのに対し，生成AIの出現によってビッグデータと膨大なネットワークを基盤として，知識とアイデアを容易に入手できるようになり，情報の正確性や責任を有さないが知識やアイデアの創出に長けた，いわばもう一人の自分と協働して，自己との対話，他者との対話，数学との対話を展開することが可能となった。AIを上手に活用，上手に質問することによって，人間とAIとが協調して問題解決するといった，これまでにない表記・表現・コミュニケーションの研究が必要である。こうした環境の変化に耐えうる理論のアップデートが必要となるだろう。

5.2 “Think Locally, Act Globally”な研究視点の設定

数学教育における言語的背景について整理したBarwell（2020）によれば，1970年代以降，「第二言語やバイリンガル，多言語環境における数学学習の課題」「異なる言語の構造が数学的思考に及ぼす影響」「フォーマルな数学言語と日常言語の違いが及ぼす影響」といった多様な側面から数学学習における言語的問題に焦点が当てられてきた。

日本という島国においては，日本語で数学を学習することが当たり前の学習環境であるがゆえに「第二言語」の視点から言語的問題に迫る研究はほとんど見当たらない。しかしながら，初等中等教育における外国人児童生徒の割合が年々増え続けていることに鑑みれば，第二言語として日本語を使用し数学学習に励む児童生徒に焦点を当てた研究の重要性が増していくと想定される。また，諸外国の研究成果を援用する際に「異なる言語の構造が数学的思考に及ぼす影響」に目を向けることもなされていない。すなわち，英語圏やドイツ語圏の研究成果が日本語圏にもそのまま援用できるのかという視点から研究が遂行されることはほとんどない。この視点は，これまでのわが国の研究成果自体の信頼性に関わる問題であるため，研究上の喫緊の課題として指摘できる。記号論や表記論，表現・コミュニケーション論の視座から，日本の教育制度や指導法，研究方法論の固有性を明らかにする必要があるだろう。

上記の問題に取り組むことは日本の数学学習の特殊性や固有性を明確化することにつながる。“Think Globally, Act Locally”な研究視点を大切にしつつも，“Think Locally, Act Globally”な研究活動を展開し国際比較研究を実施するなど，日本における言語運用の固有性を解明し国際的な発信を行うことが求められている。

5.3 研究の再現性の検証

本学会においては，個人の学習や集団の学びが記号論的，表記論的，表現・コミュニケーション論的に論じられてきたが，その研究成果をどの程度一般化できるのかについては積極的に言及されてこなかった。いわゆる現象の再現性の議論は，環境が常に変化する教育分野においては避けられがちであるように思われるが，同様のコミュニケーションが観察できる要因や数学的表記の限界を追究することは，数学学習における記号やコミュニケーションの特殊性を顕在化させることにもつながるため，研究されていく必要があるだろう。

第10章
思考・推論，証明

1　はじめに

数学的思考は数学教育において重要な目標・内容であるとみなされているが，心理学や哲学など様々な領域と関連しており，定義することは非常に難しい（清水，2010；Goos & Kaya, 2020）。思考自体の意味する範囲が広く，例えば思考能力を対象とする思考心理学のテーマは「問題解決，推論，意思決定，概念形成など高次の心理過程の多岐にわたる」（改田, 1999）。数学的思考についても, Schoenfeld（1992）は数学的問題解決の様々な構成要素との関連で枠組みを示している。このように「思考」の意味する範囲が広すぎるため，問題解決や思考を促す教材などのレビューは他の章にゆずるとして，本章では，Mason et al.（2010）が指摘する数学的思考の特徴である「一般化」と「推測と証明」（直観，創造的思考，推論を含める）に，さらにそれらに加え，空間的思考や批判的思考，コンピューテーショナル・シンキングを対象とした研究に焦点化していく。また証明は，「形式化された数学的推論の一種」（Goos & Kaya, 2020, p. 11）であり数学的に重要でカリキュラムにも位置付けられているため，節を変えて取り上げていく。

2　思考・推論

本節では，個々の「思考・推論」について，より一般的な思考から順に考察していこう。

2.1　空間的思考，批判的思考，コンピューテーショナル・シンキング

Mason et al.（2010）が指摘する数学的思考に特徴的なものとしては挙げられて

いないが，重要な思考として空間的思考や批判的思考，コンピューテーショナル・シンキングの研究が挙げられる。

空間図形に関しては，平面図形を対象にした研究に比して研究が少ないが (Sinclair et al., 2016)，日本では小高（1998）や狭間（2002），國宗他（2008），太田（2013）などにより，実践を基盤とした研究がなされている。そのような研究の中で，空間的思考は「現実的空間または抽象的空間に関わる課題遂行場面で，いろいろな直観的支えをもとに，意識的に空間的心像をつくり心的操作をする知的活動」（狭間, 2002, pp. 12-13）として捉えられている。本学会では，van Hiele（1986）の学習水準を空間図形に拡張した研究（影山, 2002）や学習水準に基づいたカリキュラム研究（新井, 2015），空間図形を対象にした論理的説明の発達過程の研究（小野・岡崎, 2019）などがなされてきた。近年では，岡崎（2022）や國宗他（2022）が小中接続を意識した取り組みにおいて空間的思考を対象に研究を進めており，今後は，空間的思考の研究成果に基づいた空間図形カリキュラムのより一層の充実が求められよう。

批判的思考は，アメリカにおける国語教育で1960年代から論じられるようになった思考であり，2000年代頃から国際的に関心が高まったものである（鈴木他, 2006)。数学教育学では，それとは別に，Skovsmose（1994）の批判的数学教育の流れで比較的早くから取り組まれた研究もある（﨑谷, 2000)。その後，社会的要請から批判的思考が取り上げられるようになり（服部・岩崎, 2013），親和性の高い統計的内容における批判的思考の育成に関する研究（福田, 2014）や社会的オープンエンドな問題を用いた研究（服部・松山, 2018），日本数学教育学会春期大会での連続的な取り組み（cf. 馬場他, 2020）など量的にも質的にも充実したものになりつつある。一般的に，批判的思考は，何を信じるべきか，何をなすべきかに焦点を当てた合理的で反省的な思考のことを指すが（Ennis, 1987），数学授業だからこそ育成できる側面を追究していく必要があろう。

また近年では，プログラミング教育の推進によりコンピューテーショナル・シンキングが注目を浴びている（上ヶ谷他, 2019)。本格的な研究がはじまったばかりではあるが，数学的思考との関連から数学教育学においてどのように位置付けるべきかという議論がなされている。

2.2 一般化

数学的知識の構成や認識において，数学的一般化と抽象化は中核をなすものである（中原, 1995b)。わが国では，数学を創造する際に働く「数学的な考え方」の要素の一つとして，一般化と抽象化は重要な位置を占めるものとみなされている（中島, 1981；片桐, 1988)。

一般化と抽象化の初期の研究は数学的・論理学的視座から研究が進められた。例えば一般化は，Polya（1954）が数学的視座から「与えられた一組の対象の考察からそれを含むより大きな組の考察に移ること」(p. 12）とし，特殊化や帰納，類推との関連で捉えている。またその後，心理学的視座からの研究も行われるようになり，例えばPiagetは抽象化の対象に着目して経験的抽象と反省的抽象とに分類し，後者によって数学的概念は抽象されることを指摘している（Beth & Piaget, 1966)。このような一般化と抽象化の違いには曖昧なところが多々あるが，「捨象」と「捨てること」の違いであるという指摘がなされつつ（村上, 1991)，重要なことはそれらの相補性に着目することであることが強調されてきた（Dörfler, 1991)。

また理論的方法にとどまらず，1990年代後半からはインタビュー調査や授業実践などの実証的方法を通した認知的研究もなされてきた。例えば，Piagetの均衡化理論に基づいて一般化過程における理解を明らかにしようとするインタビュー調査では，小数の除法や四角形の相互関係の理解では暗黙的な性質を捨象することで困難を克服しながら一般化が進むことが示されている（岡崎, 1996, 1997)。また，授業実践を通し，Dörfler（1991）の理論を基盤とした構成的抽象からはじまる一般化の認知過程を記号論的に分析する研究も進められてきた。特に，一般化の過程における「記号の対象化」をその核心とし，代数記号と幾何図形それぞれに固有の記号の対象化の過程があることが指摘されている（岩崎・田頭, 1997；岩崎・山口, 2000)。

2000年代半ばから一般化を直接的に扱う研究は減り，近年では，例えば代数的思考の重要な要素として研究が進められていたり（e.g. Kaput, 2007)，思考を身体活動の一部とみなし，一般化を身体性から捉える研究も進められていたりする（e.g. Radford, 2009)。しかしながら，本学会では，2010年代半ばに，子どもにとっての一般化とは何かということを問い直し，その機能を明らかにした研究（早田, 2014b）により，一般化それ自体の研究に進展がみられている。このように基礎的な部分を問い直すことは，その研究分野の再構成やさらなる進展の可能性を内包しているのである。

2.3　直観，創造的思考

論理的思考の対極にある直観や創造的思考は，論理的思考とともに働くことよって数学的思考が発展していくと考えられている。数学教育における直観は，Poincaréを基盤とした数学的視座やPestalozziを基盤とした教育学的視座から重視されてきたが，わが国では，とりわけ戦前の黒田稔による直観幾何の受容により幾何教育において重視されてきた経緯がある（Koyama, 1983）。そして，1989年に告示された学習指導要領では直観力が一層重視されるようになり，Fischbein（1987）の認知的側面に焦点を当てた直観研究に基づいた研究も精力的に行われた（e.g. 小山, 1991）。

そのような研究の中で，直観は次のように定義されている。「直観とは，《感覚的・具体的な対象から》，《その対象の全貌，本質，意義，意味，構造やあるいはその対象の背景にある抽象的理想的なものを》，《判断・推理などの思惟作用を加えることなく直接的に》，《把握する認識作用である》」（小山, 1988b, p. 17）。また，数学教育学における役割として，全体的文脈把握や問題解決の示唆などが明らかにされ，その育成ではvan Hieleの学習水準論に基づくことが必要であることが提案された（小山, 1988b）。それ以降，直観そのものを対象とした研究は，本学会誌ではほとんどみられないが，1980年代の研究成果が一定の評価を得ていると見てよいであろう。

また，数学教育学における創造的思考の研究は，Brunerの教育学的視座やGuilfordの心理学的視座に基づいた創造性研究とともに発展してきた（植村, 1999）。近年，わが国において数学教育学における創造性研究が盛んになった契機の一つには，1998年の本学会での議論が挙げられる（植村, 2010）。

数学教育学における創造的思考は，恩田（1994）の「創造性とは，新しい価値のあるもの，またはアイディアを創り出す能力すなわち創造力およびそれを基礎づける人格特性すなわち創造的人格である」（p. 3）に基づき，個人や教室あるいは社会にとって何らかの価値のある「新しい」知識や概念を生み出すものとして捉えられる（岩田, 2000）。また，Guilford（1959）の発散的思考と収束的思考の分類，特に前者に着目し，創造的能力の因子である流暢性，柔軟性，独創性などの観点から創造的思考の評価方法（創造性テスト）が開発されている（横山, 1993；斎藤・秋田, 2000）。そして，そのような研究に基づきながら，創造性テストと数学の達成度との関連が様々な観点から検討されている（e.g. 新里, 1996；秋田・斎藤, 2002）。

これらの創造的思考の様相を明らかにする研究に対し，そのような思考を育成するための研究として，日本では，高次目標の評価方法の開発に端を発しているオープンエンドアプローチ（島田, 1995），それに続く問題づくりの授業（竹内・沢田, 1984）やオープンアプローチ（能田, 1983）が挙げられよう。海外でも，これらの研究との関連が指摘されつつ問題設定が創造的活動として重視されてきた（Silver, 1994）。その後もこれらの研究をベースにしながら，創造性を培う数学的問題を分類した研究（小山, 1998）や発散的思考を利用したオープンエンドアプローチによる学習指導の提案（植村, 1999），創造的思考の活性化を促す授業を実践的に検討した研究（秋田・齋藤, 2011），収束的思考に着目した創造的思考過程モデルの実証的研究（松島, 2010）などがなされてきた。

このように，わが国の創造的思考の育成に関する研究は，高次目標の評価に端を発した実践的な研究であるオープンエンドアプローチの影響を強く受けている。これに対し，海外では近年になり創造性の育成を目指した実践を志向した研究が盛んになっており，その中では課題開発やギフテッド教育のトピックへの関心が高くなっている（Leikin & Sriraman, 2022）。逆に日本ではギフテッド教育に関する関心は低いので，今後はそれへの取り組みが期待される。

2.4　論理的思考，演繹的推論

数学教育学において論理的思考力の育成が重要であることはいうまでもない。論理的思考の解釈には「論理学的色彩の濃いもの」と「筋道を立てて考える」ものの二つのタイプがあり，教育的には後者の解釈が主流となるがその範囲は明らかではない（藤本, 1996）。前者は演繹的推論を対象とするもので，岡田（1984）や川嵜（1984）が教科書や教材の分析を通して困難点やその対処法を挙げている。これらに共通する特徴は日常での論理と数学での論理の相違に着目する点である。これらの研究は理論的な研究に留まっており，子どもを対象とする調査，実践は証明研究としては行われているようである。

2.5　帰納的推論，類比的推論，アブダクション

数学的推論には演繹的推論以外にも，帰納的推論（帰納），類比的推論（類推），アブダクションがある。

帰納や類推に関連して，その基礎となる類似性に着目した研究が多い。例えば，﨑谷他は児童の類似性認知に関する実態調査を行い（﨑谷他, 1998），それに基づいて類似探究授業を提案している（﨑谷他, 2005）。また，証明問題（新里, 1995）や方程式の文章題（村上, 2003）に限定して類似性について考察する研究も見られ，数学の様々な場面で類似性が注目されている。さらに，類似性に基づいた理解に関する研究もメタファー研究として進められている（國岡, 2007, 2009）。

帰納や類推については﨑谷他（1998）の類似性の研究なども参考にして和田が研究を進めている。和田の研究は理論研究に留まらず，小学生を対象とした実態調査を行って発達段階を設定し（和田, 2001），それに基づいて教授・学習の方法を構想して授業実践を行い，その有効性を検証している（和田, 2002, 2003）。また，中学生を対象とした類推の学習指導法を提案する研究には中川（2006, 2017）がある。

帰納では特殊な事例の類似性を明確にすることで一般的な性質を推測できる。ま

た，類推でベースからターゲットに写像できる関係を特定するには類似性を明確にする必要がある（類推では知りたいこと，あるいはよく知らないことをターゲットと呼び，よく知っていることをベースと呼ぶ）。このように，帰納や類推では類似性をどう認識するかが重要となるため，類似性認識，帰納，類推の三つの研究の背後にある理論は構造写像理論（Gentner, 1983）や多重制約理論（Holyoak & Thagard, 1995）と共通している。例えば，類似探究授業に関する研究（﨑谷他, 1998, 2005）は，構造写像理論における構造整列（対応する要素が1対1に対応付けられ，対応付く要素の間の関係も対応付けられる）という考え方を数学教育学に適用したものである。また，新里（1995）は多重制約理論における類似性の分類を用いている。

類似性認識，帰納，類推の三つの研究は二つの理論を基本とし，例えば類推における適応（和田, 2001）であればNovick（1988, 1992），類似性に基づく理解（國岡, 2009）であればLakoff and Núñez（2000）といったように，研究対象に関連した先行研究を加えて考察が行われている。また，数学教育学の先行研究に限定すれば，Polya（1954）やEnglish（1997, 1998）が参照されている点も共通している。

このように先行研究が共通しているため，研究課題とする内容も共通している。例えば，子どもは類似な対象を見出す際に表面的な特徴に着目してしまい，本質的な関係性に着目できないことを問題視していることが多い。この研究課題に対しては研究ごとに様々な対応が提案されている。初期の研究では多重制約理論に見られるように，類似性の制約，構造の制約，目的の制約といった3種類の制約から類似な対象を絞り込むことが考えられていたけれども，研究の進展に伴い，それ以外に着目する提案がなされてきている。まず，類似点だけでなく相違点（差異）にも着目することが提案されている（﨑谷他, 1998；和田, 2001, 2003）。次に，類似性を見抜く能力だけでなく，身につける知識の増大も重要であることが指摘されている（﨑谷他, 1998；和田, 2001）。さらに，抽象化が重要な働きをすることを指摘する研究もある（中川, 2017）。抽象化の重視は数学教育学に限らない。人が類似性の認識において抽象化が介在するとする準抽象化理論（鈴木, 1996）があり，構造写像理論でも抽象化を重要視している（Gentner et al., 2003）。類似性を捉える際に知識や抽象化が重要な働きをすることは科学者の思考でも確認されているため（Dunbar, 1997; Clement, 2008），研究の進展によって子どもの推論を専門家のものに近づける提案がなされてきたとも捉えられよう。

以上のように，類似性を捉える際の着目点は，3種類の制約から始まり，相違点（差異），知識，抽象化といったように広がってきており，今後さらに新しいものが提案されるようになると考えられる。

最後に，アブダクションとは，ある観察された事実に対してその事実を説明する仮説を導き出す推論であり，仮説を思いつく洞察段階と仮説を検討し最も適切なものを選ぶ推論の段階がある。後藤（2015）は洞察，推論の両段階で指針となる考え方として「もっともらしさ」「検証可能性」「単純経済性」を挙げている。

また，アブダクションは様々な思考や活動で用いられることが指摘されており，Reid（2018）はアブダクションが働く場面を発見，説明，それ以外の三つに分類している。海外の研究では，Eco（1983）のアブダクションの三分類やトゥールミンモデルを用いて証明でのアブダクションの働きを分析するものが多い（e.g. Meyer, 2010; Knipping & Reid, 2019）。一方，国内の研究では，問題解決での見通しや数学的一般化の過程（和田, 1999）や，クリティカルシンキングでの推論の土台の検討場面（服部, 2017）においてアブダクションが働くことが明らかにされている。

3　証　　明

「証明」に関する研究は国内外に数多くある。本節では，本学会誌論文を中心に，日本数学教育学会誌および海外の論文を参考にして述べる。

3.1 「証明」とは何か

まず，証明概念そのものに目を向け，「証明とは何か」について，数学教育学の内外の視点から理論的に考察した研究から取り上げよう。「数学教育における「証明」についての基礎的研究」（杉山, 1989）では，「数学教育研究はその時代・その国の学校数学の様式，研究の際の前提となる人間観・数学観によって大きく左右される」（杉山, 1989, p. 123）ことを指摘している。その前提のもと，証明を「数学者共同体による社会的な産物である」（p. 124）と捉える立場から，例えば，数学が「法＝道徳」の類似物として理解されうることを，「方法の対象化」の概念（van Hiele & van Hiele-Geldof, 1958）と「ハートの法哲学」（ハート, 1976）とを対比させた事例分析などを通して示している。

現在においても，「証明とは何か」に関する合意は見られない。古くは，「特徴付ける性質（characterizing properties）の使用」（Steiner, 1978）の側面に，その特徴を求める考えが主であった。その後，「説明する証明」と「証明する証明」の観点（Hanna, 1990; Steiner, 1978）の比較などから，「説明的証明（explanatory proof）」への着目がトレンドとなる。しかし，「explanation とは何かに関する合意はほとんどない」（Hamami & Morris, 2020, p. 1121）と指摘される通り，その捉えもなお，研究者によってさまざまであるというのが現状である。最近では，「クラスター カテゴリー（Cluster Category）」としての証明（Czocher & Weber, 2020）のように，証明が演じる多様な役割に光を当て，証明の範疇を緩く捉える考え方も現れてきている。

総じて数学教育学では，証明を論理的な側面，心理的な側面，社会的な側面から捉えようとしてきている（Czocher & Weber, 2020）。そして，今日においては，結果物としての証明（proof）のみならず，過程としての証明（proving）の活動的な側面も重視する見方，また，証明を構成する前の「構想」の過程を含め，アーギュメンテーション（argumentation：蓋然的な論立てなども含んだ主張の正当化の行為）から接続する活動として一体的に捉える見方が，世界的にも主流となっている（e.g. 辻山, 2011；牧野, 2015；Miyazaki et al., 2017）。なお，アーギュメンテーションに関する議論では，人が用いる実際的な論が持つ「蓋然性」を考慮に入れて議論の構造を示した「トゥールミンモデル」（トゥールミン, 2011）が，理論的枠組みとしてよく用いられている。

本学会においては，近年，フランス教授学，特に「教授人間学理論（the Anthropological Theory of the Didactic: ATD）」をもとにした，証明の活動の意義が論じられている。例えば，「世界探究パラダイムに基づくSRPにおける論証活動」に関する研究（濵中他, 2016；宮川他, 2016）では，「Study and Research Pathes: SRP」（Chevallard, 2015）と呼ばれる探究的要素をより多く含む一連の活動を取り上げ，将来に求められる論証活動について考察している。そこでは，古いパラダイムに基づく場合とSRPに基づく場合との論証活動の根本的な差異が，「学びに関する責任の委譲（devolution）」を特徴にもつ，「教授学的契約」（Brousseau, 1997）の点にあることなどが指摘されている（この「委譲」の概念を視座に考察した研究は，ほかに，福本（2008）などがある）。

杉山（1989）の指摘の通り，「証明とは何か」やそれを学習することの意義に関する議論は，時代の移り変わりに応じて行われてきている。数学教育学内外の視点からこの問いについて考えることは，これから先も求められることになろう。

3.2 「証明」を捉える枠組み

わが国では，学校教育における証明の学習指導は，代数や幾何において1960年代から終始一貫して中学校2年から本格的に行われている。その特徴を捉えるための枠組みとして，わが国でよく知られるものの一つは，「論証の仕組みの理解」と「論証の意義の理解」の柱から設定される，「論証の理解」の分析の観点（國宗, 1987）であろう。

一方，中学校における証明の学習以前にある子どもの活動の様相に焦点を当てた，

「前形式的証明」の枠組みがある。國本（1991）は，「Action Proofs」（Semadeni, 1984）の概念や「実践的な証明：素朴な経験主義，決定実験，生成的な例」（Balacheff, 1987）の概念などを参照して，証明概念の拡張について議論し，「前形式的証明とその教育的意義」（國本, 1992）の枠組みをまとめている。そこでは，「前形式的証明」を「1：操作的証明」「2：幾何的 - 直観的証明」「3：現実に方向付けられた証明」「4：範例による証明」（1～3に入らない証明を含める）に分類している。「数学的証明というと，直ちに，文字を使った形式的証明を思い浮かべるけれども，いま，仮に記号的水準でなくとも，証明に対する根拠が明確に示されているならば，その説明を証明とみなす」（國本, 1991, p. 135）という見方が，わが国の証明研究に与えたインパクトは大きいといえよう。また，この枠組みに基づいて行われた，「中学生の証明理解に関する研究」（國本, 1995）では，調査対象の中学生の半数以上が，前形式的証明を，「証明」とみなしている実態を明らかにしている。この結果は，『図形の論証指導』（小関, 1987）が明らかにした生徒の実態とも通じている。「教室コミュニティを想定した概念規定をして，小学校段階の学習までも「証明」という眼で大きく捉えていこうという研究も現れている」（Stylianides et al., 2016, p. 315）といわれるように，「証明」について学ぶことは，初等教育を含むすべての教育段階で重要であるとの認識は，今や世界的なものになっている（Stylianides & Harel, 2018）。初等教育と中等教育との学習指導の接続のあり方は，わが国においても，引き続き重要な研究課題である。

それと同時に，高等学校進学率がほぼ100%に届く状況にあるわが国においては，中等教育の論証指導の改善が，特に重要な課題の一つであり，それを検討するための枠組みが必要とされる。岩崎（2014）や宮川・溝口（2014）などによる，「中等教育を一貫する数学的活動に基づく論証指導カリキュラムの開発研究」の一環として提案された，「中等教育を一貫する数学的活動に基づく論証指導の理論的基盤」（宮川他, 2015）は，その包括的枠組みを示す一つである。そこでは，「局所的組織化」（Freudenthal, 1971, 1973）や「数学における定理」（Mariotti et al., 1997）の理論などをもとに考察され「言明（Statement）」「証明（Proof）」「理論（Theory）」の3観点から，それぞれの内容と水準を示すことによって，論証指導を捉える枠組みが設定されている（(S.P.T）によるモデル）。この枠組みは，初等教育を含めた長期的な展望も包含していると見ることができる。なお，同じころに，宮崎・藤田（2013）などによる，「課題探究として証明することのカリキュラム開発」が行われている。その一連の研究では，中学校数学のあらゆる領域の内容に焦点を当てて，「事柄の生成，証明の生成（構想／構成），評価・改善・発展」の観点からカリキュラムの改善と具体的な授業化について考察されている。

「証明」の概念や証明の対象が，より広く柔軟に捉えられるようになってきた歴史の経緯を，これらの枠組みの特徴を追うことで感じることができる。

3.3 中等教育における「証明」の学習指導：特に後期中等教育について

上記の「(S.P.T) によるモデル」に基づいた，中等教育における「証明」の学習指導に関わる教材や数学的活動に関する研究も行われている。「高校で可能な証明活動を組み入れた数学的活動についての考察」(濵中, 2016) では，「証明」の機能（立証，説明，体系化，発見，コミュニケーション，知的チャレンジ)」(De Villiers, 1990) の観点を理論的背景として，高校段階での構造思考の新しい数学的活動が検討されている。また，「後期中等教育における論証指導に関する研究」(岩知道, 2012) では，命題の全称性に関する論証（特に文字を対象とする論証）の高校生の困難点を，授業実践および生徒のレポート分析を通して抽出している。

「本質的学習場 (Substantial Learning Environments: SLE)」(Wittmann, 2001) を理論的背景とした，中等教育を一貫する論証指導のための「数学教育研究としての教材開発」(岩崎他, 2017) も行われている。そこでは，SLE としての教材開発の方法論が検討され，「Sylvester の自然数定理」を題材とした教材開発過程が，その意義と共に示されている。また，「数学教育学の教授学的反省」(杉野本他, 2018) では，内容それ自体の数学的発展と探究の方法の展開の両者の調整を意識した，数学的帰納法の図形を対象とした教材について検討されている。最近では，「「説明する証明の理解」を目指した授業について」(檜皮・濵中, 2023) において，命題成立の背景にある仕組みを解明する高校生対象の授業が，教材と共に設計され，実践されている。

ここで，数学的帰納法など，後期中等教育で扱う間接証明法に焦点を当て，そのカリキュラム開発上の重要性に目を向けた研究が複数見られることは，近年の本学会の特徴の一つである。上ヶ谷，袴田，早田の 3 氏による研究（上ヶ谷他, 2017, 2021；袴田他, 2018) では，間接証明法を例として，数学的な方法知の構成を理論的に分析し，教科書記述に基づく指導内容の特徴と限界を論じたり，間接証明(法) の特徴を，Lakoff (レイコフ, 1993) の集合体モデルを用いて整理したりしている。浦山 (2018) は，「演繹的証明の構造の理解枠組み」(Miyazaki et al., 2017) をもとにして，間接証明法の構造の理解を捉える枠組みを提示している。

いずれも，「これまでのわが国の数学教育研究は学校数学の入り口から入って，教室の「算数」に関心を払うことが主で，学校数学の出口に対して，学校を取り巻く環境から分析や考察を加える機会に少なかったといえる」(岩崎他, 2017, p. 1) という課題に応える内容の研究である。

3.4 「証明」への接続：証明の「操作性」と「形式性」

「証明」に関する研究は，その学習指導が本格的に開始される中2以降に関心が向けられがちであるが，それ以前の学年段階を考察の対象とし，「証明」への接続や移行について検討した研究がある。まずは，「Operative proof」（Wittmann, 1996）を理論的背景とした，「操作的証明（Operative proof）」に関する研究（e.g. 佐々・山本, 2010；佐々・藤田, 2015）を取り上げよう。「証明こそが数学であるという価値観によって，過度に形式性や論理的厳密性を重んじた証明の学習を行うのではなく，数学的対象に施した操作の結果を根拠として推論を進める「操作的証明（Operative proof）」の概念」（佐々・山本, 2010, p. 11）に着目し，その教育的意義と発展可能性について考察している。具体的には，「ANNA数」と呼ばれる数学的現象（Wittmann, 1996）について，おはじきと位取り表を用いて行う操作的証明の事例をもとに論じられている（佐々・山本, 2010）。さらに，その実践による，日本と英国との小学校高学年児童の活動の共通性などについても考察されている（佐々・藤田, 2015）。これらの研究は，初等教育における子どもの説明活動の「操作性」に目を向けることの重要性を際立たせている。なお，「学校数学におけるaction proofの機能に関する研究」（小松, 2008）も，よく知られる研究の一つである。証明の「操作性」と「形式性」との関連は，「中学2年の文字式の証明における操作的証明と形式的証明の相互構成過程の研究」（西山・岡崎, 2021）においても，中2の活動を対象として検討されている（なお，文字式による証明に関しては，三輪（1996），國宗・熊倉（1996），藤井（2000），小岩（2020）なども参照のこと）。

「操作性」の観点に着目し，中1の図形の学習活動を，「証明」への移行過程の一部として位置付けようとする研究もある。「論証への移行を目指した中学1年「平面図形」のデザイン実験」に関する研究では，「教授学的状況理論」（Brousseau, 1997）や「算数から数学への移行の枠組み」（岡崎・岩崎, 2003）を理論的背景として，「麻の葉模様」の中から図形を見出し，その根拠を説明するゲームを開発し，中1の生徒の活動の特徴を分析している（髙本・岡崎, 2008）。また，中1の図形の作図と図形の移動の関連教材を用いたデザイン実験を通して，移行的段階の要因を，より精緻にまとめている（岡崎・髙本, 2009b）。こうした取り組みは，「作図から証明への過程を意識した図形学習」（羽田・榛葉, 2002）の研究などにおいてもみられる。

例えば，証明の「操作性」は証明の本質的アイデアの認識に関わり，証明の「形式性」は証明の活用に関わり重要である。子どもの証明の意味や意義の理解を深めるためには，これらの側面に関する研究の一層の充実が求められる。

3.5　「説明」と「証明」

「証明」の用語は，わが国では中2で導入される。それ以前に行う，算数・数学科における事柄の妥当性を主張する活動は「説明」と呼ばれることが多い。

「グループ対戦型算数授業の実践的開発研究」（牛腸他, 2019）では，小5の児童が，ある図形の面積の大きさの関係を判断し，そのわけを説明する場面において表出させた演繹的説明の特徴を分析し，小学校における演繹的推論の理解を促す授業のあり方が検討されている。

近年，小中一貫校や義務教育学校が国の施策として進められ，その数は年々増加している。そこでは，義務教育の9年間を，前期（小1～4），中期（小5～中1），後期（中2，3）と区分して教育効果を高めようと考える学校が多い。このうちの中期は，算数・数学科において「説明」と「証明」とを接続させるきわめて重要な時期である。しかし，この能力を育成するための義務教育中期を一貫する有効なカリキュラムの具現化については，まだ多くの課題がある。上記のような研究によって，子どもの実態をよく知る必要がある。最近では，小学校算数科と中学校数学科をまたいで，子どもの「説明・証明」に関する実態を捉えようとする研究も見られている（e.g. 近藤, 2022）。

3.6　子どもの実態把握

子どもの実態を，微視的・巨視的に捉えることが，「説明」や「証明」の学習指導改善を考える上で欠かせない。ここまでに取り上げてきた研究の多くも，子どもの実態に関する情報を豊かに提供している。例えば，「証明言語の生成とふり返りによる定理と証明の相互理解」（渡邊・岡崎, 2021）もその一つである。そこでは「場合分けのある証明」に焦点を当てて，生徒が証明に用いる証明言語（図や記述）の生成の様相，ふり返りの過程で証明の理解を進める姿，困難をみせる姿などを分析している。このような子どもの活動の様相を質的に捉えることは，証明研究の研究方法の根幹であり，その重要性はこれからも変わらない。

一方で，「説明・証明」を行う子どもたちの，学年に応じた特徴や傾向を量的に捉えることも重要である（e.g. 國宗, 2000）。全国学力・学習状況調査などの大規模調査でも，「説明」や「証明」に関する記述式問題は扱われているが，出題や解答の形式には様々な制約がある。そこに表出される子どもの能力の様相は，日々の教室で行われている「自由記述」の形式で見せる様相とは大きく異なる。自由記述の特徴は客観化しにくい。しかし，「改良するには，まず測れ（to improve something, first measure it）」（Adamson et al., 2007）である。この捉え難い子どもの実態の把握こそ，数学教育学として取り組む必要のある課題の一つである。

3.7 証明研究の多様な視点

「証明」を明確に定義することができないことは，それだけ複雑な概念であることの表れである。したがって，その研究を行う上でも，多様な視点を持つ必要がある。ここでは，いくつかの特徴ある視点を取り上げよう。

- **証明の読解**：「証明読解の水準からみた数学的帰納法に関する困難性の特徴づけ」（真野, 2016）では，「数学の定理」（Mariotti et al., 1997），「証明を読む力の構成要素」（Yang & Lin, 2008），「「局所的読解」と「全体的読解」」（Mejia-Ramos, 2012）を理論的背景とした考察を行い，数学的帰納法に関する読解水準を独自に設定して，大学生に対する調査の結果を分析し，証明読解の困難性の特徴をまとめている。
- **ジェスチャー**：「図形の証明の構成過程におけるジェスチャーの役割に関する研究」（宍戸・岡崎, 2017）では，ジャスチャーという身体的行為と頭の中の見えないところで起こる認知との関係（例えば，図形のある部分をなぞる行為と，定理を見出すこととの関係）が，「間的内的解釈過程」（Sáenz-Ludlow & Zellweger, 2016）を理論的背景として考察されている。
- **反例**：ラカトシュ（1980）は，反例の持つ性質を，「大局的反例（推測それ自身を論駁する例）」と「局所的反例（証明を論駁するが，必ずしも推測を論駁しない例）」とに分類し，その活用として「モンスター排除法」「例外排除法」「モンスター調整法」「補題組み込み法」があることを示している。
- **認識値と論理値**：Duval（1991）は，個人が命題に対して持つ納得の度合い（明白だ，必然だ，ありそうだ，ありえない，など）を「認識値（epistemic value）」，命題が真であるか偽であるかを「論理値（logical value）」と呼び，証明がどのように理解されるかの考察のポイントは，「さまざまな認識値と論理値「真」との間の関係にある」（Duval, 2007, p. 139）ことを指摘している。
- **表現レジスターの処理と転換**：Duvalは，数学の対象の表現で，表現の変換を許すものを「表現レジスター（representation registers）」と呼び，数学の認知過程に関わる二つの異なる変換があることを指摘している。一つは，「処理（treatments）」で，同一の表現体系の中で起こる表現の変換である。もう一つは，「転換（conversions）」で，対象が意味することを変えることなく表現様式を変えることからなる表現体系間の表現の変換である（Duval, 2006）。そして，多機能の表現レジスターである自然言語を用いた証明の困難性も，この表現の転換に要因があることを指摘している。

- **ピアレビューによる説明の改善**：Reinholz（2016）は，「説明をクラスター概念として定義することで，説明の社会的性質が浮き彫りになる。そのため，生徒がよりよい説明を学ぶためには，実際に数学を説明する機会が必要である」（p. 36）ことを指摘し，（1）問題に対する解答の草案を作成する，（2）自分の草案を振り返る，（3）仲間の草案を分析しフィードバックを交換する，（4）自分の草案を修正する，という手順からなるピアレビューによる活動の効果を検証している。

他にも多くの視点を，国内外の研究から学ぶことができる。

4　残された課題

最後に，これまでの研究の考察をふまえ，残された課題について「思考・推論」と「証明」にわけて述べていく。

4.1　思考・推論

思考・推論に関しては，個々の課題については様々なものが挙げられるであろうが，全体としての課題を3点述べる。

第1は，マルチモーダルな視座からの研究の充実である。数学教育学における思考研究に関する理論的基盤を学習論に求めれば，行動主義から認知主義へ，そして状況論へと変遷している（佐伯, 2014）。また，状況論を基盤とした思考を研究するならば，その関心は環境や身体，物質へと移り，われわれはそれら多様な情報（モード）から意味を得ながら行動しているとみなすことになる。もちろん，そのような視点から思考研究に取り組む研究はあるが（cf. 影山他, 2016），より一層の充実が求められよう。

第2は，今後も時代の要請で重要になる思考が現れるであろうが，それと数学的思考との関連性を十分に検討する必要があるということである。例えば，批判的思考やコンピューテーショナル・シンキングは，数学的思考との関係性がどのようになっているのかを議論して理論的整備がなされてきた（e.g. 上ヶ谷他, 2019；﨑谷, 2000）。これからも新しく取り上げられる思考については，このような丁寧な議論を重ねて数学教育学に取り込んでいく必要がある。

最後は，授業観察や実験授業といった授業を対象とした研究方法が増えてきているが，授業の中でどのように思考を捉えるのかという点である。40人ほどの児童・生徒がいる授業において，個々の思考を詳細に捉えることには困難がある。個人ではなく集団として思考を捉えることができればそれを克服できそうであるが，そのような方向性で研究を進めるには存在論的なアプローチ（和田・上ヶ谷・影山他，2021）へとシフトするなど，認識論的なアプローチからの転換が必要になるであろう。

4.2 証　明

課題は多く考えられるが，ここでは，3点だけを述べよう。

1点目は，ICTと証明の学習指導との関係についてである。例えば，*Educational Studies in Mathematics* における特集「Proof in dynamic geometry environments」（編著者 Jones et al., 2000）が組まれているように，海外においては，テクノロジーと証明との関係についての研究が進められている。また，最近では，「コンピュータ・サイエンスが，数学的証明（確証：mathematical verification）にも数学的発見（mathematical discovery）にも使われている」（Hanna & Larvor, 2020, p. 1144）ことが指摘されたり，証明支援のコンピュータプログラム（e.g. LEAN）を用いることに関連した研究も現れたりしている。わが国においては，「GC（Geometric Constructor）」の開発（飯島により1989年にDOS版が開発された）が，数学教育学とテクノロジーとの関係の本格的な議論の先駆けであるといえよう。そして，現在，GIGAスクール構想の推進の結果，子どもが，一人1台の端末を持つ環境がほぼ整った。図形だけでなく，方程式，関数，統計すべての分野に関する，子どもにとっても使いやすいソフトも多く開発された。しかし，証明の学習指導とICT利用との関連の研究は，わが国においては依然として少ない。「証明とは何か」は，今後も問い続けなければならないことを先に述べたが，教育のICT環境が劇的な変化を遂げた今，この問いについて，あらためて議論する必要があるといえよう。

2点目は，「説明・証明」に関する，初等教育と中等教育を一貫する学習指導の目標設定の理念やカリキュラムの構成原理の確立についてである。これは，「世界にさきがけて中等教育の大衆化を果たしたわが国が，諸外国にさきがけて当面した，歴史的・社会的に必然的な課題」（平林, 1986, p. 7）の一つである。この指摘から半世紀が経とうとするが，その取り組みはいまだ道半ばといえよう。この促進のためには，理論的考察と共に，子どもの実態をよく知ることが欠かせない。特に，その接続部分に該当する義務教育中期（小5～中1），また，中等教育の前期と後期を一貫する視点からの質的・量的な実態把握が一層進められる必要があろう。

3点目は，証明の学習指導に関するわが国の社会的・文化的背景との関連についてである。例えば，中学校の数学で，証明をほとんど扱わない国がある（e.g. 熊倉, 2013）。対してわが国では，教科書に基づく一斉指導の中で多くの時間をかけて学習指導を行う。また，教師，生徒，保護者がもつ証明やその学習に対する考えも，わが国ならではのものがあるように思われる（例えば，テストの証明問題で，「部分点」をねらって，本人も思っていないことを記述する生徒が持つ考え，など）。国際比較等を通して，「証明」に関するわが国の社会性や文化性を捉え，それに基づく検討を行うことが，わが国における実践を改善させる上で重要であろう。

証明に関する研究論文のグローバルなレビューの結果（Stylianides et al., 2024）では「生徒」「教師」「コンテンツ」の三要素に対する一連の研究の位置付けを俯瞰する視点が欠けていることが指摘されている。上記の三つの課題の解決にも，その俯瞰的視点が重要であることで通じているといえよう。

第 11 章
数学教師教育・養成

1　はじめに

数学教師教育研究とは「数学教師の力量を高める教育」に関する一連の研究と定義される（森田, 2022）。そして，これらの研究には「どのようにして数学教師の力量を高めるか」を明らかにする研究だけでなく，「数学教師は何を学ぶ（べき）か」や「数学教師は授業の中でどのような役割を果たす（べき）か」に着目した研究も含まれている。

本章では，数学教師教育・養成に関する本学会の先行研究を概観し，この分野の研究の特色や今後の課題について考察する。

対象論文の分類に向けて，数学教師教育の研究動向（﨑谷, 2010；森田, 2022）を踏まえ，選定した論文を整理したところ，概ね次のように分類できた。

- 数学教師の知識論，資質・能力論に関する研究
- 教員養成に関する研究
- 現職教育に関する研究

以下では，数学教師の知識論，資質・能力論に関する研究，教員養成に関する研究，現職教育に関する研究に該当する先行研究を概観，考察し，この分野の今後の課題について述べる。

2　これまでの研究の概観

2.1　数学教師の知識論，資質・能力論に関する研究

一般的に，Shulman（1986, 1987）が提唱した教授学的内容知識（Pedagogical Content Knowledge：PCK）の研究を皮切りに，1990年代以降から教師固有の専門的知識を探究しようとした研究が数多く見られるようになった。また，2000年前後から日本国内でも教師の知識に関する研究が見られるようになったが，日本の教育施策においても「教職に対する責任感，探究力，教職生活全体を通じて自主的に学び続ける力」「専門職としての高度な知識・技能（教科や教職に関する高度な専門的知識，新たな学びを展開できる実践的指導力，教科指導，生徒指導，学級経営等を的確に実践できる力）」「総合的な人間力（豊かな人間性や社会性，コミュニケーション力，同僚とチームで対応する力，地域や社会の多様な組織等と連携・協働できる力）」（中央教育審議会, 2012）などのように教員の資質・能力が明確に示されるようになってきた。

それでは，本学会では教師の知識や資質・能力をどのように捉えていったのだろうか。これらの研究の萌芽は，1980年代における教師の意識に関する研究に見ることができるが，それ以後は上記のようなPCKをはじめとする教師教育研究の影響も少なからず受けている。

以下では「個人」と「集団」という二つの側面から本学会の先行研究を概観していく。

(1)　個人としての資質・能力

まず「個人としての資質・能力」に関する先行研究の概観を行う。このカテゴリーに該当する論文は，「教師の知識・信念」「教師の授業力向上」に関連した研究が挙げられる。

①教師の知識・信念

ここでは，教師の知識を対象とした研究と教師の信念を対象とした研究のそれぞれについて概観する。

まず知識を対象とした研究を紹介する。國本（1991）は，大学生と現職教員の数学的証明に関する知識を調査した。数学的証明に関する正しい理解を持ち，内容的−直観的証明（操作的証明など）は形式的証明を生成し，納得させる役割を持つものであるという理解が見られるという結果を得た。高澤（2002）は，教師の知識をKnowing thatとKnowing whyの2側面から捉え，教師の知識を教師の本人の前で

顕在化させる方法を明らかにした。その方法とは，教師への質問時に攪乱状況を作ること，子どもの誤答や誤概念に直面させること，知識の文脈を意識させることである。González（2014）では，Ball et al.（2008）の「教えるための数学的知識（Mathematical Knowledge for Teaching：MKT）」の枠組みをもとに，データのばらつきに関する「教えるための統計的知識（Statistical Knowledge for Teaching：SKT）」や信念に関する枠組みを提案し，高校教師に対して調査を行いその重要性を示した。新井（2016）もまた，MKTに加えShulman（1986）やGrossman（1990）のカリキュラム知識に関する先行研究をまとめ，日本の教師が作成した指導案の分析から水平的内容知識の重要性を示した。神原（2016）は，自身を研究対象として教師の信念に支えられた三つの知識（内容と教授法に関する知識，内容と生徒に関する知識，内容とカリキュラムに関する知識）が関連を保ちながら，数学的な見方・考え方に関するPCKにつながっていくことを描き出した。

次に信念を対象とした研究を紹介する。杉野本（2011a）では，教師の数学観は授業観や問題解決に対する見方について相互作用的に影響を与え，そのような信念体系は授業計画の際の基盤となることを述べている。また杉野本（2011b）は，数学の本性についての見方（数学観）とキーコンピテンシーの見方（学力観）との関係について考察した。教師の信念の構成要素である社会の求める学力観と時代に左右されない数学観を結びつけ記述した。新井（2017）は，認識論的信念（知識についての信念）に焦点を当て，授業中のカリキュラム知識と信念の関係を具体例から描写した。その結果，カリキュラム知識に関する信念は子どもとの相互作用により行動への意思決定に影響を及ぼしていることを示した。大越（2021）は，信念（授業観）が授業実践に移される，または移されない要因を事例で示した。その結果，教材知識・授業方法の知識は支援要因，授業観と親和性のない学校制度や授業形態は阻害要因となることを明らかにした。

②教師の授業力向上

「教師の授業力向上」に関連する研究では，「教師の意識」「教師の専門性」「教師の認識」「授業技術」「日本の教師の特性」に分類できる。

「教師の意識」に関する研究では，長谷川（1982）は，中学校教師が指導上の困難点を年代と内容別に尺度値を用いてまとめている。空間図形や確率・統計領域の困難性や理解指導の困難性が示された。岡田（1982）は，教師の算数教育に対する本音の意識を教科書に対する意見をもとに分析した。乗法の導入のあり方，理解の重要性，水道方式の影響，計算指導の配列，図形指導のあり方などの教師の意識がまとめられている。

「教師の専門性」に関する研究では，栗村（1997）は熟練者と初心者を比較し，専門的な発達は経験の充実度，すなわち専門的発達を志向し，いかに自律的に経験を積み重ねてきたかが重要であるとしている。さらに粟村（1998）は，熟練者と初心者の比較から思考様式と行動様式の違いに着目し，教師の専門性が専門的知識（教科に関する知識と教職教養的知識）と専門的技術（指導を円滑に行うための技術的・技能的能力）にあることを明らかにした。高澤（1999）は，構成主義的な学校数学としての「子どもがつくる数学」を観察する教師の役割に専門性を見出している。それは，教師には子どもたちとの相互作用の中に入り数学を創る体験を共有するという第1次観察者と，教師と子どもとの相互作用の意味やそのあり方をみつめ，修正していくという第2次観察者としての役割があるという。

「教師の認識」に関する研究には，メタ認知やメタ知識に関するものが含まれる。教師のメタ認知に関する研究では，重松他（1990）は教師のメタ認知がどのように子どもの「内なる教師」に内面化するのか明らかにした。教師の強い発言が内面化しやすい項目は「問題解決の手順の指示」であり，内面化しづらい項目は問題解決につながらないものであることが述べられている。岩﨑（1996）は三角形の合同条件の指導例をもとに教師のメタ知識がどのように子どもに伝達されるのか認識論的視座から分析をしている。伝達に重要なことは，子どもたちにとって確かな思考の道具を導入すること，その道具によって意外性や発見の経験をもたらすことをあげている。加藤（2002）は，数学指導における教師のメタ認知活動を捉えるための枠組み（モニターの対象，自己評価における参照，コントロールの方法）を提案し，具体例からメタ認知活動の様子を示した。調査は刺激再生インタビューを用いて行われ，枠組みの三つの観点から分析が行われた。

「授業技術」に関する研究では，さらに教師の授業力の一つに焦点化した研究と教師の授業力を捉える理論的枠組みの研究に分けられる。

まず，高澤（2004）は教師のリスニングに焦点をあて，「評価」「解釈」「変換」の3種のリスニングに分類している。そのうち変換的リスニングの重要性を指摘し，その特徴として「自分と異なる他の観点の受容」などをあげた。また，井口他（2012）は教師のまとめに焦点を当て，「まとめの型」を教師によるまとめと子どもによるまとめに分類し，生起の特徴と背景要因を整理した。

次に，教師の授業力を捉える理論的枠組みの提案を行った研究では，石井（2017）が教師の「評価力」の内実を明らかにし，授業改善の視点を内包した能力として「アセスメント・リテラシー」の理論的枠組みを提起した。中和他（2019）は保育者の職能成長を捉える枠組みを提案し，正統的周辺参加が可能な場において，個人のPCKが省察を行うことにより深化する可能性を示した。

「日本の教師の特性」に関する研究では，二宮・Corey（2016）はアメリカとの比較から日本の教師のもつ「潜在的授業力」(授業を観る力，指導案を作る力，教材研究する力など) について考察し，教師の授業力モデルを構築した。さらに二宮 (2017) は教師の授業力モデルを基に指導案作成を通して「顕在的授業力」と「潜在的授業力」を伸長させていることを示した。

また，木村他 (2017) は日本の教師に内在する授業構成原理を明らかにしている。昭和初期の授業記録を用いてベテラン教師にインタビューを行った結果，授業構成の観点，授業構成の段階毎の授業意図，物語的一貫性からの授業吟味，の3点を明らかにしている。

(2) 集団としての資質・能力

次に，「集団としての資質・能力」に関する先行研究の概観を行う。このカテゴリーに該当する論文として，「複数人の協働による授業開発・職能開発」「授業研究に関する理論的研究」が挙げられる。さらに，日本が歴史的に取り組んできた教員研修の一形態である授業研究を国外に波及させるといった，「日本国外における授業研究の適用」に関する研究も複数見られた。以下では，これらの論文の概要を見た上で，それぞれの特徴を整理する。

まず，「複数人の協働による授業開発・職能開発」については，大橋他 (2011) や有藤他 (2013) が挙げられる。これらの研究では，大学院生 (学卒院生および現職院生) が大学教員をアドバイザーとして一つのチームを組み，基本的には，支援を希望する自治体およびその近隣の小中学校等において，一定期間学校の運営活動や教育活動に参画しながら支援をする「学校支援プロジェクト」を立ち上げ，そこで得られた知見を集約している。また，このプロジェクトではアクション・リサーチ (デザイン・リサーチ) の理念と方法論に基づきながら，約4か月と比較的長期間にわたって行われたものである。このような背景に基づき，大橋他 (2011) は算数の授業改善の視点として「パターンの科学としての数学」の見方 (cf. Wittmann, 2004) に着目し，分数の割り算の授業設計・実践を行った。その結果，子どもによるパターンの予想，適用・確認，定式化という帰納的な活動を中心とした主体的な学習活動が展開されたことを報告している。さらに，「『パターンの科学としての数学』という視点の最も重要な点が，小学校教員に何が教材の本質的要素であるか，授業中どのような働きかけが重要であるかを判断する基準を与える」(大橋他, 2011, p. 140) ことであると述べ，教師教育上の示唆を導出している。また，有藤他 (2013) は「教授学的シツエーションモデル」や「教室における多様な‘まとめ’の型」(井口他, 2011) を理論的枠組みに用いて，ある一人の教諭の授業の質的変容に焦点を当てた。そして，質的変容の生起に関わる重要な構成要素として「①解決方法の選択レベルのコントロールを生徒が担うようにするための重要な構成要素」「②「生徒による‘まとめ’Ⅲb型」が生起するための重要な構成要素」の二つを同定している。そして，このような取り組みから授業改善には他者との協働，長期的な取り組みの重要性を指摘するとともに，自分の担当する生徒の変化を，他者の授業を通して目の当たりにすることが，教師の意識の変化に大きく関わっている可能性を有藤他（2013）は示唆した。

次に，「授業研究に関する理論的研究」としては，杉野本（2012）や杉野本・岩崎（2016）が挙げられる。「授業研究」というと，他学会では授業研究の構成要素や授業研究サイクル，日本国外における授業研究の実現可能性などが検討されてきた（cf. 藤井, 2021；清水, 2021）。それに対し，杉野本（2012）や杉野本・岩崎（2016）の研究は，学問知・理論知の創出を図る「レッスンスタディ」を従来の授業研究と区別し，「レッスンスタディ」の理論化を図り，教員研修の目的・目標を根底から見直そうと試みたものである。その萌芽的研究として，杉野本（2012）は「カリキュラム開発としての本質的学習場」「数学教育研究としての教授実験の方法論」という二つの側面からレッスンスタディを検討している。また，杉野本・岩崎（2016）はグループによるレッスンスタディのモデル事例の検討を行っており，「専門職としての数学教師によるカリキュラム開発」「数学教師教育における反省的実践」の重要性を指摘している。

最後に，「日本国外における授業研究の適用」に関する研究として，石井（2012, 2015），神原（2014），中和（2016）が挙げられる。これらはいずれもザンビア共和国（以下，ザンビア）での授業研究の成果を報告しているものであるが，着眼点は多岐に渡っている。石井（2012）は授業研究の成果物にあたる研究紀要に着目している。石井（2012）によれば，ザンビアの授業研究においても課題設定が重要視されており，それに基づいた報告書作成が目指されているものの，その中身は授業研究の実施に関する情報に留まっており，授業研究の内実はほとんど見られない点に課題があることを指摘している。また，ザンビアでは授業研究を実施し，その記録を提出すること自体に重きが置かれているのが現状であり，授業研究や研究紀要の質に関心を持っていないことが報告されている。これを受けて，石井（2015）はザンビアの授業研究における教師の授業実践の変容を調査した。そして，授業実践の変容を促進するための授業研究の構成要素として「教材研究の充実」「カリキュラム開発の視点」「生徒中心型のリフレーミング」の３点を導出した上で，「授業研究を自身の教授的力量を向上する手段として肯定的に捉え，同僚性を形成する中でお互いに学びを深め，学ぶ意欲を高めている」と結論付けた。ザンビアの数学教師の持つ授業観や授業づくりの現状に着目したのは神原（2014）であった。神原

(2014) はザンビアで授業研究を推進しているコアテクニカルチームに着目し，調査当時の現状として「正答主義」の数学観や方法論が先走った「学習者中心主義」の授業観がチーム内にあり，彼らが求める授業と実現する授業にギャップがあることを指摘した。そして，そのギャップを埋めるために，授業づくりにおける「内容についての知識」や「学習者とその特性についての知識」，「PCK」などを豊かにすることを示唆している。そして，中和（2016）はザンビア教師の教材研究に着目した。教材研究や授業検討会の内容を検討することで，中和（2016）はザンビア教師の課題として「教材研究の形骸化」「検討会において，児童の学習や数学教育的な内容に対する議論が少ない」といった2点を指摘している。また，その改善策として前者に対しては「計画時に時間をかけて問題を共有し，教師の間違いや考え不足などを可視化し共有すること」を，後者に対しては「ファシリテーターの力量の質を高めること」「検討会において授業計画時と実施時のギャップを具体的に取り上げ，その原因や教師の誤概念や誤答を共有すること」をそれぞれ提案した。

2.2　教員養成に関する研究

本項でいう教員養成とは，学部（教員養成課程）における教員養成と，教職大学院（専門職学位課程）における学部新卒学生を対象とした教員養成を意味し，教職大学院における現職院生を対象とした教師教育については，次項で取り扱うものとする。

本学会におけるこれまでの教員養成に関する論文を整理すると，まず，大きなテーマとして，①学生の実態，②学生に対する介入，③教員養成の教育課程の提言の三つを見出すことができる。

以下では，この三つのテーマ別に先行研究を概観する。

(1) 学生の実態に関する研究

学生の実態に関する研究は，着目する実態によって，数学教育全般についての実態，特定の内容領域に特化した実態，授業実践力についての実態，の三つに分類することができる。

まず，数学教育全般についての実態に関する研究としては，教員志望学生が有する数学教育全般についての意識や態度，数学観や数学教育観，さらには学生が有するアイデンティティに関する研究が含まれる。

例えば，石田・岩崎（1983）の「学校数学で残るもの」に関する研究では，小学校教員養成課程の学生を対象に，教員採用試験で出題された種々の問題を課すことで，学校での数学教育の成果として対象学生の中に何が残っているかを明らかにしようとした。そして，その結果をもとに，その後の学校数学の改良と教員養成の方策への示唆を得ようとしている。杉山（1988）は，学生の数学観と数学教育観の関連を明らかにしようとした研究である。将来，数学科教師になる学生が持つべき数学観とは何であり，それがどのように形成されるかという課題意識のもと，中学校教員養成課程3年次生を対象とし，Thompson（1984）の研究を踏まえ，学生の数学観と数学教育観の関連に関する調査報告を行っている。平井・門間（1988）は，学校数学に対する学生の意識を調査している。251名の学生を対象に，算数・数学に対する好き嫌い，基礎的知識，基本的な指導内容，指導方法の理解，数学の果たす役割についての認識といった，学校数学に対する彼らの認識や概念を，数学専修専攻の学生と他教科の学生との比較を通してその特徴や問題点を明らかにしようとした。伊藤・岡本（1989）は，数学学習に対する学生の態度を明らかにしようとした研究である。伊藤・岡本（1989）の開発した「数学学習に対する態度尺度（Mathematics Learning Attitude Scale：MLAS）」を用いて，数学教員志望学生と中学生の数学学習に対する態度構造の比較を考察した。西（2017）は，中等数学教育の成果として形成されるアイデンティティの研究を行っている。その一環として，数学教師を目指す学部1年生を対象に，彼らの有する習慣を通して，数学教育の成果として同定されうる肯定的なアイデンティティを考察した。その結果，数学教師を目指す学生には，数学教育を通して，「論理という正しさを保証として行動することを意味する『自信を持っている』性格のアイデンティティを持った人間が形成されている」（西, 2017, p. 127）という仮説を提示した。

次に，特定の内容領域に特化した実態に関する研究とは，ある特定の学習内容についての学生の認識や意識を明らかにしようとした研究である。

例えば，宇田（1991）は，既約分数の非相等性の調べ方を明らかにし，分数の非相等性に関する理論的考察も踏まえて，児童や大学生に対する分数の相等性・非相等性の指導のあり方や問題点などを考察している。また，齋藤（2004）は，小学校第2学年で学ぶ「四角形」を題材とし，小学生から大学生までの創造性の発達や，創造性の構成要素である拡散性，流暢性，柔軟性，独創性の因果関係等を明らかにしようとした。そのことを通して，算数・数学科における創造性の発達を明らかにし，創造性の育成に向けた指導法の開発や改善への示唆を得ようとした。真野（2016）は，Mariotti et al.（1997）による「数学的定理（Mathematical Theorem）」という数学的証明を捉えるためのモデルと，Yang and Lin（2008）やMejia-Ramos et al.（2012）による「証明読解（Proof Reading Comprehension）」の水準論という二つの理論的枠組みを援用し，数学的帰納法に関する理解水準の検討と，各水準における困難性の特徴付けに取り組んでいる。そして，19名の学生を対象に質問紙調査を実施し，数学的帰納法に関する証明読解の各水準における困難性を明らかにしようとした。

そして，授業実践力についての実態に関する研究としては，問題作り，教材分析力，省察といった，学生の授業実践力を明らかにしようとした研究が含まれる。

例えば，学生の授業実践力全般に関する研究として，秋田・齋藤（2009, 2010）や秋田（2010）がある。秋田・齋藤（2009, 2010）は，算数・数学の授業実践力を測定するための授業実践力評価表を開発し，その評価表を教員養成系大学学生および大学院生の模擬授業で使用し，学生の授業実践力の特徴を明らかにしようとした。さらに，その結果を模擬授業における結果の知識（Knowledge of Results：KR）として利用し，学生の授業実践力を向上する方法も提案した。秋田（2010）も，教員養成大学学生の算数・数学科における授業実践力の実態を明らかにすることを目的としたが，特に，教材分析力，学習指導案作成力，模擬授業実践力に焦点を当て，それらの間の関係を明らかにし，さらには，教員養成大学学生の教材分析力を向上するための具体的な方法を提案した。また，問題作りに関する研究として今岡（2001）がある。今岡（2001）は，大学生や高校生による数学の問題作りの実態を分析し，少なくとも，高校生や大学生は問題作りにおいて教師が数学の問題を作るときと同じような思考を働かすことができることを指摘している。そして，省察に関する研究として，木根（2016, 2018）や袴田（2019）がある。木根（2016, 2018）では，学生の教育実習における授業実践についての省察の実態やその変容過程，さらには変容の要因を明らかにすることを目的とし，ドナルド・ショーンが提唱した省察概念の一つである「行為についての省察（reflection-on-action）」に着目し，実習中の事後検討会や実習後の授業分析における自己省察や集団省察を対象とした事例研究を行った。袴田（2019）は，教授人間学理論（Anthropological Theory of the Didactic：ATD）に基づき，数学教師の省察における知識構成を数学的知識の関わり方の観点から記述・分析するための枠組みを構築することを目的とした。そのために，プラクセオロジーを用いた分析視点を設定し，その有効性を検証するために，数学科教育実習生による授業後の協議会を対象とした事例分析を行った。

(2) 学生に対する介入

学生に対する介入に関する研究として，コンピュータ活用による問題作りや数学的モデリングの経験の充実，算数授業の改善アプローチ，数学的リテラシーの向上を目指した，学生に対する介入の効果を検証した研究などがある。

例えば，下村哲氏を中心とした一連の研究（e.g. 下村他, 2002；下村・今岡, 2018）では，数式処理ソフトを活用した学生による数学の問題作りの意義とその方法について考察することを目的とし，様々な調査に取り組んでいる。例えば，与えられた原題から学生がどのように問題作成を行ったかという過程を明らかにするために，問題作成で参考にしたものや，問題の完成度を高めるために行った工夫や試行錯誤を分析した。また，インタビュー調査を実施し，学生の問題の作成過程の様相を事例的に検討した。下村・伊藤（2005, 2008）では，数式処理ソフトを活用した学生による数学的モデリングとその意義を考察することを目的とし，生物の個体数の変化や感染症流行モデルに関する数学的モデル（微分方程式）を作ったり，コンピュータを活用したシミュレーションをしたりしながら，数学化，観察，予想，検証という一連の過程を経験させる授業実践を試みた。その授業を受講した学生にとって，コンピュータを活用した数学的モデリングの経験がどのように生かされたかも考察している。大橋他（2011）は，教職大学院生を対象に，「学校支援プロジェクト」における算数授業の改善アプローチを検討している。算数の授業改善の視点として，Wittmannの本質的学習場を中心に据えた実証的研究デザインの基盤となる数学の見方「パターンの科学としての数学」を取り入れたことで「教室においてどのようなことが起こったか」を報告し，「パターンの科学としての数学」の見方が，日常の算数授業の改善を図る上でどのように貢献し，そのためには何が大切になるかを明らかにすることを目的とした。そして，井上（2018）は，OECDのPISA2012で提唱された問題解決のための数学的モデル化に焦点を当て，数学化のプロセスを通じて現実世界の問題を発見し，問題解決力を養い，数学に対する意欲や創造性を育むことで，初年次教育や教養課程における数学的リテラシーを高めることを目指した。

(3) 教員養成の教育課程の提言

教員養成の教育課程の提言に関する研究として，教員養成のあり方に関するものと，カリキュラム開発（学部と大学院の連携）に関するものがある。

國本（2006）は，当時の教師養成の課題として，現在の数学教育における数学観（準経験主義，パターンの科学），教授観（児童・生徒の数学的活動の組織化），学習観（能動的・社会的学習およびドリル学習への疑問）との乖離や，それを悪循環として受け継がれ続けていることを指摘した。そして，そうした課題の打開策や，小学校教師志望学生の教師養成のあり方を考察している。岩崎・入川（2012）は，教員の質保証がこれからの日本の教育を考える上で，学校種を問わない喫緊の課題であることを指摘した。その課題に対して，広島大学教育学部と教育学研究科の教員養成をモデルとし，①現在の学部・大学院の教員養成に関わる授業の課題，②2013年度より全国で開講された「教職実践演習」の内容と方法，③学部の教員養成プログラムと2009年度に開設された大学院教職高度化プログラムとの有機的な接続の可能性，④教育効果の期待できる学部・大学院を連携した教員養成カリキュラムの開発といった研究課題に取り組んだ。

2.3 現職教育に関する研究

本項でいう現職教育とは，現職教師を対象とした校内外での教員研修や授業研究，教職大学院等における現職院生に対する教師教育を意味するものとする。本学会におけるこれまでの現職教育に関する論文を整理すると，まず，大きなテーマとして，①現職教師の実態，②教員研修（授業研究）への提言，③教員研修（授業研究）に対する検証の三つを見出すことができる。

以下では，この三つのテーマ別に，現職教育の研究の動向を整理する。

(1) 現職教師の実態に関する研究

現職教師の実態に関する研究として，数学教育全般に関する実態，特定の内容領域に特化した実態，授業実践力に関する実態の三つに分類することができる。

まず，数学教育全般に関する実態に関する研究としては，現職教師が有する数学教育全般についての意識や態度，指導観（教材観）や知識等に関する研究が含まれる。

例えば，加藤（2002）は，数学指導において教師の行う活動をメタ認知的側面から分析し，授業における教師のメタ認知的活動の特徴を明らかにしている。そこでは，教師のメタ認知的活動による授業過程の分析によって，教師の意思決定場面をより詳細に捉えられる可能性を示唆し，授業での教師の適切なメタ認知的活動を同定する枠組みを提案している。新井（2016）は，教師の知識に関する研究から，カリキュラムに関する知識がどのように捉えられてきたかを明らかにし，翻案時に関わるカリキュラム知識を規定している。そして翻案過程のプロダクトである指導案における指導観（教材観）に記述されるカリキュラム知識を具体例から考察し，カリキュラム知識の指導観における影響の様相を明らかにしている。そして，神原（2016）は，一つの事例を元に，質的研究の一つである「4ステップコーディングによる質的データ分析手法SCAT（Steps for Coding and Theorization）」を用いて，経験教師のどのような専門的知識が教授単元開発過程で働くのか検討している。そこでは，教授単元開発過程において，数学観・学習観・生徒観に関わるような経験教師の信念が基盤となる重要な要素となっていることを示し，ある経験教師の専門的資質能力の構造モデル図を示している。

次に，特定の内容領域に特化した実態に関する研究とは，ある特定の学習内容についての現職教師の認識や意識を明らかにしようとした研究である。

例えば，González（2014）は，中等教育の数学カリキュラムの改定において，統計教育の重要性が強調されている背景から，中等教員の有するSKTとその信念について調べるための概念的枠組み，そしてその枠組みに基づいた調査用具を提案し，広島県の県立高等学校数学科教員14名に対して行った調査の結果を報告している。

そして，授業実践力に関する実態についての研究としては，教師のもつ知識や信念，現職教師の授業実践力を明らかにしようとした研究が含まれる。

新井（2017）は，カリキュラム知識についての信念を，「行動にあらわれるカリキュラム知識に基づく価値判断」と規定し，教師の授業計画から実施までの信念をカリキュラム知識についての信念という視点から記述しその特徴を捉えている。授業場面において，教材の価値やよさに関する知識に基づく価値判断が行われていることを浮かび上がらせ，計画時には意識されない知識（図形概念）に基づく価値判断もなされていることも明らかにしている。

(2) 教員研修（授業研究）に対する検証

教員研修（授業研究）に対する検証に関する研究としては，現職教員を対象とした教員研修や授業研究を通して，その効果や影響を明らかにしようとする研究が含まれる。

例えば，Davis and Baba（2005）の研究は，ガーナにおける現職教員夜間研修プログラムの数学教育への影響に焦点を当て，研修プログラムにおいて数学教科知識が向上する一方で，分数の指導に関する課題が残ることを示している。また，Mohsin（2006）によるバングラデシュの初等教員研修校の現職教員研修に関する研究では，数学教師の教科知識，教授技能，態度に焦点を当て，質問紙調査と統計的分析を通じてその効果を評価している。結果として，教科知識や教授技能の向上が認められたが，数学教授に対する態度については統計的に有意な改善は見られていない。この研究からは，教師の学歴が能力に大きな影響を与える一方で，年齢や教員経験年数はあまり関係がないこと，教授技能と教師の態度に強い相関があること，そして教科知識と教師の態度の関係が最も弱いことが明らかにされている。一方，有藤他（2013）は，授業研究を中心に授業の長期的な改善に取り組み，数学教師の力量形成に及ぼす効果と要因に焦点を当てている。協働と長期的な取り組みの重要性を強調し，他者の授業を通じて生徒の変化を見ることが教師の意識変化に寄与する可能性を指摘している。

(3) 教員研修(授業研究)への提言

世界に広まっている授業研究は主に算数・数学科におけるものであり，日本はその発祥国として明確に発信する必要があると指摘されている(藤井, 2021)。高橋(2021)は，授業研究は教師がお互いの授業を見合って指導技術を高める研修方法であるだけでなく，そこで行われた授業実践を研究の俎上に載せることの必要性を指摘している。その上で，今後は授業研究の結果に客観性や一般性をもたせ，論文化することでエビデンスに基づくアプローチの深化が求められているといえる。

本学会誌における教員研修(授業研究)への提言に関する研究としては，現職教育のあり方に関するものと，授業研究の方法論，具体的なアプローチの提案に関するものがある。

國本(2006)は，教師の課題として，小学校教師の多くが数学に自信を持っていないことを挙げ，子どもたちのことを一番よく理解しているからこそ，指導学年は適切か，どんな教育原理にたって学習指導要領や教科書が作成されているのかなど，現在の学習指導要領や教科書を批判的に検討すべきであると指摘している。

一方，授業研究の方法論に関する研究としては，杉野本(2012)や杉野本・岩崎(2016)が挙げられる。

杉野本(2012)は「カリキュラム開発としての本質的学習場」「数学教育研究としての教授実験の方法論」という二つの側面からレッスンスタディを検討し，具体的なカリキュラム提案を行うレッスンスタディの方向性を示している。また，杉野本・岩崎(2016)は授業研究とレッスンスタディとの違いを明確化し，レッスンスタディのモデル事例の検討を行っている。そこでは，「専門職としての数学教師によるカリキュラム開発」「数学教師教育における反省的実践」の重要性を指摘している。

山脇他(2013)は，カリキュラム開発における実証的アプローチとしての授業研究に焦点を当て，新しいカリキュラムの実現可能性を実際の授業を通じて検討し，カリキュラムの改善点を明確にし，「意図したカリキュラム」の「調整」に数学的活動の概念を組み込む必要性を示唆している。

そして，木根他(2019)は小学校教員向けの教員研修に関する事例を通じて，数学教師の気づきの実態と気づきを促す要因を検討している。授業研究や教員研修が数学教師の知識や信念を形成するのに役立つ機能として，子どもの学習活動の観察や授業改善案の検証の機会提供，参加者間の社会的相互作用の促進，研修担当者の配置，参加者の知識や信念，経験の事前把握などを挙げている。これらの研究から，授業研究と教員研修がカリキュラム開発と教育の改善において重要な役割を果たすことが示唆されている。

3 議　論

これまでの先行研究のレビューを踏まえ，「数学教師の知識論，資質・能力論(個人，集団)」「教員養成」「現職教育」のそれぞれの観点から，本学会における数学教師教育研究の特徴を考察する。

3.1 数学教師の知識論，資質・能力論に関する研究

まず，個人としての資質・能力に関する本学会論文の特徴を捉えるために海外の知識研究を振り返る。教師の知識研究は，主に認知的側面と状況的側面から研究されてきている（Stahnke et al., 2016, p. 1)。特に後者に属する研究はSchoenfeld (2010)，Blömeke et al.（2015）に代表されるように，知識の活用という動的側面に焦点を当て，信念・価値などを含む志向性（orientation）や気質（disposition）を含めた教授を対象に，教材や指導法，課題選択の意思決定，気づき（noticing）などの実証的な研究がなされてきている。これに対して本学会論文は，2.1で示したとおり，知識と信念，指導法の向上に分類でき，海外の動向と比較的同様の方向性を示していると考えられる。ただ量的に少ないために単発的で研究間のつながりが薄い点が指摘できよう。一方，本学会論文の特徴として，日本の教師文化から生まれた「授業力」という概念に関連する研究がある。例えば二宮・Corey（2016）は授業力を「顕在的授業力」と「潜在的授業力」に分け，教材研究や指導案作成，授業を観る力等，包括的に授業力を捉えようとしている。またリスニング力やまとめの型のような日本型の授業に特化して「授業力」の細部を描き出そうとしている。

次に，集団としての資質・能力について，「複数人の協働による授業開発・職能開発」に関する研究（大橋他, 2011；有藤他, 2013）を概観すると，確かに「学校支援プロジェクト」は複数の成員によって構成されているが，そのプロジェクトの成果は個々の教員の力量形成や授業改善を意図しているものと見ることができる。つまり，これらの研究では「複数人で授業改善に取り組む」ことが手段として位置付いており，その成果が教師個々人のみに帰着してしまっているのではないだろうか。それゆえ，これらの研究では「教師の力量を集団として高めていく」ことの意味や意義が現状では十分に検討されていないのではないだろうか。それでは，「教師の力量を集団として高めていく」ことを捉えるためのテクニカルタームとしてどのようなものがあるだろうか。ここでは，その一例として「専門職の学習共同体(Professional Learning Community：PLC)」を挙げたい。専門職の学習共同体とは，「教師たちがともに働くことを重視し，教師の共同作業の目的を授業と子どもたち

の学びの改善に継続的に定め，授業改善の周知と学校全体の問題の解決のためにデータや根拠を示すことを求める」（ハーグリーブス, 2015, p. 249）コミュニティのことを指す。また，専門職の学習共同体の構成要素として，Hord and Sommers（2008）は「信念・価値・ビジョンの共有」「共有的・支援的なリーダーシップ」「集合的な学習とその応用」「支援的な状態」「個人的な実践の共有」の五つを指摘している。

また，数学教育における専門職の学習共同体では，教師が自らの数学的知識とMKTを深めることを支援することに重点を置いている（e.g. Jaworski, 2008)。また，Brodie（2014）は，効果的なPLCは，生徒の達成度と生徒の活動に焦点を当て，共同で授業やカリキュラムの計画を立てたり，実際の教室での授業やそれを録画したビデオを見て，実践を共同で観察したり省察したりすることで，生徒のニーズに対応することに重点を置いていることを主張している（pp. 502-503)。このように，「教師の力量を集団として高めていく」ことを研究するにあたっては，「数学授業に対する信念や価値，ビジョンがどのように成員間で共有されていく（べきな）のか？」や「専門職の学習共同体におけるリーダーはどのような役割を果たす（べきな）のか？」などを探究することが重要であると考えられる。また，社会的言説という観点から知識・権力・アイデンティティを捉える「社会政治的転回」（Gutiérrez, 2013）という視点に立てば，コミュニティにおけるリーダーがどのような権力を有しており，その権力がコミュニティの中でどのように機能しているのかを明らかにするといった視点も考えられるのではないだろうか。さらに，リーダーというのは教師教育者的な立場と位置付けられるが，教師教育者の研究も少ない（森田, 2022）ことから，これらの研究にも着手する必要があることが示唆される。「授業研究に関する理論的研究」や「日本国外における授業研究の適用」については上記に加え，授業研究に関わる社会文化的背景に対する検討が必要であると考えられる。どのような教員文化が授業研究を成功的あるいは失敗的なものにするのか，またそこで得られた知見は日本の授業研究にどのような影響をもたらしうるかについては検討の余地がある。

3.2 教員養成に関する研究

本学会における教員養成に関する研究は，数学教師志望学生の実態として，数学や数学教育に関する全般的な意識や態度の研究が1980年代から取り組まれてきた。これに続いて，1990年代に入ると，学習内容に関する学生の実態を明らかにする研究が取り組まれるようになり，学生の実態の詳細に関心が向けられてきた。こうした動向は，よりよい教員養成に向けた学生の実態把握という動機がその背景にあるといえるであろう。

2000年代に入ると，学生の実態として，問題作りや授業実践力，教材分析力といった，授業実践に直結する教師の力量に焦点が当てられるようになった。また，問題作りや数学的モデリングに向けたコンピュータ活用の力量を伸ばすための学生に対する介入や，教員養成のあり方の論考といった教員養成課程の提言も行われるようになった。そして，2010年代になると，アイデンティティや省察といった学生の実態や，授業改善や数学的リテラシー向上にむけた学生に対する介入，学部・大学院の連携に向けたカリキュラム開発といった研究が取り組まれるようになった。

山﨑（2017）によれば，2000年代における教師教育改革として，養成教育段階での実践的指導力育成，大学院レベルでの高度職業人養成，教職生活全体を通した学び続ける教員像の追求といった政策的課題の具体化が進められた。そこには，一般的教師教育研究における教師の発達と力量形成に関する研究動向として，教職の本質的姿としての省察的実践家像とその本質的営みとしての省察概念が広く受け入れられ，また，教師の発達と力量形成が，個人的な営みのなかで自己完結的に遂げられるものではなく，他者との協同，支援的人間関係，他者との対話といった要因によって支え促されることから，協働，コミュニティ，文化，アイデンティティといった概念が注目されるようになった（山﨑, 2017, pp. 19-20）。

こうした時代背景を見ると，本学会の教員養成に関する研究も，各時代において数学教育や数学教師に求められてきた事柄が反映されており，その影響を受けていることがうかがえてくる。

3.3　現職教育に関する研究

13編の対象論文から，本学会誌における現職教育に関する研究の特徴を示す。本領域は，主に教師の資質・能力の形成やカリキュラム開発，授業研究を中心とした研修プログラムの開発等の目的で行われている。現職教育の方法としては，Davis and Baba（2005）やMohsin（2006）のように，大学等が講義形式で実施するものも見られるが，日本の教師文化の中で取り組まれてきた授業研究を中心に，授業実践の事例をもとに考察しているものが中心に取り上げられている。

現職教育の成果検証の手法としては，先述した講義形式の教員研修においては量的分析が行われ，質問紙を用いた統計的な分析が行われている。その一方で，授業研究に基づく実践事例の分析においては，質的な分析が行われ，教師と学習者の発話を中心とした授業分析（加藤, 2002），事後検討会（木根他, 2019），学習指導案の分析（新井, 2016）など，授業計画，授業実践，授業検証の三つの過程で生成される様々なデータをもとに考察されている。このように現職教育に関する研究は，研究者の関心によって焦点が当たる側面は異なるものの，理論と実践を往還する授業研究に基づいた質的研究が多いという特徴が見出せる。

その他の特徴として，現職教員の教職大学院生を対象とした論文が有藤他（2013）の一編に限られている等，教員養成段階における学部生を対象とした論文数とは大きく異なっている点が挙げられる。教育学研究科の多くが教職大学院に移行し，数学教育学の研究志向が縮小化しかねない状況が危惧される昨今において，教職大学院生を対象とした現職教育に関する研究を推進することが期待される。

また，現職教育の介入者となる教師教育者に関する議論は，木根他（2019）が小学校教員向けの教員研修に関する事例を通じて述べているのに留まっている。授業研究における同僚性に対する研究は見られるものの，Seino and Foster（2020）のように知識ある他者のコメントの重要性を指摘し，数学教師の実践を発展させる上で非常に重要な役割を果たすとされる現職教師の教師教育者に焦点が当たった研究は限られている現状にある。

4　残された課題

最後に，数学教師教育研究における残された課題として，今後取り組むべき研究の方向性について言及する。そのために，ここでは海外の数学教育研究や一般教師教育研究の動向に注目し，その動向との比較を通して，本学会で十分に取り組まれていることとそうでないことを明確にしてみたい。具体的には，まず海外の数学教育研究の動向を，2024年に開催される第15回数学教育国際会議（15th International Congress on Mathematical Education：ICME15）の教師教育に関する部会に求めてみる。また，一般教師教育研究の動向を，日本教師教育学会が発行した『教師教育研究ハンドブック』に求めてみる。

本章では，数学教師教育に関する本学会の先行研究を，教師の知識論，資質・能力論，教員養成，現職教育という枠組みで整理してきた。この枠組みをもとに，ICME15の教師教育に関する部会と『教師教育研究ハンドブック』のそれぞれで設定された教師教育研究の課題を整理したものが**表 11-1**である。

以下では，これらの区分を適宜参照しながら，本学会において未だ残されている数学教師教育・養成上の課題を，「数学教師の知識論，資質・能力論に関する研究」「教員養成に関する研究」「現職教育に関する研究」のそれぞれの観点から述べていくこととする。

表 11-1　ICME15 と日本教師教育学会における教師教育研究の課題

	ICME15 教師教育に関する部会	教師教育研究ハンドブック
教師の知識論，資質・能力論	・小学校段階で数学を指導する際に必要な知識 ・中・高等学校段階で数学を指導する際に必要な知識 ・数学教師の情意，信念，アイデンティティ	・教職の専門職性と専門性 ・教職の専門家としての発達と力量形成 ・教職専門性基準 ・専門職としての教師の学び ・教師の専門的能力，教師の実践的知識，PCK ・教員文化と同僚関係 ・専門家の学びの共同体
教員養成	・就学前／小学校段階の数学教師の養成 ・中等段階の数学教師の養成	・各校種段階の教員養成のカリキュラム（就学前教育，初等教育，中等教育，特別支援教育） ・教師教育カリキュラムの内容（教育学的教養，教科（学問）教養，教育実習と学校参加体験） ・教員養成の機関（教員養成系大学・学部，一般大学，短期大学，専門学校，行政機関） ・教職大学院（学部新卒学生）
現職教育	・小学校段階における数学教師の現職教育とその専門的能力の開発 ・中等段階における数学教師の現職教育とその専門的能力の開発 ・数学教師教育者の知識と実践	・行政による研修 ・校内研修と授業研究 ・初任者研修とメンタリング ・自主的研究団体による研修 ・教職員組合における研修 ・教師の目からみた研修 ・教職大学院（現職教員） ・教師と研究者の協同 ・大学と学校のパートナーシップ

4.1　数学教師の知識論，資質・能力論に関する研究

まず，個人としての資質・能力についてだが，本学会論文の特徴を踏まえると，個人の資質能力を高める潜在的授業力の研究が十分に行われていないことが挙げられる。授業研究などの集団における個人の資質・能力の向上に関する研究は，国内学会論文で散見されるが，個人が行う教材研究などに関する研究は十分ではない。むしろ Kyozaikenkyu（Watanabe et al., 2008）という用語が海外に発信されている現在において，積極的に研究されるべき領域であるといえるだろう。

次に，集団としての資質・能力について，「授業研究／レッスンスタディに関する実践的研究」が挙げられる。例えば，日本数学教育学会（2021b）は日本国内における授業研究が日々の授業改善や学術研究に貢献することを示した上で，その実際や本質を論じている。その一方，Stigler and Hiebert（1999）が日本の授業研究が教員研修において効果的であることを主張する以前，日本の授業研究はいわばガラパゴス化されたものであり，それゆえ授業研究は「理論なき実践」（藤井, 2013）であったと見ることができる。このような経緯に鑑みると，本学会で取り組んでき

た「授業研究に関する理論的研究」は上記のような問題を解決するための一つのアプローチとして位置付けることができる。また，杉野本（2012）や杉野本・岩崎（2016）は後期中等教育（高等学校段階）の授業改善を図ることを目的としているが，小学校や中学校といった他校種におけるレッスンスタディの理論の援用ということも今後の課題として位置付けることができる。

また，個人・集団に共通した資質・能力として，「教師のアイデンティティ」を挙げることができる。ICME15の教師教育に関する部会において「教師のアイデンティティ」があるのに対して，本学会において研究の蓄積は見られない。アイデンティティとは「自分とはそもそも何者なのか」など，自我や自己を指す概念として扱われるが，教師研究では個人の属性や指向だけでなく，集団の心性や文化を表現するものとして扱われる（例えば，髙井良, 2015）。さらに，数学教師のアイデンティティの定義は多岐にわたっており，参加型，物語型，言説型，精神分析型，パフォーマンス型といった類型化もなされている（Darragh, 2016）。具体的には，数学教師がどのようなアイデンティティを保持するのか，また教師個人のアイデンティティに対して集団や社会がどのような影響をもたらしているのか，教師のアイデンティティが問題解決型授業をどのように促進・阻害するのか，などといった研究が考えられる。

4.2　教員養成に関する研究

第3節での考察 **3.2** でも確認したように，本学会における教員養成に関する研究は，数学教師志望学生の実態，学生に対する介入，教員養成課程の提言に関するものに大別でき，時代の流れに応じて，教員養成の充実から教師教育改革という時代背景の影響を受ける様相が確認できた。

その一方で，ICME15や日本教師教育学会で設定された教師教育研究の課題と比較すると，教員養成における校種区分はまだ十分意識されていない。学級担任制の小学校教員と教科担任制の中学・高校教員の養成にはそれぞれ特殊な状況があり，一言で教員養成と括れるような単純なものではない。また，特に日本教師教育学会で意識されていることであるが，教員養成のカリキュラム，内容，機関といった観点に絞った研究もまだ取り組まれていない。学部と教職大学院のそれぞれに特化した研究も今後の課題と思われる。

4.3　現職教育に関する研究

今後の研究の方向性としては，これまで実施されている方法論について，理論的側面を踏まえた検証の必要性が挙げられる。これまでの研究においては，研究者の関心によって一事例をもとにした質的な研究が大部分を占め，方法論も多様に展開されているため，成果は一般化できないものであり事例研究の積み重ねが課題となっている。また，現職教育に関する研究において，従来の短期的な成果だけではなく，中長期的な取組の実証的研究をすること，教師だけではなく教師教育者の研究を進めていくことが求められる。

そこでは，小柳（2018）が，教師教育者のアイデンティティ形成と専門職性の向上を促進するためのアイデアとして，Self-Study の考え方，Professional Capital の考え方，教員や学校の Resilience の考え方を挙げており，数学教育においても考察していくことが望まれる。

さらには，現職教育の参加者間の相互作用に焦点を当てたコミュニティや専門性を持つミドルリーダーの役割等の考察など，現職教育に関する研究対象は課題が尽きない領域といえる。

第12章
国際性・多様性

1　はじめに

数学は最も抽象的な言語であり，その点で文化の垣根は低い。しかし，数学教育は各社会での教育的営為であるので，否が応にも文化の影響を受ける。

4年に一度開催される数学教育国際会議（International Congress on Mathematical Education：ICME）は，1969年の第1回大会より数学教育研究において国際的な連携を進めており，その表れとして，開催地を西ヨーロッパ，北米から，1984年にはオーストラリア（太平洋州），1988年にはハンガリー（東欧）へと拡大し，2000年には初めてアジア圏・日本で開催されている。この開催地の広がりは参加者の広がりにも関わっており，特に，開発途上国からの参加にも意を砕いてきた。そのことは，本章のテーマである数学教育研究における「国際性・多様性」にも関係する。1984年のICMEでは課題部会の一つとしてMathematics for Allが設定され，数学教育が先進国と開発途上国の双方の問題として議論された。そのような時代の空気感であろう，1984年にはD' Ambrosioによって「民族数学」という言葉が考案され（D' Ambrosio, 1986），1988年にはBishopによって*Mathematical Enculturation*（『数学的文化化』）が出版されるなど，各国・地域の文化やその多様性を考慮した数学教育研究が国際的に展開されるようになった。

一方，国際（外国を含む）や文化を対象に研究するとき，国内における研究とは前提が異なるため，その違いを明確にした上で研究方法を選定する必要がある。研究方法には，研究に必要なデータをどのように集めるかというデータ収集方法と，収集したデータをどのように処理するかというデータ分析方法が含まれる。データの種類には大きく分けて定量的データと定性的データがあるが，データを集める調査ツールによって，授業記録，質問紙，テスト，インタビュー，フィールドノーツ，フォーカスグループディスカッションなど，データ収集方法を細分化することもできる。さらに，近年では，定量的・定性的といった二分的な分け方に対して，ミックス・メソッドと呼ばれる方法も積極的に開発されている（Creswell & Clark, 2007)。

本章では，日本以外の国における数学教育や，特定の国ではなく多数の国における数学教育を扱う論文を対象とする。しかし，日本人が海外の特定の国を取り上げたり，留学生が日本という国に居て自国を取り上げたりする場合，直接的に比較せずとも，そこには潜在的に二つ以上の国が意識されている。そして，二つ以上の国が意識されることで，普段は無意識な文化——各地で独自に築き上げてきた価値，言葉など——も同時に意識化されることとなる。特に，数学教育研究では民族数学や数学的文化化といった概念を用いることにより，重要な構成物としての文化やその多様性が意識されるようになった。

「国際」とは，辞義的には「諸国家・諸国民に関係すること」(『広辞苑』第七版)を意味するのだが，本章では，各国が有する文化や価値観も考慮しながら他国に関わりを持つことという意味で「国際性」という言葉を用いる。そして，国際性や文化の多様性を意識した研究を対象に，この研究テーマの特色や今後の課題について考察する。

まず，本学会で取り組まれてきたこれまでの研究を概観したところ，研究対象と研究方法の２側面から対象論文を分類することが可能と考えた。

研究対象については，外国の数学教育，外国の研究者や実践家といった人物，国際的な連携における日本を分類の観点とした。

研究方法についてだが，本章の対象論文で用いられたデータ収集方法として，文献調査，フィールド調査，国際教育調査があった。個々の論文に目を向ければ，これらの方法を併用しているものも多々あるが，文献調査とフィールド調査を用いた論文が全体の３分の２を占めていた。また，対象論文で用いられたデータ分析方法として，異なる対象との比較を通して示唆を得ることを目指す比較研究を取り上げているものもあった。したがって，研究方法については，文献調査，現地を訪問して実施するフィールド調査，国際社会で開発された調査ツールを援用した調査，比較研究を分類の観点とした。

その結果，本学会で取り組まれてきた国際性や多様性を意識した外国の数学教育に関する研究は，概ね次のように分類できた。

- 外国を対象とした文献調査
- 外国の人物を対象とした文献調査

- 外国でのフィールド調査
- 外国との比較研究
- 国際教育調査データの二次分析と国際共同研究
- 外国との共同授業を通した研究

以下では，本学会の先行研究を分類別に概観，考察し，最後にまとめとしてこの研究テーマに関する今後の課題について述べる。

2　これまでの研究の概観

2.1　外国を対象とした文献調査

外国を対象とした文献調査に該当する論文は全部で24本（中国四国数学教育学会5本，西日本数学教育学会5本，全国数学教育学会14本）ある。地域別にまとめた結果，西洋諸国が最も多く，全部で16本（ドイツ6本，西ドイツ4本，米国3本，英国1本，カナダ1本，ロシア1本），アフリカ地域は4本（ケニア2本，モザンビーク1本，南アフリカ1本），アジア地域は4本（中国3本，タイ1本）となった。以下では，この24本の論文を，国別と年代別で整理し，そこから見える特徴を検討する。

まず，該当論文を国別に整理すると，西ドイツ，ドイツが最も多く，合わせて10本の論文がある。ドイツと書かれているものでも，ドイツの西側の地域に注目している論考がほぼすべてであった。最も古い岡田（1975）では，西ドイツの量の取り組み方が日本のそれと異なっているため，二つの入手できた論文からそれぞれの主張を整理しつつ，その後の西ドイツにおける量の捉え方を日本との違いも含めて検討している。次に古い植田（1982）では，今のプログラミング教育に近いInformatik教育の現状について西ドイツの動向を明らかにしており，現代のプログラミング教育についても示唆がある，先見の明がある論文となっている。西日本数学教育学会時代のものでは2本あり，どちらも國本が西ドイツの数学教育についての課題を検討している。國本は全国数学教育学会以降では，統一後のドイツの数学教育について述べており，精力的にドイツの研究を実施していたことが注目できる。それに合わせて，全国数学教育学会時代のドイツに関する研究ではWittmann関連の論考が目立つ。特に，國本（2000, 2011, 2012）がそれにも貢献している。ドイツの現状やWittmannの『数の本』（幼児期対象の『小さい数の本』も含む）についての論考が見られる。またドイツの現状について明らかにしながらも，日本にどのようなインプリケーションがあるのかについても述べられている。

2006年以後，アフリカにおける国際協力・研究内容が増えている（ケニア，モザンビーク，南アフリカ）。イギリス，カナダ，ソ連に関しては1980年代の中国四国数学教育学会時代に発表された論文で扱われており，どれも日本の数学教育とは異なる点を紹介・論考した論文である。

次に，該当論文を年代別に整理し，論文内容の変化を時代区分で検討したい。1972～1980年代では4本，1981～90年代では6本，1991～00年代では1本，2001～2010年代では8本，2011～20年代では5本，2021年代以降が0本となっている。

1972～80年代と2000年代以降では，論文が扱う国の対象や内容が異なっている。1972～80年代では，主に，海外の先進的な内容から日本の数学教育について検討するという目的の下，文献調査が行われている。視点については，教材論，教具・教材，カリキュラム論が見られる。2000年代以降においても，文献による調査は多く実施されているものの，研究対象国がケニア，中国，モザンビーク等，1972～80年代では見られなかった国がある。これらの国々の中には国際協力の視点を含むものが確認できる。視点についても，教材論や教具・教材については言及されておらず，カリキュラム分析や国際比較などが含まれる。これらのことから，傾向として「他国から学ぶ」から，「他国と比較する」「日本を発信する」というようにシフトしていると考えられる。

2000年代以降を見ると国や対象，目的が異なることからも多様性がある。そのうちの全てを列挙することは難しいものの，一例を挙げると，国際協力や開発途上国に関連するものであれば，民族数学，文化的価値などの概念が新たに取り扱われ，数学教育研究における社会・文化的視点が認められる。これらは過去には見られない概念や視点である。他にも，インクルーシブ教育，就学前教育，国際比較，国際協働といった新しいキーワードも散見され，数学教育研究の広がりや発展が見て取れる。

地域（国）別，年代別で検討した際に，国の偏りが一定程度あることが明らかになった。例えば，西ドイツを含むドイツは最も多く取り上げられた国で，海外の数学教育から学ぶ，という視点が分析結果より鮮明になった。また，2000年代以降，様々な国が研究対象となったことも，大きな特徴として挙げられる。特に，近年では社会・文化的視点も含まれ，数学教育研究の発展や深まり，フォーカスの広がりが認められた。

これらをまとめると1980年代後半から1990年代を境にして，海外の先進国の数学教育から日本が学ぶという傾向――「他国から学ぶ」――から，開発途上国をはじめとする国際社会への貢献と，日本と他国の比較を通した，日本の数学教育の特徴付け，あるいは国際社会における日本の数学教育の位置付けや特徴の明確化を目指すという傾向――「他国と比較する」「日本を発信する」――にシフトチェンジしてきた。これらの背景を考察すれば，広島大学大学院教育学研究科に在籍していた留学生の存在や，さらにそれらの背景には，国の留学政策に関する提言等，例えば，留学生10万人計画や30万人計画などが関わっている。合わせて，日本の大学の国際化も関連していると考えられる。

2.2　外国の人物を対象とした文献調査

数学教育の研究者や実践家は，各々を取り巻く社会・文化的文脈の影響から逃れることは難しく，彼らが主張する知見や提案する実践にもそうした影響が反映される。したがって，数学教育研究に関係する人物研究でも，研究対象とする研究者や実践家を取り巻く社会・文化的文脈を踏まえた考察が重要となるだろう。

本項では，海外の研究者や実践家を対象とした人物研究のうち，彼らを取り巻く社会・文化的文脈を考慮した研究に焦点を当て，その概観を整理する。その際，対象となる人物と彼らが取り組んだ研究内容，その内容に影響を及ぼした社会的文脈（当時の社会の在り様）や文化的文脈（普遍的な文化の在り様，国柄，伝統）に着目し，その社会・文化的文脈が人物研究においてどのように考察されているかを検討する。

社会・文化的文脈を踏まえた人物研究に該当するものとして，例えば，飯田（1984）によるSchoenfeldの問題解決研究の展開に関する研究がある。

飯田は，問題解決の基礎的研究として，「現実性（reality）」のレベルから問題解決を三つの立場（①数学の記号体系内で行われる問題解決，②子どもの身のまわりの事象に関する問題解決，③現実の文脈のなかでの問題解決）に分類し，問題解決の指導における評価や典型的な問題の開発，さらにはカリキュラム開発への示唆を得るために，第1の立場に立つSchoenfeldの一連の問題解決研究の展開を考察した。1982年に発表された実験的研究を考察した結果，日本の数学教育への示唆として，「数学的考え方」や「関心・態度」の評価に向けて，小標本での行動分析を用いた実践レベルでの研究が必要であると主張した。そのことが，評価だけではなく，指導方法にも有益な示唆を与えてくれると述べている。

飯田は，こうした論考においてSchoenfeldの研究歴に注目している。スタンフォード大学での学位取得（トポロジーと測度論に関する研究），カリフォルニア大学バークレー校における理数教育大学院グループ（Graduate Group in Science and Mathematics Education：SESAME）での人間の人工知能に関する研究に携わったことが契機となり，数学における人間の問題解決のモデル作成に研究目的を絞ったこと，バークレー校の上級数学専攻生に対する数学授業やニューヨーク州クリントン村に位置するリベラル・アーツ・カレッジ，ハミルトン大学における教養課程の数学授業を担当したことを背景に問題解決研究を精力的に取り組んだことなどに注目している（飯田, 1984, pp. 72-73）。

次に，岡田（1985）によるGattegno（エジプト生まれ，イギリスで研究）の教育論に関する研究がある。

岡田は，日本の算数・数学教育の現状の改善に向けて，指導方法に留まらない「算数・数学教育を支える確固たる基盤」を明確にする研究の必要性を主張し，その「確固たる基盤」をGattegnoの教育論に求めた文献調査を行った。Gattegnoの教育論の原点として「未知であるところの将来に生きる力を子どもに身に付けさせること」「教育の原点を自己教育に置いていること」の2点に着目し，これらを目指した算数・数学教育の構築のためにも，その根底に横たわるGattegnoの教育論を考察する必要があると，岡田は考えた。

ただし，Gattegnoの教育論がきわめて個性的で独自の見解に満ちていることから，岡田は，当時の哲学，心理学，教育学など，教育に関わる諸研究における位置付けを考察し，当時の心理学研究との類似点を明らかにしようとした。その結果，Gattegnoの見解を端的に示す用語として「自己」「個性」「統合された全体」「内省的手法」を同定し，Gattegnoの立場が「全体観的心理学の立場をとりながら，自己という概念を人間のあらゆる活動の中核に位置づける立場」であることや，その立場が当時の人格主義的心理学に属すると指摘した。そして，人格研究で著名なAllportによる心理学者の三つの立場の一つ，「人間を生成過程にある存在と見る」という立場に属すると指摘した（岡田, 1985, pp. 10-11）。

また，佐渡（1986）によるLeviの幾何観・幾何教育観に関する研究も，社会・文化的文脈を踏まえた人物研究に該当するものといえる。

数学教育現代化の時代，日本の高等学校では幾何教育に線形代数（計量ベクトル空間）が導入された。しかし，幾何教育における現代化の別の方法として，アメリカの数学者Leviは，代数の概念をもとにアフィン幾何の構成を試みようとした。佐渡は，こうした研究に取り組んだLeviの幾何観・幾何教育観（アフィン幾何学を中心に置いたアプローチ）の特色を，数学教育現代化を代表する他の研究者との比較を通して明らかにしようとした。

まずLeviの著作をもとに，彼の幾何観の根底に，幾何と代数とを結びつける役目をする幾何学的代数の考え方があると述べている。また，高校段階における幾何教育についてのLeviの考え方を「彼の幾何学的代数の発想による（平面）ユークリッド幾何学へのアフィン的アプローチ」と称し，アフィン幾何学を高校段階の幾何教育の中心に置く理由，さらにはそのアプローチを踏襲した教科書開発についても紹介している。そうしたLeviの幾何教育観の特色を明らかにするために，Dieudonné，Artin，Blumenthalといった数学教育現代化を代表する研究者の幾何教育観と比較した（佐渡, 1986, pp. 78-79）。

そして，森山（2016）によるPerryの数学教育観に関する研究も，社会・文化的文脈を踏まえた人物研究に該当するものである。

森山は，今日の急激な社会の変容に伴う教育理念の変化への対応のため，数学学習の陶冶的価値の不易と流行を明らかにする必要があるという問題意識のもと，数学学習の陶冶的価値の変遷の基盤を，数学教育改造運動の火付け役となったPerryの数学教育観に求めた。そして，Perryが提唱した「有用性」の変遷を捉えることで，数学教育の目的・目標，学習指導への示唆を得ることを目指した。

19世紀のイギリスでは産業革命が起こり，科学の発展やそれに伴う生活様式の変化が生じた。そうした世界的な科学技術の発展を受けて，科学が身近な存在となってきた情勢に対応できる人材の育成が必要であると考えたPerryは，ユークリッド原論中心の注入主義的で暗記型であったそれまでの数学教育を，判断を権威ある他者に委任するのではなく，自ら考え，知的に独立した姿勢を育成できるものに改造する必要があると主張した。そこで強調される「有用性」という概念には，抽象的な体系である数学を，現実や人間の活動と関連付け，認識できる存在として捉えることや，数学によって現実事象を読み解く能力や，数学に関わろうとする能力の育成が意図されており，今日でいうところの数学的リテラシーに通ずるものであると，森山は述べている（森山, 2016, pp. 1-2）。

森山はさらに，日本におけるPerryの数学教育観の受容についても考察している。そこでは，当時の日本の数学教育の動向として，欧米化に伴う国際社会への参加を目指した，教育の国家的統制が完成した時期であり，分科主義に基づく伝統的な形式的数学教育が主流であった。イギリスの数学教育改造運動の影響は，当時の日本では，受験のための準備教育が優先された中等教育よりも，むしろ初等教育に及んだことを指摘した。大正中期から種々のかたちで数学教育改造運動が展開されるようになり，小倉金之助の科学的精神の開発や関数観念の養成，塩野直道の数理思想を経て，『尋常小学算術』（緑表紙教科書）の出版に至るといった部分的受容に留まったと指摘した（森山, 2016, pp. 2-3）。

以上，本項で取り上げた人物研究は，数は少ないものの，研究対象となった人物の研究歴や他の研究領域の動向，同時代の研究者や教育改革の動向といった社会・文化的文脈を考慮した議論が展開されたものであった。

飯田（1984）は，Schoenfeldの研究歴を概観することで，Schoenfeldの一連の問題解決研究の展開を読み取ろうとした。岡田（1985）は，Gattegnoの教育論を，当時の心理学研究の動向と比較することで，その教育論の特徴や背景を明らかにしようとした。佐渡（1986）も，Leviの幾何観・幾何教育観を，当時の数学教育現代化を代表する他の研究者と比較することで，その特徴や背景を明らかにしようとした。1980年代に発表されたこれら3本の研究は，海外で提唱された数学教育の先進的理論を学ぶことが意図されており，社会・文化的文脈の異なる日本の研究者がそうした理論をより深く理解するためにも，注目する人物の人生や人となり，社会的背景や文化的背景を考慮する必要があったことがうかがえる。

一方，森山（2016）は，100年以上前ではあるものの，今日の日本の数学教育の社会的背景と共通する時代としてイギリスの産業革命に注目し，そこで数学教育改造運動の旗手となったPerryの数学教育観を考察した点が特徴的である。森山はさらに，Perryの数学教育観の日本における受容についても，明治から大正にかけての日本の学校教育や数学教育の動向を踏まえた考察を展開している。森山も，当時の社会的背景を踏まえることにより，これまで理解されてきたと思われたPerryの数学教育観をより深く考察することを試みている。急激な社会の変化という共通する社会的文脈に着目し，現代の数学教育への示唆を得るために，産業革命という文脈を踏まえた人物研究に取り組んだものと見ることができる。

ある理論が提唱されたとき，その理論をよりよく理解するために，その提唱者である人物（研究者・実践家）を，社会・文化的背景も含めて多面的に理解する必要がある。特に文化圏の異なる人物であれば，前提となる背景の相違を無視した理解はあり得ないため，単に提唱された理論を検討するだけではなく，その背景への注目は，国際連携がさらに進むこれからの時代でも重要な意味を持つであろう。

2.3　外国でのフィールド調査

本項では，外国でフィールド調査を行った論文を対象として取り上げる。フィールドワーク（英：field work）とは，「学問の性質上研究室の外で行なう採集，調査，研究など。また，教育上の目的で行なう現場学習。地質学，生物学，人類学，考古学，社会学などで重視される。野外調査」（『日本国語大辞典』）であり，一般的には，定性的なデータが重視されるが，必要に応じて定量的なデータも取られる。

この項で取り上げるフィールドワークは，日本の教育分野で行う場合，授業をテーマにしたものが大半である。それに対して，外国で行うフィールドワークには，プログラムの評価であったり，いくつかの学校，教師群などのデータを取ったりすることも含まれる。それは留学生が研究を行う場合，国を代表して日本に派遣されてきているケースが多く，個々の授業ではなく，より広い視点から対象を捉える必要があるからであろう。

本項が対象とする論文は全部で25本（すべて全国数学教育学会時代）あり，いずれも2000年代以降に行われている。フィールドワークという研究方法以外にも，いくつかの傾向がみられる。まず，研究主体者別に見ると，日本人によるものが19本，外国人留学生によるものが6本ある。次に，研究対象国に注目すると，日本人による19本のうち，ザンビアを対象にした研究が14本あり，突出している。残り5本はフィリピンが3本，米国が2本である。外国人留学生による6本は，各出身国を対象にしており，バングラデシュ2本，モンゴル2本，ガーナ，ジャマイカが1本ずつである。第3に，日本人が行うザンビア対象の研究のうち13本は，広島大学が2002年から実施する「ザンビア特別教育プログラム」の学生によるものである。最後に，25本のうち23本（92%）は，上記と重複するが，広島大学大学院国際協力研究科の学生および教員が実施したものである。

上述のように，対象論文の9割以上が広島大学大学院国際協力研究科の学生および教員によるものであるが，そこには，次のような時代背景がある。1980年代に日本による政府開発援助（ODA）が増え，1990年代には国際協力を担う日本人の人材育成が求められるようになった。それを踏まえて，国策として1990年名古屋大学，1992年神戸大学，1994年広島大学（2020年，改組のため人間社会科学研究科に統合）に国際開発系大学院が設立された。その後，他大学でも同様のコースやプログラムができる動きもあったが，2020年までに国立大学において設立された国際協力を専門とする研究科はこの三つであった。それに対し，留学生に関する政策として，留学生30万人計画とODAによる人材育成の観点から，留学生の受け入れが全国の大学で進められるようになった。

世界的に見たとき，このような国際協力やその根底にある開発研究（Developmental studies）を行う大学院は多数あり，ロンドン大学，サセックス大学，カリフォルニア大学ロサンゼルス校（UCLA）など，英米を中心に広がっている。しかし，広島大学のそれがユニークなのは，留学生のみならず，国際協力に関わる日本人学生も積極的に受け入れており，理数科教育を重要な柱の一つとしていること，そのため青年海外協力隊の活動と組み合わせた長期滞在プログラム（「ザンビア特別教育プログラム」と呼ばれる）を行ってきたことである。こうした条件が，国内外でもユニークな教育研究環境を創出した。それが92%という高い割合の背景にある。そして，このような国内，国際的な潮流に合わせて，フィールド調査を用いた検証型の研究が多くなった。

研究主体が開発途上国の留学生の場合，ある意味で国を背負っているため，当該国の教育問題を意識したり，それを改善したりするということが必然的に意識される。また国際協力で働くことを希望する日本人学生も，ある意味でその国をできるだけ包括的に捉えようとする。したがって，これらのフィールドワークの特徴として，その国の一つの教室，一人の教師だけではなく，国全体とまではいかないまでも，一定規模の学校群，教師群を研究対象としていることが多い。そのことはさらに，国の政策や文化の差異が研究対象に与える影響も考慮する必要があるため，次の①〜③のような特徴を形成している。

①文脈を理解する

日本人が外国でフィールドワークを行う際には，言語や文化のハードルがあるため，フィールドワークは通常困難を極める。しかし，ザンビア特別教育プログラムを通して，青年海外協力隊として２年間現地に滞在し，ザンビアの文脈を理解しながら研究に取り組むことができたことや，教育プログラムに参加した学生が獲得したザンビアの文脈に関する知識・経験が世代を超えて蓄積されていることが，ザンビアで数多くのフィールドワークが実現できた要因といえるだろう（澁谷，2008；木根，2011；石井，2012；高阪，2013）。そしてそのことが，国際開発系大学院という国策の目的としたところの国際協力人材の育成に直接的に関わってくる。ザンビア以外の研究対象国は，フィリピンが２本，米国が２本であるが，これらの国を対象とした研究でも，現地調査に加えて先行文献や関係者へのヒアリングを行うことで文脈の理解に努めている。

いずれにせよ，日本人の場合も，留学生の場合も，前者は現地滞在しているという意味で，後者は生まれ育ったという意味で，日本を一方に置きながら，対象国で生起することを相対化してみることが必要となってくる。そのため，学校教育の前提となる文化性や言語性が，明示的，暗示的に問題として取り上げられる。明示的には教授言語（田場，2004），数え上げ方略（内田，2011）などが挙げられるが，暗示的な事例として，例えば澁谷（2008）が挙げられる。そこでは本質的学習環境というドイツで開発された理論をザンビアに応用するため，現地のシラバスを分析し，本質的学習環境をザンビアの状況へ接合するために再構成している。その再構成には，シラバスのみならず，教授言語，教室文化などザンビア文脈が前提となるので，その描写に紙幅を割いていないが，当然ながら文脈の理解があって初めて再構成がなされる。

②介入研究が行われる

フィールド調査を行うとき，留学生は出身国の要請もあり，単に現状を明らかにするだけではなく，その現状に働きかける介入が行われる場合も多い（Mohsin, 2004, 2006；Davis & Baba, 2005；Oyunaa & Baba, 2009；Munroe, 2016）。また，その中でジェンダー，都鄙などの要因が学力へ影響を及ぼす問題（Equity 問題）も考慮して，研究仮説を立てデータを収集，分析するという傾向がみられる。例えば Mohsin（2006）では二つの教員養成校における養成教育の前後で学生からデータを取り，男女間の教授内容知識などの変容を比較分析している。Munroe（2016）では農村部の2校で，男女分離クラス，男女合同クラスでオープンエンドな問題解決を行い，その影響を見ている。

これらのことは，各国社会の政治的要請，文化的な影響による問題などと関係するが，数学教育研究における文化性・政治性というテーマに関わってくる。日本社会は同質性が高いといわれてきたが，近年では移住者も増えており，今後は重要な課題となるであろう。ただし，介入は，いたずらに繰り返すべきではないし，データを収集することで表面の下に隠れている傾向，つまり問題の本質を見極める十分な事前計画と準備が必要である。

③合わせ鏡のように日本での研究の特徴が見える

②では，介入やEquity問題が留学生の研究で取り上げられることを見てきた。それに対して日本では異なる傾向がみられる。「全国中学校一斉学力調査」（1956～1966年）が行われた際に学校・地域間の競争が過熱したことなどから，1965年以降中止された。その後，2001年より実施される教育課程実施状況調査，2007年より実施される全国学力・学習状況調査以前は，地域間の比較はほとんど行われてこなかった。

海外でのフィールド調査の傾向を見ることは，合わせ鏡のようにそこに自らの姿が映っている。米国におけるフィールド調査を行ったのは2本（二宮, 2004；馬場他, 2006）で，米国の数学教育を通して，日本の数学教育が考察されている。

2.4　外国との比較研究

外国との比較研究に該当する論文は16本である。また，そのうちの1本は外国との共同授業を通した研究と重複する。比較研究については，比較教育学において，その特徴や内容に関する議論が進められてきた。比較教育学の伝統的な方法は先進国の事例から学ぶという「教育借用型」アプローチであったが，1990年代からはフィールドワークを基礎とする「地域研究」が増えつつある（近田, 2011）。こうした動向は，前述の外国の人物を対象とした文献調査（**2.2**）や外国でのフィールド調査（**2.3**）にも関係する。これらのアプローチにおいて，研究者は研究対象からみればアウトサイダー（調査者や観察者）であるが，近年では研究者もまた教育現場における当事者であり，対等のパートナーである「コミットメント・アプローチ」が注目されつつある（近田，2011）。コミットメント・アプローチについては，外国との共同授業を通した研究に通ずる。これら三つのアプローチから下記のように分類することができる。

- 教育借用型：Fujita（1997），Hossain（1980a；1980b；1981），竹下（1987），山本（2000）
- 地域研究：新井（2015），福田（2017），Kubota（2005），二宮・Corey（2016）
- コミットメント・アプローチ：山脇・溝口（2021）

年代によるアプローチの変遷について着目すると，1980年代から2000年代までは教育借用アプローチが主流であったが，2010年代からは地域研究が見られるようになった。また，2020年代にはコミットメント・アプローチによる研究が見られる。これは比較教育学会における推移と同様の傾向である。

一方，年代による対象国の変遷について着目すると，教育借用アプローチが主流であった1980年代から2000年代までは，先進国を対象とした研究が多い。また，地域研究が見られるようになった2010年代からはフィリピンやパラグアイといった開発途上国へと対象が広がったことがわかる。さらに，2020年代のコミットメント・アプローチではロシアを対象とした研究が実施されている。

また，比較教育学ではいずれかの国の教育全般が研究対象となっているが，算数・数学教育学では，比較を手法とし，算数・数学教育が研究対象となっている場合がある。それらに分類されるものとして，5本（馬場, 2002；藤本, 1989；佐々・藤田, 2015；砂原, 1989；吉田, 2005）が確認された。

算数・数学教育を対象とし，比較を手法とした研究は1980年代，2000年代，2010年代において確認された。比較対象国に着目すると，1980年代はフランス，2000年代はケニアおよび米国，2010年代はイギリスと日本との比較が実施されている。算数・数学教育が研究対象であっても，多くの研究において先進国が比較対象であることがわかる。

以上のように，年代によるアプローチの変遷については，比較教育学から少し遅れて，教育借用，地域研究，コミットメント・アプローチへと力点が変わっている。また比較を手法として，算数・数学教育を対象としている研究については，算数・数学教育学の特徴であるといえる。一方，年代による対象国の変遷については，当初は先進国を対象とする研究が多くみられたが，地域研究の拡大に伴い，開発途上国に関する研究も見受けられるようになった。一方で近年オンライン会議システムが発達しつつあるにもかかわらず，コミットメント・アプローチに関する研究は限定的である。そのため，今後その発展が期待される。

2.5　国際教育調査データの二次分析と国際共同研究

国際教育調査を活用した研究は，国際教育調査の研究グループのメンバーとして，そこでの調査結果を報告したものと，国際的な学力調査を活用したものの二つに分けられる。

国際教育調査の研究グループに関する報告として，下記三つの一連の研究が報告されている。

- Kassel-Exeter Project：植田他（1997），飯田他（1997），岩崎他（1998）
- IPMA Project：小山他（2002, 2003），清水他（2004），飯田他（2005, 2007）
- 第三の波：馬場他（2013），木根他（2020）

これらの研究については，前項で述べたコミットメント・アプローチや，次項で述べる外国との共同授業を通した研究と通ずるものがあり，それぞれの研究者が対等の立場で連携することにつながる可能性がある。ここで，Kassel-Exeter Projectとは，ドイツのKassel大学のBlum教授とイギリスのExeter大学Burghes教授とを中心とする，中学生を対象とした，数学的能力の調査研究プロジェクトである（植田他, 1997）。また，IPMA Projectとは，上述したKassel-Exeter Projectの研究成果から見出された課題の一つを契機とし，イギリスのExeter大学数学教育改革センターのBurghes教授を中心として，小学校を対象として企画されたものである（小山他, 2002）。第三の波については，オーストラリアのMelbourne大学のSeah教授を中心とし，価値観を数学に関わる価値観，数学教育に関わる価値観，教育全般に関わる価値観と捉えて調査したものである（馬場他, 2013）。

一方，国際的な学力調査を活用したものとして，下記二つの一連の研究が報告されている。

- 第2回国際数学教育調査：佐藤（1986）
- OECD生徒の学習到達度調査（PISA）：渡邉（2011, 2012, 2014, 2015, 2019, 2020）

第2回国際数学教育調査を活用した研究では，中学1年生と高校3年生の数学成績の男女分析結果と，数学学習における男女差の背景にあると考えられる情緒，態度的要因が生徒質問紙の結果から考察されている。また，PISAを活用した研究では，PISA2003，PISA2012，PISA2015のデータを用いた，項目反応理論による二次分析が実施されている。

各年代における方法と内容について着目すると，1980年代に国際的な学力調査である，第2回国際数学教育調査結果を考察したものから始まり，その後1990年代から現在に至るまで国際教育調査の研究グループに関する報告が実施されている。また，2010年代からはPISAの二次分析に焦点を当てた研究が実施されている。

また，年代ごとの内容に着目すると，1980年代から2000年代までは算数の達成度や達成度と男女差との関連に関する報告がなされている。一方，2010年代からは価値や情意的側面，読解力等についても着目されており，数学教育研究が扱う対象の広がりが見受けられる。

国際教育調査の研究グループに関する報告は1990年代後半から実施されているものの，グローバル化が進みつつある現在においても，その数は大幅に増加することがない。また，国際的な学力調査を活用した研究は，特定の研究者により実施されている。これらの研究で扱われている内容に着目すると，近年では扱う対象の広がりが見られた。ビッグデータを扱うことができるICTの進歩と，社会学的な視点からの研究の増加という世界的な動向に乗るならば，今後は，国際教育調査の研究グループに関する研究の増加と，幅広い研究者による国際的な学力調査を活用した研究の実施が期待される。

2.6 外国との共同授業を通した研究

ここで取り上げる研究は，外国でのフィールド調査や外国との比較研究とも関係する。二つ以上の国が関わり，共同で実践的に授業を開発・実施・研究するという取り組みである。外国でのフィールド調査では，留学生あるいは日本人が，フィールド調査対象国において研究データを収集するが，いろいろな形での共同・協力や研究データの比較が前提として存在する。また，外国との共同授業を通した研究では，二つ以上の国が関わるという意味で，比較教育学的な視点が必然的に内包されている。しかしそこでは，二つ以上の国が比較を目的としているというよりも，共通した研究関心によって共同して研究を行うことを目的としている。その点で，比較教育学のコミットメント・アプローチに近接している。この外国との共同授業を通した研究は，他の研究と完全に分けることは不可能であるが，ここでこの1本（山脇・溝口, 2021）を別カテゴリーとしたことには意味がある。

COVID-19という未曽有の感染症流行によって中断していたグローバル化が，今後，ICTの技術進展に支えられ，さらに進んでいくであろう。そのような中で，持続可能な開発目標（Sustainable Development Goals：SDGs），地球温暖化などの乗り越えるべき地球規模の課題も視野に入れた，国際的な共同研究，特に授業開発のさらなる発展が期待される。そのような発展を期待する意味を込めて別カテゴリーを設定した。

3 議　　論

国際という言葉を用いるとき，そこには複数の国の関係への意識が含まれてくる。ただし，複数の国といっても，最も単純な場合としての2か国（日本と或る国）や，日本と複数の国といった3か国以上，さらには複数の国々が共同体として存在する国際社会といったものまで想定できる。また，そうした状況での連携にも，一方向的な介入から双方向的な関係のように，様々な連携のあり方も想定できる。本章では国際性や文化の多様性を意識した外国の数学教育に関する研究を対象としたが，そうした研究テーマの全体像を見出そうとするとき，上記のような国際的な連携のあり方を整理する必要がある。

本節では，国際性や文化の多様性を意識した外国の数学教育に関するこれまでの研究を「国際的な連携のあり方」という観点から考察してみる。ここでは，「国際的な連携のあり方」を，「他国から学ぶ」「他国に関わる」「他国と比較する」「他国と連携する」という四つのアプローチとして想定し（**図 12-1**），それぞれの意味と，これまでの研究の位置付けについて考察する。

まず，「他国から学ぶ」とは，数学教育に関する海外の先進的な知見を学び，日本に導入しようとするアプローチである。このアプローチでは，まず初期の段階として，他国でまとめられた文献を頼りに研究が進められ，研究手法としては，基本的には海外の研究者によりまとめられた文献を頼りに進められる文献調査が主であった。他の手法を援用するには十分な知見が揃っていなかった段階であり，1980年代までの先進国を対象とした文献調査がこれにあたる。しかしながら，先進国の知見をより深く理解するために，他国やその人物が提唱する知見に加え，社会・文

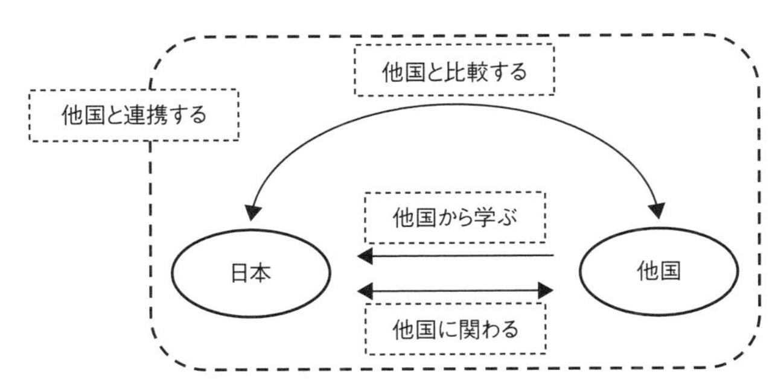

図 12-1　国際的連携から見た教育研究での日本と他国の関係

化的文脈も視野に入れた文献調査に取り組む研究もあり，1980年代に取り組まれた人物研究はここに位置付くといえるであろう。さらには，自国との比較を通して先進国の知見を学ぶ教育借用型アプローチの比較研究もこのアプローチに位置付けることも可能である。日本の数学教育研究の充実にとって必要な知見を海外から収集するための学び方にも，単に海外の理論を文面から読み取るという段階から，国や人物の社会・文化的背景や時代背景を考慮しながら理解する段階，さらには教育借用としての比較研究といった学び方の進化を見て取ることもできる。

次に，「他国に関わる」とは，日本による他国の数学教育への関与を前提とし，国際教育協力や国際比較調査（TIMSS，PISA）の実施に伴い，日本が必要とする知見を自ら探究することを目指すアプローチである。研究手法としては，日本が求める知見に合わせて様々な手法が用いられるようになる。データ収集方法としては，観察，インタビュー，質問紙調査など，データ分析方法としては，質的分析，量的分析，ミックス・メソッドといったものが用いられ，文化も踏まえた他国の数学教育の理解に向けて，単一の手法から複数の手法を用いて多角的に把握するためのトライアンギュレーションが試みられるようになる。こうしたアプローチが生じる時代背景には，1999年に発刊されたStiglerとHiebertの共著*Teaching Gap*を契機とした世界的な授業研究への注目が考えられる。例えば，海外における授業研究の導入では日本の数学教育関係者が関与することとなるのだが，その際に生じる日本と他国との社会・文化的背景の相違により，そうした相違の意識化や相互理解に向けた研究が必要となる。他方で，国際教育協力という文脈において，1990年代後半から，授業研究は日本の効果的な継続的現職教育アプローチとして技術協力プロジェクトを通じて移転が試みられてきた（小野, 2019）が，そのための社会・文化的背景への配慮も必要となり，研究が取り組まれることとなる。1980年代以降の外国を対象とした文献調査や外国でのフィールド調査，さらには地域研究としての比較研究も，このアプローチに位置付くものといえるであろう。

また，「他国と比較する」とは，日本と他国，あるいは多国間といった複数の国を対象とし，国際社会における日本の数学教育研究の位置付けを行う研究のアプローチである。国際社会での連携が進むなか，他国との比較を通して日本自身を見つめることを目指した研究という意味では，比較研究全般や国際教育調査を活用したものがこのアプローチに該当する。

そして，「他国と連携する」とは，他国と協働し，国内での数学教育の改善と同時に，国際社会での数学教育研究に貢献する研究のアプローチであり，コミットメント・アプローチとしての比較研究や外国との共同授業を通した研究がこれに該当する。2015年9月の国連サミットで加盟国の全会一致で採択された「持続可能な開発のための2030アジェンダ」に記載された，2030年までに持続可能でよりよい世界を目指す国際目標SDGsの提唱により，様々な分野で国際的な連携が進んできた。そうした国際社会の動向を受けて，数学教育研究でも国際的な連携が進むことが予想され，今後益々社会・文化的背景の多様性への理解や国際協働の取り組みが強調されるであろう。そうした時代背景を鑑みれば，本学会のこれまでの研究はこのアプローチに該当するものは少なく，今後，活発に取り組まれることが期待される。

4　残された課題

ここまで見てきたように，この章の大きな特徴は国際性や多様性である。この研究テーマの今後について考えることは，大きく言えば日本の未来の社会課題を考えることにもつながり，それとともに研究手法の開発も併せて必要になってくる。以下では，この研究テーマの残された課題として，研究課題の拡大・社会化と研究手法の工夫の2点について述べてみる。

4.1　研究課題の拡大・社会化

今後，日本社会は人口減少など様々な社会課題（過疎化，移民，英語での教育，バカロレア，環境問題，AI，研究倫理など）に向き合うことが求められる。そのような課題は単に教室内にとどまらない。**2.3**外国でのフィールド調査の項でも述べた文脈や介入に関係するが，これらの課題に応じる研究が求められる。そのことは日本社会が多文化を基にした社会へ変容しつつあるように，数学教育研究における社会的転回（Social turn）（Lerman, 2000），社会政治的転回（Socio-political turn）（Gutiérrez, 2013）の実現を求めることにつながるだろう。

4.2　研究方法の工夫

上述の社会課題に応じた研究課題の拡大は，研究方法の進化・深化も同時に引き起こす。本章で取り上げた研究方法は，文献調査，人物研究，フィールド調査，比較研究，国際教育調査の二次分析，共同研究である。これらを融合したり発展したりすることが求められる。その時に求められる変化の方向性について以下に描写する。

①一方向からから双方向・ネットワーク型へ

日本人，留学生でフィールドワークの研究目的の方向性（相手国のため，自国のため）は一方向である。しかし，日本のグローバル化が進む中で，ODAを元にした開発援助のみならず，国際協働は今後の日本社会において重要な活動になってくるだろう。先進国を含む様々な国の研究者，留学修了生などと様々な形での国際協働を活用した研究が待たれる。2.6 外国との共同授業を通した研究は，そのような未来の研究の先駆けである。以上は，多様な国との連携であり，開発途上国に関していえば，先方からの積極的な働きかけも含む内発的数学教育協力（馬場，2014）といえるだろう。

②研究手法の総合と新規開拓

本章では，研究手法を文献調査，フィールドワーク，国際教育調査，比較研究などと分けた。しかし実際にはいくつかの手法を併用することで，トライアンギュレーションしてデータ解釈の妥当性を高める工夫がされてきた。今後，研究を社会化したり，国際化したりするには，理論と現実（データ）を往復する中で，それらの研究手法を組み合わせたり，新しい研究手法を開発していくことが重要となってくるであろう。さらにミックス・メソッド（Creswell & Clark, 2007）として，研究手法の組み合わせによって，研究目的に応じた収斂デザイン，探索的順次デザインなどの組み合わせ方が提案され，精緻化が図られている。

③より大きな政策研究

開発途上国の留学生は，「役立つ」研究を求めてきた。日本でも，少し大きめの研究プロジェクト，教育プロジェクトが開発されてもよい。国立教育政策研究所による大きな研究はそのカテゴリーである。海外，特に開発途上国では，国立の教育研究機関がないか，あったとしても実質的な研究を行うことができていない。その意味では，これらの国々と共同研究をすることは国際協力という取り組みに該当するだろう。2021 年に開催された ICME14（上海）の分科会で初めて国際協力が議論されたのを契機として，数学教育者の非公式グループ「数学教育における国際協力開発（International Cooperation Development in Mathematics Education：ICDME)」が結成されている。そこでは開発途上国に対する協力のみならず，先進国との国際連携も含まれている。21 世紀半ばにはそれらの区別がなくなっているかもしれない。

第 2 部

数学教育学研究の展望

第13章

数学教育学の国際研究コミュニティー，理論，および理論ネットワーク化

1　国際研究コミュニティー

Sierpińska（1947-2023）は，生前“if it is not international, it is not so-called research.”という言葉を残した（Anna Sierpińska, 1947-2023, ESM 2024）。ともすると，特定の範囲のみで共有されるトピックや参考文献に自国の文献だけが参照されることがある。しかしいかなるトピックであっても，それは国際的であることが求められる。もちろん，国際的議論が非常に難しい研究領域も存在する。例えば，「教師教育」のようなトピックは，各国の文化・制度的背景が多分に影響することもあり，それぞれの地域・国がどのような取り組みをしているかといった紹介に終わることも少なくない。研究は，新しい知識を創出するが，それは個人的であったり，一部の人々にのみ受容され得るものでは不十分であり，なにがしかのコミュニティーにおいて共有されるべきものである。

研究コミュニティーには，様々な容態が存在する。わが国においても，あるトピックに関わる研究プロジェクトや，またわが国固有ともいえる学校現場と研究者間でのコミュニティーと呼べるものが多様に存在する。しかしながら，国際的な研究コミュニティーとわが国のそれとでは，やや違いが見られる。本節では，国際的な研究コミュニティーについて概観し，国際共同研究を促進する上での提言を行いたい。

1.1　国際会議（国際学会），ジャーナル

多くの国際会議（国際学会）や各種国際誌はそれ自体コミュニティーを形成する。それらコミュニティーで求められることは，国際会議や国際誌への投稿にあたり，その発表や論文が，会議参加者や読者によって形成される当該コミュニティーとど

のような関連性（relevance）を有するかである。これは，各種の査読プロセスで，厳格に求められることである。例えば，数学教育学で中心的な国際会議である数学教育心理研究学会（PME）と欧州数学教育学会研究大会（CERME）では，以下の項目が明記されている。

- Relevance to PME audience（International Group of Psychology of Mathematics Education）
- Relevance to this CERME TWG audience（Congress of the European Society for Research in Mathematics Education）

わが国の学会においては，発表者（著者）個人の関心や意図が優先されて，場合によっては独りよがりになってしまう危険があるのに対して，国際的なコミュニティーにおいては，コミュニティーとしてのrelevanceに非常に重きを置く。そしてそのことは，開催当日だけの単発的なイベントではなく，その投稿が行われてから，査読プロセス，当日の発表，最終プロシーディングスの編集に至るまでの一貫した営みがある。さらには，この営みは，当該大会1回きりではなく，継続的な運営がなされる中で行われる。

もちろんこうした営みは，研究発表会が毎年開催，あるいは全国数学教育学会のように年2回の開催というわが国の運営と単純に比較することはできないかもしれない。しかし，多くの国際的コミュニティーでは，次に述べる各トピックグループの持続的な運営のもとで，コミュニティーのメンバーが継続的な参画を行うことで，メンバー自身の研究が深まるだけでなく，コミュニティー全体が成長するシステムを有しているともいえる（Wagner, et al., 2023）。

1.2 トピックグループ

国際会議によって，working groupやtopic study group，またthematic study groupなど様々な呼称があるが，上記の持続的な運営は，主にこのトピックグループの形で行われる。各国際会議全体に対して，より近しい研究者間でのコミュニティーである。しかし，同じトピックに関するコミュニティーであっても，そのメンバー各位の研究は非常に幅広いのが普通である。互いにまったく異なる理論的枠組みや研究方法が用いられ，さらには研究関心さえ多様である。これは，それ自体健全なことであるし，注視するべきは，そうした相互の多様性をコミュニティーとして包含することである。一見すると当然のことのように思われるが，いわゆる研究プロジェクトチームなどの共同研究コミュニティーでは，同質のメンバーによる研究促進が図られる傾向があるのに対し，まったく異質の研究，研究者が集うことで議論を活性化させるとともに，相互理解を促進することにトピックグループの機能がある。わが国の学会（研究発表会）では，集まった（投稿された）論文を集約することでグルーピングが図られることが多いが，これまで述べてきたように，トピックグループは持続的に運営され，ニューカマーもそうしたコミュニティーへの参画を通して自身の研究の位置や今後の課題を見出すことができる。

もちろん，こうしたコミュニティーではメンバーの固定化やそれに伴う研究の行き詰まりの危険性もある。例えば，上記のCERMEでは，大会最終日に，各グループリーダーが，今回のグループにおいてどんな発表とそれに伴う議論が展開されたか，グループとしてどんな成果があり，また残された課題は何かを整理し発表する場が設けられる。こうした機会を通して，会議参加者は，自分の所属していないグループでの議論を知ることが可能であり，場合によっては，それによって新たな共同研究の可能性や，新規のグループの創設の必要が生じることもあるであろう。

上述のように，わが国の学会（研究発表会）運営と単純な比較はできないが，こうした国際会議の運営フォーマット自体は，研究促進のためにも参考にする価値があるといえる。

1.3　理論グループ

前項の通り，各トピックグループで議論される研究は非常に多様である。とりわけ，各々の研究がどのような理論的枠組み（theoretical framework）に基づくか，ということが重視される。このことは，査読プロセスにおいて，必ず問われることであり，それはジャーナル投稿論文の査読でも同様である。わが国の各種の研究は，ともするとこの理論的枠組みが（冒頭でも触れた）「international」でないことが多い。もちろん，それ自体において問題があるということではないが，研究が国際的コミュニティーに共有されるためには，理論的枠組みこそが理解される必要がある。これは，特定のトピックに限らず，どんな研究領域においても要請されることであるといえる。

上述のトピックグループよりも，さらに緊密な関係を得ることができるのが，理論グループである。理論グループは，メンバー間のネットワークが充実しており，コミュニティーとしてより家族的であるとさえいえる。実際いくつかの理論グループは，独自の研究発表会を企画・開催している。国際共同研究を始めるにあたり，こうした理論グループのコミュニティーに参画することは，比較的近道であろう。

なお，この理論グループでいうところの「理論」は，本章3節で述べる「理論の大きさ」に関していえば，比較的大きな理論を指す。そうした理論のグループでは，そのグループの中でも様々なトピックが展開されたり，また同じトピックであっても異なるアプローチが取られることもしばしばある。それは決して不思議なことではなく，ある意味ではそうした異なる議論が理論そのものを成長させる契機にもなり得る。

昨今，コロナ禍を経験したことにより，そうした理論グループのオンラインセミナー・ミーティングが定期的に行われる傾向にある。世界中の研究者と，一堂に会し比較的少人数で議論を交わすことが可能である。

2　数学教育学における理論

2.1　理論とは

前節で国際研究コミュニティーに関わって理論に言及した。この「理論(theory)」という言葉は数学教育学の研究でとりわけ顕著に用いられる。論文を書く際にも，“理論的枠組み”や“理論的展望”などの節が設けられることが多く，その重要性がしばしば指摘される (Cai et al., 2019; Niss, 2019; Presmeg & Kilpatrick, 2019)。一方，理論には多様性が見られ，理論とは何かということが一つの研究課題でもあった (Bikner-Ahsbahs et al., 2014; Lerman, 2006; Prediger et al., 2008)。

数学教育学研究がこの半世紀で飛躍的に発展し国際研究コミュニティーが十分に形成された今日，理論についても，その性格や役割が随分明確になってきた。理論についての文献は本節で取り上げるように数多く，様々な国際会議で議論されてきた。例えば，PME の Research Forum (Lerman, 2006) や数学教育世界会議 (ICME) の Survey Team (Assude et al., 2008) で理論がテーマになり，ICME や CERME では理論のトピックグループが設けられた。さらに，そこから次節で取り上げる「理論のネットワーク化 (Networking of theories)」の研究も生まれてきた (Bikner-Ahsbahs et al., 2014)。本学会の英文学会誌 HJME に ICME 14 の「TSG 57: 数学教育における理論の多様性」の成果がまとめられていることも特筆すべきことであろう (Bikner-Ahsbahs et al., 2023)。そこで以下では，数学教育学研究の展望を探る上でこの理論について国際的動向を示す。

「理論」という言葉は，数学教育学に限らず一般的に用いられる言葉である。先行研究でもしばしばなされるように，まずは辞書的な意味を確認しておこう。広辞苑第六版では，theory に相当する理論の意味が以下のように述べられていた。

（ア）科学において個々の事実や認識を統一的に説明し，予測することのできる普遍性をもつ体系的知識。

（イ）実践を無視した純粋な知識。この場合，一方では高尚な知識の意であるが，他方では無益だという意味のこともある。
（ウ）ある問題についての特定の学者の見解・学説。

三つの意味が与えられており，科学における理論は（ア）である。自然科学や社会科学における理論は，確かに説明し予測できるような体系的知識を理論と呼んでいる（例えば，相対性理論，気体分子運動論，進化論，行動理論）。数学教育学においても，次節以降で詳細を見ていくが，数学の指導や学習といった数学教育の営みに関する個々の事実や認識を統一的に説明できる体系的知識が「理論」と呼ばれている（宮川, 2017, 2011a）。

次に英語の辞書も調べてみる。Oxford Advanced Learner's Dictionary（文献リストを参照）では，名詞としての theory には以下の三つの意味が与えられていた。

1. 何かがなぜ起こり存在するかを説明することを意図した考えの形式的な集まり（a formal set of ideas that is intended to explain why something happens or exists）
2. ある特定の主体が基づく原理（the principles on which a particular subject is based）
3. 誰かが正しいと信じるが証明されていない意見や考え（an opinion or idea that somebody believes is true but that is not proved）

説明の仕方は少し異なるが，1と3の意味が日本の辞書の（ア）と（ウ）にほぼ対応している。1は，なぜある事実が生じるのかを説明するものであり，科学における理論に相当するのであろう。一方，2は日本の辞書には見られないものである。英語の辞書で与えられている例文に「言語指導の理論と実践（the theory and practice of language teaching）」というものがあった，ここでの「理論と実践」という表現はわが国の学校教育においてもしばしば用いられるものであろう。2の理論は，1の科学における理論とは区別されていることから，どのように指導するのかという実践に適用される知識を指しているものと捉えられる。

2.2 数学教育学における理論

(1) 国際的動向

次に数学教育学における理論についての国際的な動向を見ていこう。先述のように，数学教育学のコミュニティーでは古くから理論的枠組みが重要視されてきた。

このこともあり，冒頭で触れたように，論文執筆の際にも章構成の中に「理論的枠組み」や「理論的展望」という節を設けることが多い，例えば，PMEのResearch Reportは理論的枠組みが査読の際の評価の観点の一つとなっており（IGPMEのウェブサイト内ページ「Information for Research Report Reviewers」を参照），最近のアーリーキャリア研究者向けの文献で紹介される論文の構造においても理論的枠組みが章構成の大事な一部とされている（Presmeg & Kilpatrick, 2019）。

数学教育学において実際に取り上げられる理論は，古くはピアジェの発達理論やヴィゴツキーの学習理論のように心理学のものが少なくなかったが，近年は数学教育学の中で発展してきたものも多い。数学教育の百科事典である *Encyclopedia of Mathematics Education*（Lerman, 2020）をひもとけば，非常に多くの多様な理論があることがわかる。教授学的状況理論（TDS）（Brousseau & Warfield, 2020），教授人間学理論（ATD）（Chevallard & Bosch, 2020），現実的数学教育理論（RME）（Van den Heuvel-Panhuizen & Drijvers, 2020），コモグニッション論（Sfard, 2020），APOS理論（Dubinsky, 2020）などである。ここに挙げた理論に関わる研究は全国数学教育学会の学会誌でも多く報告されている。

ただし，数学教育学の研究における理論の位置付けやその利用は，研究や研究文化によって大きく異なり，国際的に共通の傾向があるわけではない。例えば，フランスの数学教育学では理論が重視され，数学や数学的知識の固有性を考慮に入れた多様な理論が発展してきた（宮川, 2011a）。代表的なものはTDSやATD，概念フィールド理論（Vergnaud, 2009）だが，それ以外にもDuvalによる記号論表現レジスターの理論（Duval, 2020），教授文書活動研究法（DAD）（Trouche et al., 2020），教授学共同行動理論（JATD）（Sensevy, 2020）など，多様なものが見られる。

一方，英語圏は理論的側面がさほど重視されてこなかった印象を受ける。イギリスの数学教育学を「一般的な理論的枠組みの重要性を大きく放棄してきたイギリスのプラグマティズム」（Niss, 2019, p. 3）とする指摘もある。一般教育学や教育心理学の研究では理論的枠組みよりも先行研究（literature review）を重視する傾向が強く，英語圏の数学教育学研究はその影響が強いように思う。例えば，一般教育学の *Teaching and Teacher Education* という国際学術誌では，論文投稿のガイドに章構成が示されており，それは「はじめに」，「方法論と方法」，「結果」，「考察」，「結論」，「付録」からなる。理論的枠組みが章構成に位置付けられていないのである。さらに，一概にはいえないが，アメリカをはじめ一般教育学等の影響の強い数学教育学の研究文化においては，共通理解が得られる一般的な表現を利用することが好まれ，数学教育学固有の理論的な専門用語は避けられる傾向にある（例えば，後述するプラクセオロジー）。例えば，フランスと比較するとイギリスでは数学教育学で独自に構築された理論よりも，一般教育学や心理学，社会学などの近接領域の理論を援用することが多いとの報告がある（Jaworski et al., 2018）。この論文では，イギリスの1980年頃から今日までに用いられてきた理論をまとめ，ピアジェやヴィゴツキーの理論，Laveらの共同体の理論，活動理論（Activity theory）など，近接領域の理論が用いられる傾向を指摘している。その背景には，数学の固有性よりも指導・学習を一般的に理解することから始め，その後，もしくはそれと並行して数学の固有性にシフトしてきたことがあるとのことである（Jaworski et al., 2018, pp. 48-49）。これはあくまでもイギリスにおける傾向ではあるが，その他の英語圏諸国でも類似しているように思う。

したがって，一概に理論といっても想定されているものは多様であり，国際的な共通の傾向があるわけではなく，その意味や役割は必ずしも明確ではない。そのため，こうした点についての議論が国際的に進められてきたのである（Lerman, 2006; Niss, 2019）。

(2) いくつかの定義

ここでは，いくつかの理論の捉え方を示し，次項でその役割について検討する。まず，Niss (2007) は次のように理論を定義する。

理論とは，次のような性質を持つ概念と主張の体系である。

- 理論は，対象，過程，状況，現象からなる広範な領域，または複数の領域の集まりについての<u>概念</u>（アイデア，考え，区別，用語などを含む）<u>と主張の組織化されたネットワーク</u>から構成される。
- 理論において，<u>概念は連結された階層構造</u>（論理的または原論理的な性質を持つことが多いが，必ずしもそうではない）で結ばれており，そこでは，基本とされる特定の概念の集まりが，他の概念を形成する際の構成要素として使用される。
- 理論において，<u>主張とは，根源的なもの</u>（すなわち，理論自体の境界内では議論の対象とならないもの）とされる基本的な仮説，仮定，公理，あるいは，形式的（演繹的なものを含む）<u>または物質的</u>（すなわち，理論の領域に関する経験的または実験的）<u>な導出</u>によって根源的な主張から得られる言明のいずれかである。(p. 1308, 下線は原文でイタリック)

ここで示されている定義は，数学教育学に固有というよりは，自然科学や社会科学における理論一般にいえるもののようである。理論とは，概念や基本原理，根源的な主張などからなる体系とされる。確かに，TDS の場合であれば，亜教授的状況，基本状況，ミリュー，委譲，制度化，責任などの概念と，それらを用いて学習についての種々の仮説や主張がなされる（宮川, 2011a）。仮説は，例えば，「学習とはミリューからのフィードバックによるストラテジーの変更によって生じる」などであろう。

一方，2008 年に開催された ICME 11 では「数学教育学における理論の考えと役割」という Survey Team の報告があった。そこでは，数学教育学研究の学術誌に用いられている理論の調査結果よりその意味や機能がまとめられている（Assude et al., 2008）。この調査をする上で理論をまず規定する必要があり，様々な捉え方が提案されている，Assude は理論を「構造的視点」と「機能的視点」から捉え，前者の視点から「理論は数学教育領域における概念と考えの組織化された一貫した体系である」（p. 342）とする（後者については後述する）。これは簡略化されたものだが，Niss の定義とほぼ同じであろう。さらに，Radford (2008) は，この調査をする上で，すなわち理論を分析するツールとして，「理論」を以下の三つの要素によって形成されるものとする。

- 基本原理の体系 P：論議領域と採用される研究視点の境界を画定する暗黙の見解と明示的な言明を含む。
- 方法論 M：P に裏付けられたデータ収集とデータ解釈の技法を含む。
- パラダイムに沿った研究課題の集合 Q：新たな解釈が生まれたり，原理が深化・拡大・修正されたりしたときに，具体的な問いを生み出すテンプレートやスキーマ。（p. 320, 下線は原文でイタリック）

この理論の特徴付けは先の Niss の定義とは少し異なる。Niss のものは，数学教育学の理論が体系としての構成要素とその性質を示していたが，Radford のものは，研究活動と関わって理論を定義する。研究課題（research question）や研究方法論が理論を構成している，もしくは理論によって規定されると考えるのである。そのため，理論は研究課題を生み出すものであり，研究を進める上での方法論をも形成する。ここには，次節で考察する理論の役割が垣間見られる。

なお，ここであげた二つの定義で示されている理論は，数学教育学における科学的な理論に対する見解である。いずれも，指導などの実践には触れられておらず，前出の英語の辞書の 2 よりも 1 の意味と考えられる。

(3) 理論の役割・機能

Niss (2007) は理論を前節のように定義した上で，理論の持つ目的を以下の六つにまとめる（pp. 1308-1309, アルファベットは便宜的に振った）。これらは理論の主要な役割もしくは機能と捉えることができる。

a. 説明（explanation）
b. 予測（prediction）
c. 実践や行動のための道標（guidance for action or behavior）
d. レンズの構造化された集まり，方法論（a structured set of lenses, methodology）
e. 非科学的なアプローチに対する保護（a safeguard against unscientific approaches）
f. 他領域からの攻撃に対する防護（protection against attacks from outside）

最初の a, b は広辞苑の定義にも見られるものであり，科学的な理論の基本的な目的であり役割であろう。残りの四つは道具・手段としての役割と考えられる。c に関しては，理論が何かしらの成果を達成できるように教育的な実践や行為をデザイン・実施する際の拠り所となるとする。これは，前出の英語の辞書の 2 の意味に関わる役割である。次に，d のレンズというのは，最も研究において重要とされ，研究対象の特定・観察・分析・解釈などに用いられるものであり，方法論を与えるものとされている。この研究方法論についての言及は，先の Radford による理論の特徴付けの「方法論 M」に通ずるものである。そして，最後の二つは研究成果の発信や議論に関わる。

一方，先の ICME 11 の Survey Team では，Assude は「機能的視点」から，「理論は現実についての“思索（speculation）”を可能にする道具の体系」(Assude et al., 2008, p. 342) とし，その役割・機能に言及している。これは，理論という道具によって指導と学習の現実を観察・分析・解釈するといった思索が可能になり，新たな知識を生み出すことが可能になるとするのである。その際の具体的な機能として，研究者の仕事を以下の六つに分け（p. 345, 番号は便宜的に振った），それぞれにおいて理論がいかに機能するのかを示している。

1. 教授工学や教授デバイスの設計（conception of didactical engineering or didactical device）
2. 方法論の開発（methodological development）

3. 分析（didactical analysis）
4. 研究課題の定義（definition of a research problematique）
5. 研究課題の遂行（study of a research problem）
6. 知識の生産（production of knowledge）

少しフランスの数学教育学の言葉が用いられているので補足をすれば，1は教授実験に際し授業などを設計すること，4の「研究課題の定義」は，仮説を置いたり分類したりすることにより実践的な問題を研究の問題に変換すること，5の「研究課題の遂行」は4の課題を達成するために研究段階を策定すること，をそれぞれ意味する。1から6の各仕事において理論が道具として用いられるとし，その役割をやや詳細に示している。先の Radford による理論の定義においても見られたが，理論というものは，データを分析する際のツールであるだけでなく，研究課題（research question）を定式化するものなのである。

また，ICME 11 の Suvery Team でも言及されているが，Silver & Herbst（2007）は，数学教育の営みを「研究（research）」，「問題（problems）」，「実践（practices）」の三つを頂点とする三角形で捉え，理論がその中心に位置すると主張する（p. 46）。この理論の捉え方はその役割・機能をも示しており，Silver & Herbst は，理論が研究・問題・実践の各頂点のつながりを仲介するものとする。例えば，理論は数学教育の実践と数学教育学の研究を仲介するとする。ここには，Niss の目的では c となっている数学教育の実践における理論の役割が見られ，数学教育の営みを説明する科学的な理論が実践にも寄与するとする。Silver & Herbst はさらに「規範的（prescriptive）」（p. 51）という言葉でその役割を説明する。この点においては，「理論と実践」の表現に代表される先の英語の辞書の2の意味が垣間見られる。例えば，RME の理論は「数学のための指導理論（instruction theory for mathematics）」とされ，六つの指導原理を基に数多くのより局所的な指導理論や指導配列が開発されてきたとのことで（Van den Heuvel-Panhuizen & Drijvers, 2020），まさにこの実践に寄与するという役割を持つ理論である。

一方，この指導理論はこれまで中心的に述べてきた現象を理解し説明するような科学的な理論とはやや性格が異なるように思える。望ましいもしくは期待される指導の仕方を体系的にまとめたものも「理論」とみなされるのであろうか。実践に関わる理論と科学としての理論，それぞれはどのように関わっているのだろうか。この点については，次のプラクセオロジーという視点を採用すると明確になってくる。

2.3 プラクセオロジーの視点から

(1) 教授人間学理論とプラクセオロジー

数学教育に関わる理論は，教授人間学理論（ATD）の「プラクセオロジー（praxeology）」の概念を用いるとさらに整理できる。ここでATDの詳細は述べないが，この理論では人間の活動をモデル化する道具としてプラクセオロジーという概念が提案されている（Chevallard, 2019）。この概念が数学的な活動のみならず，教師の活動，数学教育学の研究者の活動までをも特徴付けることを可能にする。そこでは，人間の営みが行為として表出する実践部（praxis）とその背後に潜む理論部（logos）からなるとし，それらをプラクセオロジーという語で概括する。より具体的には，実践部は解決すべき課題の種類である「タスクタイプ」とそれを解決するための方法である「テクニック」からなり，理論部はテクニックを選択・正当化する「テクノロジー」とさらにテクノロジーを正当化する「セオリー」からなる。ここでセオリーという言葉が用いられているように，人間の営みには多かれ少なかれその背後に理論的なものが存在するのである。Mason & Waywood（1996）は，数学教育に関わって，「指導と研究のすべての行為は数学教育のもしくはについての理論に基づいていると捉えることができる」（p. 1056, 下線は原文でイタリック）と指摘し，こうした理論を「背景理論（background theory）」と呼ぶ。これは，まさに研究や指導の行為をモデル化するプラクセオロジーの理論部に言及しており，プラクセオロジーによるモデル化の適切性を示していると捉えられる。以下では，この視点から数学教育に関わる理論について見ていく。

(2) 研究プラクセオロジー

プラクセオロジーの概念は，当初は，数学に関わる営みや知識，さらにはそれを指導する営みをモデル化する道具として導入された（Bosch & Gascón, 2006; Chevallard, 1999, 2019）。しかしながら，ATDの理論が発展するにつれ，数学教育学の研究者の活動をもモデル化する道具として用いられるようになった（Artigue & Bosch, 2014）。それは，理論のネットワーク化の研究の一環で提案されたものであり，「研究プラクセオロジー（research praxeology）」と呼ばれるものである。この研究者の営みや知識のモデル化が，数学教育学における理論とその役割を整理してくれる（詳細については次節を参照）。

研究プラクセオロジーの視点からすれば，研究者の実践はプラクセオロジーの実践部によって記述される。先述のAssudeによる研究者の六つの仕事はそれぞれがタスクタイプとなり，それを解決する方法がテクニックとなる。そして，その背後に理論が存在し，それはプラクセオロジーの理論部によって記述される。より詳細に述べれば，TDSなどの理論がセオリーとなり，理論（セオリー）から導かれる方法論（TDSなら教授工学）をはじめ，研究方法（テクニック）の支えとなる様々な原理がテクノロジーとなる。先述のRadfordやAssudeによる理論の捉え方に見られるように，理論は研究課題すなわちタスクタイプを定式化し，データの分析方法すなわちテクニックを提起するという役割を果たすのである。

ここでの研究はあくまでも数学教育の営みを理解すること，それについての知識を生産することを目的としており，理論はこの目的に資するものである。そのため，教材やカリキュラムを開発したり実際に授業をしたりといった教育実践の理論とのつながりは明確ではない。その理由は，教育実践は別のプラクセオロジーでモデル化される人間の活動だからである。

(3) 教授プラクセオロジー

数学教育の実践においても「理論」という言葉が用いられる。先述の「指導理論」という言葉をはじめ，英語の辞書に見られた，教育に関わる「理論と実践」という際の理論である。この理論がどのようなものか，今度は「教授プラクセオロジー（didactic praxeology）」の概念がうまいこと説明してくれる。先ほどの研究プラクセオロジーはあくまでも数学教育の営みを理解しようとする研究者の営みをモデル化したものであった。一方，教授プラクセオロジーは，数学教育の営みそのものを記述するものである。数学教育の営みは，教材やカリキュラムの開発から実際の授業まで様々だが，数学を学習者に教えることを目的とした教師をはじめとする教育者の営みをモデル化するものである（Chevallard, 1999）。

通常の授業実践を想定すれば，指導に関わる課題がタスクタイプ，それを解決する実際の指導方法がテクニックとして特徴付けられる。さらにこうした指導の方法の背後に潜んでいる考えが理論部，すなわちテクノロジーとセオリーとして記述される。理論部がどの程度定式化され体系的なものかは場合によって異なるが，人間の営みの背後には多かれ少なかれ理論的なものが特定できるのである。これが先の英語の辞書の2の意味に相当する理論であり，一般には「指導理論」などと呼ばれるものである。

例えば，前出のRMEの理論は数学教育の百科事典に掲載されるほど定式化された指導理論であり，この理論全体が教授プラクセオロジーのセオリー，そこで示された指導原理がテクノロジーと捉えられるであろう。一方，わが国で書店に行けば，数学をどのように指導すべきか述べた書籍が多く見られる。定式化や体系化の程度はものによるが，これらも指導理論と捉えられる。さらに，学習指導要領解説では，何をどのように教えるべきかが述べられ，しばしば取り上げられる「数学的活動」

のイメージ図（文部科学省，2019a, p. 26）はカリキュラムを設計する際の拠り所となる。これらもすべて，数学教育の営み（授業実践，カリキュラム開発など）をモデル化する際には教授プラクセオロジーの理論部を構成するものと捉えられる。やや理論という言葉の意味が広くなるが，教授プラクセオロジーという視点からすれば，それらもセオリーを構成するものとみなせる。

こうした理論の役割は数学教育の営みによって異なるが，基本的には，何かしらの課題（タスクタイプ）に対し採用される具体的な方法（テクニック）を支えるものであり，その方法の選択や妥当性判断の根拠となるものである。先のNissの理論の目的からすればcに相当する役割である。例えば，RMEの理論の一つ一つの原理は，教材開発や授業実践の際に採用される方法（テクニック）の道標・拠り所（テクノロジー）となり，学習指導要領解説のイメージ図はカリキュラムを構成する際の指導内容の取捨選択や教材の構成の仕方（例えば，日常生活を入れるなど）の拠り所となるのである。

(4) 両者の関係

プラクセオロジーの視点からすれば，数学教育に関わって，研究と教授（もしくは実践）の2種類の営みが存在し，それぞれにおいて理論が見られた。両者の理論はその役割において少し異なるようであった。一方で，前出のSilver & Herbst (2007) の論考では，理論があくまでも研究と実践の橋渡しとしての役割を持つものであり，それぞれに異なった理論が存在するという議論ではなかった。それでは，研究プラクセオロジーと教授プラクセオロジーそれぞれの理論はどのような関係にあるのだろうか。両者は共通のものなのだろうか。

まず，研究プラクセオロジーの理論は，数学教育の営みの仕組みを理解させてくれるため，実践においても示唆を与えてくれることが少なくない。例えば，TDSは数学の学習を学習者とミリューとの相互作用として特徴付け，教授契約 (didactic contract) の概念などとともに，学習者が主体的・自律的に新たな数学的知識を構築していくための条件を示している（宮川, 2011）。そこで，この理論によって特徴付けられる学習活動を望ましいものと捉え，それにしたがって教材や授業を設計することができる。この場合，研究プラクセオロジーのセオリーは教授プラクセオロジーのセオリーとして機能する。研究理論全体がセオリーとして機能するというよりは，研究理論が指導のモデル（例えば，TDSであれば亜教授状況など）や指導の原理を与えると捉えるほうが適切であろう。

一方で，教授プラクセオロジーの理論部となる指導理論などが研究プラクセオロジーとどのように関わるのかという点は必ずしも明らかでない。実は，これは今日も研究課題となっている。例えばデザイン研究では，実践的な目的としては開発原理を導くことを，研究の目的としては局所理論を構築することとされる（Prediger & Zwetzschler, 2013）。その際，開発原理は教授プラクセオロジーの理論部を構成するものであり，数学教育の営みを理解するための局所理論は研究プラクセオロジーの理論部を構成する。しかし，それぞれがどのような関係にあり，どのように構築されるのかという点についてはまだまだ明確でなく，現在も研究が進められている（Prediger, 2019, 2024; 宮川・真野, 2022; 真野・宮川，2023）。

3　数学教育学における理論の多様性とネットワーク化

3.1　背景：理論の多様性

数学教育学研究の発展の中で様々な理論が構築されている。数学の指導・学習は非常に複雑な現象であり，理論はそうした現象やメカニズムを理解し説明する際に必要である。また，複雑な現象をより多面的に理解するためには一つの理論だけでは不十分であることから，多様な理論が必要とされてきた。さらには，数学教育学研究それ自身が持つ多様な性格（Niss, 2019）も理論が多様化する背景となっていると考えられる。このように理論の多様性は，数学教育学の豊かな研究成果や研究領域のダイナミズムを示しているといえる（Bikner-Ahsbahs et al., 2014）。その一方で，理論の多様性には，異なる理論に依拠する研究者間のコミュニケーションを難しくするという側面もある。理論は一つの独立したシステムであるため，異なる理論的前提に基づく実証的研究の成果は容易に統合することはできない。また，多様な理論から多様な専門用語が生み出されることは研究者間のコミュニケーションの弊害となることもある（Prediger et al., 2008）。数学教育学の発展に伴い，研究領域が細分化していき，それぞれの研究領域の中で領域固有な（domain-specific）理論が生み出されることは科学的な進歩の一つの様相であろう。しかし，異なる理論に依拠する研究者間のコミュニケーションが可能となれば，互いの理論に対する理解が深まり，実証的な研究成果を共有しやすくなり，それぞれの理論の発展にもつながることが期待される。

理論のネットワーク化（networking of theories）は，数学教育学における理論の多様性に対処するために，特に欧州の研究コミュニティーの中で発展してきたテーマである（Bikner-Ahsbahs et al., 2014; Kidron et al., 2018; Prediger et al., 2008）。Kidron et al.（2018）によれば，2005年に開催された欧州数学教育学会（ERME）の国際会議（CERME4）において理論をテーマとしたトピックグループが設けられ，理論のネットワーク化の必要性が議論された。それ以来，理論のネットワーク化に関する研究プロジェクトが推進されたが，その中でもブレーメン大学（ドイツ）を拠点とした研究グループによるプロジェクトは，異なる理論に依拠する研究者による国際共同研究であり（Bikner-Ahsbahs et al., 2014），その成果は国際的に広く知られている（本書の意義を知るには Bakker（2016）や Sierpinska（2016）による書評も参考になる）。近年では ICME でも理論の多様性に関するトピックグループが設定され，継続的に議論されている（e.g. Bikner-Ahsbahs & Clarke, 2015; Bikner-Ahsbahs et al., 2024; Dreyfus et al., 2017）。一方，わが国を含めた東アジア諸国では，理論の多様性やネットワーク化というテーマは必ずしも認知度が高くなく，実際，この分野での東アジアからの国際的な貢献はあまり多くない。しかし，それはわが国の数学教育学の研究コミュニティーにおける関心の低さを意味しているのではない。わが国においても多くの理論的研究が行われているが，その成果を国際的な研究動向の中に位置付けることは容易ではない。以下では，こうした背景と動向を踏まえて，これまでの理論のネットワーク化に関する研究から得られた主な成果やアイデアをまとめるとともに，今後の研究の展望について述べる。

3.2　理論のネットワーク化

(1) ネットワーク化方略

理論のネットワーク化とは，「様々な理論的アプローチの独自性を尊重しつつも，部分的であれ理論間の関係性を構築したり，理論どうしの対話を生み出したりすることをねらいとした研究実践」（Prediger & Bikner-Ahsbahs, 2014, p. 118）を意味している。ここで重要なことは，異なる理論間に“対話”を生み出し，それらの理論の発展に貢献することである。複数の理論を関連付ける営みは研究者の研究活動の一部であり，多くの研究者が特に文献レビューや理論的枠組みの設定を通して取り組んでいる。しかし，その営みは経験的で暗黙的な側面も少なくない（例えば，異なる理論に対してどのような視点から関連付けを行っているか，関連付けによって異なる理論に対してどのような知見がフィードバックされたか，などは論文内で暗黙的な場合も多い）。そのため上述した欧州の研究グループでは，こうした研究実践の暗黙的な側面をより明示的にするために，いくつかの概念や視点を作り出した。その中でも理論の「ネットワーク化方略（networking strategies）」はインパクトの高い成果として知られている。ネットワーク化方略は，異なる理論の統合の度合いによって区別されており，**図 13-1** のように八つの方略がペアとして示されている。**図 13-1** では，矢印の右方向に位置する方略が統合の度合いがより高いことを示している。

図 13-1 における八つのネットワーク化方略の要点は次の通りである。

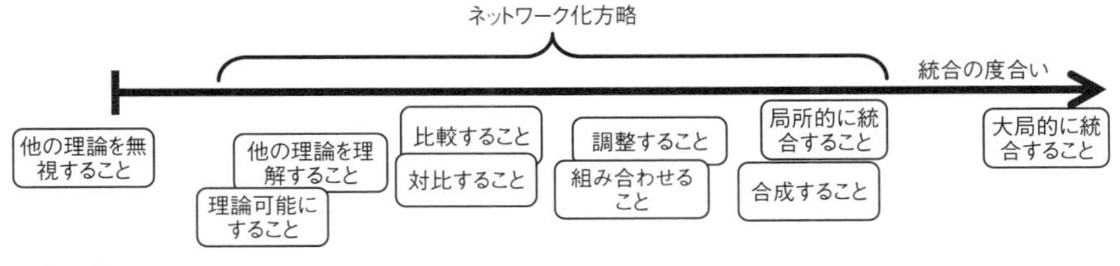

（出所） Prediger et al., 2008, p. 170

図 13-1　理論のネットワーク化方略

- 理解すること（understanding）：他の理論を理解する
- 理解可能にすること（making understandable）：自らが依拠する理論を理解可能にする
- 対比すること（contrasting）：相違点を強調することに重点を置き，一方の理論の特殊性や両者の関連性を際立たせる
- 比較すること（comparing）：相違点を強調することに重点を置き，一方の理論の特殊性や両者の関連性を際立たせる
- 組み合わせること（combining）：異なる理論から同じ現象を観察するが，理論間の相補性や一貫性は必要としない
- 調整すること（coordinating）：異なる理論から同じ現象を観察する際，理論間の適合可能性を考慮し，概念的枠組みを構築する
- 局所的に統合すること（integrating locally）：複数の理論を合成して新たな理論を構築する際，ある理論の一部の側面を，より精巧で支配的な別の理論の中に統合する
- 合成すること（synthesizing）：複数の理論を合成して新たな理論を構築する際，いくつかの同等で安定した理論から，新たな理論を発展させる

もちろんどの方略が用いられるかは，研究の目的や文脈に依存しているため，統合の度合いが高い方略を用いればよりよいネットワーク化が可能となることを示唆しているわけではない。むしろ，研究の目的に応じて，適切な度合いの理論統合に対応した方略を選択することを助けてくれるものである。

(2) 研究事例

理論のネットワーク化の方法論には様々なものがあるが，Bikner-Ahsbahs et al.(2014) では，“同じ現象を異なる理論的アプローチで分析する”という研究方法を用いた国際共同研究の成果をまとめている（本研究グループには，フランス，ドイツ，イスラエル，イタリア，イギリス，スペインの研究者が参加している）。以下では，この研究グループによる書籍（Bikner-Ahsbahs et al., 2014）の内容を中心に研究事例の概要を紹介する。同書では，以下の五つの理論的アプローチを取り上げている（同書の第二部ではそれぞれの理論についての解説がある）。

- Action, Production, and Communication（APC）
- Theory of Didactical Situations（TDS）
- Anthropological Theory of the Didactic（ATD）
- Abstraction in Context approach（AiC）
- Theory of Interest-Dense Situations（IDS）

ところで，同じ現象を異なる理論から分析することは本当に可能なのだろうか。「現象」は，ある理論を通して特定されるものであるという立場から考えると，異なる理論からは異なる現象が特定されるはずである。この点について，Sierpinska（2016）は書評の中で次のように言及している。

> 誰かが現象を特定すること，それを文脈から切り離すこと，それを命名すること，それをより一般的な用語で記述すること，これらの営みは既に理論構築であり，こうした営みのないところに「現象」はないのである。（Sierpinska, 2016, p. 72）

この指摘を考慮すると，「同じ現象」というよりは，「同じ事象」あるいは「同じ実証的データ」を異なる理論から分析すると述べたほうがより正確かもしれない。そうであれば，ネットワーク化可能な理論とは，同じ実証的データから「現象」を特定できるだけの理論的な近さを持つ必要があることを示唆する（Sierpinska, 2016）。理論的な近さというアイデアはやや曖昧であるが，Radford（2008）が示している理論の三成分（基本原理 P，方法論 M，研究課題 R）という視点，あるいは後述する理論の粒度（grain sizes）という視点から明確にできるものであろう。

さて，Bikner-Ahsbahs et al.（2014）のプロジェクトではイタリアの高校生２名を対象とした動的幾何環境における指数関数に関する実験事例を共通の実証的データとして用いている（事例やデータの詳細も同書に掲載されている）。上述した五つの理論の中から二つないし三つを採用し，以下のような四つのネットワーク化の研究事例を報告している（括弧内は各研究で用いられた方略を記す）。

- ジェスチャーの役割に関する事例研究：APC と AiC のネットワーク化（局所的統合）
- コンテキスト／ミリューに関する事例研究：AiC，TDS，ATD のネットワーク化（比較，対比）
- 認識論的ギャップに関する事例研究：APC と IDS のネットワーク化（比較，調整，局所的統合）
- トパーズ効果に関する事例研究：IDS と TDS のネットワーク化（比較，対比，組み合わせ）

近年，こうした理論のネットワーク化研究は盛んに行われるようになり，多くの研究成果が蓄積されている（Rodríguez-Nieto et al., 2022）。わが国でも，第3章でレビューされているように異なる理論を関連付ける研究は行われている（例えば，影山他，2016）。最近では，例えば，世界授業研究学会（WALS）の国際誌の特集号において（Huang et al., 2023），教師教育の研究領域における様々な理論が多様な方略によりネットワーク化されている。また，全国数学教育学会の英文学会誌 Hiroshima Journal of Mathematics Education の特集号「数学教育学における理論の多様性を再考する」では，ネットワーク化の事例研究に加えて，理論のネットワーク化についてのメタ研究の必要性が論じられている（Bikner-Ahsbahs et al., 2023）。そこで，以下ではこのメタ研究のいくつかのアイデアについて述べる。

(3) メタ研究

①垂直的ネットワーク化

理論のネットワーク化のメタ研究では，理論やネットワーク化について語るためのメタ言語が必要となる。上述したネットワーク化方略の枠組み（**図 13-1**，**表 13-1**）はその一つであるが，Shvarts & Bakker (2021) は，理論のネットワーク化方略を「水平的ネットワーク化」と呼んで相対化し，新たに「垂直的ネットワーク化」というアイデアを提案した。垂直的ネットワーク化では当該理論の哲学的・歴史的な起源を明らかにすることにより，理論間の適合可能性の判断を可能とするだけでなく，一貫性のあるネットワーク化に貢献する。Shvarts & Bakker (2021) では垂直的ネットワーク化の分析を行う際，七つの異なる理論の水準を考慮し（認識論的前提，存在論的前提，原理論，局所的理論，指導への応用，教育デザインへの応用），道具的アプローチと身体化デザインアプローチを事例として例証している。

②理論の粒度

Shvarts & Bakker (2021) が示した理論の水準のうち原理論と局所的理論は理論の粒度（grain sizes）に着目した区別である。理論の粒度をどのように区別するかは絶対的なものではないが，Silver & Herbst (2007) は数学教育学における理論の粒度を原理論（grand theory），中間理論（middle-range theory），局所的理論（local theory）の三つに区別している。Silver & Herbst (2007) による粒度の区別は，ある科学的な研究領域における理論について一般的に考慮できるものである。例えば，原理論は，生物学における進化論のように，当該の研究領域を組織化したり，他の研究領域と関連付けたりするための理論が想定されている。一方，数学教育学における理論の多様性を考慮すれば，より個別の研究領域（あるいは研究トピック）の中で用いられる理論の粒度を区別することで，その研究領域の理論的な動向を知ることができる。例えば，Kieran (2019) は，タスクデザインに用いられる理論的枠組みを以下のように区別し，整理している。

- 原枠組み（grand-frames）：学習に関する一般的な枠組み（例．認知心理学，構成主義，社会構成主義）
- 中間水準の枠組み（intermediate-level frames）：数学の幅広い領域に適用できる枠組み（例．RME 理論，教授学的状況理論，教授人間学理論，コモグニション理論）
- 領域固有の枠組み（domain-specific frames）：特定の数学的内容，概念，プロセスに関する枠組み（例．数学的問題解決の枠組み，幾何的推論の枠組み，数学的アーギュメンテーションの枠組み）

Kieran (2019) による粒度の区別は，Silver & Herbst (2007) による区別と共通する点もあるが必ずしも一致するものではない。理論の粒度をどのように区別するかは，その理論が用いられている研究領域や議論のレベルに依存するのである。例えば，教師教育の研究領域における理論の粒度に関しては Shinno & Mizoguchi (2021) による区別があるが，そこでも教師教育という研究領域の特殊性を考慮して Kieran (2019) とも微妙に異なる観点から三つのカテゴリー（原理論的枠組み，中間理論的枠組み，局所理論的枠組み）を示している。

理論の粒度は，理論のネットワーク化方略とも関連している（Huang et al., 2023）。特に統合の度合いの高い方略（調整，局所的統合，合成）では理論の粒度を考慮することによって，ネットワーク化の方法をよりよく説明することが可能となる。例えば，局所的統合では「ある理論の一部の側面を，より精巧で支配的な別の理論の中に統合する」が，合成では「いくつかの同等で安定した理論から，新たな理論を発展させる」。両者の違いはネットワーク化する理論の粒度の違いを考慮しているとも考えられる。このように理論のネットワーク化の研究において採用される方略に根拠や正当性を与える際にはメタ理論的視点が必要となるのである。

③議論文法

Tabach et al. (2020) は，理論のネットワーク化を支える方法論的基盤や論理構造を明確にするために学習科学の分野で提唱された「議論文法 (argumentative grammar)」(Kelly, 2004) という視点を援用した．議論文法は，Toulmin モデルを用いて記述可能であり，Tabach et al. (2020) では「データ」「主張」「論拠」「裏付け」という要素を用いて「組み合わせ」と「調整」の方略を採用した研究事例を分析している。具体的には，次のような要素を特徴付けることにより，ネットワーク化を支える論理構造の明確化を試みている。

- 主張：内的・理論的な共通性
- データ：異なる理論によるコードを用いた発話
- 論拠：異なる理論の分析的構成物の関係
- 裏付け：学習は個人的・集団的に達成されるもの；二つの異なるデータセットへの方法の応用可能性

④研究プラクセオロジー

また，Artigue et al. (2011) や Artigue & Mariotti (2014) は，前出の研究プラクセオロジーを，ネットワーク化研究の場合に適用して「ネットワーク化のプラクセオロジー (networking praxeology)」を検討している。研究者の研究活動は研究プラクセオロジーにより記述可能であり，理論のネットワーク化を行う研究活動もその例外ではない。ネットワーク化のプラクセオロジーの各要素を特徴付ける方法は十分に確立されておらず一つの研究課題となっている (Articue & Mariotti, 2014)。その中で，Shinno & Mizoguchi (2023) は次のような特徴付けを提案している。

- タスクタイプ (T)：ネットワーク化に用いられる理論
- テクニック (τ)：ネットワーク化方略
- テクノロジー (θ)：ネットワーク化方略の選択理由や正当性の説明
- セオリー (Θ)：テクノロジーに含まれる説明の根底にある理論観や研究観

この特徴付けにおいて，Shinno & Mizoguchi (2023) は理論の粒度が実践部と理論部の両方に関わると述べている。また，特にセオリー（Θ）をよりよく理解するためには，研究上の基本的な問い（理論とは何か，理論の役割とは何か，なぜ理論の関連付けが必要なのかなど）を考慮して，理論のネットワーク化という研究者の研究活動に影響を与える文化的側面の検討の必要性を指摘している。

4 展 望

わが国では，過去の半世紀の数学教育学研究を振り返ると，理論の発展に関する国際的貢献は必ずしも多くなかったように思う。その一つの理由は，数学教育が科学的な研究よりもむしろ教材やカリキュラムなどの開発に重きを置いてきたことにあろう（中原，2017）。科学的な理論よりも開発につながる成果が重視され，そこでの理論は背景理論であることが多かったのである。しかしながら近年，国際的に数学教育学の研究が発展し，国際研究コミュニティーが形成され，様々な様態において共同研究を促進し得る基盤が整ってきた。われわれは，次にはわれわれ自身がコミュニティーの中核となり得るよう，基盤整備を進める必要があろう。そのためにも，日本の数学教育における理論の意味や役割，さらには今後の数学教育学研究の方向性について，国際的な視点から国際的な場で議論できるように，様々な国際研究コミュニティーに参画し，国際共同研究を推進していくことが期待される。

また特に，理論のネットワーク化は，数学教育学における理論の多様性に対処する一つのアプローチであり，異なる理論間に“対話”を見出し，数学の指導・学習という複雑な現象についての実証的研究の成果をより豊かなものとする可能性がある。こうした研究者の営みは「研究のための研究」という印象を与えるかもしれないが，それは一面に過ぎない。「理論なき実践は盲目であり，実践なき理論は空虚である」という格言（カント）があるが，理論のネットワーク化は，数学教育学の理論の発展に貢献することを通して，数学教育の実践をよりよく理解することに貢献する。また，理論のネットワーク化についてのメタ研究は，理論の発展に取り組む研究者の営みを理解することに貢献する。

理論のネットワーク化の研究は欧米諸国の研究コミュニティーの中で生まれ，今日まで発展してきた。数学教育学の理論の多様性として理解されているものは欧米の研究文脈の中での多様性であるともいえる。一方で，日本を含めた東アジアの研究者がどのような理論的研究に取り組んでいるかということは国際的には十分に共有されていない。理論とは何か，理論の役割とは何か，なぜ理論のネットワーク化が必要なのか。これらの問いへの答えは，研究者コミュニティーの研究伝統（Bishop, 1992）によって異なるように思われる。そこには文化的要因も介在するであろう。例えば，わが国では開発指向の理論観が強く，教材や授業の設計，あるいはカリキュラムの開発に資する理論の規範的性格が重視される傾向があるが，これは欧米諸国の科学的な研究伝統とは異なっている（宮川・真野, 2022)。こうした研究者の理論的研究に影響を与える文化の問題は今後の研究課題の一つであり，異なる文化的背景を持つ研究者との国際共同研究を通して取り組んでいくことが期待される。それは，より広い国際的視野から数学教育学研究の多様性（Niss, 2019）に対する理解を深めることに寄与し，研究者間のコミュニケーションをさらに活性化し，数学教育学の発展に貢献するであろう。

第14章
デジタル化社会時代の数学教育学研究の再構成

1　はじめに

数学教育学研究の推進において，社会的要因は非常に大きい。ここでの「社会的」とは，数学の学習と指導が本来的に持つ性格というよりも，数学教育という営みが位置付けられている背景を指す。仮に社会と産業とを結びつけるならば，動力源と交通網に革命がもたらされた時代（いわゆる，第1次および第2次産業革命），大量生産と大量消費があたかも推奨された時代（実際，昭和31年度の「年次経済報告」では，これまでの戦後の経済回復として消費者はより多くの物を買い，企業者はより多くを投資しようとしてきた様子が描写されている），そしてデジタル技術によって人間と機械との境界が曖昧になってくる時代のそれぞれにおいて，数学教育は時として社会の形成と維持に必要とされる資質・能力を備えた人材の育成のために，また時として自らの研究動向を俯瞰して，学問としての存立基盤を批判的に問い直してきた。

例えば，人の能力を超えた計算能力を持つコンピュータの普及によって仕事の仕方も考え方も変わってきたのであり，それと同時に数学教育上，計算を素早く正確に行うことの意義がたびたび問い直されてきた。計算をするということは，計算を工夫して行ったり，計算の結果を見積もったり評価したりすることも含むのであり，計算の実行を適宜かつ適当にコンピュータのようなテクノロジーにアウトソースしてしまうということもまた，現代数学教育学研究における判断力育成ないし意思決定に関わる活動の局面になってきたという次第である。このような時代においては，いみじくもテクノロジーの進歩が数学教育学研究を先導するとみられるものの，その流れに沿いながら数学教育学研究はどのように流れを自身で導いていけるだろうか。

以下ではテクノロジーを鍵言葉として，テクノロジーの関わる数学教育学研究の概観を行った後，研究の変遷と特徴をまとめる。そして最後に，今後はますます広い範囲で通常の状態になっていくデジタル化という社会的背景のもとで，数学教育学研究の取り組むべき課題の整理および展望を示す。いずれでもテクノロジーと数学との関わり具合が取り上げられており，その意味で本章は，全国数学教育学会による数学教育学研究推進のまとめであり，またこれからの研究の進化を占うものである。

なお，テクノロジーに関する用語について，時代の進展とともに「計算機」「万能機械」「コンピュータ」など，これまで様々に用いられてきている。そのため，本章では，それらの総称として「テクノロジー」という用語を用いることとし，各時代の特徴を特に示したいときには，適宜，上述のような関連用語も用いる。また，本章ではしばしば学会誌を参照して論を進める。そのため，研究領域を指す場合は数学教育学研究とし，学会誌を指す場合は『数学教育学研究紀要』や『数学教育学研究』のように表す。

2　研究の概観

2.1　分類の観点

Clark-Wilson et al.（2020, p. 1226）は，次のように述べている。

> 数学教育における教授学的機能に関して，テクノロジーをより具体的に分類しようとする様々な分類法が存在する。例えば，Drijvers の「数学をする」「数学を学ぶ」（さらに「スキルを練習する」「概念を発達させる」に細分化される）（Drijvers, 2012, p. 487）である。（……）。このような分類法は，研究者が調査対象の技術をより深く定義することを促し，調査結果の信頼性と一般化可能性をサポートするもので，エマージング・テクノロジーの複雑化と相互運用性の高まりによってますます重要となっている要素である。（Clark-Wilson et al., 2020, p. 1226）

また Roschelle et al.（2017, p. 854）は，Drijvers（2012）に着想を得て，数学学習のためのテクノロジーに関する先行研究の分類法を，次のように提案している。

> 数学教育は，ある種イデオロギー的に組織された（フォーマルな）学習文脈と，興味・関心に基づく（インフォーマルな）学習文脈の双方にまたがること

ができるようになった。〔Drijvers（2012）の三つの目的に加えて〕四つ目の目的では，数学と関わるための文脈としてテクノロジーを考える。例えば，ロボット工学，工作機械，プログラミングなどの文脈は，今や多くの青少年の生活の中で一般的なものとなっており，これらの文脈では，しばしばテクノロジーを媒介として，数学的推論の重要な機会が出現し得る。学習活動を科学，テクノロジー，工学，数学（STEM）の観点から考えると，その活動は他の分野を強調しながらも，数学を学ぶ十分かつ重要な機会を提供している可能性がある。(……)。したがって，数学学習のためのテクノロジーを，数学の教室や職場にあるテクノロジーだけに限定して考えるべきではない。(〔　〕は本節筆者による)

これらの各カテゴリーの中で，われわれはデザインの二つの次元を分析する：一つは生産性に焦点を当て，もう一つは変革に焦点を当てる。生産性の次元は，数学学習をより効率的または実りあるものにするためのテクノロジーの役割を強調するものである。一方，変革の次元では，テクノロジーがいかに数学の教授や学習の再概念化を可能にし，数学とは何かを問い直すかを強調する。生産性の次元が，与えられた目的に対処するために手段を変える傾向があるのに対し，変革の次元は，しばしば数学知識の本質を明示的に分析することによって，ゲームを変えることを目指す。生産性と変革に関するディスコースは，テクノロジーの各目的において，やや異なる方法で発生することがわかる。(Roschelle et al., 2017, p. 854)

Roschelle et al.（2017, p. 854）も述べるように，氏らが発展させた分類法によって，教育現場におけるテクノロジーの目的を特定し，生産性に焦点を当てたもの（テクノロジーが既存の実践，数学的コンテンツ，カリキュラムを支援したり，ある意味で最適化したりするもの）から，変革に焦点を当てたもの（テクノロジーが既存の実践，数学的コンテンツ，カリキュラムを新しいアプローチで置き換えたり，変革させたりするもの）まで，様々なデザインの観点から，数学学習のためのテクノロジーに関する研究を調べることができると考える。よって本節では，Drijvers（2012）の枠組みを拡張したRoschelle et al.（2017）に基づいて，数学教育におけるテクノロジーに関する研究を概観する。

Roschelle et al.（2017）は，分類の観点として，テクノロジーの使用における四つの教育目的と二つの次元とを次のように設定している。

目的

①数学をする：数値計算や記号計算のための道具としてのテクノロジー

例）そろばん，電卓，グラフ電卓，表計算ソフト，Mathematica

数学を学ぶ：教育現場で使用するために特別に設計されたテクノロジー

②スキルを練習する：宿題をする生徒をオンラインでサポートするツールなど，生徒の練習をよりよくオーガナイズすることを目的としたツール

例）AI ドリル

③概念を発達させる：動的な表現など，生徒の感覚や理解に焦点を当てたアプローチ

例）GeoGebra

④数学と関わるための文脈としてテクノロジー

例）放課後プログラムや博物館におけるロボット工学，工作機械，数学授業外でのプログラミングなどの文脈

次元

[1] 生産性：数学学習をより効率的または実りあるものにするためのテクノロジーの役割を強調するもの

[2] 変革：テクノロジーがいかに数学の教授や学習の再概念化を可能にし，数学とは何かを問い直すことを強調するもの

中国四国数学教育学会誌『数学教育学研究紀要』第 1 号から第 8 号，西日本数学教育学会誌『数学教育学研究紀要』第 9 号から第 20 号，全国数学教育学会誌『数学教育学研究』第 1 巻から第 29 巻第 2 号に掲載されている論文のうち，テクノロジーに関する論文は 44 本あった。

2.2 数学をするためのテクノロジー

テクノロジーを用いて数学をすることとしては，コンピュータを用いてアルゴリズム（例えば，フィボナッチ数列）を実行したり（植田, 1982），数式処理電卓（CAS）を用いて整式 x^n-1 を因数分解したり（両角・萩原, 2015），与えられた数の 3 乗根を四則演算と平方根のボタンしかない通常の電卓で計算したり（濵中他, 2016），Mathematica を用いて積分を効率よく計算したり（下村・今岡, 2018），インターネットを用いて必要に応じて必要な数学を利用したりする（葛岡・宮川, 2018）ことなどが挙げられる。

これらのテクノロジーを活用することで，授業における計算や集計にかかる時間

を節約することができる。それによって，教師は，目標への到達時間を従来よりも短縮させたり（下村・今岡, 2018），実験や演習の時間を充実させたり（久冨, 2014b），従来は扱うことができなかった内容や能力を扱ったりする（國岡, 1987, 1988）ことができるようになる。

さらには，「コンピュータの助けを借りて行う数学は，紙と鉛筆だけで行う数学とは質的に異なる。コンピュータは，数学者が通常通りの仕事をするのを単に「助ける」のではなく，むしろ，行われることの本質を変える」（Devlin, 1997, p. 632）。このことは，程度の差こそあれ，学習者の数学的活動でも同様である。例えば岸本・宮川（2023）では，インターネットアクセスおよびプログラミングの活用を前提とした探究型の授業が実践されている。そこでは，「コラッツ予想」と呼ばれる整数論分野の未解決問題が扱われている。実践の結果，インターネットアクセスおよびプログラミングの活用によって，実験や観察を多く必要とする数学的探究を実現することができている。他にも，コンピュータを活用して数学的モデリングに取り組んだ大学生が，通常の授業では見られなかった探究的な活動をすることがある（下村・伊藤, 2005, 2008）。

2.3　スキルを練習するためのテクノロジー

日本の学校外での PC・タブレット等の端末利用は，OECD 生徒の学習到達度調査 2018 年調査（PISA2018）の「ICT 活用調査」によれば，GIGA スクール構想以前は，学習面では OECD 平均以下，学習外では OECD 平均以上であった（文部科学省・国立教育政策研究所, 2019）。その後，GIGA スクール構想により，義務教育段階では令和 4 年度末に概ねすべての自治体等において一人一台端末の整備が完了した（文部科学省, 2023）。そして，その環境下で令和 5 年度に実施された「全国学力・学習状況調査」質問紙調査における，「児童生徒一人一人に配備された PC・タブレット等の端末を，どの程度家庭で利用できるようにしていますか」という質問に対して，持ち帰らせていると回答した割合は小学校で 90.4%，中学校で 87.4% であった。そのうち，毎日持ち帰らせていると回答した割合は小学校で 32.6%，中学校で 41.9% であった（文部科学省・国立教育政策研究所, 2019, p. 28）。

このように，日本の学校教育における学校外でのテクノロジー利用はまだ始められたばかりである。その一方で，テクノロジーを利用して宿題（個別学習）を支援することへの関心は GIGA スクール構想以前からもあり，例えば齋藤・中浦（1997）は，ファジィ理論を利用した個別学習システムを開発している。近年では，GIGA スクール構想の影響もあり，日本の学校教育にデジタル化されたドリルが導入され始めている。それらには「レコメンドや遡行の機能を有することで学習者の

「つまずき」を乗り越える機会を拡大する可能性が認められる」（西岡他, 2022, p. 276）。しかしながら,「遡行範囲の設定には，まだ人間の目から見れば不十分と感じられる例も見受けられた。たとえば,「縦 3000 m，横 4000 m の長方形の面積は何㎢か」という問題に単位換算でつまずいても，長方形の面積の求め方に一律に戻されたりする。また,「つまずき」の原因の質的な違い（例：平行四辺形の求積問題でつまずいている時に，求積公式を覚えていないからなのか,「高さ」の意味がわかっていないからなのか）に対応するものではない」（西岡他, 2022, pp. 278-279）。ゆえに，教師や児童生徒には，デジタル・ドリルの特徴や限界を理解した上での活用が求められる。

個別学習システムの他には，インターネットを活用した宿題のサポートが考えられる。影山他（2023）では，ある生徒が共同編集可能なデジタルホワイトボードに質問を投稿し，それを見た別の生徒が回答している様子が紹介されている。教師もそれを編集することは可能であり，必要に応じて質問に答えたり，生徒の回答を修正したり，新たに質問したりすることができる。また，教師または学習者が宿題の解説動画を作成したり，オンライン会議システムを利用してサポートしたりすることも考えられる。

2.4 概念を発達させるためのテクノロジー

概念発達に関するテクノロジーは，大きく LOGO とインタラクティブな視覚化ツール（以下，視覚化ツール）に分けることができる。前者は，Papert が子どもの学習環境として開発した教育用プログラミング言語であり，それを活用して問題解決能力や論理的思考力を育むことが目指されている（植田, 1983；松延, 1985b）。後者は，GeoGebra や Geometric Constructor（GC），GRAPES などを指す。問題解決中の予想や発見に活用されたり（國岡, 1989；岩田, 1999），より高次の考えを促すために活用されたりする（神原他, 2008；西村, 2014）。

LOGO の活用は，特に図形概念の発達に効果的である。杉野（2005）によれば,「（ア）図形を言語で構成する,（イ）言語の面からの抽象化によって，図形の性質についての認識が深まる,（ウ）プログラム言語が，新たな表現手段となる,（エ）抽出した概念から，さらに一般化できる,（オ）図形の傾き・点対称性・回転が扱える,（カ）包摂関係認識のための新たな方法となる」（p. 576）という特徴がある。また，LOGO ではプログラムの作成と修正を繰り返すことから，自分自身の推論への反省的思考や，粘り強く学習に取り組む態度の形成が期待される（松延, 1985b）。なお LOGO は現在多くの学校でも扱われているプログラム言語 Scratch に影響を与えている（阿部, 2018）。例えば算数科では，Scratch を用いて正多角形の辺の長さがすべて等しく，角の大きさがすべて等しいという意味を理解させたり，円の内側に内接したり、外接したりするなどの性質があることを理解させたりすることを目指す授業が行われている（文部科学省, 2019b）。

視覚化ツールの活用では，従来の紙と鉛筆での作図やグラフの作成とは異なる活動を行うことができる。例えば一次関数 $y=ax+b$ の a を連続的に変化させ，そのときのグラフを示すことができるため，傾きの数値の変化とグラフの変化とを対応付けることができるようになることが期待できる（西村, 2014）。他にも，生徒自身が図の条件や変数を変えながら図やグラフを動かすことができるため，「変わるものと変わらないものが見えてきて」（神原他, 2008, p. 94），生徒自身が変数の意味や図形の性質に気づくことができたり（神原他, 2008；久冨, 2014a），複雑な図を簡単に書くことができたりする（濵中, 2023）。また，視覚化ツールは，新たな学びも創出する。例えば飯島（2014）は，通常は図形の問題として静的な分析によって考察する三角形の底角の二等分線でできる角と頂点との関係について問う教材を，視覚化ツールを活用することで，動的な関数の教材として扱っている。影山他（2023）では，問題を視覚化ツールを用いてグラフで表して解決した後，そのグラフを動かすことで新たな問題を見出し解決する生徒の様子が紹介されている。視覚化ツールを活用することで，新たな探究的・発展的な学びが展開され始めている（cf. 飯島, 2021；増永他, 2024）。

本章 **2.2** より，数学的活動がテクノロジーによって変わることがわかる。そして本節より，数学学習がテクノロジーによって変わることがわかる。このように，われわれが，ある種のメディアと相互作用するとき，メディアが提供する複数の可能性と限界の両方にしたがって自らの思考を再編成する一方で，人間が作り出すメディアもまた人間に影響を与えているのである（Souto & Borba, 2018）。すなわち，（数学的）知識は人工物とともに生産されるものであり，Borba とその同僚たちはこのことを強調するため，humans-with-media という概念を提唱している（Borba, 2021）。

2.5　数学と関わるための文脈としてのテクノロジー

テクノロジーは，従来の教室を超えて学習者が数学と関わる場を創出することができる。例えば，数学検定 1 級に 9 歳で最年少合格した少年は，ある動画配信サイトを見て勉強したという（ヨビノリたくみ, 2020）。また，コクヨ株式会社（2022）の調査によれば，勉強アプリ「Carry Campus」のユーザーと「Campus 勉強カフェ」の参加者を対象に勉強方法の情報収集経路を尋ねたところ，YouTube，学校の先生，Instagram の順に多かった。さらに半数以上が「デジタル学習」を日常的に行うなど，デジタル・ネイティブを象徴する結果になった（コクヨ株式会社, 2022)。そして，山脇・溝口（2021）は，日本の教室とロシアの教室を繋いだ授業実践を行っており，授業でなされる数学的解決が，国際的な問題解決になり得ることを期待している。さらに清水・都志見（2012）は，中学生を対象に，テクノロジーを活用して現実場面の数理を探らせ，創造性の基礎を培うことを目指した放課後の課外授業を実践している。これらの研究からは，テクノロジーの活用によってただ場が増えるだけではなく，質的に異なった場が創られることが示唆される。さらに，本章 **2.4** でも紹介した，学校外で宿題に対する質問と回答をするコミュニティ（影山他, 2023）も，テクノロジーによって創られるサイバー空間内の場であると考えることができる。リアルタイムではなく，それぞれが自分の好きな時間で好きな場所でアクセスできることも，テクノロジーにより創られる場の特徴である。

2.6　数学教育の目的・目標論とテクノロジー

本章 **2.1** で挙げた Roschelle et al.（2017）の分類の枠組みは数学学習のためのテクノロジー利用に着目したものであったが，数学教育におけるテクノロジーに関する研究として少し視野を広げると，新たなテクノロジーの登場によって数学教育の目的・目標論が議論されてきていることがわかる。具体的には，コンピュータが学校に導入される未来が近づいた際には，数学科においてどのようにコンピュータ・リテラシーを位置付けるかが考察された（松延, 1985a)。電卓が普及した際には，暗算指導の意義が問われた（岩崎, 1991)。コンピュータが導入され始めてからは，数学教育においてコンピュータを利用する目的が考察された（髙橋, 1992)。プログラミング教育を数学教育に押し込んでいく政治的動向が世界的に活発になった際には，Computational Thinking を，数学教育学研究の研究対象として捉え直し，Computation の意義と学校数学教育の意義が考察された（上ヶ谷他, 2019；影山他, 2020)。COVID-19 感染拡大の際には，遠隔授業の課題と可能性が考察された（井餘田他, 2021)。このように，それぞれの時代で，様々な要因がもたらす数学教育への新たなテクノロジーの登場によって，これまでの数学教育を振り返り，新たな数学教育の方向が示唆されてきている。

では，これからの数学教育はどうであろうか。現在，人間よりも速く正確に手続き的な数学を行うことができるコンピュータにより，従来の問題の多くの種類が「問題」とみなされなくなっている（Oechsler & Borba, 2020)。最近では，教科書の一問一答問題や演習問題集は，WolframAlpha や Photomath などのソフトウェアで解くことができる（Oechsler & Borba, 2020)。このようなソフトウェア等の発達に伴い，数学を手続きの適用とみなすことから，創造的な問題解決に重点を置くものとみなすことへとシフトしている（Engelbrecht et al., 2020）。さらに，「インターネットの使用により，個人はもはや，膨大な量の知識を全部自分の中に溜め込む必要もなくなった。必要な時にその知識がある場所を見つけ出してアクセスすればよくなったのである。つまり，インターネットは個人に求められる資質，能力に変化をもたらしたのだ。現代社会に求められているのは，知識の量ではない。むしろ，世界中に分散している情報の中から必要な情報を探し出し，取得した情報を適切に評価・コーディネートし，問題解決のために用いる能力となった」（今井他, 2012, p. 194）。このようなインターネットがもたらす，学習者に求められる資質・能力の変化も，数学教育に影響を与えている。例えばEngelbrecht et al.（2020）は,「教師，そしてコミュニティ（対面および仮想）の役割は，知識を創造し，インターネット上でまだ解決されていない新しい問題を提案することである」（Engelbrecht et al., 2020, p. 834）と述べており，テクノロジーが変えた学習者に求められる資質・能力に基づいた数学的実践について言及している。

2.7　研究の概観のまとめ

本節ではRoschelle et al.（2017）に基づいて，『数学教育学研究』に掲載された，数学教育におけるテクノロジーに関する研究を概観した。本節から示唆されることは，次の4点である。

- テクノロジーは，より十分な数学学習を支援し，より十分な数学を学習する機会を提供する。
- テクノロジーを使って数学を学ぶことから学習者の学習成果の向上へは真っ直ぐつながるのではなく，それゆえ，それを活用した新しい教育・学習システムの設計と実施は依然として困難である。
- テクノロジーの有無にかかわらず，人を数学的活動の主体たらしめる要素の理解および体得が求められる。
- テクノロジーの発展が数学教育学研究を先導することがある。

テクノロジーの活用によって，学習者の数学的活動や数学学習は変化している。それは，より効率が良くなった意味での変化もあれば，新しい数学的活動や数学学習の発生という意味での変化もあった。テクノロジーは従来の数学教育の補助的な役割を超えて，新たな数学教育をもたらすものである。他方で，AIドリルの特徴と限界から示唆されるように，テクノロジーを用いれば必ず学習者の学習成果が向上するかといえば，そうではない。それどころか，安直なテクノロジー使用は，測定されるもの・可視化されるもののみを学習とみなすという卑近な学習観の醸成に一役買い（西岡他, 2022），本来豊かな数学学習を貶める可能性があるので，われわれはよく留意しなければならない。またEdTechの国策化にあたり，学習のためのフォーマットは，教育学系の研究ではなく，教育産業・企業が先導している側面もある（井上・藤村, 2020）。数学教育においても，数学テクノロジーに関する広大な消費者市場の出現によって，テクノロジーの採用や使用には，研究に基づく知識以外の要因が強力な影響を及ぼす可能性がある（Roschelle et al., 2017）。したがって，数学教育におけるテクノロジーの使用に関する研究からの影響を大きくしていきながら（Roschelle et al., 2017），今日のテクノロジーに応じた，新しい教育・学習システムの設計が求められる。

一つの方向として，葛岡・宮川（2018）などが実践しているSRP（Study and Research Paths）と呼ばれる探究活動があり得る。その活動では，使えるものは何でも使うため，インターネットや文献などのメディアを利用し調べる行為を伴う。例えば「4」という数字をちょうど4回用いた計算によって，指定された数を作り出すという「4つの4」と呼ばれる有名な数学パズルでは，インターネット検索を行うことで，それに関わる様々なウェブサイトに出会うことになり，例えば対数の勉強など，「4つの4」に関わる様々な勉強が生じ得る（真野他, 2019）。これは，メディアの利用に制限がかかり，学習者の記憶（既習内容）を頼りに問題解決を進める通常の授業とは異なる活動である。さらに，学習者による学習方法の選択（学習方法自体の創出含む）も求められる。例えばインターネットは，学習プロセスを個性化し，学習者一人ひとりのニーズに対応する可能性を持っていることから，学習者が学習プロセスの主導権を握る，より強い学習者主導のアプローチへの変化を加速させ，学習の超個性化（Hyper-personalisation of learning）をもたらす（Engelbrecht et al., 2020）。学習者は，従来の教室や家庭で行われていた学習に加えて，YouTubeで授業動画を視聴したり，情報を検索したり，地理的に離れている学習者と同期または非同期の状態でコミュニケーションしたりしながら学習するという選択をすることが可能である。

また，例えば電卓が普及した際に，暗算指導の意義が問われたように，テクノロジーの普及に伴い，これまでの数学的活動や数学学習の意義が問われると考える。humans-with-mediaの概念からいえば，本質が変わるのだから，これまでの数学教育学研究の蓄積を，どのようにテクノロジー時代に引き継いで行くのかを考える必要がある。さらに，田中（2006）が生徒が視覚化ツールを用いる場合の教師の支援について考察していたり，両角・萩原（2015）が教師の役割を考えることの重要性を指摘していたりするように，学習者とテクノロジーとの相互作用に，教師がどのように関わるのかを考察することも求められる。

3 『数学教育学研究』の掲載論文におけるテクノロジー研究の変遷と特徴

本章2節においては，Roschelle et al. の枠組みに基づいて，『数学教育学研究』に掲載されているテクノロジーに関する論文を類型化し，概観してきた。それらを踏まえ，本節では，次のような視点から，テクノロジーをめぐる一連の研究の変遷や特徴などをさらに検討してみたい。

本学会に限らず，テクノロジーに関する国内外の研究や算数・数学科の授業は，各時代のテクノロジーのソフト面，ハード面の発達に少なからず影響されてきたと考えられる。同様に，テクノロジーの発達は各時代のカリキュラムにも影響を与えてきたと考えられ，日本の場合，それは，約10年おきに改訂されている学習指導要領に反映されてきたと考える。そこで，まず，算数・数学科におけるテクノロジーに関するこれまでの動向を確認するために，各時代の算数・数学科の学習指導要領（以下，学習指導要領）におけるテクノロジーの位置付けやその傾向を概観する（本章 **3.1**）。このことを踏まえ，次に，「学習指導要領に関する時代区分」と「Roschelle et al. の枠組みに基づく類型」を二軸としながら，本学会における一連の研究成果の変遷や特徴を指摘する（本章 **3.2**）。

考察の対象とする学習指導要領については，中国四国教育学会誌『数学教育学研究紀要』の第1号の創刊が1972年であったこと，また，学校教育や学習指導要領にテクノロジーの影響が本格的に生じ始めたのが1970年代後半（昭和50年代）以降の時期であったと考えられることから，いわゆる「基礎・基本時代」（1977～1988年）以降の学習指導要領を対象とする。

3.1 算数・数学科学習指導要領におけるテクノロジーの位置付け，特徴に関する考察

表14-1 は，学習指導要領の改訂を時代区分としながら，各時代の小学校，中学校，高等学校の算数科あるいは数学科の学習指導要領解説・計15冊（巻末の文献一覧を参照）の記述をもとに，各時代におけるテクノロジーの位置付け，特徴を概括的に整理したものである。なお，各時代の呼称について，「厳選時代」までの各呼称は小山（2001）に倣ったものであり，「知識基盤社会時代」「資質・能力時代」については，当時の改訂の経緯などをもとに，本節筆者が特徴付けたものである。

表14-1 にあげた基礎・基本時代以降の約50年にわたる学習指導要領における

表 14-1　学習指導要領におけるテクノロジーの位置付け，特徴に関する変遷

〔基礎・基本時代（1977 ～ 1988）〕 ・数値計算における計算機（電卓も含む）の活用 ・計算機のアルゴリズムの学習を通じた数学的な考え方の育成（高） ・BASIC（計算機言語）への言及（高）
〔人間化時代（1989 ～ 1997）〕 ・情報化，個性化への対応としてのコンピュータの活用 ・「計算機械」及び「教具」としてのコンピュータの活用の明記，実験や観察などにおけるコンピュータの活用（中） ・応用数理の観点に立ち，コンピュータを活用する内容を中心にして構成する科目の設定（高，数学Ｃ）
〔厳選時代（1998 ～ 2007）〕 ・算数的活動，数学的活動の充実 ・「コンピュータなどを有効に活用し，数量や図形についての感覚を豊かにしたり，表やグラフを用いて表現する力を高めたりすること」の追記（小） ・情報通信ネットワークの活用の追加，メディア・リテラシーの育成（中，高）
〔知識基盤社会時代（2008 ～ 2016）〕 ・コンピュータや情報通信ネットワーク（インターネットも含む）などに関する三つの活用〔計算機器としての活用，教具としての活用，情報通信ネットワークの活用〕（中） ・「D　資料の活用」におけるコンピュータなどの活用の充実（中：第 1 学年，第 3 学年） ・「数学活用」や「理数・課題研究」におけるコンピュータや情報通信ネットワークなどの積極的活用（高）
〔資質・能力時代（2017 ～　）〕 ・「主体的・対話的で深い学び」の過程におけるコンピュータなどの活用 ・プログラミングを体験しながら論理的思考力を身に付けるための学習活動の充実（小） ・必要に応じて，コンピュータや情報通信ネットワークなどを適切に活用し，学習の効果を高めるようにすること（特に，「データの活用」領域におけるコンピュータの一層の活用；中，高） ・「理数探究」におけるコンピュータや情報通信ネットワークなどの積極的活用（高）

（注）小：小学校，中：中学校，高：高等学校

テクノロジーの主な位置付け，特徴を筆者なりに整理すると，次の 7 点になる。

（CS1）計算を代替する「計算機」としての活用
（CS2）プログラミング（算法）を通した数学的アルゴリズムや関連する数学的知識，数学的な考え方の理解
（CS3）コンピュータの構造の理解と関連する数学的知識の理解
（CS4）教師の演示・提示のための道具，子どもの練習のための道具としての活用
（CS5）数学的性質の探究，発見の道具としての活用
（CS6）オフライン環境からオンライン環境への変化に伴う学習空間の拡張
（CS7）論理的思考力，表現力などといった資質・能力の育成

CS1は，そろばんや電卓も含め，文字通り，人間による計算を代替するための「計算機」としての活用である。CS1は，電子計算機や小型電卓が発達，普及しつつあった基礎・基本時代における典型的なテクノロジーの活用である。テクノロジーが発達した今日においても，「計算の代替」としてのテクノロジーの活用は，基本的には受け継がれてきているといえる。なお，「計算機」という用語をめぐっては，次の2点を付言しておきたい。第1は，学習指導要領解説において，「コンピュータ」という用語が用いられるようになったのは，主として人間化時代以降であることである。1970年代後半になり，「〔電子計算機は〕実は単に計算するだけの機械ではないのだから誤解されやすいという意味で，電子“計算”機という言葉は不適当だということが論じられた時期があった」（南澤，1978，p. 6，〔　〕は本節筆者による）と指摘されているように，大容量のデータを保存したり，論理的な比較判断も可能になったりしたという意味で，「コンピュータ」という用語が，当時，徐々に社会に普及，定着してきたと推察される。第2は，「計算機」の活用自体については，基礎・基本時代の前の現代化時代の学習指導要領においてもすでに言及されており，基礎・基本時代にも，現代化時代の流れが継承されていることである。

CS2は，流れ図やプログラムの作成を通じて，数学的なアルゴリズム（算法）を理解させたり，数学的知識や考え方を習得させたりしようとするものである。例えば，人間化時代の高等学校・数学Bの「(4) 算法とコンピュータ」では，ユークリッドの互除法や繰り返しによる平方根の計算などのアルゴリズムに関するプログラムの作成を通じて，そうしたアルゴリズム自体の理解とともに，数学的な考え方の育成や，問題解決の手法を豊かにしたりすることがねらいとなっている。

CS3は，2進法のような数の表現法や整数計算に関係した関数などのように，コンピュータに利用されている数学を学ぶことによって，コンピュータの構造自体を理解することである。それとともに，コンピュータの構造の学習を通じて，当該の数学についての理解もねらわれている。

CS4，CS5，CS6については，中学校学習指導要領の「指導計画の作成と内容の取扱い」におけるテクノロジーの位置付けに関する記述とその変遷が注目される。人間化時代では，コンピュータ等と数学科との関連については，「計算機械としての利用」と「教具としての利用」の二つの面があげられている（文部省，1989b，pp. 129-132）。厳選時代においてもこれら二つの面が引き続き重視されているが，その記述を精査すると，次の二つの視点が新たに付加されている（文部省，1999b，pp. 125-128）。第1は，数学的性質の探究，発見の道具としてのコンピュータ等の役割である。第2は，情報通信ネットワークの活用への言及である。情報通信ネットワークの活用は，オフラインの個別のコンピュータなどを活用した教室内の閉じた学習から，情報検索を前提とした教室外の学習への「学習空間の拡張」を意味している。この流れをうけて，知識基盤社会時代および資質・能力時代には，「計算機器としての活用」「教具としての活用」「情報通信ネットワークの活用」の三つの面に整理されている。こうした記述内容や変遷を踏まえたとき，教師の指導充実のための活用（CS4），子どもたちの探究のための道具（CS5），情報通信ネットワークを活用した学習空間の拡張（CS6）という三つの特徴を指摘できる。

CS7については，例えば，算数科における次の二つがあげられる。第1は，厳選時代以降，算数科の「指導計画の作成と各学年にわたる内容の取扱い」では，表現の違いはあるものの，「コンピュータ等を有効に活用し，数量や図形についての感覚を豊かにしたり，表やグラフを用いて表現する力を高めたりすること」があげられていることである。第2は，資質・能力時代において新たに追加された「プログラミングを体験しながら論理的思考力を身に付けるための学習活動」の充実，いわゆる，プログラミング的思考の育成である。これらは，テクノロジーの活用を通じて，数学的表現力や論理的思考力といった資質・能力の育成をねらうものと捉えられる。

これら七つの特徴を数学教育の時代変遷と概括的に対応付けるとすれば，以下のようになる。1970年代当初は，計算の負担軽減として，CS1としての活用が中心であった。その後，テクノロジーの急速な発達に伴って，CS4に加え，特に高等学校において，CS2やCS3の活用の充実が図られることになる。また，厳選時代以降になると，CabriやGeometric Constructor，GRAPESといった子どもたちの探究を支援する図形ソフトや関数ソフトの開発，充実によって，CS5の意味での活用が促進されたといえる。それに伴って，CS7の資質・能力の育成が謳われるようになる。さらに，1990年代後半から2000年代になると，インターネットといった情報通信ネットワークの整備によって，CS6に示したオンラインの学習環境という変化がもたらされることになる。今後，例えば，デジタル教科書やタブレットの普及によって，学習環境の変化は一層進むものと予想される。

3.2 「テクノロジーに関する研究の類型」および「時代区分」を視点としたテクノロジー研究の特徴に関する考察

本章2節では，四つの教育目的と二つの次元から成る「テクノロジーに関する研究の類型」をもとに，『数学教育学研究』に掲載された44編の論文を概観した。これを踏まえ，本章**3.1**の学習指導要領に関する時代区分を縦軸とし，「テクノロジーに関する研究の類型」を横軸として44編を俯瞰すると，**表14-2**のようになる。**表 14-2** の各セル内には，当該のセルに位置付く論文数とそれらの論文群の主なキーワードを記載している。なお，例えば，「目的④・次元［1］」などのように，該当する論文がない類型もあった。一方，複数の目的に関わる論文や，二つの次元の両方に関わる論文もあった。以上のことから，**表 14-2** の横軸については，計10 の類型が最終的に設定されている。

(1)　全体的な特徴

表 14-2 について，全体的な特徴としては，次の 3 点を指摘することができる。

（RT1）計 44 編のうち，「数学をする」（①）に分類される研究が 23 編（約 52％）と半数を占めており，次いで，「数学を学ぶ」（②および③）に分類される研究が 12 編（約 27％）となっている。一方，「数学と関わるための文脈としてのテクノロジー」（④）に分類される研究は，複合型（①②③④）も含め 2 編であり，いずれも 2020 年代の新しい研究である。

（RT2）時代ごとに見ると，人間化時代の論文数がやや少ないものの，どの時代においても，テクノロジーに関する研究が継続的に行われている。

（RT3）厳選時代以前においては，「数学を学ぶ」（②および③）に分類される研究の割合が相対的に大きい。一方，厳選時代以降になると，「数学をする」（①）に分類される研究が多くなっており，全体の約 45％（計 20 編）を占めている。

RT1 について，「数学をする」（①）と「数学を学ぶ」（②および③）の両者をあわせると，研究全体の約 80％（計 35 編）を占めている。このことは，『数学教育学研究』に掲載された論文の全体的な研究の傾向を示すものである。RT2 については，個々の研究の目的や関心などはもちろん異なるけれども，その時代に開発されたテクノロジーに注目しながら，それらの活用のあり方が一定程度研究されてきたことを示唆している。RT3 は，研究の関心や内容の質的変容を意味しているという点において，興味深い特徴といえる。厳選時代以降の研究のキーワードを見ると，モデリングや問題づくり，探究といったキーワードが並んでいる。**表 14-1** にもあるように，厳選時代の学習指導要領では，算数的活動あるいは数学的活動がはじめて示された。こうした改訂は，当時のプロセス重視，活動重視の動向と重なっている。実際，アメリカやイギリスのカリキュラムでも，プロセス重視の方向性が明確に打ち出されている（山口, 2010；NCTM, 2000）。このような当時の国内外の

表 14-2 「テクノロジーに関する研究の類型」および「時代区分」を視点とした掲載論文 44 編の分類

類型 / 時代区分	数学をする			数学を学ぶ			文脈として	複合型		その他
	①【2 3】			②【1】	③【1 1】		④ [2]【1】	①③ [2]【1】	①②③④ [2]【1】	その他【6】
	[1]【4】	[2]【11】	[1] [2]【8】	[1]【1】	[1]【2】	[2]【9】				
基礎・基本時代（1977 ～ 1988）（7 編）		【3】Informatik, アルゴリズム			【1】中心極限定理	【2】LOGO				【1】コンピュータ・リテラシー
人間化時代（1989 ～ 1997）（4 編）				【1】個別学習システム		【1】予想の発生と証明				【2】見積りと暗算，コンピュータ利用の理念
厳選時代（1998 ～ 2007）（9 編）		【2】モデリング，表計算ソフト	【4】問題作り			【2】探究，動的幾何環境		【1】Excel, Function View		
知識基盤社会時代（2008 ～ 2016）（10 編）	【2】CAS, Excel	【2】モデリング，探究，SRP	【3】問題作り			【3】探究，理解，GRAPES				
資質・能力時代（2017 ～ ）（14 編）	【2】統計グラフ	【4】SRP，探究，プログラミング	【1】問題作り		【1】糸掛けアート ,SRP, 探究，GeoGebra	【1】複素関数の考え方，シンデレラ	【1】CBL, Skype, Prezi		【1】編集，Jamboard, GeoGebra, GoodNote5	【3】Computational Thinking, 遠隔授業

①：数学をする　②：スキルを練習する　③：概念を発達させる　④：数学と関わるための文脈としてのテクノロジー
[1] 生産性：数学学習をより効率的または実りあるものにするためのテクノロジーの役割を強調するもの
[2] 変革：テクノロジーがいかに数学の教授や学習の再概念化を可能にし，数学とは何かを問い直すことを強調するもの
（注）各セル内の数値：論文数，各セル内のキーワード：各セル内に分類された研究のキーワード

動向は，学習指導要領上では，前述のCS5の特徴をさらに強調することにつながったとともに，研究面でも，テクノロジーを活用した数学的な探究活動のあり方に関する研究を促進させたものと考える。

(2) 各研究群の特徴

次に，本小節では，**表14-2**をもとに，論文数の比較的多かった三つの研究群に焦点を当てながら，各研究群の主要な傾向，特徴をさらに考察してみたい。

第1の研究群は，「数学をする」（①）に関する研究群である。この研究群の特徴としては，主として，次の五つを指摘することができる。

（G1-1）アルゴリズムの考えやアルゴリズム化の活動の意義や重要性を考察した研究
（G1-2）数式処理電卓や表計算ソフトを利用しながら，計算やデータ表示，グラフ表示の効率化，有効性を考察した研究
（G1-3）数学的モデリングに関する研究
（G1-4）世界探究パラダイム，SRP（Study and Research Path）を理論的基盤とする研究
（G1-5）問題作りに関する研究

表14-2を見ると，厳選時代以前においては，「数学をする」（①）に分類される研究は，基礎・基本時代の①［2］に分類された3編の研究に限られている。これら3編は植田（1982），國岡（1987, 1988）であり，いずれもG1-1に関わる研究である。こうした研究は，先のCS2に深く関わる研究成果であり，当時の時代背景やテクノロジーの発達状況に沿った研究と捉えられる。一方，前述の「全体的な特徴」のRT3でも指摘したように，厳選時代以降は，「数学をする」（①）に分類される研究が大幅に増加し，計20編（全体の約45%）に及んでいる。こうした厳選時代以降の計20編の研究は，G1-2～G1-5の四つに大別される。

まず，G1-2は，**表14-2**の①［1］に分類された計4編の研究群の特徴である。具体的には，CASが搭載された数式処理電卓の活用によって因数分解による既約多項式の導出の効率化，促進を図った研究（両角・萩原, 2015）や，表計算ソフトの活用によるデータ表示やグラフ表示の効率化を図った研究（久冨, 2014b；辰崎, 2022, 2023）が含まれる。数式処理電卓や表計算ソフトの活用によって，数学学習の効率化が図られていることが［1］（生産性）に分類されている理由であり，CS1に関わるテクノロジーの活用の今日的な展開として位置付けられる。

G1-3およびG1-4は，厳選時代以降の①［2］に分類された研究群の特徴である。G1-3には，下村・伊藤（2005, 2008）が該当する。これらの研究の特徴は，Mathematicaを活用しながら，数学的モデルを作成し，予想を立て，解決するという数学的モデル化の活動の促進を取り上げたことにある。これは，Mathematicaの普及によるCS5の促進に関わる研究として捉えられるものである。

G1-4には，濵中他（2016），葛岡・宮川（2018），柳・宮川（2021），岸本・宮川（2023），角倉・宮川（2023）の5編が該当する。SRPでは，インターネットや文献などのメディアを活用した探究活動が重視されている。このことは，高等学校における「課題学習」の設定（知識基盤社会時代）や「理数探究」の設定（資質・能力時代）とも軌を一にしており，まさにCS5やCS6に呼応する研究である。特に，CS6（学習空間の拡張）の視座から，テクノロジーの活用に基づく新しい探究活動のあり方を示した研究という意味で，これらの研究は，［2］（変革）の特性を有するものと考える。

G1-5は，**表14-2**の①［1］［2］に分類された計8編の研究群の特徴である。これらは，いずれも，厳選時代以降の下村他による「コンピュータを活用した問題作り」に関する一連の研究である。これらの研究では，Mathematicaの活用によって，複雑な計算や完成度の高い問題づくりが可能になったこと，また，「What if not ?」を理論的基盤とする探究的な学習活動が促進されたことが報告されている。CS1の特徴の水準を現代的に高めたことが［1］（生産性）たる所以であり，「What if not ?」を基盤としたCS5に関わる探究活動や問題解決活動の質的変容を生じさせたことが［2］（変革）たる所以といえる。

以上のように，研究の焦点の当て方や表現の違いなどにおいて違いはあるものの，注目されることは，G1-2～G1-4の研究群に通底するキーワードが「探究活動」であるということである。つまり，類型①の厳選時代以降の研究では，電卓や表計算ソフト，Mathematica，インターネットといった探究のためのツールの開発，普及によって，モデル化や問題づくり，世界探究パラダイムといった視座から，テクノロジーを活用した様々な探究活動のあり方が提言されてきたといえる。

第2の研究群は，「数学を学ぶ」に関する研究群である。「数学を学ぶ」には，②「スキルを練習する」と③「概念を発達させる」の二つが含まれる。ただし，**表14-2**からもわかるように，「数学を学ぶ」に分類された研究の多くは類型③に関わる研究となっている。こうした類型③に分類された研究内容の特徴としては，主として，次の四つを指摘することができる。

（G2-1）ある特定の数学的内容の教材開発あるいは指導改善に関する研究

（G2-2）コンピュータ言語 LOGO の活用に関する研究
（G2-3）証明活動における「推測（予想）」の促進，充実に関する研究
（G2-4）動的幾何ソフト（GeoGebra，シンデレラなど）や関数グラフソフト（GRAPES など）を活用し，図形の性質や関数の性質などに関する探究的な教授・学習を考察した研究

表 14-2 と対応させると，コンピュータが普及し始めた基礎・基本時代には，G2-1 や G2-2 の研究が中心となっている。G2-1 の研究として，伊藤（1977）では，コンピュータのプログラム作成やシミュレーション実験を通じた中心極限定理の理解の促進が提言されている。これは先の CS2 に関する研究に位置付く。また，G2-2 の研究は，当時注目されていた LOGO のプログラムとの対比によって，図形概念の深化をねらった教材開発（植田, 1983）や証明活動の充実（松延, 1985b）に関するものである。これらは，CS2，CS5 に関わる研究と捉えられる。

一方，人間化時代になると，先の CS5 に関わって，G2-3 の研究が展開されるようになる。具体的には，人間化時代および厳選時代の③［2］に分類されている 3 編（國岡, 1989；岩田, 1999；田中, 2006）がそれに該当する。こうした研究では，動的幾何環境の下で，推測（予想）を伴った証明活動の新たな可能性や展望が示されており，いわゆる「推測と反駁」の活動の質的変容も示唆されている。

G2-4 は，知識基盤社会以降の計 5 編の研究が該当する。これらの研究の特徴は，「負の余りを利用した倍数判定法」や「平面図形の性質」（いずれも，神原他, 2008），二次関数（久冨, 2014a），複素関数の考え方（小山・濵中, 2022），糸掛けアート（濵中, 2023）などといった特定の数学的内容に焦点を当てた上で，GeoGebra や GRAPES といった動的ソフトを活用して，当該内容に関する探究的な教授・学習のあり方やその有効性を考察したことにある。こうした研究は，「特定の」数学的内容の教授・学習に光を当てた CS5 に深く関わる研究群として位置付けられる。

第 3 の研究群は，「数学と関わるための文脈としてのテクノロジー」（④），「複合型」，「その他」に関する研究群である。この研究群には計 9 編が含まれており，主に，次の二つの傾向，特徴がある。

（G3-1）各時代のテクノロジー環境下で求められる資質・能力に関する研究
（G3-2）Skype や Zoom などを用いた遠隔授業に関する研究

G3-1 には，例えば，基礎・基本時代に求められているコンピュータ・リテラ

シーを論じた松延（1985a）や，電卓が広く普及した人間化時代における暗算の今日的意義を考察した岩崎（1991）がある。一方，影山他（2020）では，高度化されたコンピュータが存在する現代社会において，Computational Thinking および Mathematical Thinking の視点から，今後の「計算」の新たな位置付けが考察されている。これらの研究は，各時代の背景を踏まえた CS7 に関わる研究と捉えられる。

G3-2 には，コロナ禍における遠隔授業の課題と可能性を論じた井餘田他（2021）や，日本とロシアによる国際的な同時授業に関する山脇・溝口（2021）が該当する。こうした研究は，遠隔授業を取り上げた研究という意味において，CS6 に関わる今日的な研究として位置付けられる。

G3-1 や G3-2 の他にも，影山他（2023）では，「編集」をキーワードとして，インターネットを含む ICT による学習活動の質的広がりや今後のカリキュラムへの示唆が論じられている。この研究も，CS5 や CS6 の視点からの研究として注目される。

以上の考察を踏まえ，本学会におけるこれまでのテクノロジー研究の主要な傾向，特徴をまとめると，以下のようになる。

（T1）テクノロジーをめぐる研究の全体的な傾向，特徴として，各時代のテクノロジーの発達状況やそれに対応した教育的要請に沿って，学習指導要領に反映されてきたテクノロジーの位置付けや特徴である CS1 ～ CS7 に呼応した研究が，一定程度なされてきている。ただし，類型②「スキルを練習する」の研究が少ないことからも，CS4（教師の演示・提示のための道具，子どもの練習のための道具としての活用）に関わる研究はあまりない。

（T2）厳選時代以前においては，「数学を学ぶ」に分類される研究の割合が相対的に大きい。一方，厳選時代以降になると，「数学をする」に分類される研究が多くなっている。

（T3）「数学をする」，「数学を学ぶ」のいずれの類型においても，厳選時代を境として，子どもたちの数学的探究のプロセスを効率化したり，探究活動を基盤とした数学的内容の理解の充実をねらったりする研究が中心となっている。そうした研究は，CS5（数学的性質の探究，発見の道具としての活用）の充実を強く志向したものと捉えられる。

（T4）「数学をする」の研究のうち，テクノロジーを活用しながら数学的探究を促進しようとする研究では，問題作りや数学的モデリング，世界探究パラダイム，SRPといった理論的枠組みを基盤とするものが多い。

(T5) 知識基盤社会以降になると，情報通信ネットワーク時代を反映したCS6（オフライン環境からオンライン環境への変化に伴う学習空間の拡張）に深く関わる研究も展開されるようになっている。

(T6) 研究群の中には，CS7（論理的思考力，表現力などといった資質・能力の育成）に関わって，コンピュータ・リテラシーや暗算，Computational Thinkingなど，各時代のテクノロジー環境下において求められる資質・能力を取り上げた研究も展開されている。

4　残された課題

4.1　テクノロジーを使う目的

以上で述べてきたように，テクノロジーはある種のインフラであるため，その影響は数学教育の非常に広い範囲に及んでいる。このようなテクノロジーによる教育の変革は，実はわれわれにとっても大変馴染み深い。それが20世紀初頭，概ね1902年ごろより始まったペリーによる数学教育改革運動である。そこでは，当時最先端の技術によって安価かつ大量に生産されるようになった方眼紙が大きな役割を与えられていた（大下, 2018, pp. 41-43）。氏は，「厳密な論証幾何から学習を始め，思考を陶冶する」という旧来の教育目標を打破する（大下, 2018, p. 39）ために方眼紙を重視した。そこでは，方眼紙に記載されたグラフを使って，気温の変化を読み取る・保険金の支給額の推移から平均寿命を推定するといった情報を読み取り生活に活かす学習が想定されていた（大下, 2018, p. 41）。さらに，日常的な場面をある種のモデルによって読み解き課題を解決する（大下, 2018, p. 43）ことさえ想定されていた。「方眼紙の使用」という科目が幾何学や代数と並ぶ科目として扱われている（大下, 2018, p. 41）ことからも，ペリーが目指した「（イギリスの）全ての人々に共通して必要な科学的な思考法の普及」（大下, 2018, p. 55）を実現するという氏の教育目標にとって，方眼紙は欠くことができない「テクノロジー」であったといえる。

この歴史的な例に照らし合わせると，現代においてテクノロジーをどのような教育目標のために用いるかという議論が十分なされているとはいいがたい面がある。実際，現代においては，方眼紙が表計算ソフトウェア（Excelなど）等に置き換えられ，やはり情報を読み取って生活に活かすことや，日常的な場面をある種のモデルによって読み解き課題を解決することが行われている。上述したペリーのやっていたことと重なるこれらの学習活動は，単に方眼紙を現代的なソフトウェアに置き換えただけなのであろうか。例えば石井（2020）は，テクノロジーの利用が既存の内容を効率よく教えることのみに矮小化されている場合があり，テクノロジーによって，既存の内容を超えた高い質の学びが可能となり得る点が見落とされがちな点を指摘している（石井, 2020, p. 55）。上述した置き換えは，情報の読み取りなどの効率を上げるという面はあるにせよ，それだけに留まるのであろうか。

前節までに述べられたテクノロジーをめぐる動向を見ても，教育目標への具体的かつ直接的な言及は非常に少ない。このことが示唆するのは，従来の教育目標をテクノロジーでうまく（よりよく）実現しようとしている研究が多い，ということであろう（e.g. 高橋, 1992；岩田, 1999；両角・萩原, 2015）。一方，岩崎（1991）が電卓の使用が日常化することによる暗算指導の今日的意義を論じていたり，影山他（2020）が伝統的に重視されてきた数学的思考の役割の更新を主張していたり（影山他, 2020, p. 38），葛岡・宮川（2018）などがインターネット上での探求を前提に研究者の態度を育成したり（葛岡・宮川, 2018, p. 123）するように，テクノロジーの利用は新たな教育目標を開拓し得る。前者は現在に根ざした研究であり，後者は未来を見据えた研究と言い換えてもよいかもしれない。前者は後者の実現可能性を担保し，後者は前者の正当性や今後の発展性を担保する。このためにも，より積極的に教育目標とテクノロジーの関係を議論することが望まれるのである。

この点と関わることとして，教室外への「学習空間の拡張」をどこで意図的に止めるのかという点は，あまり問われていない課題であるように思われる。「学習空間の拡張」を極限まで推し進めると，その先に待っているのは教室の非教室化である。しかし，そもそも近代的な学校教育・数学教育の成功の一因が，ルソーによる「子どもの発見」（ルソー, 1994, p. 18）から始まり，子どもを（大人の）社会から意図的に切り離したことにあることは重要である。もちろん，こうした「切り離し」は，教室を社会にどう接続するかという宿痾を抱えざるを得ないため，「学習空間の拡張」が議論され，テクノロジーがそれをより一層推し進めている。こうした点を踏まえ，こうした拡張をいつ・どこまで続けるのかという点が，教育目標に照らし合わせながら議論されねばならないであろう。

これらの背景で見逃せないのは，本章 3.1 で述べたように，テクノロジーによる数学教育学の変化に際しては，テクノロジーの発展と普及，あるいはそれらに伴う社会的変化が先行してきたということである。すなわち，数学教育におけるテクノロジーとその利用が，数学教育学内部から要請されたものではなく，各種の社会状況やそれに基づく要望（cf. 総務省, 2021, p. 178）などの，外部から要請されたものであるという点である。社会の変化が先行するのは，ある程度やむを得ないかもしれない。しかし，数学教育学がそうした変化を受容したというよりは，外部の要請を単に丸呑みしているからこそ，指摘した状況が生じていると考えざるを得ない。類似した状況を振り返ると，わが国において教室と社会の時間的接点である中等教育が，戦後に戦前の制度が刷新される中で，制度設計者でさえ教育目標についての具体的ビジョンを欠いていた（天野, 2016, pp. 246-248）ことが現在まで尾を引いている（平林, 2004）ことが思い起こされる。このときは，中等教育の制度を（6－）3－3制にするという外部からの要請に対して数学教育学としての理念，思想，哲学，そしてそれらに裏打ちされた教育的な目標がないままに実際と実践がなされた。テクノロジーの利用という外部からの要請に基づく変化について同じ対応をして，教育目標との関係を抜きにテクノロジーについて語るというような同じ轍を踏んではならないのである。

4.2　研究の前提

テクノロジーはある種のインフラであるため，数学教育が扱うほとんどすべての対象に関わることが可能である。それにもかかわらず，研究の関心が向けられるテクノロジーやその利用法，あるいは利用する対象等々が，本来想定され得るものの一部に集中している。すなわち，そこにはある種の偏りがあるように思われる。ある時期以前においては，テクノロジーを利用するための種々のコストが高くつくといった，技術的・社会的な制約もあろう。しかし，近年においては，テクノロジーを利用するために必要なコスト全般が下がり，よほど特殊かつ高度なものでなければ現実的に扱うことが可能である。つまり，これらの偏りは何らかの技術的・社会的な制約ではなく，研究コミュニティ内での明示的または暗黙的な前提によるものではないかという推測が成り立つ。以下，本節では2000年以降の『数学教育学研究』に絞って考察するが，概ね次のような偏りが認められる。

一つ目に指摘されるのは，教育以外の目的のために作られたテクノロジーの利用が目立つ，という偏りである。例えば両角・萩原（2015）が利用しているVoyage200（グラフ数式処理電卓），井餘田他（2021）が取り上げた授業で使われていたZoomやGoogle meet（ビデオ会議システム）などが該当し，これらはすべて，教育よりも広い用途のために設計されているテクノロジーである。一方，神原他（2008）が扱ったと考えられるGeometric Constructor（動的幾何環境ソフト）は，教育目的のために設計・作成された（飯島, n.d.）テクノロジーである。デジタル教科書，MetaMoJi ClassRoom等々の（数学）教育のために設計されたソフトウェアが多数認められる昨今の事情に鑑みれば，この状況は非対称である。

二つ目に指摘されるのは，テクノロジーを利用した教育の対象とする子どもの年齢の偏りである。少なくとも，『数学教育学研究』においては，小学校におけるテクノロジーの利用が極端に少なく，中学校，高等学校，あるいは大学生への研究に偏っている。最近の子どもは小さいうちからテクノロジーに触れて育っている可能性が高く，「小さな子どもはテクノロジーの使い方を解らない」といった制約は以前ほどには強くないと想定される。この点もまた，今後検証されていかなければならないであろうが，小学校が（少なくとも時間的な意味で）最も社会から切り離されていることと無関係ではないように思われる。

三つ目に指摘されるのは，内容領域の偏りと，それに伴い利用されるテクノロジーに生じる偏りである。具体的には，関数領域におけるグラフ電卓や表計算ソフト，幾何領域における動的幾何の二つが非常によく利用されている（例えば，前者には川本（2007）や西村（2014）などが，後者には田中（2006）や神原他（2008）などがそれぞれ該当する）。代数領域と確率領域については，この二つに比べて論文が少ない傾向にあるといえる。統計領域についても少ないが，統計に関する数学教育学研究においてはテクノロジーの利用は不可欠といってよい（大谷，2017a）。よって，これは統計領域に注目が集まったのが比較的最近であるとか，それに伴い理論的研究が先行しているといった事情によるものと推定される。ペリー運動や数学教育現代化運動のような大きな教育変革においては，関数と幾何が議論の対象となることが思い起こされよう。

最後に指摘されるのは，テクノロジーの利用方法に関する偏りである。大部分の研究では，テクノロジーに対する学習者の操作を前提として，その際にテクノロジーが学習者に返すフィードバックが学習の源泉となるように利用されていた。田中（2006）の動的幾何環境を例に挙げれば，ある点を動かすという操作に対して，（ソフトウェアによって表示された）いくつかの角度が変わってしまうというフィードバックについて学習者が考察することで学習者の活動が深まっている（p. 99），といった具合である。しかし，現実にはこれ以外にも，例えばMetaMoJi ClassRoomを使ってコミュニケーションを促進する，Zoomを使って遠隔教育を実現するといったテクノロジーの利用方法も考えられ得る。

こうした偏りの背後には，おそらく相互に連関しあっている研究コミュニティ内の暗黙的な前提が横たわっている。そうした前提を理論負荷した観察が成されることで，様々な現象，課題，可能性が（見えていると同時に）見落とされている。このことに自覚的になり，新たな研究の対象を発見していくことが期待されよう。

4.3　各論から総論へ

テクノロジーの多様性によって生じる課題についても言及しておきたい。本書がそうであるように，テクノロジーやその利用に関しては，単に新しい教育インフラが導入されること以上の関心が払われている。この理由には，社会的な面も含まれているだろうが，より決定的には，テクノロジーがこれまでの教育を大きく変え得るという予感が共有されていることが理由ではないだろうか。実際，電卓の導入一つをとってみても，計算指導に関わる価値観を根底から変化させたのである。

未来においてテクノロジーは当たり前の前提となり，特別な関心を払われず，そこで展開されている数学教育と数学教育学研究は現在のわれわれが行っているものとは質的に異なるであろう。それは，現代のわれわれが方眼紙を特別視せず，厳密な論証幾何から学習を始めないことを当然視していることと同じである。こうした未来に備えるために，従来の数学教育と数学教育学研究が培ってきた知見と，テクノロジーによって生じる変化を捉えた，総合的な考察が必要であるように思われる。

この必要性を裏付ける一つの例を挙げてみよう。Stigler and Hiebert は，OHP というテクノロジー（現代では PowerPoint などのプレゼンテーションソフトが近い）を米国の数学教師が積極的に受け入れ，日本の数学教師がほとんど利用しようとしない理由が，単なる選り好みではなく，必然であることを明らかにした。それは，両国における学習指導のシステム全体を視野に入れることで，初めて可能になったのである（スティグラー・ヒーバート, 2002, pp. 77-79）。

しかし，テクノロジーごとの具体的なハードウェアやソフトウェアの特徴は非常に多彩であり，利用法や実現可能な事柄も大きく異なる。それゆえに，「Mathematica を使った教師教育」（e.g. 下村・今岡, 2007），「動的幾何環境における数学的探究活動」（e.g. 神原他, 2008）のように，特定のテクノロジーや内容領域などの各論に細分化した分析的な研究がなされてきた。これは，「テクノロジーの登場と普及」という巨大な変革がある程度落ち着いた段階で，引き起こされた様々な事象の調査・報告が一通り出揃った段階であるといってよい。それらによってどのような変化が生じたかを総論として捉えることで，新たに研究されなければならない課題や対象が特定され，未来へと着実に歩んでいくことが可能になるのである。

4.4 数学教育学研究の変容

最後に，こうした事柄を踏まえつつ，数学教育学研究がどのように変化していくかについて論じたい。結論からいえば，テクノロジーとの関わりの中で「主体的」の意味を描くことが今後の数学教育学研究で重要である。

本章でも何度か触れているように，テクノロジーは「主体的」という言葉と対になって論じられることが多い。その際，「主体的」という言葉は，学習だけではなく，態度や，知識の用い方等と組み合わせて幅広く用いられている。

他方で，「主体的」という言葉は日本語にしか存在しない，曖昧な意味しか持たない単語であることは，あまり知られていないように思われる。一般に，辞書で「主体的」を英訳すると「subjective」という単語が割り振られている。この言葉は同時に「主観的」と訳すことも可能であり，哲学において本来は同じ意味を持つ単語である。しかし，subjective learning を「主観的な学び」と訳した場合と，「主体的な学び」と訳した場合を比較すれば，後者のみがなんとなく肯定的な響きを持つ。それにもかかわらず，両者の意味の境界線は，驚くほど曖昧である。すなわち，「主体的」という言葉の意味は本来の subjective から離れている一方で，明瞭な意味を持たない（ゆえに多用される）単語といってよい。

思い起こせば，数学教育学研究の歴史とは，ペリーによる有用性（大下, 2018）や，数学的な考え方（中島, 1981）といった言葉に意味を与え，更新し続けてきた歴史に重なる。それゆえに，テクノロジーとの関わりの中で「主体的」の意味を与え，更新し続けていくことが今後の数学教育学研究であるように思われるのである。

文献リスト

秋田喜代美（2012）.『学びの心理学―授業をデザインする―』. 左右社.

秋田喜代美・藤江康彦編著（2019）.『これからの質的研究法―15の事例にみる学校教育実践研究―』. 東京図書.

秋田美代（2010）.「算数・数学科担当教員を目指す教員養成大学学生の授業実践力向上に関する研究―教材分析力，学習指導案作成力，模擬授業実践力の関係を中心として―」.『数学教育学研究』，16（2），47-56.

秋田美代・齋藤昇（2002）.「数学における創造性と学業成績との関係―中学校1年「平面図形」を対象として―」.『数学教育学研究』，8，167-176.

秋田美代・齋藤昇（2004）.「関数領域における創造性と構造的関連の理解との関係――次関数を対象として―」.『数学教育学研究』，10，107-122.

秋田美代・齋藤昇（2009）.「教員養成大学学生の授業実践力向上に関する研究―授業実践力評価表の開発と教員養成系大学数学科学生への適用―」.『数学教育学研究』，15（2），35-46.

秋田美代・齋藤昇（2010）.「算数・数学科担当教員を目指す教員養成大学学生の授業実践力向上に関する研究―教材分析力を中心として―」.『数学教育学研究』，16（1），87-97.

秋田美代・齋藤昇（2011）.「数学教育における創造的思考の活性化に関する研究―問題解決における思考の一時的滞留について―」.『数学教育学研究』，17（2），55-63.

秋山真理・岡崎正和（2013）.「文化的視点から生徒と数学を結ぶ高等学校数学科の学習指導のあり方に関する研究」.『数学教育学研究』，19（2），89-99.

阿部和広（2018）.「初等教育における構築主義を用いたプログラミング教育」. システム制御情報学会誌『システム／制御／情報』，62（7），254-259.

阿部浩一（1986）.「ブルーナー再考」.『数学教育学研究紀要』，12，1-5.

阿部好貴（2006）.「数学教育におけるリテラシーの考察―リテラシーの概念規定について―」.『数学教育学研究』，12，133-140.

阿部好貴（2008）.「数学的リテラシーの育成に関する基礎的研究―「数学の方法」としての数学化と数学的モデル化の関係の考察―」.『数学教育学研究』，14，59-65.

阿部好貴（2010）.「数学的リテラシー育成のための数学的活動のあり方に関する一考察」.『数学教育学研究』，16（1），27-34.

阿部好貴（2012）.「数学的リテラシーという視点からの教授・学習内容の考察―関数領域に焦点をあてて―」.『数学教育学研究』，18（1），23-29.

阿部好貴（2020）.「数学的モデル化と証明―抽象に着目して―」. 岩崎秀樹編,『数学教育研究の地平』（pp.204-218）. ミネルヴァ書房.
天野郁夫（2016）.『新制大学の誕生 大衆高等教育への道〈上〉』. 名古屋大学出版会.
新井美津江（2014）.「フィリピン児童が有する図形概念の形成初期における困難性」.『数学教育学研究』, 21（1）, 113-122.
新井美津江（2015）.「図形カリキュラムにおける空間的思考に関する学習内容の考察―米国カリキュラムとの比較から―」.『数学教育学研究』, 21（2）, 163-174.
新井美津江（2016）.「翻案過程における教師のカリキュラム知識に関する考察」.『数学教育学研究』, 22（2）, 213-221.
新井美津江（2017）.「カリキュラム知識についての教師の信念」.『数学教育学研究』, 23（2）, 169-177.
新井美津江（2018）.「フィリピン小学校数学教師の教授的推論過程における問題―カリキュラムメーカーとしての役割の視点から―」.『数学教育学研究』, 24（1）, 169-178.
有藤茂郎・小林亜由美・岩崎浩（2013）.「授業研究が数学教師の力量形成に及ぼす効果とその要因―K教諭との長期にわたる授業研究の取組を通して―」.『数学教育学研究』, 19（2）, 73-87.
有野香里（2014）.「ドイツの初等数学教育における「パターンと構造」の学習に関する研究―2012年版『数の本』における「美しい包み」の学習と子どもの反応―」.『数学教育学研究』, 20（1）, 125-132.
粟村真之（1997）.「算数・数学教育における教師の専門性」.『数学教育学研究』, 3, 197-203.
粟村真之（1998）.「算数・数学教育における教師の専門性に関する研究」.『数学教育学研究』, 4, 219-229.
飯島康之（2014）.「GCを用いて二つの角の関数関係を発見する授業の授業研究：2013年度の新城合宿での研究授業から」.『イプシロン』, 56, 15-36.
飯島康之（2021）.『ICTで変わる数学的探究―次世代の学びを成功に導く7つの条件―』. 明治図書.
飯島康之（n. d.）.『Geometric Constructor』. Retrieved from http://izumi-math.jp/M_Sanae/MathSoft/Gc/s_GC.htm（2024年10月27日最終閲覧）
飯田慎司（1984）.「数学教育における問題解決の基礎的研究（3）―A. H. Schoenfeldの問題解決研究について―」.『数学教育学研究紀要』, 10, 72-78.
飯田慎司（1989）.「数学教育における課題学習の研究（1）―緒論―」.『数学教育学研究紀要』, 15, 137-143.
飯田慎司（1990a）.「数学教育のための推測と反駁に関する考察」.『数学教育学研究紀要』, 16, 1-10.
飯田慎司（1990b）.「問題解決」. 岩合一男編『教職科学講座　第20巻　算数・数学教育学』（pp.135-149）. 福村出版.

飯田慎司（1992）.「数学教育における反証主義の認識論的考察―推測と反駁による数学化の展開について―」.『数学教育学研究紀要』，18，1-9.
飯田慎司（1995）.「オープンエンドの問題解決と Humanistic Mathematics について」.『第 28 回日本数学教育学会数学教育論文発表会論文集』，243-248.
飯田慎司・清水紀宏・小山正孝・中原忠男・山口武志（2005）.「算数達成度に関する継続的調査研究（Ⅳ）―「達成度の伸び」を評価するための指標―」.『数学教育学研究』，11，161-175.
飯田慎司・清水紀宏・小山正孝・中原忠男・山口武志（2007）.「算数達成度に関する継続的調査研究（Ⅵ）―第 6 学年終了時の達成度に関する比較教育的検討―」.『数学教育学研究』，13，183-192.
飯田慎司・山口武志・中原忠男・重松敬一・岩崎秀樹・植田敦三・小山正孝（1997）.「中学生の数学的能力の発達・変容に関する調査研究（2）―「数」得点の変容について―」.『数学教育学研究』，3，179-187.
飯田慎司・山下昭・隅正幸・小森晃（1994）.「算数学習におけるオープンエンドの問題による価値認識に関する研究（1）―研究の概略と第一次報告―」.『九州数学教育学研究』，1，32-43.
飯田慎司・山田篤史・清水紀宏・中原忠男・﨑谷眞也・重松敬一・岩崎秀樹・植田敦三・金本良通・小山正孝・岡本真彦（2002）.「潜在的な数学的能力の測定用具の開発的研究（1）―測定用具の開発とその検討―」.『数学教育学研究』，8，187-199.
生田直子（2018）.「数学的な考え方を視点としたルーブリックの開発と学習指導法」.『数学教育学研究』，24（1），147-160.
井口浩・岩﨑浩（2014）.「「三角形の内角定理」の証明の必要性を触発する授業デザインの開発研究― 証明の機能，特に「体系化」を視点として ―」.『数学教育学研究』，20（2），123-140.
井口浩・大橋博・鏡味英修・岩﨑浩（2012）.「算数の授業における「まとめの型」の生起とその要因―M 教論との授業改善の取組を事例として―」.『数学教育学研究』，18（2），99―114.
井口浩・桑原美恵子・岩﨑浩（2011）.「算数・数学の授業における「知的責任の委譲」の実現の問題―「教授学的シツエーションモデル」の構築とモデルによる授業過程の分析―」.『数学教育学研究』，17（2），103-126.
池田敏和（2004）.「数学的モデリングを促進する考え方に焦点を当てた指導目標の系列と授業構成に関する研究」.『日本数学教育学会誌数学教育学論究』，81・82，3-32.
池田敏和（2017）.『モデルを志向した数学教育の展開―「応用指向 vs 構造指向」を超えて―』. 東洋館出版社.
池田大徳（2015）.「道徳教育との関連を意識した算数科の授業づくりに関する実践研究―「公正・公平」に着目したチーム分け問題を通して―」.『数学教育学研究』，21（2），29-38.

池田大徳（2023）.「道徳教育との関連を図る算数科授業に関する基礎的考察―社会的オープンエンドな問題と道徳的判断力及び道徳的価値観との関連に焦点を当てて―」.『数学教育学研究』，29（2），15-30.

石井英真（2011）.『現代アメリカにおける学力形成論の展開』，東信堂.

石井英真（2020）.「「未来の学校」をどう構想するか：「大きな学校」と「小さな学校の狭間で」」.『教育展望』，66（2），50-57

石井秀宗（2014）.「本邦における測定・評価研究の動向―構成概念を精確にすることの重要性の再認識を目指して―」.『教育心理学年報』，53，70-82.

石井洋（2012）.「ザンビアの算数・数学授業研究における研究紀要に関する一考察」.『数学教育学研究』，18（1），71-78.

石井洋（2015）.「ザンビアのある数学教師グループの授業実践の変容に関する研究―授業研究における教師グループの談話に着目して―」.『数学教育学研究』，21（1），11-21.

石井洋（2017）.「数学教師のアセスメント・リテラシーに関する一考察―理論的枠組みの提案―」.『数学教育学研究』，23（1），21-31.

石川廣実（1989）.「『九章算術』での分数について―その算数教育的考察―」.『数学教育学研究紀要』，15，150-157.

石川雅章（2021）.「事象の数学化に及ぼす言語の影響―概念的相対主義・言語相対論の視座からみた「かけ算・たし算の順序問題」の分析を通して―」.『数学教育学研究』，27（2），1-19.

石田淳一（2002）.「メタ認知の指導による小学6年生の問題解決過程の変容に関する研究」.『日本数学教育学会誌数学教育学論究』，78，3-21.

石田忠男（1972）.「自然推論による証明の分析―（その1）中学校における図形の証明―」.『数学教育学研究紀要』，1，1-4.

石田忠男（1975）.「$\sqrt{2}$の無理性の証明について」.『数学教育学研究紀要』，2，22-25.

石田忠男（1977）.「代数的構造の指導について―「分析」の視点とその「総合」―」.『数学教育学研究紀要』，4，21-23.

石田忠男（1978）.「算数・数学教育の目的について Ⅰ ―序章―」.『数学教育学研究紀要』，5，28-31.

石田忠男（1980）.「算数・数学教育の目的について（Ⅱ）―数理思想の開発と数学的な考え方の育成―」.『数学教育学研究紀要』，6，10-13.

石田忠男（1981）.「算数・数学教育の目的について（Ⅲ）―形式陶冶論争を中心として―」.『数学教育学研究紀要』，7，56-59.

石田忠男（1987）.「問題解決指導のための教材開発」．石田忠男・川嵜昭三編『現代授業論双書62　算数科問題解決指導の教材開発』（pp.11-28）．明治図書.

石田忠男（1991）.「算数・数学の授業における「協同的討議」の考察―算数・数学の「教授＝学習」原理の構築をめざして―」.『数学教育学研究紀要』，17，43-50.

石田裕・岩崎秀樹（1983）.「学校数学で残るもの（Ⅰ）―数学教育の意義に関する一考察

―」.『数学教育学研究紀要』, 9, 24-29.
石橋一昴（2017）「意思決定に求められる確率判断能力の育成に向けた確率教育に関する一考察―ベイズの定理に着目して―」,『数学教育学研究』, 23（2）, 83-90.
石橋一昴（2018）.「リスクリテラシーの育成に向けた確率に関する教育内容の研究」.『数学教育学研究』, 24（2）, 1-9.
石橋一昴（2019）.「確率解釈の形成を思考する確率カリキュラム開発」.『数学教育学研究』, 25（2）, 11-25.
石橋一昴（2021）.「モデル化の視点からみた中学生の確率の意味理解に関する考察」.『数学教育学研究』, 26（2）, 73-81.
石橋一昴（2023）.「高等学校数学A「条件付き確率」の導入場面の教材と授業」.『数学教育学研究』, 29（1）, 69-83.
伊藤説朗（2001）,「最近10年間（1991-2000）の研究のまとめと課題　問題解決」.『日本数学教育学会第34回数学教育論文発表会「課題別分科会」発表集録』, 96-102.
伊藤孝希（2015）.「算数教育におけるクリティカルシンキングの育成に関する基礎的研究―反例の提示に着目して―」.『数学教育学研究』, 21（2）, 39-48.
伊藤俊彦（1977）.「中心極限定理の理論的指導並びに実験的指導について」.『数学教育学研究紀要』, 4, 14-17.
伊藤俊彦（1980a）.「学校数学に対する態度評価の基礎的研究（1）」.『数学教育学研究紀要』, 6, 14-17.
伊藤俊彦（1980b）.「種々の因子分析法による青年期の学習成績の構造について」.『数学教育学研究紀要』, 6, 18-20.
伊藤俊彦（1982）.「発見学的戦略を用いた数学的問題解決過程の実験的研究について」,『日本教科教育学会誌』, 7（2）, 1-8.
伊藤俊彦（1995）.「島根式数学に対する情意的特性検査（Shimane－ACTM）について（1）―算数・数学学習におけるやる気に関する研究（XIII）―」.『数学教育学研究』, 1, 93-99.
伊藤俊彦・岡本信之（1989）.「算数・数学学習におけるやる気に関する研究（Ⅷ）―数学教員志望学生と中学生の数学学習に対する態度構造の比較―」.『数学教育学研究紀要』, 15, 41-47.
伊藤俊彦・岡本信之・佐々木雅文（1989）.「算数・数学学習におけるやる気に関する研究（Ⅸ）―算数学習における5つの代表的なやる気のタイプの子どもたちの算数学習に対する態度について―」.『数学教育学研究紀要』, 15, 34-40.
井上秀一（2018）.「文系大学生の数学的リテラシーを高める教育―数理科学的問題解決を通して―」.『数学教育学研究』, 24（1）, 91-97.
井上優輝・服部裕一郎・松原和樹・袴田綾斗（2018）.「組合せ論における諸問題を教材としたクリティカルシンキングを育成する数学授業の開発― 高校数学における授業実践「リーグ戦の対戦計画」を通して ―」.『数学教育学研究』, 24（1）, 99-120.

井上義和・藤村達也（2020）.「教育とテクノロジー：日本型 EdTech の展開をどう捉えるか？」.『教育社会学研究』, 107, 135-162.
井上芳文（1998）.「数学的概念の認識における二面性に関する考察（4）—指導原理の関数における適用可能性について—」.『数学教育学研究』, 4, 187-195.
今井一仁（2005）.「状況的学習論に基づく数学学習環境のデザイン—デザインの原理と実際—」.『数学教育学研究』, 11, 33-43.
今井一仁（2006）.「状況的学習論に基づく数学学習環境「お菓子を分けよう」の実践的検討」.『数学教育学研究』, 12, 23-36.
今井敏博（1985）.「生徒の数学に対する態度に影響を与える要因について—教師の要因, 数学学力との関連を中心に—」.『日本数学教育学会誌数学教育学論究』, 43・44, 3-31.
今井むつみ・野島久雄・岡田浩之（2012）.『新・人が学ぶということ—認知学習論からの視点—』. 北樹出版.
今岡光範（1996）.「空間認識に関する発展的教材の内容学的考察」.『数学教育学研究』, 2, 115-120.
今岡光範（2001）.「高校生・大学生による数学の問題作り」.『数学教育学研究』, 7, 125-131.
今岡光範・津島久美（2009）.「空間の格子の教材化に関する考察—空間図形教材の工夫の観点から—」.『数学教育学研究』, 15（2）, 129 − 136.
今岡光範・冨田真吾・西岡亮平（2006）.「フレームの動きを取り入れた図形教材の考察—工学的な背景をもつ教材の発展性—」.『数学教育学研究』, 12, 227-235.
今岡光範・速水誠（2007）.「多角形の内角・外角の和に関する考察 — 図形の組み合わせ的性質の視点から — 」.『数学教育学研究』. 13, 215-223.
林文圭（1990）.「数学教育における問題解決に関する研究—問題解決における評価を中心として（1）—」.『数学教育学研究紀要』, 16, 85-91.
井餘田慎・石川雅章・中村剛（2021）.「コロナ禍における遠隔授業の課題と可能性—広島県の公立高等学校数学科教論の指導案分析を通して—」.『数学教育学研究』, 27（1）, 69-90.
岩合一男（1991）.「数学教育学研究についての所感」.『数学教育学研究紀要』, 17, 1-8.
岩合一男（1995）.「数学教育における理解論の史的展開」. 日本数学教育学会編,『数学学習の理論化へむけて』(pp. 250-263). 産業図書.
岩崎秀樹（1980）.「学習水準と操作的思考による計算学習の考察」.『数学教育学研究紀要』, 6, 26-29.
岩崎秀樹（1984）.「学校数学で残るもの（Ⅱ）—算数指導の意義に関する一考察—」.『数学教育学研究紀要』, 10, 23-27.
岩崎秀樹（1985）.「算数教科書における記号過程（SEMIOSIS）の研究（Ⅰ）—「三角形」と「四角形」の場合—」.『数学教育学研究紀要』, 11, 58-63.

岩崎秀樹（1986）.「学校数学における定義について（1）—教科書に現れる定義の分析，新旧図形領域の比較を通して—」.『数学教育学研究紀要』，12，53-58.
岩崎秀樹（1987）.「学校数学における定義について（2）—定義の水準に関する一考察—」.『数学教育学研究紀要』，13，28-33.
岩崎秀樹（1991）.「暗算指導の今日的意義—見積りと暗算との関係について—」.『数学教育学研究紀要』，17，29-34.
岩崎秀樹（1996）.「数学教育における比喩の意義（Ⅱ）—分数の理解の比喩性—」.『数学教育学研究』，2，9-16.
岩崎秀樹（1997）.「図形指導における記号の対象化の考察—課題学習「星形五角形」の授業実践を例にして—」.『数学教育学研究』，3，127-135.
岩崎秀樹（2007）.『数学教育学の成立と展望』，ミネルヴァ書房.
岩崎秀樹（2014）.「中等教育を一貫する数学的活動に基づく論証指導のカリキュラム開発」.『日本数学教育学会第2回春期研究大会論文集』，35-36.
岩崎秀樹・入川義克（2012）.「数学科教員養成における学部・大学院連携の教職プログラムの課題と展望」.『数学教育学研究』，18（1），107-118.
岩崎秀樹・植田敦三・山口武志・中原忠男・重松敬一・飯田慎司・小山正孝（1998）.「中学生の数学的能力の発達・変容に関する調査研究（3）—「潜在力」の変容に関する誤答の分析—」.『数学教育学研究』，4，209-217.
岩崎秀樹・大滝孝治（2015）.「『数学教育学論究』に基づくわが国の数学教育研究の傾向と特徴」.『日本数学教育学会誌数学教育学論究』，94，5-16.
岩崎秀樹・岡崎正和（1999）.「算数から数学への移行について（Ⅰ）—代数和の位置づけとその指導—」.『数学教育学研究』，5，85-90.
岩崎秀樹・杉野本勇気・大滝孝治・岩知道秀樹（2017）.「数学教育研究としての教材開発のあり方—中等教育を一貫する論証指導のために—」.『数学教育学研究』，23（2），1-13.
岩崎秀樹・田頭かおり（1997）.「図形指導における記号の対象化の考察—課題学習「星形五角形」の授業実践を例にして—」.『数学教育学研究』，3，127-135.
岩崎秀樹・橋本正継・高澤茂樹（1993）.「分数の意味と指示について（Ⅲ）—分数概念の初期的形態とその変容，量分数の場合—」.『数学教育学研究紀要』，19，77-84.
岩崎秀樹・山口武志（2000）.「一般化の過程に関する認知論的・記号論的分析」.『日本数学教育学会誌数学教育学論究』，75，1-22.
岩崎浩（1991）.「数学教育におけるメタ知識に関する研究（Ⅰ）—メタ知識の基礎的考察—」.『数学教育学研究紀要』，17，59-65.
岩崎浩（1994）.「「メタ知識」の意味」.『上越教育大学数学教室数学教育研究』，9，33-42.
岩崎浩（1996）.「授業における教師のメタ知識の伝達過程に関する考察—教室における三角形の合同条件の成立過程の認識論的分析—」.『数学教育学研究』，2，31-41.
岩崎浩（1998）.「「メタ知識」を視点とした授業改善へのアプローチ—「指示の文脈」と

「記号体系」との間の相互作用—」.『数学教育学研究』, 4, 83-103.
岩崎浩（2001).「数学の授業における相互作用と学習との間の関係に関する考察 — 一人の生徒からみた授業がもつ社会的側面の意味—」.『数学教育学研究』, 7, 51-67.
岩崎浩（2002).「メタ知識としての「限界（Grenze)」の意味とその役割—新しい数学的内容と学習者との間の関係の問題—」.『数学教育学研究』, 8, 19-29.
岩田耕司（2000).「算数・数学教育における創造性に関する研究（Ⅱ）—算数・数学教育における発散的思考について—」.『数学教育学研究』, 6, 59-66.
岩田耕司・服部裕一郎（2008).「高等学校数学における方法型の問題解決指導に関する調査研究—三角関数の加法定理に焦点をあてて—」.『数学教育学研究』, 14, 153-166.
岩田晴行（1999).「コンピュータ活用による中学校数学の指導について—数学学習における「探究活動」と「証明」について—」.『数学教育学研究』, 5, 119-125.
岩知道秀樹（2010).「本質的学習場を用いた数学科授業の開発研究」.『数学教育学研究』, 16（2), 21-28.
岩知道秀樹（2011a).「組織化活動の特徴づけに関する一考察—操作的コンセプションから構造的コンセプションへの移行に着目して—」.『数学教育学研究』, 17（1), 45-51.
岩知道秀樹（2011b).「中等数学教育における組織化活動に関する一考察—代数領域における局所的組織化に焦点を当てて—」.『数学教育学研究』, 17（2), 87-94.
岩知道秀樹（2012).「後期中等教育における論証指導に関する研究—全称性に焦点をあてて—」.『数学教育学研究』, 18（2), 161-169.
禹正晧（1977).「数学的構造と発生的認知構造に関するPiagetの理論と, その教育的意味」.『数学教育学研究紀要』, 4, 10-13.
禹正晧（1978).「ピアジェ心理学における論理の問題」.『数学教育学研究紀要』, 5, 17-20.
ヴィゴツキー, L. S.（2001).『新訳版・思考と言語』(柴田義松訳). 新読書社.
上垣渉（2021).『数学教育史研究上巻』. 風間書房.
上垣渉（2022).『数学教育史研究下巻』. 風間書房.
上ヶ谷友佑（2014).「数学的な社会的構成を特徴付ける数学的構造—自然数と位取り記数法の構造を題材として—」.『数学教育学研究』, 20（1), 99-112.
上ヶ谷友佑（2015).「数学的コンセプション形成の理論的予測方略の開発—関数概念を中心として—」.『数学教育学研究』, 21（1), 39-51.
上ヶ谷友佑（2016).「数学的な方法知の育成へ向けた発問行為を設計するための理論的枠組の開発—高校数学Ⅰにおける2次関数の応用場面を題材として —」.『数学教育学研究』, 22（2), 175-196.
上ヶ谷友佑（2023).「日本の数学教育研究者は国際ジャーナルの論文観から何を学ぶことができるか？—論文の型についてのナラティブ・レビューを通じて—」.『数学教育学研究』, 29（1), 131-146.
上ヶ谷友佑・青谷章弘・影山和也（2019).「数学教育研究における研究対象としての

Computational Thinking—数学的思考との相互依存的発達について—」.『数学教育学研究』, 25 (2), 101-111.
上ヶ谷友佑・大谷洋貴 (2019).「数学教育における推論主義の可能性—学力調査で求められる実践的知識としての統計的概念に関する批判的考察—」.『数学教育学研究』, 25 (1), 67-76.
上ヶ谷友佑・袴田綾斗・早田透 (2017).「数学的な方法知の構成に必要な活動に関する規範的枠組—間接証明法を具体例とした理論的検討—」.『数学教育学研究』, 23 (2), 159-168.
上ヶ谷友佑・袴田綾斗・早田透 (2021).「「間接証明」の集合体モデル」.『数学教育学研究』, 27 (2), 33-50.
上ヶ谷友佑・渡辺信・垣花京子・青木孝子・迫田彩・石橋一昴 (2023).「数学の生涯学習における「教師」概念の反省と「尊重し合う学び」概念の導入」.『数学教育学研究』, 28 (2), 1-11.
上迫弘樹 (1989).「構成主義における意味構成過程の検討—「解釈」と「コミュニケーション」について—」.『数学教育学研究紀要』, 15, 63-69.
上迫弘樹 (1990).「数学的知識の構成過程における「共同体」的側面」.『数学教育学研究紀要』, 16, 19-24.
植田敦三 (1982).「数学教育における infomatik」.『数学教育学研究紀要』, 8, 1-4.
植田敦三 (1983).「情報処理的アプローチによる「問題解決」の研究 (1) —TINY-LOGO-V.1 の作成—」.『数学教育学研究紀要』, 9, 76-81.
植田敦三 (1989a).「方程式・不等式に関する問題の類似性判断について」.『数学教育学研究紀要』, 15, 158-166.
植田敦三 (1989b).「3 次元格子上の多面体の体積について—リーブの定理の初等的証明—」.『数学教育学研究紀要』, 15, 167-171.
植田敦三 (1992).「清水甚吾の「作問中心の算術教育」—その成立と変容を中心にして—」.『数学教育学研究紀要』, 18, 49-59.
植田敦三 (2004).「清水甚吾の「作問中心の算術教育」における算術学習帳の位置」.『数学教育学研究』, 10, 145-156.
植田敦三 (2005).「生活算術に於ける作問の位置に関する一考察」.『数学教育学研究』, 11, 205-215.
植田敦三・中原忠男・重松敬一・岩崎秀樹・飯田慎司・小山正孝・山口武志 (1997).「中学生の数学的能力の発達・変容に関する調査研究 (1) —1 年次「潜在力」及び「数」調査結果の分析—」.『数学教育学研究』, 3, 165-177.
植田幸司 (2006).「相互作用主義に基づく数学学習指導に関する研究—「三平方の定理の逆」の実践的検—」.『数学教育学研究』, 12, 83-95.
上田喜彦・勝美芳雄・重松敬一 (2014).「大規模学力調査における質問紙の役割について—質問紙の項目に対するメタ認知的視点からの検討—」.『数学教育学研究』, 20 (1),

37-44.
植村哲郎（1999）.「数学教育における創造性研究の課題」.『数学教育学研究』, 5, 27-34.
植村哲郎（2010）.「創造性の育成」. 日本数学教育学会編,『数学教育学研究ハンドブック』（pp. 38-44）. 東洋館.
宇田廣文（1991）.「分数の相等性 II—大学生の意識を中心に—」.『数学教育学研究紀要』, 17, 123-128.
宇田廣文（1992）.「比の相当性」.『数学教育学研究紀要』, 18, 61-69.
内田豊海（2011）.「ザンビア算数科における文章題の診断的評価法開発研究—ニューマン法の限界を乗り越えて—」.『数学教育学研究』, 17（2）, 95-101.
梅津祐介（2012）.「代数的推論を視点とした教授・学習に関する基礎的研究—代数的推論の課題の明確化—」.『数学教育学研究』, 18（2）, 69-76.
浦山大貴（2018）.「間接証明の構造の理解に関する研究—理解の様相を捉える枠組みの構成—」.『数学教育学研究』, 24（2）, 25-36.
江森英世（2006）.『数学学習におけるコミュニケーション連鎖の研究』. 風間書房.
OECD（2004）.『PISA2003 年度調査　評価の枠組み』（国立教育政策研究所訳）, ぎょうせい.
大久保街亜・岡田謙介（2012）.『伝えるための心理統計—効果量・信頼区間・検定力—』. 勁草書房.
大越健斗（2021）.「教師の授業観の実践を支援・抑制する要因とその構造—4 名の中学校数学科教師の授業観と実践の語りの比較から—」.『数学教育学研究』, 27（1）, 47-68.
大坂睦（2013）.「目的型の算数的活動のあり方に関する研究—関数の考えに焦点をあてて—」.『数学教育学研究』, 19（2）, 151-159.
大下卓司（2018）.『20 世紀初頭のイギリスにおける数学教育改造運動』. 東洋館出版
太田伸也（2013）.「空間図形を観る視点について」.『日本数学教育学会誌数学教育学論究』, 95, 33-40.
太田誠・岡崎正和（2014）.「見通しを軸にした自律性の育成に関する研究—RPDCA サイクルを活かした算数の学び—」.『数学教育学研究』, 20（2）, 21-29.
大滝孝治（2011）.「確率コンセプションの共生発生に関する一考察」.『数学教育学研究』, 17（2）, 25-33.
大滝孝治（2012）.「数学的ミスコンセプションのモデル化—小数の法則を事例として—」.『数学教育学研究』, 18（1）, 43-50.
大滝孝治（2013）.「確率単元の構造に関するコモグニション論的考察—中学校数学教科書の分析を通して－」.『日本数学教育学会誌数学教育学論究臨時増刊』, 95, 49-56.
大滝孝治（2014）.「確率ミスコンセプションのコモグニション論的解釈—小数の法則に焦点をあてて—」.『数学教育学研究』, 20（2）, 1-9.
大滝孝治・岩崎秀樹（2018）.「数学教育研究における全国数学教育学会の居場所」.『数学教育学研究』, 24（1）, 71-89.

大谷尚（2019）．『質的研究の考え方―研究方法論からSCATによる分析まで―』．名古屋大学出版会．
大谷洋貴（2014）．「数学教育における統計の学習指導の過程に関する研究―統計の特徴としての方法知に着目して―」．『数学教育学研究』，20（2），157-168．
大谷洋貴（2015a）．「記述統計から推測統計への展開に関する課題と展望―否定論を視点として―」．『数学教育学研究』，21（1），1-10．
大谷洋貴（2015b）．「統計的概念の形成過程に関する研究―否定論に着目して―」．『数学教育学研究』，21（2），113-121．
大谷洋貴（2016）．「否定論を視点とした回帰直線の学習指導に関する一考察」．『数学教育学研究』，22（2），141-151．
大谷洋貴（2017a）．「我が国における統計教育研究の傾向」．『数学教育学研究』，23（1），33-44．
大谷洋貴（2017b）．「統計的に推測する力を育む統計カリキュラムの開発の必要性」．『数学教育学研究』，23（2），91-103．
大谷洋貴（2018a）．「統計的に推測する力を育む統計カリキュラムの設計枠組み―方法論としてのカリキュラムマネジメントと逆向き設計論の検討を通して―」．『数学教育学研究』，24（1），47-59．
大谷洋貴（2018b）．『学校教育における統計カリキュラムの開発に関する研究』，博士学位論文，広島大学．
大谷洋貴・上ヶ谷友佑（2019）．「教科書の統計的問題の推論主義的分析―中学校第１学年に焦点を当てて―」．『数学教育学研究』，25（2），27-36．
大谷実（1994）．「一斉授業における「数学的参加構造」の社会的構成―課題の定式化に焦点をあてて―」．『筑波大学教育学系論集』，18（2），41-56．
大橋健司（2014）．「数学教育における表現力の育成方法に関する研究―「数学的表現力」の理論的枠組み―」．『数学教育学研究』，20（1），113-124．
大橋博・渡辺勝行・岩﨑浩（2011）．「「学校支援プロジェクト」における算数の授業改善へのアプローチ―「パターンの科学としての数学」の視点の有効性―」．『数学教育学研究』，17（2），127-142．
岡崎正和（1994）．「数学教育における理解の深まりに関する研究（V）―理解の変容過程とイメージ作りの効果を中心として―」．『数学教育学研究紀要』，20，9-16．
岡崎正和（1995）．「均衡化理論に基づく数学的理解の成長に関する研究―「図形の相互関係」の理解に関するインタビュー調査の分析―」．『数学教育学研究』，1，45-54．
岡崎正和（1996）．「均衡化理論に基づく数学的概念の一般化における理解過程に関する研究―「包含除」の一般化における理解過程―」．『数学教育学研究』，2，91-100．
岡崎正和（1997）．「数学的概念の一般化における理解過程に関する研究―平行四辺形概念の一般化―」．『数学教育学研究』，3，117-126．
岡崎正和（1999）．「図形を定義する活動の位置づけに関する基礎的考察―図形の相互関係の理解に関する調査と関連して―」.『数学教育学研究』, 5, 101-110.
岡崎正和（2001）.「全体論的な視座からの代数の導入過程に関する研究―代数的発想の生起の様相」.『数学教育学研究』, 7, 39-49.
岡崎正和（2003）.「全体論的視座からの正負の数の加減の単元構成に関する研究―教授学的状況論と代数的思考のサイクルの視点から―」.『数学教育学研究』, 9, 1-13.
岡崎正和（2007）.「数学教育研究方法論としてのデザイン実験の位置と課題― 科学性と実践性の調和の視点から―」.『数学教育学研究』, 13, 1-13.
岡崎正和（2012）.「数学教育における認識論研究の展開と課題の明確化―認識論が学習指導と研究に及ぼす影響を視点として―」.『数学教育学研究』, 18（2）, 1-12.
岡崎正和（2022）.「探究型空間図形カリキュラムの構成原理に関する研究」.『日本数学教育学会第10回春期研究大会論文集』, 175-182.
岡崎正和・岩崎秀樹（2003）.「算数から数学への移行教材としての作図―経験的認識から論理的認識への転化を促す理論と実践―」.『日本数学教育学会誌数学教育学論究』, 80, 3-27.
岡崎正和・影山和也・岩崎秀樹・和田信哉（2010）.「図形学習における動的な見方の具体化―イメージ図式の視点をもとにして―」.『数学教育学研究』, 16（2）, 1-10.
岡崎正和・髙本誠二郎（2009a）.「図形の移動を通して培われる図形認識―論証への移行を目指したデザイン実験―」.『日本数学教育学会誌数学教育』, 91（7）, 2-11.
岡崎正和・髙本誠二郎（2009b）.「移動と作図の総合を通した論証への移行過程 ―中学1年『平面図形』のデザイン実験（3）―」.『数学教育学研究』, 15（2）, 67-79.
岡田泰・土佐岡智子・大松恭宏・松浦武人・植田敦三（2008）.「算数科における観察・洞察力の育成を意図した学習指導と評価に関する実証的研究」.『数学教育学研究』, 14, 77-88.
岡田禕雄（1975）.「西ドイツにおける量の把え方」.『数学教育学研究紀要』, 2, 36-39.
岡田禕雄（1981）.「H. Freudenthal の教授学的現象学の概念」.『数学教育学研究紀要』, 7, 53-55.
岡田禕雄（1982）.「算数教育に対する教師の意識についての一考察」.『数学教育学研究紀要』, 8, 5-8.
岡田禕雄（1984）.「日常言語における推論―小学校国語教科書のばあい―」.『数学教育学研究紀要』, 10, 45-50.
岡田禕雄（1985）.「Gattegno の見解の心理学への位置づけ」.『数学教育学研究紀要』, 11, 7-12.
岡本光司（2013）.「算数・数学授業における「クラス文化」と子どもの「問い」―文化の特性・働きに関する知見を基にして―」.『数学教育学研究』, 19（2）, 15-26.
岡本光司（2014）.「O. F. ボルノーの教育思想と算数・数学授業における「問い」」.『数学教育学研究』, 20（2）, 39-47.
荻原文弘・両角達男（2016）.「円と球の求積公式を導出し解釈する学習過程に関する研究

―スパイラルを重視した数学的活動をもとに―」,『数学教育学研究』, 22 (2), 11-24.
荻原文弘・両角達男 (2017).「ユークリッドの互除法を解釈し活用する学習過程とその特性に関する研究―スパイラルを重視した数学的活動を基に―」,『数学教育学研究』, 23 (2), 31-45.
荻原文弘・両角達男 (2021).「写像を合成する操作の対象化により平方根の理解を深める数学的活動」.『数学教育学研究』, 27 (1), 107-117.
オグデン, C.K., リチャーズ, I.A. (1967).『意味の意味』(石橋幸太郎訳). 新泉社.
小倉金之助・鍋島信太郎 (1957).『現代数学教育史』. 大日本図書.
尾崎洋一 (1994).「メタ認知的視座からの数学的問題解決ストラテジーの指導に関する研究―メタ認知に着目したストラテジーの指導方法について―」.『数学教育学研究紀要』, 20, 69-74.
小高俊夫 (1998).『図形・空間のカリキュラム改革へ向けて―スキーマ形成論の展開と「統合幾何」の提案―』. 東洋館出版社.
小野翔平・岡崎正和 (2019).「小学6年生の空間図形に対する論理的説明の様相に関する研究」.『数学教育学研究』, 25 (2), 37-53.
小野由美子 (2019).「国際教育協力における日本型教育実践移転の成果と課題―授業研究を事例に―」.『教育学研究』, 86 (4), 537-549.
小野田愛・岡崎正和 (2014).「記号論的視座からの関数の学習過程に関する研究―ジェスチャーの意味と役割に焦点をあてて―」.『数学教育学研究』, 20 (2), 197-207.
小柳和喜雄 (2018).「教師教育者のアイデンティティと専門意識の関係考察―Self-study, Professional Capital, Resilient Teacher の視点から―」.『奈良教育大学教職大学院研究紀要学校教育実践研究』, 10, 1-10.
恩田彰 (1994).『創造性教育の展開』. 恒星社厚生閣.
改田明子 (1999).「思考心理学」. 中島義明他編,『心理学辞典』(p. 326). 有斐閣.
科学技術の智プロジェクト (2008).『21世紀の科学技術リテラシー像～豊かに生きるための智～プロジェクト 総合報告書』, 平成18・19年度科学技術振興調整費「重要政策課題への機動的対応の推進」調査研究報告書.
垣水修 (2007).「立体のとんがり度―立体感の獲得と立体観の変換―」.『数学教育学研究』. 13, 119-124.
垣水修 (2008).「対角線からみた四角形」.『数学教育学研究』. 14, 1-8.
影山和也 (2000).「空間的思考の階層性に関する考察―大局的特徴づけとその具体化―」.『数学教育学研究』, 6, 163-173.
影山和也 (2002).「数学教育における空間的思考の水準に関する研究―改善された質問紙を用いた思考水準調査について―」.『数学教育学研究』, 8, 83-94.
影山和也 (2007).「図形・空間学習における学習者の知識体系とその活性化に関する研究―知識体系の構成に向かう際の2つの対象化と意味ネットワーク―」.『数学教育学研究』, 13, 37-51.

影山和也（2015）.「為すこととしての数学的認知論の基礎的考察」.『日本数学教育学会誌数学教育学論究臨時増刊』, 97, 65-72.

影山和也（2016）.「現成主義の視座からみた行為の様相と数学的知り方の特質」.『日本数学教育学会誌数学教育学論究臨時増刊』, 98, 9-16.

影山和也（2019）.「数学教育における学習作業空間論に関する総合的研究—有意味世界の生起・維持・変容としての数学学習を捉える中核理論の提案—」.『数学教育学研究』, 25（2）, 91-100.

影山和也・上ヶ谷友佑・青谷章弘（2020）.「リテラシーとしての Computational Thinking 論—Computation の意義と学校数学教育の役割—」.『数学教育学研究』, 26（1）, 29-41.

影山和也・上ヶ谷友佑・和田信哉・中川裕之・山口武志（2021）.「身体行為と言語の使用によって特徴付けられる数学の授業における考察対象の存在論的様相の変容—記号論的視座から見た「平方根の大小と近似値」の中学３年生の授業分析—」.『数学教育学研究』, 27（2）, 21-31.

影山和也・小山正孝・市村広樹・前田一誠・宮崎理恵・八島恵美（2015）.「算数教育における数学的思考に関わる数学的気づきの調査研究—算数科授業における数学的気づきの動態—」.『数学教育学研究』, 21（2）, 123-132.

影山和也・増永雄大・石橋一昴（2023）.「ICT と共にある数学の学習活動の特徴」.『数学教育学研究』, 29（2）, 1-14.

影山和也・和田信哉・岩田耕司・山田篤史・岡崎正和（2016）.「数学教育における図式との相互作用による数学的思考の分析—記号論と身体化理論のネットワーク化を通した図式の意味について—」.『数学教育学研究』, 22（2）, 163-174.

風間喜美江（1994）.「空間概念の育成について—その 2—」.『数学教育学研究紀要』, 20, 117-123.

梶孝行（2003）.「数式の計算の順序に関する考察」.『数学教育学研究』, 9, 65-70.

鹿島俊明・船越俊介（1990）.「認知科学・人工知能の研究成果を利用した数学の問題解決過程の研究」.『数学教育学研究紀要』, 16, 75-83.

片岡啓（2007）.「旧制中学から戦後に至る「作図問題」指導の実際」.『数学教育学研究』, 13, 193-204.

片岡啓（2008）.「中学校数学における空間図形と「用器画」の融合と離反—終戦前後の中学校における投影図の扱いを通して—」.『数学教育学研究』, 14, 167-185.

片岡啓（2009）.「図学の技法を活かした空間図形指導の構想—戦後中学校における指導の検討から—」.『数学教育学研究』, 15（1）, 89-106.

片岡啓（2013）.「明治末期師範学校の立体幾何教育の様相—和歌山県師範学校定期試験問題「平面と直線の関係」から—」.『数学教育学研究』, 19（2）, 101-108.

片岡啓（2015）.「明治末期師範学校「女子部」と「第二部」の数学教育—和歌山県師範学校史料から—」.『数学教育学研究』, 21（2）, 175-185.

片岡啓（2021）.「旧制中学校の教科「図画」における用器画の指導―「第二類」立体幾何改革のもう一つの背景―」.『数学教育学研究』, 26（2）, 1-16.
片桐重男（1988）.『数学的な考え方の具体化―数学的な考え方・態度とその指導 1―』. 明治図書.
片野一輝（2013）.「算数教育におけるパフォーマンス・アセスメントに関する基礎的研究―算数教育におけるパフォーマンスの核心としての数学化に着目して―」.『数学教育学研究』, 19（2）, 141-150.
加藤久恵（1994）.「数学的問題解決におけるメタ認知の機能に関する実証的研究（1）―メタ認知的技能の調査・分析方法の確立に向けて―」.『数学教育学研究紀要』, 20, 75-86.
加藤久恵（1995）.「数学的問題解決におけるメタ認知の機能に関する実証的研究（2）―小学校 3 年生と 5 年生におけるメタ認知的技能の様相―」.『数学教育学研究』, 1, 65-73.
加藤久恵（1996）.「数学的問題解決におけるメタ認知の発達的変容に関する研究（II）―小学校 4 年生と 6 年生におけるメタ認知的技能の様相―」.『数学教育学研究』, 2, 69-78.
加藤久恵（1998）.「数学的問題解決におけるメタ認知の役割に関する研究（II）―小学 4 年生と 6 年生のメタ認知に関する実態調査を中心として―」.『数学教育学研究』, 4, 105-113.
加藤久恵（1999）.『数学的問題解決におけるメタ認知の機能とその育成に関する研究』. 博士学位論文, 広島大学.
加藤久恵（2002）.「数学指導における教師のメタ認知的活動に関する研究―教師のメタ認知的活動を捉える枠組みを中心に―」.『数学教育学研究』, 8, 201-214.
加藤久恵（2003）.「数学学習におけるポートフォリオ評価法を用いたメタ認知能力の育成に関する研究―数学学習におけるルブリックの検討―」.『数学教育学研究』, 9, 153-162.
加藤久恵・薛詠心・木村友香・指熊衛・藤原達矢・植田悦司・有吉克哲（2019）.「乗法の意味理解をめざした比例的推論の学習指導に関する研究― 数直線図の学習指導を活用して ―」『数学教育学研究』, 25（1）, 49-65.
金本良通（2000）.「算数科の授業における多層的なコンテクストとコミュニケーションの機能」.『数学教育学研究』, 6, 77-87.
鎌田次男（1993）.「中学生の数学についての信念を測定するための用具の開発、および数学についての信念と数学の成績との間の関係についての検討」.『科学教育研究』, 3-10.
川内充延・渡邊公夫（2018）.「平方根の導入のための素地指導に関する一考察―無理数の動的なイメージの構築を目指して―」.『数学教育学研究』, 24（1）, 61-69.
川上節夫・牛腸賢一・岩﨑浩（2018）.「グループ対戦型算数授業におけるネゴシエーショ

ンの特徴とそこでの数学学習の特徴」.『数学教育学研究』, 24（2）, 77-95.
川上貴（2018).「数学的モデリング指導に向けた小学校教師の算数教科書の問題をみる視点の形成」.『科学教育研究』, 42（4）, 350-365.
川上貴（2019).「統計的モデリングの指導と学習に関する研究の国際的動向—日本の初等中等教育段階における統計教育の展望—」.『日本数学教育学会誌数学教育』, 101（3）, 15-27.
川上貴（2022).「低学年児童の非形式的な統計的推測の促進におけるモデルの役割—データモデリングの過程に着目して—」.『科学教育研究』, 46（2）, 125-140.
川上貴・佐伯昭彦（2022).「学校数学におけるデータ駆動型モデリングの活動を捉える枠組み—数学的モデルと統計的モデルを視座として—」.『科学教育研究』, 46（4）, 421-437.
川﨑正盛・村上良太・妹尾進一・木村惠子・松浦武人・植田敦三・高淵千香子・山中法子・内田武瑠（2011).「論理的な図形認識を促す算数・数学科カリキュラムの開発（2）—図形の性質の意識化に焦点を当てて—」.『数学教育学研究』, 17（1）, 61-71.
川嵜道広（1982).「数学教育における教材開発—確率論を中心にして—」.『数学教育学研究紀要』, 8, 26-31.
川嵜道広（1984).「人間の思考における演繹的推論の機能について」.『数学教育学研究紀要』, 10, 115-120.
川嵜道広（1988).「教具を用いた幾何教材の開発—図形版の操作を通して—」.『数学教育学研究紀要』, 14, 110-116.
川嵜道広（1993).「情報処理システムによる図形の認知過程の考察—図形のイメージの機能について—」.『数学教育学研究紀要』, 19, 111-120.
川嵜道広（1998a).「図形概念の言語的表現に関する認識論的研究」.『数学教育学研究』, 4, 153-164.
川嵜道広（1998b).「図形概念の不整合に関する認識論的研究」.『数学教育学研究』, 4, 165-176.
川嵜道広（1999).「図形概念の現実的表現に関する認識論的研究」.『数学教育学研究』, 5, 91-100.
川嵜道広（2001).「図形指導における「図形感覚」の意味について」.『数学教育学研究』, 7, 93-103.
川嵜道広（2002).「図形指導における図形概念の理念性と客観性の認識について」.『数学教育学研究』, 8, 69-81.
川嵜道広（2003).「図形感覚の認識に関する教授学的研究」.『数学教育学研究』, 9, 81-96.
川村晃英（2009).「数学的な考え方の再考—Wittmannの数学教育学の視点から—」.『数学教育学研究』, 15（1）, 45-51.
河村真由美（2016a).「高等学校数学科における数学を構成・創造するための例の活用に

関する研究―例を用いた活動の変容過程―」.『数学教育学研究』, 22（1）, 149-157.
河村真由美（2016b）.「高等学校数学科における例を用いる活動に焦点を当てた授業構成に関する研究―授業構成モデルの構築とその実証的検討―」.『数学教育学研究』, 22（2）, 47-57.
川本正治（2007）.「工学技術者を育成するための数学教育のあり方―工学を学ぶ上で必要な概念のイメージ化を図る教材開発―」.『数学教育学研究』, 13, 235-243.
菅野栄光（2007）.「高等学校におけるディベートを活用した統計教育―総合的な学習の時間および情報科と連携して―」.『数学教育学研究』, 13, 175-182.
神原一之（2009）.「中学１年生における空間図形の指導に関する研究―「色」がある投影図を用いた学習指導において―」.『数学教育学研究』, 15（1）, 69-76.
神原一之（2014）.「ザンビアコアテクニカルチームの課題に関する一考察―実験授業と検討会の分析を通して―」.『数学教育学研究』, 20（1）, 143-153.
神原一之（2016）.「教授単元開発を通してみたある数学経験教師の専門的知識に関する記述的研究―自己エスノグラフィーによる分析と教授単元開発過程２元分析表の開発を通して―」.『数学教育学研究』, 22（2）, 97-107.
神原一之・石井英真（2012）.「高次の学力を伸長する指導のあり方に関する一考察―パフォーマンス評価を取り入れた「平方根」の授業実践の分析を通して―」.『数学教育学研究』, 18（2）, 91-98.
神原一之・木村美保・下村哲・寺垣内政一・植田敦三（2008）.「中学校数学科における探究の場の構成について―学習材の作成と活用を通して―」.『数学教育学研究』, 14, 89-96.
岸本大・宮川健（2023）.「数学学習におけるプログラミングの居場所―コラッツ予想を題材にした探究型学習を通して―」.『数学教育学研究』, 29（1）, 41-53.
北川禎・加藤貴子・寺井宏太郎・岩﨑浩（2014）.「算数授業における児童の思考の質的変化を捉える視点の開発研究―帰納的活動に焦点をあてた長期にわたる授業改善の取組と通して―」.『数学教育学研究』, 20（2）, 141-156.
木下善広（1997）.「数学的問題解決における生徒の自己評価についての考察―メタ認知の育成に関して―」.『数学教育学研究』, 3, 75-80.
木下善広（1998）.「数学的問題解決における生徒の自己評価についての考察（2）」.『数学教育学研究』, 4, 115-122.
木根主税（2011）.「開発途上国における数学教師の省察に関する研究（1）―ザンビア共和国村落部における小学校教師の記述に基づく省察を中心に―」.『数学教育学研究』, 17（2）, 75-86.
木根主税（2016）.「数学教師志望学生による授業実践についての省察に関する研究（1）―教育実習における教職大学院生Ａの省察を事例として―」.『数学教育学研究』, 22（1）, 23-39.
木根主税（2018）.「数学教師志望学生による授業実践についての省察に関する研究（3）

—省察の時間性に着目した授業実践についての省察の事例研究—」.『数学教育学研究』, 24（1）, 1-15.
木根主税（2022）.「数学教育における生徒の価値観形成に及ぼす教師の影響に関する研究（2）—数学教師の価値観アラインメント方略に関する考察—」.『数学教育学研究』, 28（1）, 1-10.
木根主税・河野和寿・松浦悟史・中別府靖・添田佳伸（2019）.「数学教師の気付きを促す要因と教員研修が備えるべき機能の考察—小学校教員を対象とした授業研究に基づく教員研修を事例として—」.『数学教育学研究』, 25（1）, 15-32.
木根主税・添田佳伸・藤井良宜・宇田廣文（2013）.「算数・数学教育における小中一貫教育支援プログラムの開発と実践（1）—「小中一貫教育」に関する数学教育研究の動向—」.『数学教育学研究』, 19（1）, 67-80.
木根主税・添田佳伸・渡邊耕二（2020）.「数学教育における生徒の価値観形成に及ぼす教師の影響に関する研究（1）—国際比較調査「第三の波」質問紙 *WIFItoo* を用いた宮崎県データ分析—」.『数学教育学研究』, 26（1）, 43-58.
木村惠子・岡崎正和・渡邊慶子（2017）.「算数科教師に内在する授業構成原理に関する研究—昭和初期の算術授業を対象として—」.『数学教育学研究』, 23（2）, 15-29.
日下智志（2018）.「意図された数学カリキュラムの社会文化的視座からの分析枠組みの提案—モザンビークを参照した枠組みの基礎構造における妥当性の検討—」.『数学教育学研究』, 24（2）, 67-76.
草原和博・溝口和宏・桑原敏典（2015）.『社会科教育学研究法ハンドブック』. 明治図書.
葛岡賢二・宮川健（2018）.「教科横断型 SRP における数学的な活動—「世界人口総和問題」を題材にした中学校での実践の分析—」.『数学教育学研究』, 24（1）, 121-133.
楠見孝・子安増生・道田泰司（2011）.『批判的思考力を育む—学士力と社会人基礎力の基盤形成—』. 有斐閣.
國岡髙宏（1987）.「コンピュータ利用で育成可能な「考え方」」.『数学教育学研究紀要』, 13, 50-54.
國岡髙宏（1988）.「数学教育におけるコンピュータ・アルゴリズムの研究—コンピュータを利用した数学的実験の教授＝学習活動—」.『数学教育学研究紀要』, 14, 117-123.
國岡髙宏（1989）.「幾何における問題解決に際しての予想の発生と役割—コンピュータによる場合と紙と鉛筆による場合—」.『数学教育学研究紀要』, 15, 93-101.
國岡髙宏（1990）.「幾何の証明問題における「予想」の役割」.『数学教育学研究紀要』, 16, 111-117.
國岡髙宏（1995）.「数学的問題解決における「理解」の認知的研究（III）—アナロジーの構造分析—」.『数学教育学研究』, 1, 29-35.
國岡髙宏（2007）.「数学教育におけるアナロジーの研究（1）—数学の理解に果たすアナロジーの機能—」.『数学教育学研究』, 13, 67-73.
國岡髙宏（2009）.「数学教育におけるアナロジーの研究（2）—概念メタファーによる数

学学習の分析―」.『数学教育学研究』, 15 (2), 17-27.
國宗進 (1987).「「論証の意義」の理解に関する発達の研究」.『日本数学教育学会誌数学教育学論究』, 69, 3-23.
國宗進 (2000).「図形の論証に関する理解度の変化」.『日本数学教育学会誌数学教育』, 82 (3), 2-12.
國宗進・熊倉啓之 (1996).「文字式についての理解の水準に関する研究」.『日本数学教育学会誌数学教育学論究』, 78, 35-55.
國宗進・八田弘恵・熊倉啓之・近藤裕 (2008).「空間図形についての理解に関する研究―小中高を見通した空間図形カリキュラム―」.『日本数学教育学会第41回数学教育論文発表会論文集』, 423-428.
國宗進・水谷尚人・山崎浩二 (2022).『算数・数学科　小中連携の新しい図形指導』. 明治図書.
國本景亀 (1980).「発達と数学教育」.『数学教育学研究紀要』, 6, 44-50.
國本景亀 (1981).「教材構成と発生的原理」.『数学教育学研究紀要』, 7, 46-52.
國本景亀 (1984).「西ドイツ数学教育の課題（Ⅰ）―基幹学校を中心に―」.『数学教育学研究紀要』, 10, 28-33.
國本景亀 (1985).「西ドイツ数学教育の課題（Ⅱ）―「数学の応用」重視が目ざすもの―」.『数学教育学研究紀要』, 11, 82-87.
國本景亀 (1991).「大学生や現場教師の証明のとらえ方について―証明概念の拡張に関連して―」.『数学教育学研究紀要』, 17, 129-136.
國本景亀 (1992).「前形式的証明とその教育的意義―証明の社会学的見方に関連して―」.『高知大学学術研究報告　社会科学』, 41, 1-15.
國本景亀 (1995).「中学生の証明理解に関する研究 (I)」.『数学教育学研究』, 1, 117-124.
國本景亀 (2000).「ドイツの数学教育学の課題 (III) ―TIMSSの結果と教育改革―」.『数学教育学研究』, 6, 15-24.
國本景亀 (2004).「E. Ch. ビットマンの数学教育論について（Ⅰ）―『数の本 (Das Zahlenbuch)』を中心に―」.『数学教育学研究』, 10, 1-11.
國本景亀 (2006).「教師養成事始め」.『数学教育学研究』, 12, 1-11.
國本景亀 (2007).「生命論に立つ授業設計論（Ⅰ）」.『数学教育学研究』, 13, 15-22.
國本景亀 (2009).「生命論に立つ数学教育学の方法論―自由で個性豊かな算数・数学授業を目指して―」.『数学教育学研究』, 15 (2), 1-15.
國本景亀 (2010).「E. Ch. ビットマンの数学教育論 (Ⅲ) ―直観手段の開発：豊かな知識の構成のために―「5の力」に焦点をあてて－」.『数学教育学研究』, 16 (1), 1-14.
國本景亀 (2011).「PISA2003以後のドイツの数学教育の動向 (1)―「実質陶冶」から「数学に固有な形式陶冶」へ―」.『数学教育学研究』, 17 (1), 1-8.
國本景亀 (2012).「PISA2003以降のドイツの数学教育の動向 (3) ―中等段階Ⅰ（小学5

年生から中学3年生まで）を中心に―」.『数学教育学研究』, 18（1）, 1-6.
久保拓也（2013）.「算数における関数的概念の発達の様相―思考水準とシンボル化の視点から―」.『数学教育学研究』, 19（1）, 55-66.
久保拓也・岡崎正和（2013）.「小中接続期における関数概念の発達の様相に関する研究」.『数学教育学研究』, 19（2）, 175-183.
久保眞理（1995）.「C. Kamiiの構成論的算数教育論の研究（II）―筆算形式の授業実践の検討を中心として―」.『数学教育学研究』, 1, 85-91.
Kubota, M.（2005）.「パラグアイの算数科カリキュラムに関する比較教育学的研究」.『数学教育学研究』, 11, 225-239.
熊谷光一（1998）.「小学校5年生の算数の授業における正当化に関する研究―社会的相互作用論の立場から―」.『日本数学教育学会誌数学教育学論究』, 70, 3-38.
熊倉啓之（2013）.『フィンランドの算数・数学教育』. 明石書店.
栗田佳代子（2007）.「測定・評価・研究法に関する研究動向と展望―統計的データ解析法の利用の現状とこれから―」『教育心理学年報』, 46, 102-110.
グリフィン, P., マクゴー, B., ケア, E.（2014）.『21世紀スキル―学びと評価の新たなかたち』（三宅なおみ訳）, 北大路書房.
小出実（2009）.「社会とのつながりを重視する数学科授業の開発研究―現実の問題から数学的問題の作成過程にみられる架空性の度合いに着目して―」.『数学教育学研究』, 15（2）, 59-65.
小岩大（2020）.「生徒の文字式利用の様相に関する一考察―速算の探究に焦点を当てて―」.『日本数学教育学会誌数学教育』, 102（7）, 2-13.
高阪将人（2013）.「ザンビア中等教育における数学と物理の関連性について―関数概念における文脈依存性に着目して―」.『数学教育学研究』, 19（1）, 37-46.
高阪将人（2014）.「理科と数学の関連付けについて―方法的側面の相違点に焦点をあてて―」.『数学教育学研究』, 20（2）, 49-61.
高阪将人（2015）.「理科と数学を関連付けるカリキュラム開発のための理論的枠組みの構築」.『数学教育学研究』, 21（2）, 103-112.
公田蔵（2009）.「藤澤利喜太郎の数学教育思想」.『数理解析研究所講究録』, 1625, 254-268.
上月幸代（2012）.「小学校における「空間的思考力」に関する研究―立体と投影図の実験授業を通した児童の実態と教材の有効性について―」.『数学教育学研究』, 18（1）, 51-57.
髙本誠二郎・岡崎正和（2008）.「図形の論理的位置づけの初期の様相について―論証への移行を目指した中学1年『平面図形』のデザイン実験（1）―」.『数学教育学研究』, 14, 41-50.
コクヨ株式会社（2022）.「新科目「探究」※, 中高生の約7割が必要性を理解―“勉強方法”の情報収集は「YouTube」が最多, デジタルネイティブの学習実態が明らかに

―」. https://www.kokuyo.co.jp/newsroom/news/category_other/20220831cs.html (2024年3月15日最終閲覧)

国立教育政策研究所編 (2007). 『生きるための知識と技能3 OECD生徒の学習到達度調査 (PISA) 2006調査国際結果報告所』, ぎょうせい.

小関熙純 (1987). 『図形の論証指導』. 明治図書.

牛腸賢一・川上節夫・岩崎浩 (2019). 「グループ対戦型算数授業の実践的開発研究―教室における演繹的説明の特徴の表出―」. 『数学教育学研究』, 25 (2), 73-89.

後藤佳太 (2015). 「数学学習におけるアブダクションに関する研究 (Ⅰ) ―仮説形成の基準に焦点をあてて―」. 『数学教育学研究』, 21 (1), 53-61.

小林伸行 (1992). 「離散数学の教材化に関する研究」. 『数学教育学研究紀要』, 18, 143-149.

小松孝太郎 (2008). 「学校数学における action proof の機能に関する研究」. 『日本数学教育学会誌数学教育学論究』, 90, 33-45.

米田重和 (2006). 「「本質的学習環境」としての算数・数学授業の実践的な研究―「盗賊と財宝」の中学校1年生の「正負の数」における活用―」. 『数学教育学研究』, 12, 65-70.

米田重和 (2007). 「「活動・発見的学習と社会的学習」に基づく実践的研究」. 『数学教育学研究』, 13, 137-145.

小山剛史・濵中裕明 (2022). 「高校数学における複素関数の考え方を引き出す授業の開発―代数学の基本定理の原理的理解を題材に―」. 『数学教育学研究』, 28 (1), 51-60.

小山正孝 (1985). 「数学教育における「理解のモデル」に関する一考察」. 『数学教育学研究紀要』, 11, 23-29.

小山正孝 (1988a). 「数学的思考の各水準における固有な「直観」について」. 『数学教育学研究紀要』, 14, 9-15.

小山正孝 (1988b). 「数学教育における直観に関する研究」. 『数学教育学研究紀要』, 14, 16-25.

小山正孝 (1989). 「数学教育におけるモデル論 (Ⅰ) ―モデルの類型と役割を中心にして―」. 『数学教育学研究紀要』, 15 (1), 55-62.

小山正孝 (1990). 「数学教育におけるモデル論 (Ⅱ) ―モデル構成・使用の視座からの思考過程の分析―」. 『数学教育学研究紀要』, 16 (1), 11-18.

小山正孝 (1991). 「E. Fischbein の直観研究に関する一考察 (続編) ―直観と特徴と数学教育に対する示唆を中心に―」. 『数学教育学研究紀要』, 17, 35-42.

小山正孝 (1993). 「見積能力と見積方略及び暗算能力との関連性についての実証的研究―小学校4, 5, 6年生を対象にした調査の分析―」. 『数学教育学研究紀要』, 19, 93-100.

小山正孝 (1998). 「創造性を培う数学的問題のタイプに関する研究」. 『数学教育学研究』, 4, 45-52.

小山正孝（2001）.「第１章　数学教育の課題と目的，§1　数学教育の歴史」. 数学教育学研究会編,『新版　数学教育の理論と実際<中学校・高校>』(pp.10-19). 聖文社.

小山正孝（2006）.「数学学習における理解過程に関する研究（I）―中学校第２学年「星形多角形の研究」の授業を事例として―」.『数学教育学研究』, 12, 71-81.

小山正孝（2010a）.『算数教育における数学的理解の過程モデルの研究』. 聖文新社.

小山正孝（2010b）.「§4 理解」. 日本数学教育学会編,『数学教育学研究ハンドブック』,(pp.326-336), 東洋館出版社.

小山正孝・中原忠男・飯田慎司・清水紀宏・山口武志（2002）.「算数達成度に関する継続的調査研究（I）―第１児童集団の２年間の変容―」.『数学教育学研究』, 8, 153-166.

小山正孝・中原忠男・飯田慎司・清水紀宏・山口武志（2003）.「算数達成度に関する継続的調査研究（II）―2 つの児童集団の２年間の変容―」.『数学教育学研究』, 9, 163-179.

近藤彰（1975）.「幾何学の学習水準に関する一考察」.『数学教育学研究紀要』, 2, 52-54.

近藤圭太（2004）.「数学的問題解決ストラテジーの構成に関する研究（V）―中学校第２学年における指導過程の実践的検討―」.『数学教育学研究』, 10, 49-58.

近藤裕（2022）.「算数・数学科における「説明・証明」の能力に関する研究―自身の主張の妥当性を図形の性質に結びつけて示すことの実態調査―」.『日本数学教育学会誌数学教育』, 104（1）, 2-12.

齋藤昇（1996）.「コンセプトマップを分析するための評価尺度の開発」.『数学教育学研究』, 2, 49-57.

齋藤昇（1999）.「数学教育における創造性に関する態度尺度の開発―小学６年生・中学１・２・３年生を対象として―」.『数学教育学研究』, 5, 35-46.

齋藤昇（2004）.「算数の図形領域における創造性の発達に関する研究―小学生・中学生・高校生・大学生を対象として―」.『数学教育学研究』, 10, 95-106.

齋藤昇（2006）.「空間図形における創造性と学習内容の理解との関係」.『数学教育学研究』, 12, 105-117.

齋藤昇・秋田美代（2000）.「数学における創造性テストと創造性態度との関係―小学６年生・中学２年生を対象として―」.『数学教育学研究』, 6, 35-48.

齋藤昇・秋田美代（2003）.「数学の図形領域における創造性の発達に関する研究―図形の証明を対象として―」.『数学教育学研究』, 9, 181-191.

齋藤昇・秋田美代（2005）.「数学の基礎的な内容を定着させる指導―評価システムの開発―」.『数学教育学研究』, 11, 193-204.

齋藤昇・中浦将治（1997）.「ファジィ理論を利用した個別学習システムの開発と適用」.『数学教育学研究』, 3, 1-13.

齋藤昇・藤田彰子（1998）.「数学学習における記述表現力と口述表現力の関係―中学数学２年「一次関数」の調査を通して―」.『数学教育学研究』, 4, 197-207.

齋藤雄（2023）.「複素数学習における数の承認に関するメタルールの変容過程」.『数学

教育学研究』，29（1），17-39.
佐伯胖（2014）.「そもそも「学ぶ」とはどういうことか―正統的周辺参加論の前と後―」.『組織科学』，48（2），38-49.
坂井武司（2005）.「子供の「割合」における概念獲得過程に関する研究（I）―2つの対象物の比較に関する調査結果の分析と考察―」.『数学教育学研究』，11，141-159.
坂井武司（2006）.「子供の「割合」における概念獲得過程に関する研究（II）―比較における着目の仕方と方略に関する調査結果の分析と考察―」.『数学教育学研究』，12，51-64.
坂井武司（2007）.「子供の「割合」における概念獲得過程に関する研究（III）―「2倍・1/2」を活用した類似探求授業の結果の分析と考察―」.『数学教育学研究』，13，89-97.
坂井武司（2008）.「子供の「割合」における概念獲得過程に関する研究（IV）―「全体」への着目に関する調査結果の分析と考察―」.『数学教育学研究』，14，129-138.
酒井俊治・賀来謙二郎・畦森宣信・西川充（2000）.「アポロニウスの円―“中心と半径”か“直径の両端”かの考察を通して―」.『数学教育学研究』，6，203-213.
坂岡昌子・宮川健（2016）.「不等式の性格についての一考察―基本認識論モデルの探求―」.『数学教育学研究』，22（2），73-84.
﨑谷眞也（1975）.「数学教育におけるグラフの概念と役割（1）」.『数学教育学研究紀要』，2，40-43.
﨑谷眞也（1980）.「数学教育におけるモデルの概念と役割（2）―図の概念と役割―」.『数学教育学研究紀要』，6，51-54.
﨑谷眞也（1986）.「数学の定理・定義等の記憶に関する考察」.『数学教育学研究紀要』，12，42-46.
﨑谷眞也（1988）.「生徒の数学の知識構造についての考察」.『数学教育学研究紀要』，14，1-8.
﨑谷眞也（1992）.「「例題」学習とその指導に関する考察」.『数学教育学研究紀要』，18，125-131.
﨑谷眞也（1995）.「問題解決スキーマとその構成に関する考察」.『数学教育学研究』，1，9-17.
﨑谷眞也（2000）.「数学教育の社会的貢献―社会的自己制御能力の育成―」.『数学教育学研究』，6，9-14.
﨑谷眞也（2010）.「数学教師論・教員養成論」. 日本数学教育学会編，『数学教育学研究ハンドブック』（pp.450-455）. 東洋館出版社.
﨑谷眞也・川下孝幸・田中大介（2005）.「類似探求授業に関する考察（Ⅰ）―概念構成を目的とした類似探究授業における類似性の認知メカニズム―」.『数学教育学研究』，11，89-97.
﨑谷眞也・阪本靖・山本恵三・大西正人・西山作幸（1998）.「数学的類似性の認知に基づ

く数学的概念の構成」.『数学教育学研究』，4，53-62.
佐古悦雄（1984）.「数学教育現代化再考」.『数学教育学研究紀要』，10，34-38.
迫田彩（2020）.「数学の生涯学習論における個人の数学観を捉える理論的枠組み」.『数学教育学研究』，26（1），59-68.
迫田彩（2021）.「数学の生涯学習論における個人の数学観に関する研究―個人の数学観が数学の生涯学習論に与える示唆の検討―」.『数学教育学研究』，26（2），17-29.
佐々祐之（1993）.「代数方程式の可解性に関する研究―学校数学における方程式の内容と関連して―」.『数学教育学研究紀要』．19，163-179.
佐々祐之（1998）.「学校数学における数体系の研究（I）―高等学校における複素数の導入について―」.『数学教育学研究』，4，237-244.
佐々祐之（2000）.「学校数学における数体系の研究（Ⅱ）―複素数の導入と概念の再構成について―」.『数学教育学研究』，6，191-201.
佐々祐之（2002）.「学校数学における数体系の研究（Ⅲ）―数の体系的理解についての一考察―」.『数学教育学研究』，8，243-255.
佐々佑之（2003）.「学校数学における数体系の研究（Ⅳ）―数の体系的な理解についての調査研究―」.『数学教育学研究』，9，223-234.
佐々祐之（2012）.「数学教育における「操作的証明（Operative proof）」に関する研究（Ⅱ）―おはじきと位取り表の操作に関するインタビュー調査を通して―」.『数学教育学研究』，18（2），77-89.
佐々祐之（2014）.「数学教育における「操作的証明（Operative proof）」に関する研究（Ⅲ）―操作的証明を取り入れた教授実験を通して―」.『数学教育学研究』，20（1），27-36.
佐々祐之・假屋園昭彦（2007）.「複式学級の特性を生かした算数科授業デザインに関する研究（Ｉ）―学習活動における児童の相互作用に着目して―」.『数学教育学研究』，13，125―136.
佐々祐之・藤田太郎（2015）.「数学教育における「操作的証明（Operative proof）」に関する研究（Ⅳ）―小学校段階での操作的証明における道具的創成の様相について―」.『数学教育学研究』，21（2），49-60.
佐々祐之・山本信也（2010）.「数学教育における「操作的証明（Operative proof）」に関する研究―おはじきと位取り表を用いた操作的証明を例として―」.『数学教育学研究』，16（2），11-20.
佐々木かおる（1994）.「中学校での初期の関数学習における概念形成過程についての一考察―A. Sfardの数学的概念形成モデルをもとに―」.『数学教育学研究紀要』，20，17-22.
佐々木徹郎（1983a）.「I. Lakatosの数学論とその数学教育における意義（1）―数学は準経験科学である―」.『数学教育学研究紀要』，9，9-13.
佐々木徹郎（1983b）.「I. Lakatosの数学論とその数学教育における意義（2）―「反証可

能性」を授業で生かせないか―」.『数学教育学研究紀要』, 9, 14-18.
佐々木徹郎 (1996).「数学教育における社会的構成主義の基礎理論について」.『数学教育学研究』, 2, 23-30.
佐々木徹郎 (1998).「数学教育における構成主義と社会文化主義―相補か還元か―」.『数学教育学研究』, 4, 11-17.
佐々木徹郎 (2004).「数学教育における「意味の連鎖」に基づいた「学習軌道仮説」について」.『数学教育学研究』, 10, 13-19.
佐々木徹郎 (2007).「数学教育における生命論的な教室文化」.『数学教育学研究』, 13, 23-28.
佐々木俊幸 (1985).「『数学教育の人間化』再考」.『数学教育学研究紀要』, 11, 1-6.
佐々木俊幸 (1986).「数学教育の人間化についての考察―Dewey 哲学からの示唆―」.『数学教育学研究紀要』, 12, 6-11.
佐藤英二 (2004).「菊池大麓の数学教育構想」.『日本数学教育史学会誌数学教育史研究』, 4, 30-34.
佐藤千幸 (1986).「数学学習における男女差について―情緒・態度的要因を中心にして―」.『数学教育学研究紀要』, 12, 35-41.
佐藤学 (2003).「リテラシーの概念とその再定義」.『教育学研究』, 70 (3), 292-301.
佐藤学 (2015).「教科教育研究への期待と提言」.『日本教科教育学会誌』, 38 (4), 85-88.
佐渡清 (1986).「H. Levi の幾何観および幾何教育観について」.『数学教育学研究紀要』, 12, 76-81.
澤本定宏 (1988).「数学学習における認知構造の研究―意味論的記憶のネットワークからとらえた認知構造について―」.『数学教育学研究紀要』, 14, 33-36.
澤本定宏 (1989).「数学学習における知識構造の変容について」.『数学教育学研究紀要』, 15, 70-73.
椎木一也 (1997).「P. Cobb の構成主義に基づく数学授業論の研究―構成的な授業構成論の実践的検討―」.『数学教育学研究』, 3, 23-29.
塩見拓博 (2009).「Freudenthal 数学教育論における活動観―「再発明」原理に基づく「数学化」と「組織化」に着目して―」.『数学教育学研究』, 15 (1), 1-8.
重松敬一 (1976).「小学校の文章題指導：算数的方法か代数的方法か―H. Freudenthal 博士の報告によせて―」.『数学教育学研究紀要』, 3, 5-7.
重松敬一 (1987).「数学教育におけるメタ認知の研究」.『数学教育学研究紀要』, 13, 8-13.
重松敬一 (1990).「メタ認知と算数・数学教育―「内なる教師」の役割―」. 平林一榮先生頌寿記念出版会編,『数学教育学のパースペクティブ』(pp.76-105), 聖文社.
重松敬一 (1995).「数学教育におけるメタ認知の研究 (10) ―問題解決におけるメタ認知的活動の質的分析方法の開発研究―」.『数学教育学研究』, 1, 55-64.
重松敬一・勝美芳雄・上田喜彦 (1990).「数学教育におけるメタ認知の研究 (5) ―教師

のメタ認知の内面化に関する調査―」.『数学教育学研究紀要』, 16, 25-30.
重松敬一・勝美芳雄・勝井ひろみ・生駒有喜子（1999).「数学教育におけるメタ認知の研究（14）」.『日本数学教育学会第32回論文発表会論文集』, 373-378.
宍戸建太・岡崎正和（2017).「図形の証明の構成過程におけるジェスチャーの役割に関する研究」.『数学教育学研究』, 23（2), 141-149.
澁谷渚（2008).「本質的学習環境（SLE）に基づく数学科授業開発研究（1）―ザンビア基礎学校における生徒の活動の分析―」.『数学教育学研究』, 14, 187-197.
澁谷渚（2009).「本質的学習環境（SLE）に基づく数学科授業開発研究（2）―ザンビアのある基礎学校における生徒の数のパターンの認識に関する記述の分析―」.『数学教育学研究』, 15（1), 139-146.
澁谷渚（2010).「ザンビアにおける本質学習環境（SLE）に基づく数学科授業開発研究（3）―5学年児童が行った「数の石垣」の学習過程への着目―」.『数学教育学研究』, 16（2), 71-79.
島田功・馬場卓也（2013).「算数教育における社会的オープンエンドな問題による価値観指導に関する研究（1）―社会的価値観とそれが表出する問題について―」.『数学教育学研究』, 19（1), 81-88.
島田茂編著（1995).『新訂　算数・数学科のオープンエンドアプローチ―授業改善への新しい提案―』. 東洋館出版社.
清水克彦・都志見聖子（2012).「現実場面の数理を探るための数式処理電卓の活用」.『日本科学教育学会年会論文集』, 36, 47-50.
清水邦彦（2013).「数学的な表現の主体的な活用を促す指導の研究（6）―書きことばの困難性からかくことの困難性への拡張による提起―」.『数学教育学研究』, 19（2), 1-13.
清水邦彦（2015).「数学的な表現の主体的な活用における数学的にかくことと真実感の接点の一考察―数学的な表現の移行の考察を念頭において―」.『数学教育学研究』, 21（2), 61-71.
清水静海（1997).「菊池大麓と藤沢利喜太郎の学力観」. 日本数学教育学会編,『20世紀数学教育思想の流れ』(pp.17-28). 産業図書.
清水紀宏（1995).「数学的問題解決における方略的能力に関する研究―メタ認知能力のアンケート方式による測定用具の開発―」.『数学教育学研究』, 1, 101-108.
清水紀宏（1996).「数学的問題解決における方略的能力に関する研究（Ⅴ）―問題解決能力に対する方略的能力の寄与率の実証的検討―」.『数学教育学研究』, 2, 59-68.
清水紀宏・飯田慎司・小山正孝・中原忠男・山口武志（2004).「算数達成度に関する継続的調査研究（Ⅲ）―第1児童集団の中学年段階における達成度―」.『数学教育学研究』, 10, 73-93.
清水紀宏・飯田慎司・小山正孝・中原忠男・山口武志（2006).「算数達成度に関する継続的調査研究（Ⅴ）―第1児童集団の高学年段階における達成度―」.『数学教育学研

究』，12，153-168.
清水紀宏・山田篤史（1997).「数学的問題解決における自己参照的活動に関する研究（Ⅰ）―自己参照的活動の捉え方について―」.『数学教育学研究』，3，47-58.
清水紀宏・山田篤史（2003).「数学的問題解決における自己参照的活動に関する研究（Ⅶ）―問題解決終了後の「ふり返り」活動について―」.『数学教育学研究』，9，127-140.
清水紀宏・山田篤史（2010).「数学的問題解決におけるふり返り活動による解法の進展について―「じゃんけん問題」の解決におけるふり返り活動の分析―」.『数学教育学研究』，16（1），43-56.
清水紀宏・山田篤史（2015).「算数・数学の授業におけるインフォーマルな表現を捉える枠組み」.『数学教育学研究』，21（2），89-102.
清水浩士（2013).「超越的再帰モデルの規範的適用（3)―問題解決学習への適用―」.『数学教育学研究』，19（1），9-15.
清水美憲（1989).「中学生の作図問題解決過程にみられるメタ認知に関する研究」.『日本数学教育学会誌数学教育学論究』，52，3-25.
清水美憲（2008).『算数・数学教育における思考指導の方法』. 東洋館出版社.
清水美憲（2010).「数学的思考」. 日本数学教育学会編，『数学教育学研究ハンドブック』（pp.352-361). 東洋館出版社.
清水美憲（2021).「国際的な視点からみた授業研究」. 日本数学教育学会編，『算数・数学授業研究ハンドブック』（pp.16-25). 東洋館出版社.
下村哲・伊藤雅明（2005).「コンピュータを活用した数学的モデリング―大学における実践を通して―」.『数学教育学研究』，11，269-279.
下村哲・伊藤雅明（2008).「コンピュータを活用した数学的モデリング（II）―感染症流行モデルを教材として―」.『数学教育学研究』，14，119-128.
下村哲・今岡光範（2007).「コンピュータを活用した数学の問題作り（IV）―原題の設定の考察を中心として―」.『数学教育学研究』，13，225-234.
下村哲・今岡光範（2009)「コンピュータを活用した数学の問題作り（V）―作成された問題の考察を中心として―」.『数学教育学研究』，15（2），137-146.
下村哲・今岡光範（2011).「コンピュータを活用した数学の問題作り（VI）―問題の作成過程の分析を通して―」.『数学教育学研究』，17（2），1-12.
下村哲・今岡光範（2014).「コンピュータを活用した数学の問題作り（Ⅶ）―問題の作成過程に関するインタビュー調査を通して―」.『数学教育学研究』，20（1），11-25.
下村哲・今岡光範（2018)「コンピュータを活用した数学の問題作り（Ⅷ）―大学におけるグループ活動を通して―」.『数学教育学研究』，24（2），51-65.
下村哲・今岡光範・向谷博明（2002).「コンピュータを活用した数学の問題作り（I）―大学における実践を通して―」.『数学教育学研究』，8，235-242.
下村哲・今岡光範・向谷博明（2003).「コンピュータを活用した数学の問題作り（II）―

自由に問題を作成する大学における実践を通して―」.『数学教育学研究』, 9, 235-241.
下村哲・今岡光範・向谷博明（2004).「コンピュータを活用した数学の問題作り（Ⅲ）―大学生により作成された問題の活用を中心として―」.『数学教育学研究』, 10, 207-217.
シュバラール,Y. (2016).「明日の社会における数学指導―来るべきカウンターパラダイムの弁護―」(大滝孝治・宮川健訳).『上越数学教育研究』, 73-87.
白井俊（2020).『OECD Education2030 プロジェクトが描く教育の未来―エージェンシー、資質・能力とカリキュラム―』. ミネルヴァ書房.
金康彪（2006).「近代中国の数学教育における日本の影響に関する研究（3）―中国人の留学生を中心に―」.『数学教育学研究』, 12, 179-188.
新里孝雄（1995).「図形の証明問題の類似性に関する考察」.『数学教育学研究』, 1, 125-131.
新里孝雄（1996).「証明能力と創造性の関係についての考察―問題設定の調査を通して―」.『数学教育学研究』, 2, 109-114.
真野祐輔（2007).「無理数の学習指導における概念変容の基礎的考察―「内容」と「形式」の相互連関としての数学史を手がかりにして―」.『数学教育学研究』, 13, 147-154.
真野祐輔（2008).「数学教育における概念変容の特徴づけに関する一考察―離散量から連続量への展開を例として―」.『数学教育学研究』, 14, 67-76.
真野祐輔（2009).「数学学習における概念変容のモデル化に向けた基礎研究―概念変容の諸相についての考察を中心に―」.『数学教育学研究』, 15（2), 29-39.
真野祐輔（2011).「変数性に関する概念変容場面のデザインに向けた基礎研究（I)―「式」のコンセプションの変容をどう捉えるべきか―」.『数学教育学研究』, 17（2), 13-24.
真野祐輔（2012).「具象化理論に基づく変数性のコンセプションの変容に関する研究―小学校第 6 学年における教授実験のデザイン―」.『数学教育学研究』, 18（2), 23-33.
真野祐輔（2016).「証明読解の水準からみた数学的帰納法に関する困難性の特徴づけ―大学生 19 名を対象とした質問紙調査を通して―」.『数学教育学研究』, 22（2), 123-132.
真野祐輔・溝口達也・熊倉啓之・大滝孝治（2019).「数学的活動に基づく学習指導の設計」. 岩崎秀樹・溝口達也編,『新しい数学教育の理論と実践』(pp.61-106), ミネルヴァ書房.
真野祐輔・宮川健（2023).「課題設計原理はデザイン研究の理論的目的にいかに貢献するか ―プラクセオロジーと理論要素の視点から―」.『日本数学教育学会第 11 回春期研究大会論文集』, 163-170.
杉野裕子 (2005).「Logo プログラミングによって概念の意味と関係を認識する方法―四角形の構成を通して―」.『日本数学教育学会第 38 回数学教育論文発表会論文集』, 571-576.

杉野本勇気（2011a）.「算数・数学教師の数学観が実践に与える影響についての研究―数学観に基づく信念体系に関する基礎的考察―」.『数学教育学研究』，17（1），53-59.
杉野本勇気（2011b）.「数学教師の数学観と学力観の関係性に関する一考察―社会が要請する能力に焦点を当てて―」.『数学教育学研究』，17（2），159-165.
杉野本勇気（2012）.「数学教師教育のための授業研究の方法論に関する検討―数学教育研究を基盤にした取り組みに向けて―」.『数学教育学研究』，18（2），153-160.
杉野本勇気・岩崎秀樹（2016）.「レッスンスタディを通したカリキュラム開発―後期中等段階の新たな数学教師教育に向けて―」.『数学教育学研究』，22（1），51-58.
杉野本勇気・岩知道秀樹・福田博人・岩崎秀樹（2018）.「数学教育学の教授学的反省―数学的帰納法の教材開発を通した研究法の考察―」.『数学教育学研究』，24（1），17-23.
杉山佳彦（1988）.「数学科教員養成課程における学生の数学観に関する研究（Ⅰ）」.『数学教育学研究紀要』，14，50-55.
杉山佳彦（1989）.「数学教育における「証明」についての基礎的研究―「証明」の位置付けについての考察（１）―社会と数学の関連についての考察」.『数学教育学研究紀要』，15，123-130.
杉山佳彦（1998）.「数学教育における「証明」についての基礎的研究―「定理」と「証明」についての考察（1）―」.『数学教育学研究』，4，137-146.
杉山佳彦（2011）.「数学教育における「証明」についての基礎的研究―定理と証明に関わる数学的構造を構成する際の順序関係の機能について―」.『数学教育学研究』，17（2），35-43.
スケンプ，R. R.（1973）.『数学学習の心理学』（藤永保・銀林浩訳）．新曜社.
鈴川由美・豊田秀樹（2011）.「『認知科学』における効果量と検定力，その必要性」.『認知科学』，18（1），202-222.
鈴木健・大井恭子・竹前文夫（2006）.『クリティカル・シンキングと教育』．世界思想社.
鈴木雅之（2018）.「測定・評価・研究法に関する研究動向と展望―統計的分析手法の利用状況と評価リテラシーの育成に向けて―」，『教育心理学年報』，57．136-154.
鈴木宏昭（1996）.『類似と思考』．共立出版.
スティグラー，J., ヒーバート，J.（2002）.『日本の算数・数学教育に学べ―米国が注目する jugyou kenkyuu―』（湊三郎訳）．教育出版.
砂場拓也（2003）.「事象を数理的に考察する能力の育成に関する研究―「仮定の設定」に着目した授業の構成―」.『数学教育学研究』，9，141-152.
砂原徹（1988）.「数学的問題解決ストラテジーとメタ認知について」.『数学教育学研究紀要』，14，89-95.
砂原徹（1989）.「幾何の証明における生徒の思考について―生徒の予想の個別的分析を通して―」.『数学教育学研究紀要』，15，87-92.
Sfard, A.（2023）.『コミュニケーションとしての思考―人間の発達，ディスコースの成長，数学化―』（岡崎正和・山田篤史監訳）．共立出版.

角倉慧一朗・宮川健（2023）．「「円上の格子点問題」の探究教材としての可能性」．『数学教育学研究』，29（1），55-68．
瀬川慎司（2013）．「高等学校数学における数学的活動を生かした授業づくりに関する実践研究（I）―オープンエンドアプローチによる「二元一次不定不等式」の学習指導を通して―」．『数学教育学研究』，19（2），53-61．
関口靖広（1994）．「論証指導で何が起こっているか―ある授業実践の民族誌的研究―」．『筑波数学教育研究』，13，1-10．
関口靖広（1997）．「認知と文化―数学教育研究の新しい方向―」．『日本数学教育学会誌数学教育』，79（5），14-23．
関口靖広（2010a）．「数学教育研究における文化論的転回―その背景と展開―」．清水美憲編，『授業を科学する』（pp.24-44）．学文社．
関口靖広（2010b）．「研究方法論」．日本数学教育学会編，『数学教育学研究ハンドブック』（pp.9-15）．東洋館出版社．
関口靖広（2013）．『教育研究のための質的研究法講座』．北大路書房．
妹尾進一・村上良太・鈴木昌二・川﨑正盛・高淵千香子・山中法子・内田武瑠・木村惠子・松浦武人・植田敦三（2013）．「論理的な図形認識を促す算数・数学科カリキュラムの開発（3）―4 年間の追跡による生徒の論理的な図形認識の変容についての考察―」．『数学教育学研究』，19（1），89-102．
相馬一彦（1983）．「問題の解決過程を重視する指導―数学教育と問題解決―」．『日本数学教育学会数学教育』，65（9），208-217．
総務省（2021）．令和 3 年版情報通信白書．Retrieved from https://www.soumu.go.jp/johotsusintokei/whitepaper/ja/r03/html/nd122200.html（2022 年 12 月 27 日最終閲覧）
添田佳伸（1987）．「記号論的視座からの数学的表記の研究―数学的表記の理解の類型化への Peirce 記号学の援用―」．『数学教育学研究紀要』，13，21-27．
添田佳伸（1988）．「問題解決における数学的表記の役割」．『数学教育学研究紀要』，14，67-73．
添田佳伸（1989）．「数学的表記とレトリックについて―転義の認識の問題について―」．『数学教育学研究紀要』，15，102-107．
髙井吾朗（2009）．「数学的問題解決授業の練り上げにおけるメタ認知の指導についての研究（Ⅰ）―練り上げにおけるメタ認知的知識の量の増加と質の高まりの可能性について―」．『数学教育学研究』，15（2），41-50．
髙井吾朗（2010）．「数学的問題解決授業の練り上げにおけるメタ認知の指導についての研究（Ⅱ）―自力解決と練り上げの過程におけるメタ認知的活動の関係―」．『数学教育学研究』，16（1），35-42．
髙井吾朗（2011）．「数学的問題解決授業におけるメタ認知と規範を用いた指導の研究（I）―数学的問題解決授業の構築にむけた基礎的考察―」．『数学教育学研究』，17（1），35-44．

髙井吾朗（2012).「数学教育におけるメタ認知の拡張についての一考察—主観的から間主観的なメタ認知的知識へ—」.『数学教育学研究』, 18（1), 79-88.
髙井吾朗（2019).「数学的モデル化におけるメタ認知の役割」.『愛知教育大学数学教育学会誌イプシロン』, 61, 45-50
髙井良健一（2015).『教師のライフストーリー—高校教師の中年期の危機と再生—』. 勁草書房.
高澤茂樹（1986).「問題解決におけるメタ認知の役割」.『数学教育学研究紀要』, 12, 18-22.
高澤茂樹（1991).「数学的知識の社会的構成と主体的構成の関連」.『数学教育学研究紀要』, 17, 51-58.
高澤茂樹（1999).「子どもたちの数学とその観察者としての教師の役割」.『数学教育学研究』, 5, 47-54.
高澤茂樹（2002).「数学教師の知識とそれを顕在化させる方法」.『数学教育学研究』, 8, 215-223.
高澤茂樹（2004).「数学指導におけるリスニングの研究—リスニングとミスリスニング—」.『数学教育学研究』, 10, 29-35.
高澤茂樹（2005).「数学指導におけるリスニングの研究（2）—机間指導でのリスニングを中心に—」.『数学教育学研究』, 11, 53-65.
高澤茂樹（2007).「数学指導におけるリスニングの研究（3）—授業の導入と課題設定—」.『数学教育学研究』, 13, 75-87.
高澤茂樹（2009).「数学指導におけるリスニングの研究（4）—リスニングによる練り上げパターン—」.『数学教育学研究』, 15（1), 19-28.
田頭かおり（2019).「構成的抽象の分析と考察—協働的な学習における授業過程から—」.『数学教育学研究』, 25（2), 65-72.
高橋昭彦（2021).「授業研究—研究を中核とする研修方法—」. 日本数学教育学会編,『算数・数学　授業研究ハンドブック』(pp.266-275). 東洋館出版社.
髙橋正（1992).「数学教育におけるコンピュータ利用の理念」.『数学教育学研究紀要』, 18, 111-116.
高橋正明（1986).「問題解決におけるプロセス評価」.『数学教育学研究紀要』, 12, 23-27.
高淵千香子（2011).「分数の乗法における意味の拡張に関する実践的研究」.『数学教育学研究』, 17（2), 143-157.
高淵千香子（2012).「小数の乗法における意味の拡張に関する実践的研究」.『数学教育学研究』, 18（2), 139-151.
竹内芳男・沢田利夫（1984).『問題から問題へ—問題の発展的な扱いによる算数・数学科の授業改善—』. 東洋館出版社.
竹内芳郎（1981).『文化の理論のために—文化記号学への道—』. 岩波書店.
竹下秀則（1987).「数学教育におけるシツエーションの研究—シツエーション論の考察

―」.『数学教育学研究紀要』, 13, 14-20.
但馬啓吾（1998).「数学授業におけるグループ学習の活用に関する研究―グループ学習による数学的問題解決とメタ認知について―」.『数学教育学研究』, 4, 129-136.
辰崎圭（2022).「統計的問題解決力を育成する算数科授業の開発―小学校第３学年における単元構成の比較を通して―」.『数学教育学研究』, 28（1), 19-39.
辰崎圭（2023).「統計的問題解決力を育成する算数科授業の開発―小学校第２学年における単元構成の工夫を通して―」.『数学教育学研究』, 29（2), 63-78.
伊達文治（2007).「数学教育における文化的価値に関する研究―和算の特質と西洋数学の受容―」.『数学教育学研究』, 13, 29-36.
伊達文治（2008).「数学教育における文化的価値に関する研究―高校数学の基盤をなす代数表現とその文化性―」.『数学教育学研究』, 14, 51-58.
伊達文治（2009).「数学教育における文化的価値に関する研究―日本の数学教育が形をなす時代について―」.『数学教育学研究』, 15（2), 115-127.
伊達文治（2011).「数学教育における文化的価値に関する研究―西洋数学受容による数量概念の変容について―」.『数学教育学研究』, 17（1), 17-33.
田中慎一（2006).「生徒が推測を構成するために教師は何をすべきか―動的幾何環境における証明の学習指導に焦点を当てて―」.『数学教育学研究』, 12, 97-103.
田中敏也（2002).「数学教育の人間化に関する研究―授業原理を中心に―」.『数学教育学研究』, 8, 1-9.
田中伸明（2007).「新制高等学校教科課程の成立過程に関する考察―文部省とGHQ／SCAPのCI＆Eによる教科課程会議録を史料として―」.『数学教育学研究』, 13, 205-213.
田中伸明（2021).「現代化期に至る高等学校数学科における微積分の構成法の変容を辿る」.『日本数学教育学会第９回春期研究大会論文集』, 127-134.
田中勇誠・服部裕一郎（2020).「中学校数学授業における社会的オープンエンドな問題の発見とその実践―生徒の批判的思考力の涵養を目指して―」.『日本数学教育学会誌数学教育』, 102（11), 2-11.
谷本文雄（1972).「剰余系の学習構造について」.『数学教育学研究紀要』, 1, 16-19.
田場奈朋（2004).「数学の概念形成における教授言語の影響―フィリピンの小学生の分数概念に関する調査を通して―」.『数学教育学研究』, 10, 173-183.
玉田れい子（1994).「生徒の概念構成を生かす数学授業の創造」.『数学教育学研究紀要』, 20, 101-108.
田盛秀登（1972).「定理の逆についてのあいまいさ」.『数学教育学研究紀要』, 1, 9-11.
近田政博（2011).「比較教育学研究のジレンマと可能性―地域研究再考―」.『比較教育学研究』, 42, 111-123.
竺沙敏彦（2000).「文章題解決における解の吟味に関する調査」.『数学教育学研究』, 6（1), 119-124.

中央教育審議会（2012）.『教職生活の全体を通じた教員の資質能力の総合的な向上方策について（答申）』.
辻山洋介（2011）.「学校数学における証明の構想の意義に関する研究」.『日本数学教育学会誌数学教育学論究』，92，29-44.
坪郷勉（1972）.「Homethetic Transformation について」.『数学教育学研究紀要』，1，20-22.
出口和貴・濵中裕明（2023）.「2 次方程式を利用するよさを実感させる授業について―協同的探究学習を用いた中学校数学の授業開発―」.『数学教育学研究』，29（2），79-91.
土井克彦（1989）.「数学教育におけるレトリックについて（1）―技術としてのレトリックと現象としてのレトリック―」.『数学教育学研究紀要』，15，108-115.
土井克彦（1990）.「数学教育におけるレトリックについて（5）―数学レジスターとメタファー―」.『数学教育学研究紀要』，16，39-45.
トゥールミン, S.（2011）.『議論の技法』（戸田山和久・福澤一吉訳）.東京図書.
戸田清（1954）.「単元学習の反省と文章題指導の意義」.『日本数学教育学会誌算数教育』，3（6），6-8.
友瀧美由紀（1984）.「加法・減法文章題における二つの認知様式」.『数学教育学研究紀要』，10，85-89.
永井宏・渡辺直美（1983）.「子どものつまずきを生かした学習指導―学習過程の評価と手立てを踏まえて―」.『日本数学教育学会誌算数教育』、65（4），64-69.
永岡慶三・赤堀侃司（1997）.「「教育評価」の研究動向」.『日本教育工学雑誌』，20（4），199-206.
中智伸（1999）.「数学教育における例題指導に関する一考察」.『数学教育学研究』，5，77-84.
中川裕之（2006）.「類比の関係に基づいて命題を発展させる活動について」.『日本数学教育学会誌数学教育学論究』，87，22-41.
中川裕之（2017）.「類推の振り返り方に関する研究―類似な条件におきかえて命題をみつける類推に限定して―」.『日本数学教育学会誌数学教育学論究』，97，1-24.
中込幸二（1994）.「因数分解におけるつまずきの分析的研究」.『日本数学教育学会誌数学教育』，76（9），242-249.
長崎栄三（2003）.「算数・数学の学力と数学的リテラテシー」.『日本教育学会教育学研究』，70（3），12-22.
長沢圭祐（2018）.「Argumentation を視点とした算数教育における練り上げの発問行為に関する基礎的研究」.『数学教育学研究』，24（1），25-36.
中島健三（1981）.『算数・数学教育と数学的な考え方―その進展のための考察―』.金子書房.
中西隆（1998）.「数学カリキュラムにおける文化的アプローチについて―A. J. ビショップ著『数学的文化化』を手かがりにして―」.『数学教育学研究』，4，37-44.

中西隆（2016）．「高校数学教育の数学的文化化に関する研究―A. Bishopによる文化化カリキュラムの社会的成分に着目して―」．『数学教育学研究』，22（1），67-77.
中西正治（1999）．「高等小学校と新制中学校の連続性について―算数・数学の視点から―」．『数学教育学研究』，5，127-132.
中西正治（2001）．「黒田稔の関数思想についての考察」．『数学教育学研究』，7，117-124.
中西正治（2002）．「林鶴一の関数教育について」．『数学教育学研究』，8，225-233.
中西正治（2003）．「国枝元治の関数教育に関する研究」．『数学教育学研究』，9，213-221.
中西正治（2004）．「高等小学校を中心とする国定教科書における関数教育について―明治37年から昭和10年までを対象にして―」．『数学教育学研究』，10，157-164.
中野俊幸（1998）．「数学学習において「規則に従う」とは，どういうことか―「言語ゲーム」理論からの示唆―」．『数学教育学研究』，4，19-27.
中野博之（1992）．「計算における誤答の分析―先行研究の考察と比較―」．『数学教育学研究紀要』，18，95-101.
中原忠男（1994）．「数学教育における構成主義の展開―急進的構成主義から社会的構成主義へ―」．『日本数学教育学会誌数学教育』，76（11），2-11.
中原忠男（1995a）．「数学教育における構成主義的授業論の研究（I）―構成主義的アプローチと発見学習について―」．『数学教育学研究』，1，1-8.
中原忠男（1995b）．『算数・数学教育における構成的アプローチの研究』．聖文社.
中原忠男（1999）．「数学教育における構成主義的授業論の研究（II）―「数学学習の多世界パラダイム」の提唱―」．『数学教育学研究』，5，1-8.
中原忠男編著（2000）．『算数・数学科重要用語300の基礎知識』．明治図書.
中原忠男（2015）．「Viableな数学教育学へ」．『全国数学教育学会20周年記念誌』，臨時増刊，6.
中原忠男（2017）．「教科教育学とその課題」．日本教科教育学会編，『教科教育ハンドブック―今日から役立つ研究手引き―』（pp. 10-15）．教育出版.
中原忠男・岡崎正和・小山正孝・山口武志・吉村直道・加藤久恵（2014）．「多世界パラダイムに基づく算数授業における社会的相互作用の規範的モデルの開発研究（II）―「場合の数」の授業による検証―」．『環太平洋大学研究紀要』，6，105-114.
中原忠男・岡崎正和・山口武志・吉村直道・小山正孝・加藤久恵・杉田郁代（2012）．「多世界パラダイムに基づく算数授業における社会的相互作用の規範的モデルの研究（I）―規範的モデルの第1次案―」．『日本数学教育学会第45回数学教育論文発表会論文集』，779-784.
中原忠男・清水紀宏・影山和也・山田篤史・山口武志・小山正孝・飯田慎司・植田敦三（2009）．「潜在的な数学的能力の測定用具の活用化に向けた開発的研究（Ⅱ）―小学校4年生の潜在力と達成度との関係―」．『数学教育学研究』，15（2），81-93.
中原忠男・山田篤史・清水紀宏・植田敦三・飯田慎司・小山正孝・山口武志・影山和也

(2008).「潜在的な数学的能力の測定用具の活用化に向けた開発的研究（Ⅰ）―測定用具の信頼性の検討を中心として―」.『日本数学教育学会第41回数学教育論文発表会論文集』, 3-8.

中原忠男・山田篤史・清水紀宏・植田敦三・飯田慎司・小山正孝・山口武志・影山和也 (2010).「潜在的な数学的能力の測定用具の活用化に向けた開発的研究（Ⅲ）―潜在力指導の結果の検討―」.『日本数学教育学会第43回数学教育論文発表会論文集』, 7-12.

中原忠男・山田篤史・清水紀宏・山口武志・影山和也・小山正孝・飯田慎司・植田敦三 (2011).「潜在的な数学的能力の測定用具の活用化に向けた開発的研究（Ⅴ）―思考力に対する潜在力指導の効果の検討―」.『数学教育学研究』, 17 (2), 65-74.

中村光一 (2010).「相互作用・コミュニケーション」. 日本数学教育学会編,『数学教育学研究ハンドブック』(pp.253-260). 東洋館出版社.

中村剛 (2020).「小集団における数学的理解過程の語用論的考察―解釈項の変容に着目して―」.『数学教育学研究』, 26 (1), 13-27.

中和渚 (2011).「ザンビアのある授業における学習の内実と課題の解明―中央州5学年対象の「数の石垣」の学習指導に着目して―」.『数学教育学研究』, 17 (1), 9-15.

中和渚 (2012).「本質的学習環境 (SLE) の授業開発におけるザンビア人教師2名の成長と課題」.『数学教育学研究』, 18 (2), 13-22.

中和渚 (2014).「ドイツの就学前教育における『小さな数の本 (Das kleine Zahlenbuch)』の特徴（1）―カードに焦点を当てた考察―」.『数学教育学研究』, 20 (1), 1-9.

中和渚 (2016).「ザンビアにおける教材研究を重視した授業研究の課題に関する考察―かけ算の理解を主題としたケーススタディ――」.『数学教育学研究』, 22 (2), 37-46.

中和渚 (2017).「日本の就学前算数教育のあり方の検討―ドイツの『数の本』シリーズの関連性が示唆するもの ―」.『数学教育学研究』, 23 (2), 61-72.

中和渚・松尾七重・高阪将人 (2019).「就学前算数教育における保育者の専門的職能成長を捉える理論的枠組みの提案とその活用可能性」.『数学教育学研究』, 25 (1), 33-48.

成瀬政光・宮川健 (2023).「数学史を用いた定積分についての認識論的分析―探究型授業の設計・実践に向けて―」.『数学教育学研究』, 29 (2), 45-61.

成瀬政光・宮川健 (2024).「探究型学習の設計に向けた基本認識論教授モデルの構築―定積分についての基本認識論モデルと授業実践をもとにして―」.『数学教育学研究』, 30 (1), 31-46.

西宗一郎 (2017).「数学教育を通して形成されたアイデンティティに関する一考察―習慣を通して同定されるアイデンティティの仮説の提示―」.『数学教育学研究』, 23 (2), 117-128.

西真貴子 (2016).「高等学校数学科における生徒の主体的な学びを促す授業に関する研究 ― 数学A「整数の性質」の授業における亜教授学的状況の検討 ―」.『数学教育学研究』, 22 (1), 41-49.

西岡加名恵（2003）．『教科と総合に活かすポートフォリオ評価法―新たな評価基準の創出に向けて―』，図書文化．

西岡加名恵・石井英真・田中耕治（2015）．『新しい教育評価入門―人を育てる評価のために―』，有斐閣コンパクト．

西岡加名恵・石井英真・久富望・肖瑶（2022）．「デジタル化されたドリルの現状と今後の課題―算数・数学に焦点を合わせて―」．『京都大学大学院教育学研究科紀要』，68，261-285．

西川充（2010）．「一組の三角定規―「ある眺め方」によるすべての図の考察―」，『数学教育学研究』，16（2），57-70．

西村圭一（2012）．『数学的モデル化を遂行する力を育成する教材開発とその実践に関する研究』．東洋館出版社．

西村徳寿（2014）．「中学校における解析幾何的視点を考慮した指導に関する研究―中高連携を視野に入れて―」．『数学教育学研究』，20（2），209-217．

西元教善（1981a）．「数学学習における「理解」のモデル―R. R. Skemp を中心にして―」．『数学教育学研究紀要』，7，14-17．

西元教善（1981b）．「数学学習の心理学的研究」．『数学教育学研究紀要』，7，18-21．

西森愛（2017）．「高等学校数学科において思考過程を数学的に表現する力についての一考察」．『数学教育学研究』，23（2），129-140．

西山航・岡崎正和（2021）．「中学2年の文字式の証明における操作的証明と形式的証明の相互構成過程の研究」．『数学教育学研究』，26（2），83-93．

二宮裕之（1997）．「算数・数学教育における Writing の事例的分析（4）―小学校低学年の事例を通して―」．『数学教育学研究』，3，147-156．

二宮裕之（2000）．「数学的 Writing を活用する算数指導に関する研究（2）―内省的記述活用学習における記述表現の量的分析―」．『数学教育学研究』，6，107-117．

二宮裕之（2002）．「数学教育における相互構成的記述表現活動に関する研究―内省的記述表現の規定と内省的記述活用学習の事例的分析―」．『数学教育学研究』，8，139-151．

二宮裕之（2003）．「数学教育における内省的記述表現の分析―記号論的連鎖（Semiotic Chaining）を手がかりとして―」．『数学教育学研究』，9，117-126．

二宮裕之（2004）．「数学教育における高大連携に関する一考察―アメリカ AP 制度とミネソタ大学の事例から―」．『数学教育学研究』，10，137-143．

二宮裕之（2005）．「数学学習におけるノート記述とメタ認知―記号論的連鎖とメタ表記の観点からの考察―」．『数学教育学研究』，11，67-75．

二宮裕之（2010）．「算数・数学教育における学習の所産に関する研究―自分の考えを表現する算数的／数学的活動の必然性について―」．『数学教育学研究』，16（1），15-25．

二宮裕之（2017）．「学習指導案の歴史的変遷とその役割に関する研究―指導案作成における顕在的側面と潜在的側面に着目して―」．『数学教育学研究』，23（2），73-82．

二宮裕之（2023）．「実践にあたっての数学教育の課題」．磯﨑哲夫編，『日本型 STEM 教育のための理論と実践』(pp.92-101). 学校図書.
二宮裕之, Corey, D. L.（2016).「数学教育における『潜在的授業力』に関する研究―アメリカにおける授業実践との比較から―」.『数学教育学研究』, 22（2), 109-121.
日本数学教育学会（2000).『日本数学教育学会誌特集号 戦後55年の算数・数学教育―21世紀の日本の算数・数学教育を目指して―』, 82（7,8).
日本数学教育学会（2010).『数学教育学研究ハンドブック』. 東洋館出版社.
日本数学教育学会（2021a).『日本数学教育学会百年史』. 東洋館出版社.
日本数学教育学会（2021b).『算数・数学授業研究ハンドブック』. 東洋館出版社.
能田伸彦（1983).『算数・数学科オープンアプローチによる指導の研究―授業の構成と評価―』. 東洋館出版社.
野口勝義（2002).「「誤り」を生かす数学の授業に関する研究―実験授業の実践的検討―」.『数学教育学研究』, 8, 119-128.
ハーグリーブス, A.（2015).『知識社会の学校と教師―不安定な時代における教育―』（木村優・篠原岳司・秋田喜代美監訳). 金子書房.
ハート, H. L. A.（1976).『法の概念』（矢崎光圀訳). みすず書房.
袴田綾斗（2019).「数学教師の省察における知識構成を数学的知識の関わり方の観点から分析するための視点―教授人間学理論（ATD）におけるプラクセオロジーを用いて―」.『数学教育学研究』, 25（1), 77-88.
袴田綾斗・上ヶ谷友佑・早田透（2018).「含意命題の真偽の規定方法が「集合と命題」の単元構成に与える影響―間接証明法に焦点を当てた教科書のプラクセオロジー分析―」.『数学教育学研究』, 24（1), 161-168.
狭間節子（2002).『こうすれば空間図形の学習は変わる―＜小・中・高＞算数・数学的活動を生かした空間思考の育成―』. 明治図書.
橋口幸貴（2016a).「L.Radfordの対象化理論に基づく生徒の数学的知識の主観化に関する研究 ―主観化の水準の構築―」.『数学教育学研究』, 22（1), 59-65.
橋口幸貴（2016b).「L.Radfordの対象化理論に基づく生徒の数学的知識の主観化に関する研究 ―主観化の水準の妥当性の検討と実践への提言―」.『数学教育学研究』, 22（2), 1-9.
橋本正継（1984).「記号論的にみた数学的表記の認識・理解過程について」.『数学教育学研究紀要』, 10, 5-9.
橋本正継（1985).「数学学習における表記の役割について―表記の意味作用を中心にして―」.『数学教育学研究紀要』, 11, 52-57.
橋本善貴（2012).「数学的リテラシーの育成を目指した教授・学習に関する基礎的研究―その実現に向けた課題とアプローチについて―」.『数学教育学研究』, 18（2), 47-57.
橋本善貴（2013).「数学的リテラシー育成を目指した教授・学習のあり方に関する研究―資料の活用領域に焦点を当てて―」.『数学教育学研究』, 19（2), 161-174.
橋本善貴（2016).「数学的リテラシー育成からみた資料の活用領域のあり方に関する研究

―中学校1学年における統計と確率の関連づけに着目して―」.『数学教育学研究』, 22(1), 9-21.
長谷川順一(1987).「算数教育における概念と定義について―“三角形”と“面積”を例として―」.『数学教育学研究紀要』, 13, 34-40.
長谷川順一(1997).「量分数概念の確立を目標とした授業事例とその評価―」.『数学教育学研究』, 3, 107-115.
長谷川勝久・齋藤昇(2005).「中学校数学科における形成的評価のための達成度問題作成システムの開発」.『数学教育学会誌2005年度数学教育学会春季年会発表論文集』, 151-153.
長谷川勝久・齋藤昇(2006).「ニューラルネットワークを利用した観点別評価における学校数学問題分類システムの開発」.『数学教育学研究』, 12, 119-131.
長谷川勝久・齋藤昇(2007).「学校数学における形成的評価のための問題分類モデルの構築」.『数学教育学研究』, 13, 53-65.
長谷川考志(1975).「M.Goutard女史の記数法の指導について」.『数学教育学研究紀要』, 2, 55-58.
長谷川考志(1982).「教育数学に対する教師の考え方―中学数学を中心に―」.『数学教育学研究紀要』, 8, 41-45.
畑中利文(2000).「数学教育におけるコミュニケーション活動の展開に関する研究(V)―小学校6年の算数授業におけるコミュニケーション活動の分析―」.『数学教育学研究』, 6, 97-105.
服部裕一郎(2017).「クリティカルシンキングを育成する数学授業における生徒の「アブダクション」に関する一考察」.『数学教育学研究』, 23(1), 55-62.
服部裕一郎・井上優輝(2015).「RLAによるクリティカルシンキングを育成する数学科授業の開発―子ども達による査読活動を通して―」.『数学教育学研究』, 21(2), 1-12.
服部裕一郎・井上優輝・松原和樹・袴田綾斗・久冨洋一郎(2023).「批判的思考力の育成と評価を志向した高校数学における教材の開発とその実践―社会的オープンエンドな問題「マヨネーズの絞り口を提案しよう」を通して―」.『数学教育学研究』, 28(2), 77-97.
服部裕一郎・岩崎秀樹(2013).「数学教育におけるクリティカルシンキング育成のための教育課程の開発研究―数学科における総合的な学習の時間の授業実践―」.『数学教育学研究』, 19(2), 63-72.
服部裕一郎・上ヶ谷友佑・松原和樹・石橋一昴(2024).「社会批判的オープンエンドな問題に対する中学生の数学的思考の様相についての仮説構築―Quadratic Votingを教材として―」.『日本数学教育学会誌数学教育学論究』, 120, 19-28.
服部裕一郎・松山起也(2018).「批判的思考力の育成を目指した算数科授業の開発と実践―小学校高学年児童達の批判的思考の具体に焦点をあてて―」.『数学教育学研究』,

24（2），97-108.
羽田明夫・榛葉伸吾（2002）．「作図から証明への過程を意識した図形学習」．『日本数学教育学会誌数学教育』，84（5）．20-28.
馬場卓也（1998）．「民族数学を基盤とする数学教育の展開（2）—批判的数学教育と民族数学の接点—」．『数学教育学研究』，4，29-35.
馬場卓也（1999）．「民族数学に基づく数学教育の展開（3）—数学教育における基礎的活動の動詞による分析—」．『数学教育学研究』，5，17-25.
馬場卓也（2001）．「民族数学に基づく数学教育の展開（4）—ケニア国初等教育における学習指導要領の動詞による分析—」．『数学教育学研究』，7，7-17.
馬場卓也（2002）．「民族数学に基づく数学教育の展開（5）—動詞型カリキュラムにおける測定活動の記号論的分析—」．『数学教育学研究』，8，11-18.
馬場卓也（2003）．「数学教育と社会の関係性の考察—民族数学と批判的数学教育の視点より—」．『数学教育学研究』，9，15-23.
馬場卓也（2009）．「算数・数学教育における社会的オープンエンドな問題の価値論からの考察」．『数学教育学研究』，15（2），51-57.
馬場卓也（2014）．「数学教育の内発的発展に向けたプロセス重視の国際協力アプローチ」．『日本数学教育学会誌数学教育』，96（7），20-23.
馬場卓也・植田敦三・小坂法美・岩崎秀樹・木根主税・添田佳伸・真野祐輔（2013）．「数学教育における価値についての国際比較調査「第三の波」（1）—全体的傾向および集団間の比較考察—」．『数学教育学研究』，19（2），127-140.
馬場卓也・久保良宏・島田功・中和渚・高阪将人・服部裕一郎・福田博人（2020）．「数学教育における批判的思考力育成に関する研究—範例を用いた総合的考察—」．『日本数学教育学会第8回春期研究大会論文集』，129-130.
馬場卓也，ゴンザレス, O.（2016）．「国際ハンドブックの観点による全国数学教育学会誌論文（2004 − 2013）のメタ分析」．『数学教育学研究』，22（1），159-169.
馬場卓也・重松敬一・小川義和・熊野善介・平川幸子（2006）．「米国調査（学校社会班）から見た日本の数学教育の検討」．『数学教育学研究』，12，169-178.
濵中裕明（2016）．「高校で可能な証明活動を組み入れた数学的活動についての考察—証明の多面的機能のケーススタディー—」．『数学教育学研究』，22（1），171-178.
濵中裕明（2023）．「糸掛けアートを用いた数学的探究活動—SRP に基づく探究過程の事例として—」，『数学教育学研究』，29（2），31-43.
濵中裕明・大滝孝治・宮川健（2016）．「世界探究パラダイムに基づく SRP における論証活動（2）—電卓を用いた実践を通して—」．『数学教育学研究』，22（2），59-72.
濵中裕明・加藤久恵（2013）．「高校における構造指向の数学的活動に関する考察」．『数学教育学研究』，19（1），27-35.
濵中裕明・加藤久恵（2014）．「高校における構造指向の数学的活動に関する考察—教授学的状況理論の視点から—」．『数学教育学研究』，20（1），133-141.

濵中裕明・川内充延・吉川昌慶・加藤久恵（2019）．「一次関数の深い概念理解を捉える枠組みの検討―example space と APOS 理論の Schema の視点から―」．『数学教育学研究』，25（2），1-9.
濵中裕明・吉川昌慶（2018）．「「複素数平面」の学習における「平面上の変換」の 概念化についての考察―APOS 理論の視点から―」．『数学教育学研究』，24（1），37-45.
早田透（2013）．「数学教育における一般化とその妥当性判断に関する考察―図の具体性を捨象することに着目して―」．『数学教育学研究』，19（1），47-53.
早田透（2014a）．「一般化過程における一般性の認識に関する研究」．『数学教育学研究』，20（1），91-98.
早田透（2014b）．「数学学習における一般化の機能に関する研究」．『数学教育学研究』，20（2），31-38.
早田透（2016）．「数学学習における一般化の機能に関する一考察―その順序を伴った構造に着目して―」．『数学教育学研究』，22（1），179-190.
早田透・上ヶ谷友佑・袴田綾斗（2019）．「間接的アーギュメンテーションの構造に関する研究―中学校 2 年生と高等学校 1 年生のペアトークの比較から―」．『日本数学教育学会第 52 回秋期研究大会発表集録』，97-104.
原田耕平（1991）．「学校数学における子どもの misconception の同定と克服―Balacheff の教授理論を手掛りとして―」．『日本数学教育学会誌数学教育学論究』，55，3-16．19.
ビットマン, E.（2000）．「算数・数学教育を生命論的過程として発展させる」（湊三郎訳）．『日本数学教育学会誌算数教育』，82（12），30-42.
久冨洋一郎（2014a）．「高等学校数学における理解を深めるための指導方法に関する研究（Ⅱ）―創発的モデリングによる二次関数の学習指導における数学的活動のデザイン―」．『数学教育学研究』，20（1），45-57.
久冨洋一郎（2014b）．「高等学校数学における理解を深めるための指導方法に関する研究（Ⅲ）―確率学習における「同様に確からしい」ことを重視した授業構成―」．『数学教育学研究』，20（2），11-19.
久冨洋一郎・小山正孝（2013）．「高等学校数学における理解を深めるための指導方法に関する研究（Ⅰ）―数学的理解の 2 軸過程モデルに基づく「図形と計量」の学習指導を通して―」．『数学教育学研究』，19（2），35-44.
久冨洋一郎・小山正孝（2018）．「高等学校数学科における単元末にパフォーマンス評価を取り入れた学習指導の実践的研究―生徒と教員によるルーブリックを用いたレポートの質的評価の分析を通して―」．『数学教育学研究』，24（2），37-49.
久松潜一・佐藤謙三編（1969）．『角川国語辞典　新版』．角川書店.
日野圭子（2019）．「経験豊富な教師による算数科授業での相互作用―コモグニション論に基づく談話分析から得られる示唆―」．『日本数学教育学会誌数学教育学論究』，112，15-27.
日野圭子・川上貴（2023）．「数学教育の立場からみた STEM/STEAM 教育の実際」．磯﨑哲夫編，『日本型 STEM 教育のための理論と実践』（pp.28-37）．学校図書．
平井安久・坂田洪（1984）．「確率の指導について―タイの中学校での指導を中心として―」．『数学教育学研究紀要』，10，106-109.
平井安久・門間勉（1988）．「大学生の学校数学に対する意識について」．『数学教育学研究紀要』，14，56-60.
平岡賢治（2004）．「数学的活動に視点をあてた授業構成に関する研究」．『数学教育学研究』，10，21-28.
平林一榮（1961）．「J.Dewey 著「数の心理学」の算術教育史的位置―J.Piaget に連なるもの―」．『日本数学教育学会誌数学教育学論究』，1，57-67.
平林一榮（1972）．「トポロジーの教育的資料について」．『数学教育学研究紀要』，1，5-8.
平林一榮（1973）．「数学的教具と遊びの精神」．『日本数学教育学会誌算数教育』，55（4），2-5.
平林一榮（1975a）．『算数・数学教育のシツエーション』．広島大学出版研究会.
平林一榮（1975b）．「数学的実体とその名前―数学教育上の問題として―」．『数学教育学研究紀要』，2，28-32.
平林一榮（1976）．「限量詞について（Ⅰ）」．『数学教育学研究紀要』，3，15-18.
平林一榮（1978）．「「形（かたち）」の概念―その表記論的考察―」．『数学教育学研究紀要』，5，36-39.
平林一榮（1981a）．「数学教育における「学」と「術」の理念」．『数学教育学研究紀要』，7，81-84.
平林一榮（1981b）．「数学教育で残るもの」．『数学教育学研究紀要』，7，77-80.
平林一榮（1982）．「記号学的視点よりの数学教育の基本問題―竹内芳郎氏の著書に刺激されて―」．『数学教育学研究紀要』，8，55-59.
平林一榮（1983）．「理解と技能の関連についての注意」．『数学教育学研究紀要』，9，30-34.
平林一榮（1984）．「数理哲学からの二三の教育的示唆」．『数学教育学研究紀要』，10，61-65.
平林一榮（1986）．「数学教育の有効性のために」．『奈良教育大学紀要』，35（2），1-17.
平林一榮（1987）．『数学教育の活動主義的展開』．東洋館出版社.
平林一榮（1990）．「「教科教育学」の成立条件―数学科教育学の立場から―」．東洋・蛯谷米司・佐島群巳編，『教科教育学の成立条件―人間形成に果たす教科の役割―』（pp.40-45）．東洋館出版社.
平林一榮（1993）．「算数・数学教育における数学観の問題」．『数学教育学研究紀要』，19，1-9.
平林一榮（2000）．「数学教育における「構成」をめぐる事情―数の世界の構成を例に―」．『数学教育学研究』，6，1-8.
平林一榮（2001）．「最近の数学教育研究の視点―「文化」と「エコロジー」―」．『数学教育学研究』，7，1-6.
平林一榮（2004）.「高等学校数学教育理念の問題」，長崎栄三・長尾篤志・吉田明史・一楽重雄・渡邊公夫・國宗進編，『授業研究に学ぶ―高校新数学科の在り方―』（pp.165-195）．明治図書.
平林一榮（2020）.「数学教育学の夜明け」．岩崎秀樹編，『数学教育研究の地平』（pp.303-346）．ミネルヴァ書房.
廣瀬英子（2004）.「測定・評価・研究法に関する研究動向と展望―テスト研究と評価研究―」，『教育心理学年報』，43，99-106.
廣瀬友樹（2010）.「学習者が数学を活用する態度の変容を促す学習に関する研究（Ⅰ）―学習者の数学を活用する態度の変容を促す学習への移行の意義―」．『数学教育学研究』，16（2），39-46.
廣瀬隆司（1990）.「子どもの「速さ」についての知識水準（1）―段階の区分―」．『数学教育学研究紀要』，16，101-109.
廣瀬隆司（1991）.「子どもの「速さ」についての知識水準（2）―方略の発達―」．『数学教育学研究紀要』，17，111-121.
廣瀬隆司（1992）.「子どもの「速さ」についての知識水準（3）―「速さの情況」に於ける概念的知識に関する水準区分と段階区分―」．『数学教育学研究紀要』，18，77-87.
廣瀬隆司（1995）.「第３学年の児童の「重さ」に関する知識の様相―「重さ」の保存についての水準区分と段階区分に関連して―」．『数学教育学研究』，1，133-149.
廣瀬隆司（2000）.「子供の「速さ」に関する知識の研究（7）―「速さ」に関する３つの情況の相関について―」．『数学教育学研究』，6，175-184.
廣瀬隆司（2004）.「算数教育における「速さ」の概念獲得過程に関する研究（1）―「速さ」に関する課題分析能力と情意的側面に関連して―」．『数学教育学研究』，10，123-135.
廣瀬隆司（2005）.「算数教育における「速さ」の概念獲得過程に関する研究（2）―「速さ」に関する手続き的知識における３つの情況の相関に関連して―」．『数学教育学研究』，11，131-139.
廣瀬隆司（2006）.「算数教育における「速さ」の概念獲得過程に関する研究（5）―「速さ」に関する概念的知識の側面と手続き的知識の側面における相関に関連して―」．『数学教育学研究』，12，37-50.
廣田朋恵（2017）.「算数のよさを感得する授業の開発研究―算数と生活のつながりに焦点を当てて―」．『数学教育学研究』，23（2），105-116.
廣田朋恵・松浦武人（2018）.「算数のよさを感得する授業の開発研究（2）―OPPを用いた自己評価活動を通して―」．『数学教育学研究』，24（2），11-24.
廣谷真治・岡部初江（1988）.「算数・数学科における「L-O理論」による指導の研究」．『数学教育学研究紀要』，14，81-88.
檜皮賢治・濵中裕明（2023）.「「説明する証明の理解」を目指した授業について―数学的

な面白さを感じさせることを目指して―」.『数学教育学研究』, 28（2）, 57-67.
樋脇正幸・佐々祐之（2013).「中学校数学科における「かけ算十字」を用いた学習環境の研究開発」.『数学教育学研究』, 19（1）, 17-25.
福井武彦（2011).「中学数学における教育的アナロジーを用いた指導の研究―ソースとターゲットの対応を明示的に示す指導法の有効性とその教材開発―」.『数学教育学研究』, 17（2）, 167-177.
福島美由紀（1997).「加減文章題の意味構造の違いによる難易レベル―問題状況の違いに着目して―」.『数学教育学研究』, 3, 99-105.
福田幸一（2009).「高等学校における数学的記号の理解に関する研究（Ⅱ）―置き換えを事例とした数学的記号の教育的役割―」.『数学教育学研究』, 15（1）, 29-36.
福田敏雄（1988).「小学生に対するストラテジー指導の有効性について」.『数学教育学研究紀要』, 14, 96-101.
福田博人（2014).「統計教育に関する教授単元の開発研究―意思決定能力育成へ向けた批判的思考を促す教授単元の提示―」.『数学教育学研究』, 20（2）, 169-182.
福田博人（2016).「生命論－進化的方法によるモデリングの実現に向けた統計教育の在り方」.『数学教育学研究』, 22（2）, 153-162.
福田博人（2017).「ニュージーランドとの比較による日本の統計教育の性格―文脈と社会的価値観を視点にして―」.『数学教育学研究』, 23（2）, 151-158.
福本稔（2008).「中学校の図形領域における証明の教授・学習に関する考察―教授学的契約と委譲の概念を視座として―」.『数学教育学研究』, 14, 97-109.
藤井斉亮（2000).『学校数学における「文字の式」の理解に関する研究―認知的コンフリクトによる理解の顕在化と分析―』. 博士学位論文, 筑波大学.
藤井斉亮（2013).「算数数学教育における授業研究の現状と課題」.『日本教科教育学会誌』, 35（4）, 83-88.
藤井斉亮（2015).「注入型授業から問題解決型授業へ」. 橋本美保・田中智志監, 藤井斉亮編,『算数・数学科教育』(pp.10-14). 一藝社.
藤井斉亮（2021).「授業研究の概念規定と価値」. 日本数学教育学会編,『算数・数学　授業研究ハンドブック』(pp.6-15). 東洋館出版社.
FUJITA Milena Mie（1997).「算数・数学の教授・学習に関する日本とブラジルの比較研究（4）―中学校の数学教育に関するアンケート調査―」.『数学教育学研究』, 3, 157-164.
藤田彰子・齋藤昇（2005).「数学における創造性の発達に関する研究―「図形」の領域と「数と式」の領域を対象として―」.『数学教育学研究』, 11, 177-192.
藤本義明（1981a).「数学学習理論の記号論的分析」.『数学教育学研究紀要』, 7, 26-29.
藤本義明（1981b).「数学学習理論の記号論的分析（続論)」.『数学教育学研究紀要』, 7, 30-33.
藤本義明（1989).「幾何の証明における生徒の思考について―生徒の予想の集団的分析

―」.『数学教育学研究紀要』, 15, 81-86.
藤本義明（1996).「論理的思考の解釈―論理的意識性を中心にして―」.『数学教育学研究』, 2, 17-22.
藤本義明（2010).「新道具主義の数学教育―初期デューイ哲学に根ざして―」.『日本数学教育学会第43回数学教育論文発表会論文集』. 403-408.
藤本義明（2013).「新道具主義数学教育とモデル化主義数学教育―それぞれの理論的基盤を比較して―」.『数学教育学研究』, 19（2), 27-34.
ブラウン, S. I., ワルター, M. I.（1990).『いかにして問題をつくるか』(平林一榮監訳). 東洋館出版社.
ブランダム, R.（2016).『推論主義序説』(斎藤浩文訳). 春秋社.
ブルーマー, H.（1991).『シンボリック相互作用論―パースペクティヴと方法―』(後藤将之訳). 勁草書房.
古本宗久（2004).「数学的概念の形成を図る集団解決の在り方に関する研究（1）―数学的概念のモデル及びその評価―」.『数学教育学研究』, 10, 59-71.
古本宗久（2005).「数学的概念の形成を図る集団解決の在り方に関する研究（2）―数学的概念の形成のモデルによる授業の分析及び考察―」.『数学教育学研究』, 11, 99-114.
別府凌名・岡崎正和（2024).「学校数学における数学的リテラシーの再構築へ向けての考察―機能的リテラシーと批判的リテラシーの視点から―」.『数学教育学研究』, 30（1), 1-14.
ヘルバルト（1968).『一般教育学』(是常正美訳). 玉川大学出版部.
Hossain, Md. D. K. (1980a).「バングラデシュにおける記数法と命数法（Ⅰ）―集合数について―」.『数学教育学研究紀要』, 6, 34-38.
Hossain, Md. D. K. (1980b).「バングラデシュにおける記数法と命数法（Ⅱ）―順序数について―」.『数学教育学研究紀要』, 6, 39-43.
ポラック, H. O.（1980). 三輪辰郎・川越一夫訳,「数学と他の学科との相互作用」. 数学教育国際委員会（ICMI）編, 数学教育新動向研究会訳,『世界の数学教育その新しい動向』(pp.299-320). 共立出版.
ポリア, G.（1954).『いかにして問題をとくか』(柿内賢信訳). 丸善.
ボルノー, O. F.（1978).『問いへの教育増補版』(森田孝・大塚恵一訳). 川島書店.
前田雅利・西尾義男（2000).「かけ算・わり算文章題の難易度調査」.『数学教育学研究』, 6, 131-137.
蒔苗直道・相田紘孝・成田慎之介・佐藤英二（2022),「数学教育現代化における教育課程の再構成原理とその過程（2)」,『日本数学教育学会第10回春期研究大会論文集』, 271-300.
蒔苗直道・成田慎之介・佐藤英二・田中伸明（2021),「数学教育現代化における教育課程の再構成原理とその過程」,『日本数学教育学会第9回春期研究大会論文集』, 101-134.

蒔苗直道・成田慎之介・田中伸明・田中義久・相田紘孝・佐藤英二（2023）.「数学教育現代化における教育課程の再構成原理とその過程（3)」,『日本数学教育学会第 11 回春期研究大会論文集』, 271-300.
牧野智彦（2015）.「未完成な証明の生成過程の認知的特徴について―ペアによる問題解決過程での「調整」の様相の分析を通して―」.『日本数学教育学会誌数学教育学論究』, 97. 177-184.
牧野眞裕（1997）.「文字式に関する認知的ギャップ―文字式のもつ二面性―」.『数学教育学研究』, 3, 91-97.
増永雄大・影山和也・石橋一昴（2024）.『GeoGebra 活用術―操作＋事例×理論―』. 東洋館出版社.
松浦武人（2006）.「児童の確率判断の実態に関する縦断的・横断的研究」.『数学教育学研究』, 12, 141-151.
松浦武人（2007）.「初等教育における児童の確率概念の発達を促す学習材の開発（Ⅰ）―共通概念経路に基づく学習指導と評価を通して―」.『数学教育学研究』, 13, 163-174.
松浦武人（2008）.「初等教育における児童の確率概念の発達を促す学習材の開発（Ⅱ）―共通概念経路に基づく学習指導と評価を通して―」.『数学教育学研究』, 14, 139-151.
松浦武人（2009）.「初等教育における児童の確率概念の促進を促す学習材の開発研究―確率判断におけるヒューリスティックスの改善に焦点を当てて―」.『日本数学教育学会誌数学教育学論究』, 90（91）, 3-13.
松島充（2010）.「学級全体による創造的思考の質の高まりについての研究―創造的思考過程モデルの構築―」.『数学教育学研究』, 16（2）, 29-37.
松島充（2013）.「数学教育におけるジグソー学習法に関する研究と数学的コミュニケーション研究との対比」.『数学教育学研究』, 19（2）, 117-126.
松島充（2018）.「算数・数学教育における個人と学習集団全体の対話モデル化―Ernest,P.（2010）の立場を基に―」.『数学教育学研究』, 24（2）, 109-118.
松島充・惠羅修吉（2021）.『算数授業インクルーシブデザイン』. 明治図書.
松島充・清水顕人（2021）.「小学 3 年「三角形」における三角形の成立条件の学習に関する研究―幾何ディスコースの発達の理論の立場から―」.『数学教育学研究』, 26（2）, 45-57.
松延健二（1985a）.「コンピュータ・リテラシーについて―特にアメリカの研究を中心にして―」.『数学教育学研究紀要』, 11, 110-115.
松延健二（1985b）.「数学教育におけるコンピュータ言語 Logo に関する一考察」.『数学教育学研究紀要』, 11, 116-120.
松原元一（1982）.『日本数学教育史 I』. 風間書房.
松原元一（1983）.『日本数学教育史 II』. 風間書房.
松原元一（1985）.『日本数学教育史 III』. 風間書房.
松原元一（1987）.『日本数学教育史 IV』. 風間書房.

松本菜苗・二宮裕之（2015）.「算数・数学教育における「日常の文脈に即した問題」に関する研究 ―数学的シツエーションとの関連に着目して―」.『数学教育学研究』，21（2），187-201.

マトゥラーナ, H., ヴァレラ, F.（1997）.『知恵の樹』（管啓次郎訳）. 筑摩書房.

圓岡悠・服部裕一郎（2023）.「中学校数学授業における算数・数学の問題発見・解決の過程の具現化―「日常生活の事象の数学化」及び「活用・意味づけ」の過程の強調―」.『日本数学教育学会誌数学教育』，105（3），2-14.

水町龍一（2015）.「高水準の数学的リテラシーと重要概念を形成する教育」.『日本数学教育学会誌数学教育学論究臨時増刊』，97，193-200.

溝口達也（2004）.「学習指導における子どものコンセプションの変容に関する研究」.『鳥取大学教育地域科学部教育実践総合センター研究年報』，13，31-41.

湊三郎（1983）.「算数・数学に対する態度を測定するために開発されたSDについて」.『日本数学教育学会誌数学教育学論究』，39・40，1-25.

湊三郎・浜田真（1994）.「プラトン的数学観は子供の主体的学習を保証するか―数学観と数学カリキュラム論との接点の存在―」.『日本数学教育学会誌数学教育』，76（3），58-64.

南澤宣郎（1978）.『日本コンピュータ発達史』. 日本経済新聞社.

宮川健（2011a）.「フランスを起源とする数学教授学の「学」としての性格―わが国における「学」としての数学教育研究をめざして―」.『日本数学教育学会誌数学教育学論究』，94，37-68.

宮川健（2011b）.「フランス数学教授学の立場から見た「授業」の科学的探究」.『日本数学教育学会第44回数学教育論文発表会論文集（1）』，51-60.

宮川健（2017）.「科学としての数学教育学」.『教科内容構成特論「算数・数学」』（pp. 127-152）. 上越教育大学.

宮川健・真野祐輔・岩崎秀樹・國宗進・溝口達也・石井英真・阿部好貴（2015）.「中等教育を一貫する数学的活動に基づく論証指導の理論的基盤―カリキュラム開発に向けた枠組みの設定―」.『数学教育学研究』，21（1），63-73.

宮川健・真野祐輔（2022）.「デザイン研究は‘研究’にいかに貢献するか―プラクセオロジーの視点から―」.『日本数学教育学会第10回春期研究大会論文集』，165-172.

宮川健・濵中裕明・大滝孝治（2016）.「世界探究パラダイムに基づくSRPにおける論証活動（1）―理論的考察を通して―」.『数学教育学研究』，22（2），25-36.

宮川健・溝口達也（2014）.「中等教育を一貫する論証指導を捉える枠組みの提案」.『日本数学教育学会第2回春期研究大会論文集』，41-48.

宮﨑樹夫・藤田太郎（2013）.「課題探究として証明することのカリキュラム開発―我が国の中学校数学科における必要性と，これまでの成果―」.『日本数学教育学会第1回春期研究大会論文集』，1-8.

宮脇真一（2009）.「入門期の算数科教育の学習環境の研究開発―第1学年の1学期におけ

る「20までの数」の導入—」.『数学教育学研究』，15（1），61-67.
ミューラー, G. N., シュタインブリング, H., ヴィットマン, Ch.（2004).『算数・数学授業改善から教育改革へ：PISAを乗り越えて：生命論的観点からの改革プログラム』（國本景亀・山本信也訳). 東洋館出版社.
三輪辰郎（1983).「数学教育におけるモデル化についての一考察」.『筑波数学教育研究』，2，117-125.
三輪辰郎（1996).「文字式の指導序説」.『筑波数学教育研究』，15，1-14.
向井慶子（2009).「図形学習における数学的理解過程に関する研究—数学的理解を促進する証明行為に焦点をあてて—」.『数学教育学研究』，15（1），9-17.
村上一三（1990).「一般化の方法の分類とその指導上の問題点（2）——一般化の過程の分析を通して—」.『数学教育学研究紀要』，16，47-56.
村上一三（1991).「概念における抽象化と一般化の違いと，一般化の仕方の統合について」.『数学教育学研究紀要』，17，21-27.
村上一三（1992).「数学教育における一般化について」.『数学教育学研究紀要』，18，11-18.
村上一三（2003).「アナロジー理論に基づく数学的思考と数学的教材の研究—文字式（方程式）による問題解決過程の分析—」.『数学教育学研究』，9，109-116.
村上一三（2005).「数学的一般化において発生する認識負担・障害についての研究」.『数学教育学研究』，11，45-52.
村上良太・川﨑正盛・妹尾進一・木村惠子・松浦武人・植田敦三（2010).「論理的な図形認識を促す算数・数学科カリキュラムの開発（1）—小学校5学年における移行を促す算数での実践的研究—」.『数学教育学研究』，16（1），73-85.
モーモーニェン（2003).「生涯学習における数学教育の役割—Family Mathプログラムを中心に—」.『数学教育学研究』，9，25-35.
森清美（2000).「算数科におけるコミュニケーション活動の実践的研究—3つのコミュニケーションパターンについて—」.『数学教育学研究』，6，89-95.
森岡重義（1985).「課題解決における概念イメージの役割—小学校教材を中心として—」.『数学教育学研究紀要』，11，35-40.
森田大輔（2022).「我が国における数学教師教育研究の動向と課題—研究の対象，焦点，方法に着目したシステマティックレビュー—」.『日本教科教育学会誌』，45（3），51-65.
森山健（2016).「ジョン・ペリーの数学教育観の今日的意義」.『数学教育学研究』，22（1），1-7.
両角達男・岡本光司（2005).「子どもの「問い」を軸とした算数学習に関する研究」.『数学教育学研究』，11，11-23.
両角達男・荻原文弘（2015).「整式X^n-1の因数分解に関する数学的探究とその様相」,『数学教育学研究』，21（2），147-162.

両角達男・荻原文弘（2016）．「$\sqrt{2}$や自然数に接近する有理数列とその極限に関する数学的探究」，『数学教育学研究』，22（2），197-211.

両角達男・荻原文弘（2017）．「楕円の極線の方程式に関する数学的探究とその様相」，『数学教育学研究』，23（1），63-73.

両角達男・佐藤友紀晴（2015）．「算数授業において子どもの「問い」を軸とすることの効果と影響」．『数学教育学研究』，21（1），75-87.

文部科学省（2008a）．『小学校学習指導要領解説　算数編』．東洋館出版社.

文部科学省（2008b）．『中学校学習指導要領解説　数学編』．教育出版.

文部科学省（2009）．『高等学校学習指導要領解説　数学編・理数編』．実教出版.

文部科学省（2018a）．『小学校学習指導要領（平成29年告示）解説　算数編』．日本文教出版.

文部科学省（2018b）．『中学校学習指導要領（平成29年告示）解説　数学編』．日本文教出版.

文部科学省（2019a）．『高等学校学習指導要領（平成30年告示）解説　数学編・理数編』．学校図書.

文部科学省（2019b）．「Scratch 正多角形をプログラムを使ってかく」．Retrieved from https://www.mext.go.jp/component/a_menu/education/micro_detail/__icsFiles/afieldfile/2019/05/21/1417094_006.pdf.（2024年10月27日最終閲覧）

文部科学省（2023）．「義務教育段階における1人1台端末の整備状況（令和4年度末時点）」．Retrieved from https://www.mext.go.jp/content/20230711-mxt_shuukyo01-000009827_01.pdf.（2024年10月27日最終閲覧）

文部科学省・国立教育政策研究所（2019）．「OECD 生徒の学習到達度調査2018年調査（PISA2018）のポイント」．Retrieved from https://www.nier.go.jp/kokusai/pisa/pdf/2018/01_point.pdf.（2024年10月27日最終閲覧）

文部省（1978a）．『小学校指導書　算数編』．大阪書籍.

文部省（1978b）．『中学校指導書　数学編』．大日本図書.

文部省（1979）．『高等学校学習指導要領解説　数学編・理数編』．実教出版.

文部省（1989a）．『小学校指導書　算数編』．東洋館出版社.

文部省（1989b）．『中学校指導書　数学編』．大阪書籍.

文部省（1989c）．『高等学校学習指導要領解説　数学編・理数編』．ぎょうせい.

文部省（1999a）．『小学校学習指導要領解説　算数編』．東洋館出版社.

文部省（1999b）．『中学校学習指導要領（平成10年12月）解説　数学編』．大阪書籍.

文部省（1999c）．『高等学校学習指導要領解説　数学編・理数編』．実教出版.

山口清（1986）．「幾何学的代数の概念とその数学教育への適用」．『数学教育学研究紀要』，12，65-70.

山口清（1989）．「大学学部数学における三項性について」．『数学教育学研究紀要』，15，144-149.

山口武志（1989）.「算数・数学教育におけるメタ認知に関する基礎的研究―Robert J. Sternberg のモデルを中心に―」.『数学教育学研究紀要』，15，74-80.
山口武志（1991）.「算数・数学教育におけるメタ認知に関する基礎的研究―メタ認知の内面化に関する理論的枠組みについて―」，中国四国教育学会，『教育学研究紀要』，第2部，37，262-267.
山口武志（1992）.「数学的概念の形成過程における不整合に関する研究（Ⅰ）―不整合の類型化を中心に―」.『数学教育学研究紀要』，18，19-27.
山口武志（2010）.「海外の算数教育情報：イギリスのカリキュラムの動向―2007年版『ナショナル・カリキュラム』―」．新算数教育研究会編，『新しい算数研究』（pp.38-39）．No.471（平成22年4月号）．東洋館出版社.
山口武志（2016）.「算数・数学教育における社会的相互作用に関する認識論的・記号論的研究 ―「数学的意味と数学的表現の相互発達」の視座からの小学校第2学年「たし算」に関する授業改善―」.『数学教育学研究』，22（1），115-147.
山口武志・岩崎秀樹（2005）.「一般化分岐モデルに基づく分数除の教授・学習に関する研究」.『日本数学教育学会誌数学教育学論究』，84，3-25.
山口武志・中原忠男・小山正孝・岡崎正和・吉村直道・加藤久恵・脇坂郁文・沢村優治（2014）.「多世界パラダイムに基づく算数授業における社会的相互作用の規範的モデルの開発研究（Ⅲ）―第4学年「分数」の授業による検証―」.『数学教育学研究』，20（2），93-112.
山﨑準二（2017）.「教職の専門家としての発達と力量形成」．日本教師教育学会編，『教師教育研究ハンドブック』（pp.18-21）．学文社.
山﨑誠・野上浩樹・浅妻遼・岩﨑浩（2023）.「小学校現職教員の算数の授業改善の取組に関する事例研究―Y・エンゲストロームの文化・歴史的活動理論の視座から―」.『数学教育学研究』，28（2），27-45.
山田篤史（1992）.「問題解決過程に関する認知論的研究―問題解決過程分析による G. A. Goldin の数学的問題解決能力モデルの改変の実験的検討―」.『数学教育学研究紀要』，18，37-47.
山田篤史（1995）.「G . A. Goldin の「問題解決のコンピテンス・モデル」の再検討」.『数学教育学研究』，1，37-44.
山田篤史（1996）.「数学的問題解決における認知プロセスに関する研究―心像的表象のタイプと機能―」.『数学教育学研究』，2，79-89.
山田篤史（1997）.「数学的問題解決における認知プロセスを記述する枠組みについて」.『数学教育学研究』，3，59-73.
山田篤史（2003）.「「方法型」の問題解決指導」.『楽しい算数の授業』，227，65-67.
山田篤史（2023）.「【シンポジウム報告】ヒラバヤシ基金シンポジウム」.『数学教育学研究』，29（2），109-111.
山田篤史・清水紀宏（2005）.「数学的問題解決における自己参照的活動に関する研究

(Ⅷ)―複数の変数を視点とした自己参照的活動の分析―」.『数学教育学研究』, 11, 77-88.
山中法子 (2012).「小学校高学年における図形指導のあり方に関する研究―図形の性質間の関係の意識化を促すカリキュラム開発の理論的枠組みの構築―」.『数学教育学研究』, 18 (1), 89-106.
山村郁人 (1993).「数学学習における知識について―概念的知識と手続き的知識の関連―」.『数学教育学研究紀要』, 19, 153-156.
山本恵三 (1994).「構成主義に基づく算数授業の実践―分数と小数の概念構成を例にして―」.『数学教育学研究紀要』, 20, 109-116.
山本信也 (1981).「数学教育における「Elementar の原理」について―H. G. シュタイナーの所論を中心にして―」.『数学教育学研究紀要』, 7, 34-36.
山本信也 (1985).「数学教育における概念形成論の批判的検討」.『数学教育学研究紀要』, 11, 41-46.
山本信也 (1993).「社会的相互作用における平行四辺形認識の変容に関する研究」.『数学教育学研究紀要』, 19, 45-52.
山本信也 (2000).「大正初期に於ける「メランの要目」(1905) の受容―黒田稔の幾何学教科書に於ける「函数的思想」の養成―」.『数学教育学研究』, 6, 25-33.
山本信也 (2001).「トロイトラインの「幾何学的直観教授」に於ける「空間的直観能力」の養成」.『数学教育学研究』, 7, 105-116.
山脇雅也・溝口達也 (2021).「国際的な授業設計における条件と制約―日本とロシアによる『エネルギーと環境問題』の授業設計プロセスの分析―」.『数学教育学研究』, 26 (2), 95-109.
山脇雅也・山本靖・溝口達也 (2013).「中学校数学科における関数と方程式の統合カリキュラムの開発研究―第2学年及び第3学年の授業研究を基に―」.『数学教育学研究』, 19 (2), 185-201.
横山正夫 (1991).「算数科における問題解決ストラテジーの指導」.『日本数学教育学会誌 数学教育学論究』, 56, 3-22.
横山昌也 (1993).「数学教育における創造的思考の評価方法に関する研究」.『数学教育学研究紀要』, 19, 101-109.
吉井寛晃 (1996).「数学学習における反省的思考に関する考察―問題解決スキーマの構成を促進する対応付けについて―」.『数学教育学研究』, 2, 101-107.
吉迫のぞみ (2002).「数学教育における創発的ネゴシエーションに関する研究 (Ⅴ)―創発のメカニズムについて―」.『数学教育学研究』, 8, 31-38.
吉田香織 (1998).「Vygotsky 理論に基づく数学的概念の獲得過程の考察 (4)―算数科の学習指導の考察を中心にして―」.『数学教育学研究』, 4, 63-69.
吉田香織 (2000).「Vygotsky の「複合的思考の段階」に基づく分数の生活的概念の考察―連合的複合を中心として―」.『数学教育学研究』, 6, 139-148.

吉田香織（2002).「分数概念の素地となる子どもの生活的概念の解明―ヴィゴツキー理論を基盤として―」.『数学教育学研究』, 8, 39-54.
吉田香織（2005).「ヴィゴツキー理論に基づく「分数概念の素地となる子どもの生活的概念」に関する日米比較調査―分数概念の構造と原理の同定―」.『数学教育学研究』, 11, 115-129.
吉村直道（1993).「数学の授業におけるコミュニケーションの研究（Ⅰ）―J. Habermas の理論におけるコミュニケーションについて―」.『数学教育学研究紀要』, 19, 27-35.
吉村直道（1994).「数学の授業におけるコミュニケーションに関する研究（Ⅳ）―個人的知識から共有される知識を目指した授業構成の実践とその考察―」.『数学教育学研究紀要』, 20, 87-99.
吉村直道（1995).「多様な社会的相互作用の捉え方についての考察―Piaget と Vygotsky の比較を通して―」.『数学教育学研究』, 1, 75-84.
吉村直道（2009).「学習者たちだけによる協力的解決過程に見られる多様な共有の仕方について」.『数学教育学研究』, 15（2), 95-102.
米盛裕二（2007).『アブダクション―仮説と発見の論理―』. 勁草書房.
ヨビノリたくみ (2020).「数学検定1級に9歳で最年少合格した少年に会ってきた話」. Retrieved from https://note.com/yobinori/n/nf00745ab61d9 (2024年3月15日最終閲覧)
ラカトシュ, I.（1980).『数学的発見の論理―証明と論駁―』(佐々木力訳). 共立出版.
リアンプトン, P.（2020).『質的研究法―その理論と方法 健康・社会科学分野における展開と展望―』(木原雅子・木原正博監訳). メディカル・サイエンス・インターナショナル.
柳民範・宮川健（2021).「算数の探究型授業における教師の働きかけ―小学校第3学年における SRP の授業実践を通して―」.『数学教育学研究』, 27（1), 119-131.
ルソー, J. J.（1994).『エミール（上)』(今野一雄訳). 岩波書店.
レイコフ, G.（1993).『認知意味論―言語から見た人間の心―』(池上嘉彦・河上誓作訳). 紀伊国屋書店.
レヴィン, K.（1946).『社会的葛藤の解決―グループ・ダイナミックス論文集―』(末永俊郎訳). 創元新社.
和田隆文（1988).「学校数学の目的に関する考察（1)」.『数学教育学研究紀要』, 14, 37-42.
和田信哉（1999).「数学的推論に関する基礎的考察（2)―数学教育におけるアブダクションの役割―」.『日本数学教育学会第32回数学教育論文発表会論文集』, 367-372.
和田信哉（2001).「算数・数学教育における類比的推論の調査研究―小学校3,4,5年生へのインタビュー調査を通して―」.『数学教育学研究』, 7, 81-92.
和田信哉（2002).「帰納的推論と類比的推論を活かした算数の教授・学習に関する研究―小学校3・4・5年生へのインタビュー調査を通して―」.『日本数学教育学会誌算数教

育』，84（12），2-13.
和田信哉（2003）.「帰納的推論と類比的推論を活かした算数の教授・学習に関する研究―小学校第5学年「小数の除法」の実践的検討―」.『数学教育学研究』，9，47-64.
和田信哉（2008）.「小数の乗数の意味に関する記号論的考察」.『数学教育学研究』，14，9-18.
和田信哉（2012）.「分数の乗法・除法に関する代数的推論の明確化―記号論的視座から―」.『数学教育学研究』，18（1），31-41.
和田信哉（2014）.「加法と減法の相互関係に関する研究―代数的推論の観点から―」.『数学教育学研究』，20（2），77-91.
和田信哉・上ヶ谷友佑・影山和也・中川裕之・山口武志（2021）.「平方根の授業における考察対象の進化論的発展の様相」.『数学教育学研究』，27（1），15-32.
和田信哉・上ヶ谷友佑・中川裕之・影山和也・山口武志（2021）.「数学の授業における考察対象の存在論的様相の顕在化―Eulerの活動と数学の授業における考察対象の進化論的発展の対比を通して―」.『数学教育学研究』，26（2），31-43.
和田信哉・中川裕之・上ヶ谷友佑・影山和也・山口武志（2019）.「数学における考察対象の存在論的様相―Eulerによる「無限解析」の記号論的分析―」.『数学教育学研究』，25（2），55-64.
渡辺勝行・有藤茂郎・岩崎浩（2012）.「三平方の定理の発見と証明の接続を図る授業デザインの開発研究―数学的活動の日常化に向けたアプローチ―」.『数学教育学研究』，18（2），123-138.
渡邊慶子・岡崎正和（2021）.「証明言語の生成とふり返りによる定理と証明の相互理解―場合分けのある証明に着目して―」.『数学教育学研究』，27（1），33-46.
渡邊耕二（2011）.「エクアドルにおける数学を日常で活用する能力の変化に関する研究―PISA2003「数学的リテラシー」の項目反応理論による学年差に注目した分析から―」.『数学教育学研究』，17（2），45-54.
渡邊耕二（2012）.「わが国の生徒が持つ確率・統計を活用する能力の特徴に関する研究―PISA2003『数学的リテラシー』の項目反応理論による二次分析から―」.『数学教育学研究』，18（1），59-70.
渡邊耕二（2014）.「開発途上国における数学の認知的側面と情意的側面の関連性に関する研究―PISA2003の二次分析を通じて―」.『数学教育学研究』，20（2），63-76.
渡邊耕二（2015）.「数学学力と読解力に着目した言語的な側面の関係性に関する国際比較―PISA2003とPISA2012の二次分析から―」.『数学教育学研究』，21（2），73-87.
渡邊耕二（2019）.「日本の生徒が持つ数学的リテラシーの特徴の変化に関する研究―PISA2003とPISA2012における出題項目の難易度のパターンに注目して―」.『数学教育学研究』，25（1），1-13.
渡邊耕二（2020）.「日本の生徒が持つPISA数学的リテラシーの特徴の変化に関する研究―「不確実性とデータ」領域に注目したPISA2003とPISA2012およびPISA2015の分

析から―」.『数学教育学研究』, 26（1）, 1-12.

渡辺信（2013）.「生涯学習を目指す数学教育の構築―なぜ，生涯学習から教育を再構築したいのか―」.『日本数学教育学会第1回春期研究大会論文集』, 99-106.

渡辺豊隆（1997）.「構成主義的アプローチによる論証指導の研究（5）―授業実践による実証的研究―」.『数学教育学研究』, 3, 31-38.

Abassian, A., Safi, F., Bush, S., & Bostic, J. (2020). Five different perspectives on mathematical modeling in mathematics education. *Investigations in Mathematics Learning, 12*(1), 53-65.

Abrahamson, D. (2009). Embodied design: Constructing means for constructing meaning, *Educational Studies in Mathematics, 70*, 27-47.

Abrahamson, D., Flood, V., Miele, J., & Siu, Y. (2019). Enactivism and ethnomethodological conversation analysis as tools for expanding universal design for learning: The case of visually impaired mathematics students. *ZDM Mathematics Education, 51*,291-303.

Adamson, P., Bradshaw, J., Hoelscher, P., & Richardson, D. (2007). Child poverty in perspective: An overview of child well-being in rich countries. *Innocenti report card* (vol.7). Unicef Innocenti Research Centre.

American Association for the Advancement of Science (AAAS) (1989). *Science for all americans*. Oxford University Press.

Ang, K.C. (2021). Computational thinking and mathematical modelling. In F.K.S. Leung, G.A. Stillman, G. Kaiser, & K.L. Wong (Eds.), *Mathematical modelling education in east and west* (pp. 19-34). Springer.

Ärlebäck, J. B., & Kawakami, T. (2023). The relationships between statistics, statistical modelling and mathematical modelling. In G. Greefrath, S. Carreira, & G. A. Stillman (Eds.), *Advancing and consolidating mathematical modelling: Research from ICME-14* (pp. 293-309). Springer.

Arnon, I ., Cottrill, J., Dubinsky, E. D., Oktaç, A., Fuentes, S. R., Trigueros, M., & Weller, K. (2014). *APOS theory: A framework for research and curriculum development in mathematics education*. Springer.

Artigue, M. (1992). Didactic engineering. In R. Douady & A. Mercier (Eds.), *Recherches en Didactique des Mathématiques: Selected papers* (pp. 41-66). La Pensée Sauvage.

Artigue, M., & Bosch, M. (2014). Reflection on networking through the praxeological lens. In A. Bikner-Ahsbahs & S. Prediger (Eds.), *Networking of theories as a research practice in mathematics education* (pp. 249-265). Springer.

Artigue, M., Bosch, M., & Gascón, J. (2011). Research praxeologies and networking theories. In M. Pytlak et al. (Eds.). *Proceedings of the Seventh Congress of the European Society for Research in Mathematics Education* (pp. 2381-2390). Rzeszów.

Artigue, M., & Mariotti, M. A. (2014). Networking theoretical frames: The ReMath enterprise. *Educational Studies in Mathematics*, *85*, 329-355.

Assude, T., Boero, P., Herbst, P., Lerman, S., & Radford, L. (2008). The notions and roles of theory in mathematics education research. *ICME 11 Proceedings* (pp. 338-356). Monterrey, Mexico.

Bakker, A. (2016). Book Review: Networking theories as an example of boundary crossing. Angelika Bikner-Ahsbahs and Susanne Prediger (Eds.) (2014) Networking of theories as a research practice in mathematics education. *Educational Studies in Mathematics*, *93*(2), 265-273.

Bakker, A. (2018). What is design research in education? In A. Bakker (Ed.), *Design research in education: A practical guide for early career researchers* (pp. 3-22). Routledge.

Balacheff, N. (1987). Processus de preuve et situations de validation. *Educational Studies in Mathematics*, *18*(2), 147-176.

Ball, D. L., Thames, M. H., & Phelps, G. (2008). Content knowledge for teaching what makes it special? *Journal of Teacher Education*, *59*(5), 389-407.

Barbosa, J. C. (2006). Mathematical modelling in classroom: A socio-critical and discursive perspective. *Zentralblatt für Didaktik der Mathematik*, *38*(3), 293-301.

Barquero, B. (2023). Mathematical modelling as a research field: Transposition challenges and future directions. In P. Drijvers, C. Csapodi, H. Palmér, K. Gosztonyi, & E. Kónya (Eds.), *Proceedings of the Thirteenth Congress of the European Society for Research in Mathematics Education (CERME13)* (pp. 6-30). Alfréd Rényi Institute of Mathematics and ERME.

Barwell, R. (2020). Language background in mathematics education. In S. Lerman (Ed.), *Encyclopedia of mathematics education* (2nd ed., pp.441-447). Springer.

Bauersfeld, H.(1988). Interaction, construction, and knowledge: Alternative perspectives for mathematics education. In D.A.Grouws, T.J.Cooney, & D.Jones(Eds.), *Perspectives on research on effective mathematics teaching* (pp.27-46). Lawrence Erlbaum Associates/ National Council of Teachers of Mathematics.

Bauersfeld, H.(1995). "Language Games" in the mathematics classroom: Their function and their effects. In P. Cobb & H. Bauersfeld (Eds.), *The emergence of mathematical meaning: Interaction in classroom cultures* (pp. 271-291). Lawrence Erlbaum Associates.

Bergsten, C. (2014). Mathematical approaches. In S. Lerman, B. Sriraman, E. Jablonka, Y. Shimizu, M. Artigue, R. Even, R. Jorgensen, & M. Graven (Eds.), *Encyclopedia of mathematics education* (pp. 376-383). Springer.

Beth, E. W., & Piaget, J. (1966). *Mathematical epistemology and psychology* (Translated by Mays, W.). D.Reidel.

Bikner-Ahsbahs, A., & Clarke, D. (2015). Theoretical issues in mathematics education: An introduction to the presentations. In S. Cho (Ed.). *The Proceedings of the 12th*

International Congress on Mathematical Education (pp. 579-583). Springer.

Bikner-Ahsbahs, A., Kidron, I., Bullock, E., Shinno, Y., & Zhang, Q. (2024). Topic Study Group 57: Diversity of theories in mathematics education. In J. Wang (Ed.). *Proceedings of the 14th International Congress on Mathematical Education* (vol.1, pp.617-623). World Scientific Publishing.

Bikner-Ahsbahs, A., Kidron, I., Shinno, Y., & Miyakawa, T. (2023). Guest editorial: Rethinking the diversity of theories in mathematics education. Contributions related to the Topic Study Group 57 of ICME 14. *Hiroshima Journal of Mathematics Education*, *16*, 21-26.

Bikner-Ahsbahs, A., & Prediger, S. (Eds.) (2014). *Networking of theories as a research practice in mathematics education*. Springer.

Bikner-Ahsbahs, A., Prediger, S., Artigue, M., Arzarello, F., Bosch, M., Dreyfus, T., Gascón, J., Halverscheid, S., Haspekian, M., Kidron, I., Corblin-Lenfant, A., Meyer, A., Sabena, C., & Schäfer, I. (2014). Starting points for dealing with the diversity of theories. In A. Bikner-Ahsbahs & S. Prediger (Eds.), *Networking of theories as a research practice in mathematics education* (pp. 3-12). Springer.

Bishop, A. J. (1988). *Mathematical enculturation: A cultural perspective on mathematics education*. Kluwer Academic Publishers.

Bishop, A. (1992). International perspectives on research in mathematics education. In D. A. Grouws (Ed.). *Handbook of research on mathematics teaching and learning* (pp. 710-723). NCTM.

Blanton, M. L., & Kaput, J. J. (2005). Characterizing a classroom practice that promotes algebraic reasoning. *Journal for Research in Mathematics Education*, *36*(5), 412-446.

Blömeke, S., Gustafsson, J. E., & Shavelson, R. J. (2015). Beyond dichotomies. *Zeitschrift für Psychologie*, *223*(1), 3-13.

Blum, W. (2011). Can modelling be taught and learnt? Some answers from empirical research. In G. Kaiser, W. Blum, R. Borromeo Ferri, & G. A. Stillman (Eds.), *International perspectives on the teaching and learning of mathematical modelling. Trends in teaching and learning of mathematical modelling* (vol.1, pp.15-30). Springer.

Blum, W., & Leiß, D. (2007). How do students and teachers deal with modelling problems?. In C. Haines, P. Galbraith, W. Blum, & S. Khan (Eds.), *Mathematical modelling (ICTMA12): Education, engineering and economics* (pp.222-231). Horwood.

Borba, M. C. (2021). The future of mathematics education since COVID-19: Humans-with-media or humans-with-non-living-things. *Educational Studies in Mathematics*, *108*(1), 385-400.

Borromeo Ferri, R. (2018). *Learning how to teach mathematical modeling in school and teacher education*. Springer.

Bosch, M. (2015). Doing research within the anthropological theory of the didactic: The case of school algebra. In S. J. Cho (Ed.), *Selected regular lectures from the 12th international congress on Mathematical Education* (pp. 51-69). Springer.

Bosch, M., & Gascón, J. (2006). Twenty-five years of the didactic transposition. *ICMI Bulletin, 58*, 51-63.

Bosch, M., Hausberger, T., Hochmuth, R., Kondratieva, M., & Winsløw, C. (2021). External didactic transposition in undergraduate mathematics. *International Journal of Research in Undergraduate Mathematics Education, 7*(1), 140-162.

Bowers, D. M. (2019). Rhetoricocentrism and methodocentrism: Reflecting on the momentum of violence in (mathematics education) research. In S. Otten, A. G. Candela, Z. de Araujo, C. Haines, & C. Munter (Eds.), *Proceedings of the forty-first annual meeting of the North American Chapter of the International Group for the Psychology of Mathematics Education* (pp. 261-265). St Louis, MO: University of Missouri.

Brodie, K. (2014). Professional learning communities in mathematics education. In S. Lerman (Ed.), *Encyclopedia of mathematics education* (pp.501-505). Springer.

Brousseau, G. (1997). *Theory of didactical situations in mathematics*. Kluwer.

Brousseau, G. (2005). The study of the didactical conditions of school learning in mathematics. In M. H. G. Hoffmann, J. Lenhard, & F. Seeger (Eds.), *Activity and sign: Grounding mathematics education* (pp. 159-168). Springer.

Brousseau, G., & Warfield, V. (2014). Didactic situations in mathematics education. In S. Lerman (Ed.), *Encyclopedia of mathematics education* (pp. 163-170). Springer.

Brown, A. L. (1978). Knowing when, where, and how to remember: A problem of metacognition. In R. Glaser (Ed.), *Advances in instructional psychology* (vol. 1, pp. 77-165). Lawrence Erlbaum Associates.

Brown, S. I. (1974). Musing on multiplication, *Mathematics Teaching, 69*, 26-30.

Brown, S. I., & Walter, M. I. (1983). *The art of problem posing*. Lawrence Erlbaum Associates.

Bruner, J.S. (1960). *The process of education*. Harverd University Press.

Burghes, D., & Blum, W. (1995).The Exeter-Kassel comparative project: A review of year 1 and year 2 results. *Proceedings of a seminar on mathematics education* (pp.13-28). London: The Gatsby Charitable Foundation.

Buxton, L. (1978). Four levels of understanding, *Mathematics in School, 7*(4), 36.

Byers, V. (1980) What does it mean to understand mathematics? *International Journal of Mathematical Education in Science and Technology, 11*,1-10

Byers, V., & Herscovics, N. (1977). Understanding school mathematics. *Mathematics Teaching, 81*, 24-27.

Cai, J., Morris, A., Hohensee, C., Hwang, S., Robison, V., Cirillo, M., Kramer, S. L., & Hiebert, J. (2019). Theoretical framing as justifying. *Journal for Research in Mathematics*

Education, *50*(3), 218-224.
Carotenuto, G., Di Martino, P., & Lemmi, M. (2021). Students' suspension of sense making in problem solving. *ZDM Mathematics Education*, *53*(2), 817-830.
Chevallard, Y. (1999). L'analyse des pratiques enseignantes en théorie anthropologique du didactique. *Recherches en Didactique des Mathématiques*, *19*(2), 221-266.
Chevallard, Y. (2007). Implicit mathematics: Their impact on societal needs and demands. In U. Gellert & E. Jablonka (Eds.), *Mathematisation and demathematisation: Social, philosophical, and educational ramifications* (pp. 57-65). Sense.
Chevallard, Y. (2015). Teaching mathematics in tomorrow's society: A case for an oncoming counter paradigm. In S. J. Cho (Ed.). *The proceedings of the 12th International Congress on Mathematical Education* (pp. 173-187). Springer.
Chevallard, Y. (2019). Introducing the anthropological theory of the didactic: An attempt at a principled approach. *Hiroshima Journal of Mathematics Education*, *12*, 71-114.
Chevallard, Y., Barquero, B., Bosch, M., Florensa, I., Gascón, J., Nicolás, P., & Ruiz-Munzón, N. (Eds.) (2022). *Advances in the anthropological theory of the didactic*. Birkhäuser.
Chevallard, Y., & Bosch, M. (2020). Anthropological theory of the didactic (ATD). In S. Lerman (Ed.), *Encyclopedia of mathematics education* (2nd ed., pp. 53-61). Springer.
Cirillo, M., & Hummer, J. (2021). Competencies and behaviors observed when students solve geometry proof problems: An interview study with smartpen technology. *ZDM Mathematics Education*, *53*(4), 861-875.
Clark-Wilson, A., Robutti, O., & Thomas, M. (2020). Teaching with digital technology. *ZDM Mathematics Education*, *52*(7), 1223-1242.
Clement, J. (2008). Creative model construction in scientists and students; *The role of imagery, analogy, and mental simulation*. Springer.
Cobb, P. (1994). Where is the mind? Constructivist and sociocultural perspectives on mathematics development. *Educational Researcher*, *23*(7), 13-20.
Cobb, P. (2000a). Conducting teaching experiments in collaboration with teachers. In A. E. Kelly & R. A. Lesh (Eds.), *Handbook of research design in mathematics and science education* (pp. 307-333). Lawrence Erlbaum Associates.
Cobb, P. (2000b). The importance of a situated view of learning to the design of research and instruction. In J. Boaler (Ed.), *Multiple perspectives on mathematics teaching and learning* (pp. 45-82). Ablex Publishing.
Cobb, P. (2007). Putting philosophy to work: Coping with multiple theoretical perspectives. In F. K. Lester (Ed.), *Second handbook of research on mathematics teaching and learning* (vol.1, pp.3-38). Information Age Publishing.
Cobb, P., & Bauersfeld,H.(Eds.)(1995). *The emergence of mathematical meaning: Interaction in classroom cultures*. Lawrence Erlbaum Associates.

Cobb, P., Confrey, J., diSessa, A., Lehrer, R., & Schauble, L. (2003). Design experiments in educational research. *Educational Researcher, 32*(1), 9-13.

Cobb, P., Stephan, M., McClain, K., & Gravemeijer, K. (2001). Participating in classroom mathematical practices. *The Journal of the Learning Sciences, 10*(1-2), 113-163.

Cobb, P., Wood, T., & Yackel, E. (1990). Classrooms as learning environments for teachers and researchers. *Journal for Research in Mathematics Education: Monograph, Number 4*, (pp. 125-146). National Council of Teachers of Mathematics.

Cobb, P., & Yackel, E. (1996). Contructivist, emergent, and sociocultural perspectives in the context of developmental research. *Educational Psychologist, 31* (3/4), 175-190.

Cobb, P., Yackel, E., & Wood, T. (1992). Interaction and learning in mathematics classroom situations. *Educational Studies in Mathematics, 23*(1), 99-122.

Colapietro, V. M. (1993). *Glossary of semiotics*. Paragon House.

Collins, J. A., & Fauser, B. C. J. M. (2005). Balancing the strengths of systematic and narrative reviews. *Human Reproduction Update, 11*(2), 103-104.

Confrey, J. (1994). A theory of intellectual development (part I). *For the Learning of Mathematics, 14*(3), 2-8.

Confrey, J. (1995a). A theory of intellectual development (part II). *For the Learning of Mathematics, 15*(1), 38-48.

Confrey, J. (1995b). A theory of intellectual development (part III). *For the Learning of Mathematics, 15*(2), 36-45.

Confrey, J. (1995c). How compatible are radical constructivism, sociocultural approaches, and social constructivism?. In L. P. Steffe & J.Gale (Eds.), *Constructivism in education* (pp.185-225), Lawrence Erlbaum Associates.

Confrey, J., & Kazak, S. (2006). A thirty-year reflection on constructivism in mathematics education in PME. In A. Gutiérrez & P. Boero (Eds.), *Handbook of research on the psychology of mathematics education: Past, present and future* (pp. 305-345). Sense.

Creswell, J. W., & Clark, V. L. P. (2007). *Designing and conducting mixed methods research*. Sage.

Czarniawska, B. (2004). *Narratives in social science research*. Sage.

Czocher, A., & Weber, K. (2020), Proof as a cluster category. *Journal for Research in Mathematics Education, 51*(1), 50-74.

D' Ambrosio, U. (1986). Socio-cultural bases for mathematical education. In M. Carss (Ed.) *Proceedings of the Fifth International Congress on Mathematical Education* (pp. 1-6), Birkhäuser.

D' Ambrosio, U. (1999). Literacy, matheracy, and technocracy: A trivium for today. *Mathematical Thinking and Learning, 1*(2), 131-153.

Darragh, L. (2016). Identity research in mathematics education. *Educational Studies in*

Mathematics, *93*(1), 19-33.

Davis, E. J. (1978). A model for understanding understanging in mathematics, *Arithmetic Teacher*, *26*(1), 13-17.

Davis, E. K., & Baba, T. (2005). The impact of in-service teacher training through an outreach program on the content knowledge of basic school mathematics teachers in Ghana.『数学教育学研究』, *11*, 241-257.

De Corte, E., Greer, B., & Verschaffel, L. (1996). Mathematics teaching and learning. In D. C. Berliner, & R. C. Calfee (Eds.), *Handbook of educational psychology* (pp. 491-549). Simon and Schuster Macmillan.

de Freitas, E. (2016). Bruno Latour. In E. de Freitas & M. Walshaw (Eds.), *Alternative theoretical frameworks for mathematics education research: Theory meets data* (pp. 121-148). Springer.

de Lange, J. (1987). *Mathematics insight and meaning*. Rijksuniversiteit.

De Villiers, M. (1990). The role and function of proof in mathematics. *Pythagoras*, *24*, 17-24.

DeBellis, V. A., & Goldin, G. A. (2006). Affect and meta-affect in mathematical problem solving: A representational perspective. *Educational Studies in Mathematics*, *63*(2), 131-147.

Devlin, K. (1997). The logical structure of computer-aided mathematical reasoning. *American Mathematical Monthly*, *104*(7), 632-646.

Dörfler, W. (1991). Forms and means of generalization in mathematics. In A. J. Bishop, S. Mellin-Olsen, & J. van Dormolen (Eds.), *Mathematical knowledge: Its growth through teaching* (pp. 63-85). Kluwer.

Dossey, J. A. (1992). The nature of mathematics: Its role and its influence. In D. A. Grouws (Ed.), *Handbook of research on mathematics teaching and learning* (pp. 39-48). Macmillan.

Dreyfus, T., Sierpinska, A., Halverscheid, S., Lerman, S., & Miyakawa, T. (2017). Topic study group no. 51: Diversity of theories in mathematics education. G. Kaiser et al. (Eds.). *Proceedings of the 13th International Congress on Mathematical Education* (pp. 613-617). Springer.

Drijvers, P. (2015). Digital technology in mathematics education: Why it works (or doesn't). In S. Cho (Ed.) *Selected regular lectures from the 12th International congress on Mathematics Education* (pp. 485-501). Springer.

Dubinsky, E. (1984). *The cognitive effect of computer experiences on learning abstract mathematical concepts*. Korkeakoulujen Atk-Uutiset, 2, 41-47.

Dubinsky, E. (2020). Actions, processes, objects, schemas (APOS) in mathematics education. In S. Lerman (Ed.), *Encyclopedia of mathematics education* (2nd ed., pp. 16-19). Springer.

Dunbar, K. (1997). How scientists think: On-line creativity and conceptual change in science. In T. B. Ward, S. M. Smith, & S. Vaid (Eds.), *Creative thought: An investigation of conceptual structures and processes* (pp. 461-493). American Psychological.

Duval, R. (1991). Structure du raisonnement déductif et apprentissage de la démonstration. *Educational Studies in Mathematics, 22*(3). 233-261.

Duval, R. (2006). Cognitive analysis of problems of comprehension in a leaning of Mathematics. *Educational Studies in Mathematics, 61*(1-2). 103-131.

Duval, R. (2007). Cognitive functioning and the understanding of mathematical processes of proof, In P. Boero (Ed.), *Theorems in school: From history, epistemology and cognition to classroom practice* (pp.137-161). Sense.

Duval, R. (2017). *Understanding the mathematical way of thinking - The registers of semiotic representations.* Springer.

Duval, R. (2020). Registers of semiotic representation. In S. Lerman (Ed.), *Encyclopedia of mathematics education* (2nd ed., pp. 724-727). Springer.

Eco, U. (1983). Horns, hooves, insteps: Some hypotheses on three types of abduction. In U. Eco & T. A. Sebeok (Eds.), *The sign of three: Dupin, Holmes, Peirce* (pp. 198-220). Indiana University Press.

Edelson, D. C.(2002). Design research: What we learn when we engage in design. *The Journal of the Learning Sciences, 11* (1), 105-121.

Ely, R. (2010). Nonstandard student conceptions about infinitesimals. *Journal for Research in Mathematics Education, 41*(2), 117-146.

Engelbrecht, J., Llinares, S., & Borba, M. C. (2020). Transformation of the mathematics classroom with the internet. *ZDM Mathematics Education, 52*(5), 825-841.

English, L. D. (1997). Children's reasoning processes in classifying and solving computational word problem. In L. D. English (Ed.), *Mathematical reasoning: Analogies, metaphors, and images* (pp.191-220). Lawrence Erlbaum Associates.

English, L. D. (1998). Reasoning by analogy in solving comparison problems. *Mathematical Cognition, 4*(2), 125-146.

Ennis, R. H. (1987). A taxonomy of critical thinking dispositions and abilities. In J. B. Baron & R. J. Sternberg (Eds.), *Teaching thinking skills: Theory and practice* (pp. 9-26). W H Freeman.

Ernest,P.(1991). *The philosophy of mathematics education.* Falmer Press.

Ernest,P.(1994a). Varieties of constructivism: Their metaphors, epistemologies and pedagogical implications. *Hiroshima Journal of Mathematics Education, 2,* 1-14.

Ernest,P.(1994b). Social constructivism and the psychology of mathematics education. In P. Ernest (Ed.), *Constructing mathematical knowledge: Epistemology and mathematical education* (pp. 62-72). The Falmer Press.

Ernest, P. (1996). Varieties of constructivism: A framework for comparison. In L.P.Steffe, P.Nesher, P.Cobb, G.A.Goldin, & B.Greer(Eds.), *Theories of mathematical learning* (pp.335-350). Lawrence Erlbaum Associates.

Ernest, P. (1998). *Social constructivism as a philosophy of mathematics.* State of University of New York Press.

Ernest, P. (2010). Reflections on theories of learning. In B.Sriraman & L.English (Eds.), *Theories of mathematics education: Seeking new frontiers* (pp.39-47). Springer.

Ferrari, R. (2015). Writing narrative style literature reviews. *Medical Writing, 24*(4), 230-235.

Fischbein, E. (1987). *Intuition in science and mathematics: An educational approach.* D. Reidel.

Flavell, J. H. (1976). Metacognitive aspects of problem solving. In L. B. Resnick (Ed.), *The nature of Intelligence* (pp. 231-235). Lawrence Erlbaum Associates.

Flavell, J. H. (1979) Metacognition and cognitive monitoring: A new area of cognitive-developmental Inquiry, *American Psychologist, 34*(10), 906-911.

Flavell, J. H. (1986). Metacognitive aspects of problem solving. *The nature of intelligence* (pp.231-235). Lawrence Erlbaum Associates.

Foster, C. (2024). Methodological pragmatism in educational research: From qualitative-quantitative to exploratory-confirmatory distinctions. *International Journal of Research & Method in Education, 47*(1), 4-19.

Freudenthal, H. (1968). Why to teach mathematics so as to be useful. *Educational Studies in Mathematics, 1*(1-2), 3-8.

Freudenthal, H. (1971). Geometry between the devil and the deep sea. *Educational Studies in Mathematics, 3*(3-4), 413-435.

Freudenthal, H. (1973). *Mathematics as an educational task.* D. Reidel.

Freudenthal, H. (1977). Didaktische phänomenologie mathematischer grundbegriffe. *Der Mathematikunterricht, 3*, 46-73.

Freudenthal, H. (1983). *Didactical phenomenology of mathematical structures.* D. Reidel.

Fukuda, H.(2020). *Research towards a principle for statics curriculum in Japan from the perspective of context.* Doctoral dissertation(Unpublished), Hiroshima University.

Fuys, D., Geddes, D., & Tischler, R. (1984). *English translation of selected writings of Dina van Hiele-Geldof and Pierre M. van Hiele.* Brooklyn College. (ERIC Document Reproduction Service No. ED 287 697)

Garofalo, J., & Lester, F. K. (1985). Metacognition, cognitive monitoring, and mathematical performance. *Journal for Research in Mathematics Education, 16*(3), 163-176.

Gascón, J. (2003). From the cognitive to the epistemological programme in the didactics of mathematics: Two incommensurable scientific research programmes?. *For the Learning of Mathematics, 23*(2), 44-55.

Gentner, D. (1983). Structure-mapping: A theoretical framework for analogy. *Cognitive Science*, *7*(2), 155-170.

Gentner, D., Loewenstein, J., & Thompson, L. (2003). Learning and transfer: A general role for analogical encoding. *Journal of Educational Psychology*, *95*(2), 393-408.

Goldin, G. A. (1987). Cognitive representational system for mathematical problem solving. In C. Janvier. (Ed.), *Problems of representation in the teaching and learning of mathematics* (pp. 125-145). Lawrence Erlbaum Associates.

González, O. (2014). A framework for assessing statistical knowledge for teaching held by secondary school mathematics teachers: Focusing on variability-related concepts, 『数学教育学研究』, *20*(1), 73-90.

Goos, M., & Kaya, S. (2020). Understanding and promoting students' mathematical thinking: A review of research published in *ESM*. *Educational Studies in Mathematics*, *103*(1), 7-25.

Gravemeijer, K. (1997). Mediating between concrete and abstract. In T. Nunes & P. Bryant (Eds.), *Learning and teaching mathematics: An international perspective* (pp.315-345). Psychology Press Ltd.

Gravemeijer, K., Cobb, P., Bowers, J., & Whitenack, J. (2000). Symbolizing, modeling, and instructional design. In P. Cobb, E. Yackel, & K. McClain (Eds.), *Symbolizing and communicating in mathematics classrooms: Perspectives on discourse, tools, and instructional design* (pp.225-273). Lawrence Erlbaum Associates.

Gravemeijer, K., & Stephan, M. (2002). Emergent models as an instructional design heuristic. In K. Gravemeijer, R. Lehrer, B. van Oers, & L. Verschaffel (Eds.) *Symbolizing, modeling and tool use in mathematics education* (pp.145-169) . Kluwer Academic Publishers.

Greeno, J. G. (1978). A study of problem solving. In R. Glaser (Ed.), *Advances in instructional psychology* (vol.1, pp. 13-75). Lawrence Erlbaum Associates.

Griffiths, H. B., & Howson, G. (1974). *Mathematics: Society and curricula*. Cambridge University Press.

Grossman, P. L. (1990). *The making of a teacher: Teacher knowledge and teacher education*. Teachers College Press.

Guilford, J. P. (1959). Three faces of intellect. *American Psychologist*, *14*(8), 469-479.

Gutiérrez, A., Jaime, A., & Fortuny, J. M. (1991). An alternative paradigm to evaluate the acquisition of the van Hiele levels. *Journal for Research in Mathematics Education*, 22(3), 237-251.

Gutiérrez, R. (2013). The sociopolitical turn in mathematics education. *Journal for Research in Mathematics Education*, *44*(1), 37-68.

Hamami, Y., & Morris, R. L. (2020). Philosophy of mathematical practice: A primer for mathematics educators. *ZDM Mathematics Education*, *52*(6), 1113-1126.

Hanna, G. (1990). Some pedagogical aspects of proof. *Interchange, 21*(1). 6-13.

Hanna, G., & Jahnke, H.N. (1996). Proof and proving. In A.J. Bishop, K. Clements, C. Keitel, J. Kilpatrick, & C. Laborde (Eds.), *International handbook of mathematics education* (vol. 2, pp. 877-908). Kluwer Academic Publishers.

Hanna, G., & Larvor, B. (2020). As Thurston says? On using quotations from famous mathematicians to make points about philosophy and education. *ZDM Mathematics Education, 52*(6), 1137-1147.

Hannula, M. S., Haataja, E., Löfström, E., Garcia Moreno-Esteva, E., Salminen-Saari, J. F. A., & Laine, A. (2022). Advancing video research methodology to capture the processes of social interaction and multimodality. *ZDM Mathematics Education, 54*(2), 433-443.

Harel, G. (2013). Intellectual need. In K. R. Leatham (Ed.), *Vital directions for mathematics education research* (pp. 119-151). Springer.

Harel, G., & Tall, D. (1991). The general, the abstract, and the generic in advanced mathematics. *For the Learning of Mathematics, 11*(1), 38-42.

Hartmann, L-M., Krawitz, J., & Schukajlow, S. (2021). Create your own problems! When given descriptions of real-world situations, do students pose and solve modelling problems? *ZDM Mathematics Education, 53*(4), 919-935.

Haylock, D. W. (1982). Understanding in mathematics: Making connections. *Mathematics Teaching, 98*, 54-55.

Herscovics, N., & Bergeron, J. C. (1983). Models of understanding, *Zentralbratt für Didaktik der Mathematik, 83*(2), 75-83.

Herscovics, N., & Bergeron, J.C. (1988). An extended model of understanding. In M. J. Behr, C. B. Lacampagna, & M. M. Wheeler (Eds.), *Proceedings of the 10th Conference of the North American Chapter of the International Group for the Psychology of Mathematics Education*, (pp. 15-22). Northern Illinois University.

Hestenes, D. (2010). Modeling theory for math and science education. In R. Lesh, P. L. Galbraith, C. R. Haines, & A. Hurford (Eds.), *Modeling students' mathematical modeling competencies* (pp. 13-41). Springer.

Heyd-Metzuyanim,E.,& Shabtay,G.(2019). Narratives of 'good' instruction: Teachers' identities as drawing on exploration vs. acquisition pedagogical discourses. *ZDM Mathematics Education,51*(3), 541-554.

Hiebert, J. & Lefevre, P. (1986). Conceptual and procedural knowledge in mathematics: An introductory analysis. In J. Hiebert (Ed.), *Conceptual and procedural knowledge: The case of mathematics* (pp. 1-27). Lawrence Erlbaum Associates.

Hirabayashi,I, & Shigematsu,K.(1986). Meta-cognition : The role of the "inner teacher". *Proceedings of the 10th conference of the International Group for the Psychology of Mathematics Education* (pp.165-170). University of London.

Hord, S. M., & Sommers, W. A. (2008). *Leading professional learning communities: Voices from research and practice*. Corwin Press.

Hossain, Md. D. K. (1981). On teaching "the units of measurements" in elementary school in Bangladesh.『数学教育学研究紀要』, *7*, 37-41.

Huang, R., da Ponte, J.P. & Clivaz, S. (2023), Guest editorial: Networking theories for understanding and guiding lesson study. *International Journal for Lesson and Learning Studies, 12*(1), 1-6.

Inglis, M., & Alcock, L. (2012). Expert and novice approaches to reading mathematical proofs. *Journal for Research in Mathematics Education, 43*(4), 358-390.

Jablonka, E.(2003). Mathematical literacy. In A. J. Bishop, M. A. Clements, C. Keitel, J. Kilpatrick, & F. K. S. Leung (Eds.), *Second international handbook of mathematics education* (pp. 75-102). Kluwer Academic Publishers.

Jaworski, B. (2008). Building and sustaining inquiry communities in mathematics teaching development: Teachers and didacticians in collaboration. In K. Krainer & T. Wood (Eds.), *The international handbook of mathematics teacher education: Vol. 3. Participants in mathematics teacher education* (pp.309-330). Sense Publishers.

Jaworski, B., Lerman, S., Robert, A., Roditi, E., & Bloch, I. (2018). Theoretical developments in mathematics education research: English and French perspectives in contrast. *Annales de Didactique et de Sciences Cognitives. Revue internationale de didactique des mathématiques* (Special issue), 25-60.

Jones, K., Gutierrez, A., & Mariotti, M. A. (2000). Proof in dynamic geometry environments. *Educational Studies in Mathematics, 44*(1-3), 1-3.

Kaiser, G. (2017). The teaching and learning of mathematical modeling, In J. Cai (Ed.), *Compendium for research in mathematics education* (pp. 267-291). NCTM.

Kaiser, G., & Sriraman, B. (2006). A global survey of international perspectives on modelling in mathematics education. *Zentralbratt für Didaktik der Mathematik, 38*(3), 302-310.

Kaput, J. J. (2007). What is algebra? What is algebraic reasoning? In J. J. Kaput, D. W. Carraher, & M. L. Blanton (Eds.), *Algebra in the early grades* (pp. 5-17). Routledge.

Kawakami, T., & Saeki, A. (2024). Roles of mathematical and statistical models in data-driven modelling: A prescriptive modelling perspective. In H.-S. Siller, V. Geiger, & G. Kaiser (Eds.), *Researching mathematical modelling education in disruptive times* (pp. 595-605). Springer.

Kawazoe, M. (2022). A practice report on mathematical modelling education for humanities and social sciences students. *Hiroshima Journal of Mathematics Education, 15*(2), 141-153.

Kelly, A. E. (2004). Design research in education: Yes, but is it methodological? *The Journal of the Learning Sciences, 13*(1), 115-128.

Kelly, A. E., & Lesh, R. A. (Eds.). (2000). *Handbook of research design in mathematics and science education*. Lawrence Erlbaum Associates.

Kidron, I., Bosch, M., Monaghan, J., & Palmér, H. (2018). Theoretical perspectives and approaches in mathematics education research. In T. Dreyfus et al. (Eds.). *Developing research in mathematics education* (pp. 255-268). Routledge.

Kieran, C. (2019). Task design frameworks in mathematics education research: An example of a domain specific frame for algebra learning. In G. Kaiser & N. Presmeg (Eds.). *Compendium for early career researchers in mathematics education* (pp. 265-287). Springer.

Kieren, T. E., & Pirie, S. E. B. (1991). Recursion and the mathematical experience. In L. P. Steffe (Ed.), *Epistemological foundations of mathematical experience* (pp. 78-101). Springer.

Kilpatrick,J.(1987). What constructivism might be in mathematics education. In J.C.Bergeron, N.Herscovics, & C.Kieran(Eds.), *Proceedings of the 11th International Conference of Psychology of Mathematics Education* (vol.1, pp.3-27). Montreal, Canada.

Knipping, C., & Reid, D. A. (2019). Argumentation analysis for early career researchers. In G. Kaiser & N. Presmeg (Eds.), *Compendium for early career researchers in mathematics education* (pp. 3-31). Springer.

Koyama, M. (1983). The significance of intuition in mathematics education (1): How to interpret intuition.『数学教育学研究紀要』, *9*, 1-7.

Koyama, M. (1995). Characterizing eight modes of the transcendent recursive model of understanding mathematics.『数学教育学研究』, *1*, 19-28.

Krulik, S.(1977). Problems, problem solving, and strategy games. *Mathematics Teacher*, *70*(8), 649-652.

Lakoff, G., & Núñez, R. E. (2000). *Where mathematics comes from: How the embodied mind brings mathematics into being*. Basic Books.

Lange, J. de. (1987). *Mathematics, insight and meaning*. OW & OC.

Leikin, R., & Sriraman, B. (Eds.) (2022). *ZDM Mathematics Education: empirical research on mathematical creativity - state-of-the-art, 54*(1).

Lerman, S. (1996). Intersubjectivity in mathematics learning: A challenge to the radical constructivist paradigm. *Journal for Research in Mathematics Education, 27* (2), 133-150.

Lerman, S. (1998). A moment in the zoom of a lens: Towards a discursive psychology of mathematics teaching and learning. In A.Olivier & K.Newstead(Eds.), *Proceedings of the 22nd annual meeting of the International Group for the Psychology of Mathematics Education* (vol.1, pp.61-81). Stellenbosch, South Africa.

Lerman, S. (2000). The social turn in mathematics education research. In J. Boaler (Ed.), *Multiple perspectives on mathematics teaching and learning: International perspectives on mathematics education* (pp.19-44). Ablex.

Lerman, S. (Ed.) (2020). *Encyclopedia of mathematics education* (2nd ed.). Springer.

Lerman, S. (2006). Theories of mathematics education: Is plurality a problem? *Zentralblatt für Didaktik der Mathematik, 38*(1), 8-13.

Lesh, R., & Doerr, H. (Eds.) (2003). *Beyond constructivism: Models and modeling perspectives on mathematics problem solving, learning, and teaching.* Lawrence Erlbaum Associates.

Lesh, R., Hoover, M., Hole, B., Kelly, A., & Post, T. R. (2000). Principles for developing thought- revealing activities for students and teachers. In A. Kelly & R. Lesh (Eds.), *Handbook of research design in mathematics and science education* (pp. 591-646). Lawrence Erlbaum Associates.

Lesh, R. A., & Kelly, A. E. (2000). Multitiered teaching experiments. In A. E. Kelly & R. A. Lesh (Eds.), *Handbook of research design in mathematics and science education* (pp. 197-230). Lawrence Erlbaum Associates.

Lesh, R., & Zawojewski, J. (2007). Problem solving and modeling. In F. K. Lester (Ed.), *Second handbook of research on mathematics teaching and learning* (vol.2, pp. 763-799). National Council of Teachers of Mathematics and Information Age Publishing.

Lester, F. K. (1994). Musings about mathematical problem-solving research : 1970-1994. *Journal for Research in Mathematics Education, 25*(6), 660-675.

Lester, F. K. (Ed.) (2007), *Second handbook of research on mathematics teaching and learning.* Information Age Publishing.

Lester, F. K. (2010). On the theoretical, conceptual, and philosophical foundations for research in mathematics education. In B. Sriraman & L. English (Eds.), *Theories of mathematics education: Seeking new frontiers* (pp. 67-85). Springer.

Maass, K., Geiger, V., Ariza, M. R., & Goos, M. (2019). The role of mathematics in interdisciplinary STEM education. *ZDM Mathematics Education, 51*(6), 869-884.

Mariotti, M. A., Bartolini, M., Boero, P., Ferri, F., & Garuti, R. (1997). Approaching geometry theorems in contexts: From history and epistemology to cognition. In E. Pehkonen (Ed.), *Proceedings of the 21st Conference of the International Group for the Psychology of Mathematics Education*, (vol.1, pp. 180-195). Lahti, Finland.

Martin, L., Towers, J., & Pirie, S. (2006). Collective mathematical understanding as improvisation. *Mathematical Thinking and Learning, 8*(2), pp.149-183.

Mason, J., Burton, L., & Stacey, K. (2010). *Thinking mathematically* (2nd edition). Pearson.

Mason, J., & Waywood, A. (1996). The role of theory in mathematics education and research. In A. J. Bishop, K. Clements, C. Keitel, J. Kilpatrick, & C. Laborde (Eds.), *International handbook of mathematics education: Part 1* (pp. 1055-1089). Springer.

McTaggart, R. (1994). Participatory action research: Issues in theory and practice. *Educational Action Research, 2*(3), 313-337.

Mejia-Ramos., J. P., Fuller, E., Weber K., Rhoads, K., & Samkoff, A. (2012). An assessment model for proof comprehension. *Educational Studies in Mathematics*, *79*(1), 3-18.

Mellin-Olsen, S. (1987). *The politics of mathematics education*. Kluwer Academic Publishers.

Meyer, M. (2010). Abduction—A logical view for investigating and initiating processes of discovering mathematical coherences. *Educational Studies in Mathematics*, *74*(2), 185-205.

Miyazaki, M., Fujita, T., & Jones, K. (2017). Students' understanding of the structure of deductive proof. *Educational Studies in Mathematics*, *94*(2), 223-239.

Mohsin, U. MD. (2004). Effectiveness of in-service teachers' training program for primary mathematics in Bangladesh: A case study of training by the primary training institutes (PTIs),『数学教育学研究』, *10*, 185-196.

Mohsin, U. MD. (2006). The impact of in-service teacher training by primary training institutes in Bangladesh (1): Focusing on subject knowledge, pedagogical skills and attitudes of mathematics teachers.『数学教育学研究』, *12*, 201-214.

Moore, A. S. (2021). Queer identity and theory intersections in mathematics education: A theoretical literature review. *Mathematics Education Research Journal*, *33*(4), 651-687.

Morgan, C. (2020). Mathematical language. In S. Lerman (Ed.), *Encyclopedia of mathematics education* (2nd ed., pp.540-543). Springer.

Munroe, K. L. (2016). Impact of open approach on students' understanding of mathematical concepts: A gender comparison,『数学教育学研究』, *22*(2), 85-96.

Nachlieli, T., & Tabach, M. (2022). Classroom learning as a deritualization process: The case of prospective teachers learning to solve arithmetic questions. *The Journal of Mathematical Behavior*, *65*(6):100930.

NCTM (1980). *An agenda for action - Recommendation for school mathematics of the 1980s*, NCTM.

NCTM (2000). *Principles and standards for school mathematics*. NCTM.

Newman, M., & Gough, D. (2020). Systematic reviews in educational research: Methodology, perspectives and application. In O. Zawacki-Richter, M. Kerres, S. Bedenlier, M. Bond, & K. Buntins (Eds.), *Systematic reviews in educational research: Methodology, perspectives and application* (pp. 3-22). Springer.

Newton, J. A. (2012). Investigating the mathematical equivalence of written and enacted middle school Standards-based curricula: Focus on rational numbers. *International Journal of Educational Research*, *51-52*, 66-85.

Nicol, C., & Lerman, S. (2008) *A brief history of the International Group for the Psychology of Mathematics Education (PME)*. Retrieved from https://www.icmihistory.unito.it/pme.php (2024 年 3 月 9 日最終閲覧)

Niss, M. A. (2007). Reflections on the state of and trends in research on mathematics teaching and learning: From here to utopia. *Second handbook of research on mathematics teaching and learning*, 1293-1312.

Niss, M. (2019). The very multi-faceted nature of mathematics education research. *For the learning of mathematics*, *39*(2), 2-7.

Niss, M., & Blum, W. (2020). *The learning and teaching of mathematical modelling*. Routledge.

Niss, M., Blum, W., & Galbraith, P. (2007). Introduction. In W. Blum, P. Galbraith, H-W. Henn, & M. Niss. (Eds.), *Modelling and applications in mathematics education: The 14th ICMI Study* (pp.3-32). Springer.

Novick, L. R. (1988). Analogical transfer, problem similarity, and expertise. *Journal of Experimental Psychology: Learning, Memory and Cognition*, *14*, 510-520.

Novick, L. R. (1992). The role of expertise in solving arithmetic and algebra word problems by analogy. In J. I. D. Campbell (Ed.), *The nature and origins of mathematical skills* (pp.155-188). Elsevier.

OECD (2004). *The PISA 2003 assessment framework: Mathematics, reading, science and problem solving knowledge and skills*, PISA, OECD Publishing.

OECD (2018). *PISA 2022 mathematics framework*. Retrieved from https://pisa2022-maths.oecd.org/(2024 年 10 月 4 日最終閲覧)

OECD (2020), *Curriculum (re)design. A series of thematic reports from the OECD Education 2030 project Overview Brochure*. Retrieved from https://www.oecd.org/content/dam/oecd/en/about/projects/edu/education-2040/2-1-curriculum-design/brochure-thematic-reports-on-curriculum-redesign.pdf (2024 年 11 月 12 日最終閲覧)

Oechsler, V., & Borba, M. C. (2020). Mathematical videos, social semiotics and the changing classroom. *ZDM Mathematics Education*, *52*(5), 989-1001.

Ogwel, J. C. A. (2006). Interactive learning of mathematics in secondary schools: Three core elements of regular classrooms. 『数学教育学研究』, *12*, 189-200.

Otani, H., Reid, D., & Shinno, Y. (2022). How are proof and proving conceptualized in mathematics curriculum documents in the USA and Japan?. In C. Fernández, S. Llinares, A. Gutiérrez & N. Planas (Eds.), *Proceedings of the 45th Conference of the International Group for the Psychology of Mathematics Education* (vol.3, pp. 267-274). Alicante, Spain.

Otte, M., & Seeger, F. (1994). The human subject in mathematics education and in the history of mathematics. In R.Biehler, R.W. Scholz, R.Sträßer, & B.Winkelmann (Eds.), *Didactics of mathematics as a scientific discipline* (pp.351-365). Kluwer Academic Publishers.

Oxford Advanced Learner's Dictionaries. Retrieved from https://www.oxfordlearnersdictionaries.com/definition/english/theory?q=theory (2024 年 5 月 14 日最終閲覧)

Oyunaa, P. (2016). Teacher mathematical knowledge for teaching geometry in Mongolian secondary schools: Focusing on concept image and concept definition theory.『数学教育学研究』, *22*(1), 79-104.

Oyunaa, P., & Baba, T. (2009). Transformation of the mathematics subject matter knowledge into classroom teaching by Mongolian teachers.『数学教育学研究』. *15*(1). 107-122.

Pimm, D. (1987). *Speaking mathematically: Communication in mathematics classrooms*. Routledge & Kegan Paul.

Pirie, S., & Kieren, T. (1989). A recursive theory of mathematical understanding. *For the Learning of Mathematics*, *9*(3), 7-11.

Pirie, S., & Kieren, T. (1992). Creating constructivist environments and constructing creative mathematics. *Educational Studies in Mathematics*, *23*(5), 505-528.

Pirie, S., & Kieren, T. (1994a). Growth in mathematical understanding: How can we characterise it and we represent it? *Educational Studies in Mathematics*, *26*(2-3), 165-190.

Pirie, S., & Kieren, T. (1994b). Beyond metaphor: Formalising in mathematical understanding within constructivist environments. *For the Learning of Mathematics*, *14*(1), pp. 39-43.

Pollak. H. O. (1970). Applications of mathematics. In E. G. Begle (Ed.), *Mathematics education 69th yearbook of the national society for the study of education* (pp. 311-334). University of Chicago.

Pollak. H. O. (1997). Solving problems in the real world. In L. A. Steen (Ed.), *Why numbers count: Quantitative literacy for tomorrow's America* (pp. 91-105). College Board.

Pollak. H. O. (2003). A history of the teaching of modeling. In G. H. A. Stanic & J. Kilpatrick (Eds.), *A history of school mathematics* (pp. 647-671). NCTM.

Polya, G. (1945). *How to Solve It: A new aspect of mathematical method*. Princeton University Press.

Polya, G. (1954). *Mathematics and plausible reasoning: Vol.I Induction and analogy in mathematics*. Princeton University Press.

Posner, G. J., Strike, K. A., Hewson, P. W., & Gertzog, W. A. (1982). Accommodation of a scientific conception: Toward a theory of conceptual change. *Science Education*, *66*(2), 211-227.

Prediger, S. (2019). Theorizing in design research. *Avances de Investigación en Educación Matemática*, 15, 5-27.

Prediger, S. (2024). Conjecturing is not all: Theorizing in design research by refining and connecting categorial, descriptive, and explanatory theory element. *EDeR. Educational Design Research*, *8*(1). Retrieved from https://doi.org/10.15460/eder.8.1.2120

Prediger, S., & Bikner-Ahsbahs, A. (2014). Introduction to networking: Networking strategies and their background. In A.Bikner-Ahsbahs, & S.Prediger (Eds.). *Networking of theories as a research practice in mathematics education* (pp. 117-125). Springer.

Prediger, S., Bikner-Ahsbahs, A., & Arzarello, F. (2008), Networking strategies and methods for connecting theoretical approaches: First steps towards a conceptual framework, *ZDM Mathematics Education*, *40*(2), 165-178.

Prediger, S., & Zwetzschler, L. (2013). Topic-specific design research with a focus on learning processes: The case of understanding algebraic equivalence in grade 8. In T. Plomp & N. Nieveen (Eds.), *Educational design research – Part B: Illustrative cases* (pp. 407-424). SLO.

Presmeg, N. (1998). A semiotic analysis of students' own cultural mathematics. In A. Olivier & K. Newstead (Eds.), *Proceedings of the 22nd Conference of the International Group for the Psychology of Mathematics Education* (vol.1, pp. 136-151). Stellenbosch, South Africa.

Presmeg, N. (2001). Progressive mathematizing using semiotic chaining, *The 25th Annual Conference of the International Group for the Psychology of Mathematics Education*, Discussion Group, DG03, Semiotics in Mathematics Education.

Presmeg, N. (2003). Semiotics as a theoretical framework for linking mathematics in and out of school: Significance of semiotics for teachers of mathematics, Handout for the International Seminar: Meeting in Hiroshima Univ. with Prof. Dr. Presmeg (Sept. 25-27, 2003).

Presmeg, N., & Kilpatrick, J. (2019). Pleasures, power, and pitfalls of writing up mathematics education research. In G. Kaiser & N. Presmeg (Eds.), *Compendium for early career researchers in mathematics education* (pp. 347-358). Springer.

Radford, L. (2008). Connecting theories in mathematics education: Challenges and possibilities. *ZDM Mathematics Education*, *40*(2), 317-327.

Radford, L. (2009). Why do gestures matter? Sensuous cognition and the palpability of mathematical meanings. *Educational Studies in Mathematics*, *70*(2), 111-126.

Radford, L., Edwards, L., & Arzarello, F. (2009). Introduction: Beyond words. *Educational Studies in Mathematics*, *70*(1), 91-95.

Reid, D. A. (2018). Abductive reasoning in mathematics education: Approaches to and theorisations of a complex idea. *Eurasia Journal of Mathematics, Science and Technology Education*, *14*(9), em1584.

Reinholz, D. L. (2016). Improving calculus explanations through peer review. *The Journal of Mathematical Behavior*, *44*, 34-49.

Rodríguez-Nieto, C. A., Moll, V. F., & Rodríguez-Vásquez, F. M. (2022). Literature review on networking of theories developed in mathematics education context. *Eurasia Journal of Mathematics, Science and Technology Education*, *18*(11), em2179.

Roschelle, J., Noss, R., Blikstein, P., & Jackiw, N. (2017). Technology for learning mathematics. In J. Cai (Ed.), *Compendium for research in mathematics education* (pp. 853-878). National Council of Teachers of Mathematics.

Roth, W.-M., & Walshaw, M. (2019). Affect and emotions in mathematics education: Toward a holistic psychology of mathematics education. *Educational Studies in Mathematics, 102*(1), 111-125.

Sáenz-Ludlow, A. & Zellweger, S. (2016). Classroom mathematical activity when it is seen as an inter-intra double semiotic process of interpretation: A Peircean perspective. In A. Sáenz-Ludlow & G. Kadunz (Eds.), *Semiotic as a tool for learning mathematics* (pp.43-66). Sense.

Sasaki, T. (2005). The emergence of mathematical fictionality from real world models. 『数学教育学研究』, *11*, 25-31.

Schoenfeld, A. H. (1985). *Mathematical problem solving*. Academic Press.

Schoenfeld, A. H. (1992). Learning to think mathematically: Problem solving, metacognition, and sense making in mathematics. In D. Grouws (Ed.), *Handbook of research on mathematics teaching and learning* (pp. 334-370). MacMillan.

Schoenfeld, A. H. (2002). Research methods in (mathematics) education. In L. D. English (Ed.), *Handbook of international research in mathematics education* (pp. 435-487). Lawrence Erlbaum Associates.

Schoenfeld, A. H. (2007). Method. In F. K. Lester (Ed.), *Second handbook of research on mathematics teaching and learning* (pp. 69-107). Information Age Publishing.

Schoenfeld, A. H. (2010). *How we think: A theory of goal-oriented decision making and its educational applications*. Routledge.

Seah, W. T., & Wong, N. Y. (2012). What students value in effective mathematics learning: A 'Third Wave Project' research study. *ZDM Mathematics Education*, *44*(1), 33-43.

Seino, T., & Foster, C. (2020). Analysis of the final comments provided by a knowledgeable other in lesson study. *Journal of Mathematics Teacher Education*, *24*, 507-528.

Semadeni, Z. (1984). Action proofs in primary mathematics teaching and in teacher training. *For the learning of mathematics*, *4*(1). 32-34.

Sensevy, G. (2020). Joint action theory in didactics (JATD). In S. Lerman (Ed.), *Encyclopedia of Mathematics Education* (2nd ed., pp. 435-439). Springer.

Sfard, A. (1991). On the dual nature of mathematics conceptions: Reflections on processes and objects as different sides of the same coin. *Educational Studies in Mathematics, 22*(1), 1-36.

Sfard, A. (2008). *Thinking as communicating: Human development, the growth of discourses, and mathematizing*. Cambridge University Press.

Sfard, A. (2012). Introduction: Developing mathematical discourse—Some insights from communicational research. *International Journal of Educational Research*, *51-52*, 1-9.

Sfard, A. (2020). Commognition. In S. Lerman (Ed.), *Encyclopedia of mathematics education* (2nd ed., pp. 95-101). Springer.

Sfard, A., & Prusak, A. (2005). Telling identities: In search of an analytic tool for investigating learning as a culturally shaped activity. *Educational Researcher*, *34*(4), 14-22.

Shimizu, Y. (1999). Aspects of mathematics teacher education in Japan: Focusing on teachers' roles. *Journal of Mathematics Teacher Education*, *2*(1), 107-116.

Shimizu, Y. (2009). Characterizing exemplary mathematics instruction in Japanese classrooms from the learner's perspective. *ZDM Mathematics Education*, *41*(3), 311-318.

Shinno, Y. & Mizoguchi, T. (2021). Theoretical approaches to teachers' lesson designs involving the adaptation of mathematics textbooks: Two cases from *kyouzai kenkyuu* in Japan. *ZDM Mathematics Education*. *53*(6), 1387-1402.

Shinno, Y. & Mizoguchi, T. (2023). Networking praxeologies and theoretical grain sizes in mathematics education: Cultural issues illustrated by three examples from the Japanese research context. *Hiroshima Journal of Mathematics Education*. *16*, 77-94.

Shulman, L. S. (1986). Those who understand: Knowledge growth in teaching. *Educational Researcher*, *15*(2), 4-14.

Shulman, L. S. (1987). Knowledge and teaching: Foundations of the new reform. *Harvard Educational Review*, *57*(1), 1-22.

Shvarts, A., & Bakker, A. (2021). Vertical analysis as a strategy of theoretical work: From philosophical roots to instrumental and embodies branches. Paper presented at 14th International Congress on Mathematical Education.

Sierpinska, A. (1998). Three epistemologies, three views of classroom communication: Constructivism, sociocultural approaches, interactionism. In H.Steinbring, M.G.Bartolini Bussi, & A.Sierpinska (Eds.), *Language and communication in the mathematics classroom* (pp.30-62). National Council of Teachers of Mathematics.

Sierpinska, A. (2016). Book review: Networking of theories as a research practice in mathematics education, by Angelika Bikner-Ahsbahs and Susanne Prediger (Eds.). *Mathematical Thinking and Learning*, *18*(1), 69-76.

Anna Sierpińska, 1947-2023. *Educational Studies in Mathematics*. *115*(1), 5-7.

Sierpinska, A., & Lerman, S. (1996). Epistemologies of mathematics and of mathematics education. In A. Bishop, K. Clements, C. Keitel, J. Kilpatrick, & C. Laborde (Eds.), *International handbook of mathematics education* (pp. 827-876). Kluwer Academic Publishers.

Silver, E. A. (1987). Foundations of cognitive theory and research for mathematics problem-solving instruction. In A.H.Schoenfeld (Ed.), *Cognitive science and mathematics education* (pp.33-60). Lawrence Erlbaum Associates.

Silver, E. A. (1994). On mathematical problem posing. *For the Learning of Mathematics*,

14(1), 19-28.

Silver, E. A. (2024). Conclusion : Mathematics problem posing and problem solving: Some reflections on recent advances and new opportunities. In T. L. Toh, M. Santos-Trigo, & P. H. Chua (Eds.), *Problem posing and problem solving in mathematics education : International research and practice trends* (pp.247-259). Springer.

Silver, E. A., & Herbst, P. G. (2007). Theory in mathematics education scholarship. In F. K. Lester (Ed.), *Second handbook of research on mathematics teaching and learning* (vol.1, pp. 39-67). Information Age Publishing.

Simon, M. A. (1995). Reconstructing mathematics pedagogy from a constructivist perspective. *Journal for Research in Mathematics Education, 26*(2), 114-145.

Simon, M. A., Kara, M., Placa, N., & Avitzur, A. (2018). Towards an integrated theory of mathematics conceptual learning and instructional design: The learning through activity theoretical framework. *The Journal of Mathematical Behavior, 52*, 95-112.

Simon, M., Saldanha, L., McClintock, E., Akar, G. K., Watanabe, T., & Zembat, I. O. (2010). A developing approach to studying students' learning through their mathematical activity. *Cognition and Instruction, 28*(1), 70-112.

Simon, M. A., & Tzur, R. (2004). Explicating the role of mathematical tasks in conceptual learning: An elaboration of the hypothetical learning trajectory. *Mathematical Thinking and Learning*, 6(2), 91-104.

Sinclair, N., Bartolini Bussi, M., de Villiers, M., Jones, K., Kortenkamp, U., Leung, A., & Owens, K. (2016). Recent research on geometry education: An ICME-13 survey team report. *ZDM Mathematics Education, 48*(5), 691-719.

Skemp, R. R. (1976). Relational understanding and instrumental understanding. *Mathematics Teaching, 77*, 20-26.

Skemp, R. R. (1979). Goals of learning and qualities of understanding, *Mathematics Teaching, 88*, 44-49.

Skemp, R. R. (1982). Symbolic understanding. *Mathematics Teaching, 99*, 59-61.

Skemp, R. R. (1987/2016). *The Psychology of Learning Mathematics: Expanded American Edition*. Routledge.

Skovsmose, O. (1994). *Towards a philosophy of critical mathematics education*. Kluwer.

Skovsmose, O. (2020). Mathematics and ethics. *Revista Pesquisa Qualitativa, 8*(18), 478-502.

Skovsmose, O. (2022). Concerns of critical mathematics education - and of ethnomathematics. *Revista colombiana de educación*, (86), 365-382. Retrieved from https://doi.org/10.17227/rce.num86-13713 (2024年10月25日最終閲覧)

Skovsmose, O. (2023). *Critical mathematics education*. Springer.

Skovsmose, O., & Borba, M. (2004). Research methodology and critical mathematics education. In P. Valero & R. Zevenbergen (Eds.), *Researching the socio-political dimensions of mathematics education: Issues of power in theory and methodology* (pp. 207-226). Springer.

Souto, D. L. P., & Borba, M. C. (2018). Humans-with-internet or internet-with-humans: A role reversal? (Reprint). *Revista internacional de pesquisa em educação matemática (RIPEM)*, *8*(3), 2-23.

Sriraman, B., & English, L. (2010). Surveying theories and philosophies of mathematics education. In B. Sriraman & L. English (Eds.), *Theories of mathematics education: Seeking new frontiers* (pp. 7-32). Springer.

Stahnke, R., Schueler S., & Roesken-Winter, B. (2016). Teachers' perception, interpretation, and decision-making: A systematic review of empirical mathematics education research. *ZDM Mathematics Education*, *48*, 1-27.

Steffe, L. P., & Thompson, P. W. with contributions by Glasersfeld, E.v. (2000). Teaching experiment methodology: Underlying principles and essential elements. In A. E. Kelly & R. A. Lesh (Eds.), *Handbook of research design in mathematics and science education* (pp. 267-306). Lawrence Erlbaum Associates.

Steffe, L. P., & Ulrich, C. (2014). Constructivist teaching experiment. In S. Lerman (Ed.), *Encyclopedia of mathematics education* (pp. 102-109). Springer.

Steinbring, H. (1997). Epistemological investigation of classroom interaction in elementary mathematics teaching. *Educational Studies in Mathematics*, *32*(1), 49-92.

Steiner, H.-G. (1987). Philosophical and epistemological aspects of mathematics and their interaction with theory and practice in mathematics education. *For the Learning of Mathematics*, *7*(1), 7-13.

Steiner, M. (1978), Mathematical explanation. *Philosophical Studies*, *34*(2), 135-151.

Stigler, J. W., & Hiebert, J. (1999). *The teaching gap: Best ideas from the world's teachers for improving education in the classroom*. The Free Press.

Stillman, G. A., Blum, W., & Kaiser, G. (2017). Crossing boundaries in mathematical modelling and applications educational research and practice. In G. A. Stillman, W. Blum, & G. Kaiser (Eds.), *Mathematical modelling and applications - Crossing and researching boundaries in mathematics education* (pp. 1-22). Springer.

Stylianides, A. J., Bieda, K. N., & Morselli, F. (2016). Proof and argumentation in mathematics education research. In Á. Gutiérrez, G. C. Leder, & P. Boero (Eds.), *The second handbook of research on the psychology of mathematics education* (pp.315-351). Sense.

Stylianides, A.J., & Harel, G. (Eds.) (2018). *Advances in mathematics education research on proof and proving: An international perspective*. Springer.

Stylianides, G. J., & Stylianides, A. J. (2020). Posing new researchable questions as a dynamic process in educational research. *International Journal of Science and*

Mathematics Education, 18(1), 83-98.

Stylianides, G. J., Stylianides, A. J., & Moutsios-Rentzos, A. (2024). Proof and proving in school and university mathematics education research: A systematic review. *ZDM Mathematics Education*, *56*(1), 47-59.

Sümmermann, M. L., & Benjamin, R. (2020). On the future of design in mathematics education research. *For the Learning of Mathematics*, *40*(3), 31-34.

Tabach, M., Rasmussen, C., Dreyfus, T., & Apkarian, N. (2020). Towards an argumentative grammar for networking: A case of coordinating two approaches. *Educational Studies in Mathematics*, *103*, 139-155.

Tall, D., & Vinner, S. (1981). Concept image and concept definition in mathematics with particular reference to limits and continuity. *Educational Studies in Mathematics*, *12*(2), 151-169.

Thompson, A. G. (1984). The relationship of teachers' conceptions of mathematics and mathematics teaching to instructional practice. *Educational Studies in Mathematics*, *15*, 105-127.

Thompson, P. W. (2000). Radical constructivism: Reflections and directions. In L. P. Steffe & P. W. Thompson (Eds.), *Radical constructivism in action: Building on the pioneering work of Ernst von Glasersfeld* (pp. 291-315). Routledge.

Thompson, P. W. (2008). Conceptual analysis of mathematical ideas: Some spadework at the foundation of mathematics education. In O. Figueras, J. L. Cortina, S. Alatorre, T. Rojano, & A. Sepulveda (Eds.), *Proceedings of the Annual Meeting of the International Group for the Psychology of Mathematics Education* (vol.1, pp. 31-49). Morelia, México.

Toh, T. L., Santos-Trigo M., Chua P. H., Abdullah, N. A., & Zhang, D. (Eds.) (2024). *Problem posing and problem solving in mathematics education: International research and practice trends*. Springer.

Towers, J, & Martin, L. C. (2015). Enactivism and the study of collectivity. *ZDM Mathematics Education*, *47*(2), 247-256.

Trouche, L., Gueudet, G., & Pepin, B. (2020). Documentational approach to didactics. In S. Lerman (Ed.), *Encyclopedia of mathematics education* (2nd ed., pp. 237-247). Springer.

Van den Heuvel-Panhuizen, M., & Drijvers, P. (2020). Realistic mathematics education. In S. Lerman (Ed.), *Encyclopedia of mathematics education* (2nd ed., pp. 713-717). Springer.

van Hiele, P. M. (1986). *Structure and insight. A theory of mathematics education*. Academic Press.

van Hiele, P. M., & van Hiele-Geldof, D. (1958). A method of initiation into geometry at secondary school. In H. Freudenthal (Ed.). *Report on method of initiation into geometry* (pp.67-80). J. B. Wolters.

Vergnaud, G. (1982). A classification of cognitive tasks and operations of thought involved in addition and subtraction problems. In T. P. Carpenter, J. M. Moser, & T. A. Romberg (Eds.), *Addition and subtraction: A cgnitive perspective* (pp. 39-59). Lawrence Erlbaum Associates.

Vergnaud, G. (1983). Multiplicative structures. In R. Lesh & M. Landau (Eds.), *Acquisition of mathematics concepts and processes* (pp. 127-174). Academic Press.

Vergnaud, G. (2009). The theory of conceptual fields. *Human Development, 52*(2), 83-94.

Vorhölter, K. (2023). Metacognition in mathematical modeling: The connection between metacognitive individual strategies, metacognitive group strategies and modeling competencies. *Mathematical Thinking and Learning, 25*(3), 317-334.

Vygotsky, L. S. (1978). *Mind in society: The development of higher psychological processes.* Harvard University Press.

Wagner, D., Prediger, S., Artigue, M., Bikner-Ahsbahs, A., Fitzsimons, G., Meaney, T., Mesa, V., Pitta-Pantazi, D., Radford, L., & Tabach, M. (2023). The field of mathematics education research and its boundaries. *Educational Studies in Mathematics, 114*(3), 367-369.

Wang, S. (2016). *Discourse perspective of geometric thoughts.* Springer Spektrum.

Watanabe, T., Takahashi, A., & Yoshida, M. (2008). Kyozaikenkyu: A critical step for conducting effective lesson study and beyond. In F. Arbaugh & P. M. Taylor (Eds.) *Inquiry into mathematics teacher Education* (AMTE Monographs volume 5) (pp.131-142). Information Age Publishing.

Watson, A., & Ohtani, M. (2015). *Task design in mathematics education: An ICMI study 22.* Springer.

Wertsch, J. V. (1985). *Vygotsky and the social formation of mind.* Harvard University Press.

Wilkerson-Jerde, M. H., & Wilensky, U. J. (2011). How do mathematicians learn math? Resources and acts for constructing and understanding mathematics. *Educational Studies in Mathematics, 78*(1), 21-43.

Wing, J. M. (2006). Computational thinking. *Communication of the ACM, 49*(3), 33-35.

Wittgenstein,L.(1964). *The blue and brown books: Preliminary studies for the "Philosophocal investigation".* Basil Blackwell.

Wittmann, E. Ch. (1984). Teaching units as the integrating core of mathematics education. *Educational Studies in Mathematics, 15*(1), 25-36.

Wittmann, E. Ch. (1995). Mathematics education as a 'design science'. *Educational Studies in Mathematics, 29*(4), 355-374.

Wittmann, E. Ch. (1996). Operative proofs in primary mathematics. Paper presented to Topic Groups 8. "Proofs and proving: Why, when, how?" at the 8th International Congress of Mathematics Education.

Wittmann, E. Ch. (2001). Developing mathematics education in a systemic process.

Educational Studies in Mathematics, *48*(1), 1-20.

Wittmann, E. Ch. (2004). Empirical research centred around substantial learning environments.『日本数学教育学会第37回数学教育論文発表会論文集』, 1-14.

Wittmann, E. Ch. (2019). Understanding and organizing mathematics education as a design science: Origins and new developments. *Hiroshima Journal of Mathematics Education*, *12*, 13-32.

Wittmann, E. Ch. (2021). *Connecting mathematics and mathematics education: collected papers on mathematics education as a design science*. Springer.

Yackel, E., & Cobb, P. (1996). Sociomathematical norms, argumentation, and autonomy in mathematics. *Journal for Research in Mathematics Education*, *27*(4), 458-477.

Yackel, P. E., Cobb, P., Wood, T., Merkel, G., Clements, D. H., & Battista, M. T. (1990). Experience, problem solving, and discourse as central aspects of constructivism. *Arithmetic Teacher*, *38*(4), 34-35.

Yang, K. L., & Lin, F. L. (2008). A model of reading comprehension of geometry proof. *Educational Studies in Mathematics*, *67*(1), 59-76.

執筆者一覧

（敬称略，執筆者及び所属は2024年10月1日現在）
（◎は編集委員会委員長，○は編集委員会委員，◇は編集準備委員会委員，*はアドバイザー）

第1章
岩﨑　浩（上越教育大学）
山田　篤史（愛知教育大学）○◇

第2章
阿部　好貴（新潟大学）
中野　俊幸（高知大学）
服部　裕一郎（岡山大学）○◇

第3章
秋田　美代（鳴門教育大学）○
上ヶ谷　友佑（広島大学附属福山中・高等学校）
大滝　孝治（北海道教育大学）
大谷　洋貴（大妻女子大学）
岡崎　正和（岡山大学）○◇
袴田　綾斗（高知大学）
日野　圭子（宇都宮大学）
福田　博人（岡山理科大学）
渡邊　耕二（宮崎国際大学）

第4章
杉野本　勇気（香川大学）
田中　伸明（三重大学）
松浦　武人（広島大学）○◇

第5章
佐々　祐之（北海道教育大学）
濵中　裕明（兵庫教育大学）
両角　達男（横浜国立大学）○

第6章
神原　一之（武庫川女子大学）
清水　紀宏（福岡教育大学）◎◇
松島　充（香川大学）
高澤　茂樹（滋賀大学）*

第7章
加藤　久恵（兵庫教育大学）○◇
川上　貴（宇都宮大学）
髙井　吾朗（愛知教育大学）◇
國岡　髙宏（兵庫教育大学）*

第8章
岩田　耕司（福岡教育大学）◇
渡邊　慶子（滋賀大学）○◇
小山　正孝（広島大学）*

第9章
石川　雅章（愛知教育大学）○
二宮　裕之（埼玉大学）◇
吉村　直道（愛媛大学）◇
添田　佳伸（宮崎大学）*

第10章
近藤　裕（奈良教育大学）
中川　裕之（東京理科大学）
和田　信哉（鹿児島大学）○◇

第11章
新井　美津江（立正大学）
石井　洋（北海道教育大学）
木根　主税（宮崎大学）○◇
森田　大輔（第一工科大学）

第12章
木根　主税（宮崎大学）○◇
高阪　将人（福井大学）
中和　渚（関東学院大学）
馬場　卓也（広島大学）

第13章
真野　祐輔（広島大学）
溝口　達也（鳥取大学）○
宮川　健（早稲田大学）

第14章
石橋　一昴（岡山大学）◇
影山　和也（広島大学）○◇
早田　透（鳴門教育大学）◇
山口　武志（鹿児島大学）

数学教育学の軌跡と展望
——研究のためのハンドブック——

2024 年 12 月 14 日　　初版第 1 刷発行

編　者　全国数学教育学会
発行者　中　西　　良

発行所　株式会社　ナカニシヤ出版
〒606-8161　京都市左京区一乗寺木ノ本町15
TEL　(075)723-0111
FAX　(075)723-0095
http : //www.nakanishiya.co.jp/

印刷・製本／モリモト印刷
＊乱丁本・落丁本はお取り替え致します。
ISBN 978-4-7795-1827-0　Printed in Japan